ANJA MÖLLER

LABRADOR RETRIEVER

Geschichte Haltung Erziehung Beschäftigung

KOSMOS

Inhalt

DER LABRADOR RETRIEVER

— *Ursprung, Geschichte, Rassestandard und Wesen*

URSPRUNG UND GESCHICHTE DES LABRADORS

Der Labrador Retriever ist eine vergleichsweise junge Rasse. Bis heute ist nicht abschließend geklärt, wie sie zu ihrem irreführenden Namen kam. **Die Bezeichnung „Retriever" leitet sich vom englischen Verb „to retrieve" ab und bedeutet „auffinden, zurückbringen". Deshalb wurde in England zunächst jeder Jagdhund, der in der Lage war, erlegtes Wild zu finden und zu apportieren, rasseunabhängig als „Retriever" bezeichnet.**

Warum die Rasse jedoch der Halbinsel „Labrador" zugeordnet wurde, während ihre Wurzeln, allen historischen Quellen zufolge, unzweifelhaft an den Küsten Neufundlands lagen, blieb bis heute im Dunkeln. Eine Erklärung könnte die Tatsache bieten, dass Labrador und Neufundland im 19. Jahrhundert derselben Landmasse zugeordnet wurden. Es gibt aber auch Hinweise auf sprachliche Interpretationen, wie in Charles C. Eleys „History of Retrievers" (1921): **„Labrador is a Spanish word meaning a workman. Evviva, Labradores!"** oder in Lord George Scotts und Sir John Middletons „The Labrador Dog – its Home and History" (1936): **„The portuguese word „Lavrador" means „Labourer".**

Der Labrador ist ein aktiver, bewegungsfreudiger Hund.

WIE ALLES BEGANN

Der Ursprung des Labrador Retrievers ist eng mit der Geschichte Neufundlands verwoben. Die im Einflussbereich des Golfstroms liegende nordamerikanische Insel lockte aufgrund ihres Fischreichtums bereits Ende des 15. Jahrhunderts zahlreiche Seefahrernationen an. Als offizieller Entdecker gilt der in englischen Diensten stehende italienische Seefahrer Giovanni Caboto, der unter seinem anglisierten Namen John Cabot bekannt wurde. Er erreichte am 24. Juni 1497 das amerikanische Festland auf Labrador, nachdem er zuvor Neufundland angelaufen hatte. Der Name Neufundland leitete sich von Cabots Bezeichnung „newe founde islande", die „neu gefundene Insel", ab.
Überwältigt vom Fischreichtum der Gewässer, errichteten die Engländer innerhalb weniger Jahre eine umfangreiche Fischindustrie. Sie konzentrierten sich dabei auf küstennahe Fanggebiete, um ihre Fänge an den Stränden trocknen und für den Transport einpökeln zu können. Zu diesem Zweck wurden bereits 1498 Wintermannschaften zur Wartung und Instandhaltung von Fischtrockenanlagen stationiert. Die entsendeten Männer stammten hauptsächlich aus der Grafschaft Devon und waren für ihr Holzhandwerk bekannt. Sie galten als die härtesten und zähesten Männer Englands. Zudem ging ihnen der Ruf als äußerst geschickte Jäger, Fischer und Überlebenskünstler voraus. Neben Errichtung und Wartung von Trockenanlagen und Wirtschaftsgebäuden, Bau und

Das Apportieren liegt dem Labrador im Blut.

Instandsetzung von Booten sorgten sie auch für eigene Unterkünfte und Nahrung. Da es Wild im Überfluss gab, stand die Jagd im Vordergrund, und es lag nahe, dass sie verschiedene Jagdhunde mitbrachten, die ihnen beim Nahrungserwerb nützlich sein konnten.
Zu ihnen gesellten sich trotz eines von der Krone ausgesprochenen Siedlungsverbots bald Deserteure der englischen Fischereiflotte und der Marine. Als Flüchtige anderer Seefahrernationen nachfolgten, wurde Neufundland zum Schmelztiegel europäischer Einwanderer.

DIE URAHNEN DES LABRADORS

Die Fanggründe der englischen Fischereiflotte lagen vor der Halbinsel Avalon. Es gibt bis heute weder Hinweise darauf, dass dieser Teil Neufundlands zuvor bewohnt war, noch dass die Ureinwohner Neufundlands, die Beothuck Indianer, je Hunde besaßen. Insoweit ist davon auszugehen, dass sich mit der Ankunft der Fischer auf Neufundland Hundeschläge entwickelten, deren Urahnen aus Europa stammten.

Die Wasserfreude ist ein wichtiges Rassemerkmal.

Laut Lord George Scott und Sir John Middleton, „The Labrador – its Home and History" (1936), wurde eine Vielzahl von Hunden mit den Fischern und Handwerkern nach Neufundland verschlagen. Dabei spielten vorrangig Jagd- und Wasserhunde sowie mit zunehmender Kolonisation Hüte- und Wachhunde eine Rolle.
Auch wenn nicht mehr im Detail nachvollzogen werden kann, um welche Rassen es sich handelte, scheinen in erster Linie der französische **Saint Hubert's Hound** sowie verschiedene europäische Wasserhunde an der Entwicklung des Labradors beteiligt gewesen zu sein. Insbesondere die robusten, witterungsunempfindlichen und apportierfreudigen Wasserhunde erwiesen sich in der seen- und fjordreichen Landschaft als wertvolle Helfer bei der Jagd und der Arbeit auf den Fischerbooten.

DER SAINT HUBERT'S HOUND

Bereits 1576 beschrieb George Turberville in seinem Buch „Booke of Hunting" eine Auswahl englischer Jagdhunderassen. Vorherrschend war ein schwarzer Hund, dessen Ursprung in Frankreich lag und der zu Ehren des Schutzheiligen der Jäger den Namen Saint Hubert's Hound trug. Nach Turbervilles Beschreibungen handelte es sich um einen i. d. R. reinschwarzen, aber auch in anderen Farben vorkommenden Hund kräftigen Körperbaus. Er stand auf niedrigen Läufen und zeichnete sich durch ein außergewöhnliches Geruchsvermögen aus, wodurch er sich vorzüglich zur Nachsuche auf angeschweißtes Wild eignete. Er scheute weder Wasser noch Kälte, hatte aber weder die Schnelligkeit noch den Mut für die Hetzjagd und das Niederziehen des Wildes. Abbildungen auf alten Stichen lassen den Schluss zu, dass es sich um einen direkten Vorfahren des Labradors handeln könnte. Zu dieser Einschätzung kam 1957 auch Lorna Countess Howe in „The Popular Labrador Retriever".
Ein weiterer Hinweis auf das Erbe des Saint Hubert's Hound könnte auch die außergewöhnlich gute Nase des Labradors sein. Neben dem Bloodhound (Chien de Saint-Hubert), als dessen wichtigster Vorfahre ebenfalls der Saint Hubert's Hound gilt, gibt es nur noch wenige andere brackenartige Rassen, die ihre Nasen ähnlich differenziert einsetzen wie der Labrador.

»In einer Hinsicht überragt der Labrador alle anderen Retriever-Rassen: Er ist der Held einer romantischen und mysteriösen Geschichte.«

Charles C. Eley

EUROPÄISCHE WASSERHUNDE

Ab dem 14. Jahrhundert gab es in ganz Europa verschiedene Schläge von Wasserhunden. 1576 erwähnte John Caius in „Of English Dogges" zottige, aus Frankreich und England stammende Wasserhunde, die bei der Wasserjagd Großes leisteten und zudem den Fischern beim Einholen der Netze halfen. Gervase Markham berichtete 1622 in „The Art of Fowling by Water and Land" von einer weiteren englischen Rasse, die ebenfalls ihren Weg nach Neufundland gefunden haben könnte. Die heute ausgestorbene **Water Dogge** oder der **Black Water Dog** war seinen Worten nach „... ein Lebewesen von derart allgemeiner Verwendung und häufigem Einsatz in England, dass es unnötig sei, eine ausführliche Beschreibung von ihm zu geben."
Als Vorfahr aller europäischen Wasserhunde gilt gemeinhin der **Barbet**. Der Belgier Adolphe Reul beschrieb ihn in „Les Races des Chiens" (1891) als Jagdhund mit feiner Nase, der nicht nur vom Schiff aus erlegte Enten, sondern auch über Bord gefallene Gegenstände aus dem Wasser holen könne.

IBERISCHE EINFLÜSSE?

Lord George Scott, Charles C. Eley, Clifford Hubbard und in jüngerer Zeit auch Mary Roslin-Williams wiesen in ihren Veröffentlichungen über den Ursprung des Labradors auf mögliche

Wie einst seine Vorfahren, imponiert der Labrador auch heute noch bei der Wasserjagd.

Einflüsse der Iberischen Halbinsel hin. Auch wenn die Portugiesen die Tiefseefischerei auf den äußeren Fischbänken bevorzugten und ihre Fänge direkt an Bord verarbeiteten, galt es als äußerst wahrscheinlich, dass sie Wasserhunde mit sich führten. Eine erste Beschreibung des Portuguese Water Dog (Cão de Água Português) findet sich bereits 1297. Clifford Hubbard schrieb in „The Working Dogs of the World" (1947), „... dass der Portugiesische Wasserhund schon lange existiert, ist keine Frage. [...] Der Hund wurde ursprünglich gezüchtet, um den Fischern zu helfen, und die Arbeit, die er macht, ist einzigartig. Er wird auf den Fischerbooten mitgeführt und arbeitet als Apportierhund für Gerätschaften, welche von Bord fallen oder von Bord gespült werden, Fische, welche aus den Netzen oder von der Rute springen, als Lebensretter und als Kurier von Boot zu Boot oder ans Ufer, je nach Bedarf. Er ist ein starker Schwimmer und besitzt zusätzlich die Fähigkeit, unter Wasser zu tauchen, falls nötig."

Mary Roslin-Williams vertrat in „The Dual-purpose Labrador" (1969) die Ansicht, dass ferner eine alte, portugiesische Landrasse, der Cão de Castro Laboreiro, als Vorfahre des Labradors in Betracht käme. Auch wenn sie nicht so weit ging, bereits im Namen „Laboreiro" einen eindeutigen Hinweis zu sehen, führte sie doch die große Ähnlichkeit in Kopfform, Fellbeschaffenheit und Rute als mögliche Beweise an.

DIE NEWFOUNDLAND DOGS

Erste schriftliche Hinweise auf die **Newfoundland Dogs** fanden sich um 1800. Die ungenaue Terminologie und die Tatsache, dass sich in den rund 300 Jahren vor den ersten Importen nach England offensichtlich zwei unterschiedliche Hunderassen auf Neufundland entwickelten, sorgten allerdings für weit mehr Verwirrung als Aufklärung. Unzweifelhaft war jedoch, dass es sich um eine große, kräftigere Varietät mit langem, rauem Haar und hoch getragener Rute sowie einen kleineren, leichter gebauten, glatthaarigen Typ handelte.

COLONEL PETER HAWKER (1786–1853)

Colonel P. Hawker stammte aus Dorset und besaß einen Schoner, der regelmäßig die Route zwischen Poole und Neufundland befuhr. In seinem 1814 erstmals publizierten Buch „Instructions to Young Sportsmen" verfasste er eine exakte Beschreibung beider Varietäten: „Der eine ist groß; stark in den Beinen; rauhaarig; kleiner Kopf; und trägt seine Rute hoch. Er wird auf dem Lande gehalten, um Schlitten voller Holz zu ziehen, vom Inland ans Ufer des Meeres, wo er auch sehr nützlich ist durch seine riesige Kraft und den Mut bei Schiffbrüchen und anderen Katastrophen in wildem Wetter. Der andere, bei Weitem der Beste für alle Arten von Jagd, ist häufiger schwarz als von irgendeiner anderen Farbe und kaum größer als ein Pointer. Er ist eher lang in Kopf und Fang, ziemlich tief in der Brust; sehr fein in den Beinen; hat kurzes oder glattes Haar, trägt seine Rute nicht so gebogen wie der andere und ist extrem schnell und aktiv beim Rennen, Schwimmen oder Kämp-

INFO
Colonel Peter Hawker's Beschreibung des St. John's Water Dog von 1814 gilt als erstes schriftliches Dokument über den direkten Vorfahren des modernen Labradors.

Der Hafen von Poole liefert noch heute …

… Eindrücke aus elisabethanischen Tagen.

fen. […] Die St.-John's-Rasse dieser Hunde wird hauptsächlich von Fischern am heimatlichen Strand eingesetzt. Ihr Geruchssinn ist kaum schätzbar. Das feine Unterscheidungsvermögen der Nase beim Verfolgen eines verletzten Fasans durch eine Deckung voller Wild oder von einem geflügelten Vogel durch ein Ginstergebüsch oder über einen Kaninchenbau erscheint beinahe unmöglich …".

Auch wenn Colonel Hawker den kleineren Typ erstmals als **St. John's Water Dog** bezeichnete, verwendete er ebenso wie andere Autoren seiner Zeit auch noch andere Namen, wie Real Newfoundland Dog, Proper Labrador oder Lesser Labrador.

DIE ABSTAMMUNGSVERHÄLTNISSE

Wann genau der große Newfoundland Dog erstmals englischen Boden betrat, ist unbekannt. Tatsache ist jedoch, dass er schnell große Popularität errang und zum Liebling des Adels avancierte. Der berühmte Dichter Lord Byron schrieb 1808 zu Ehren seines an Tollwut verstorbenen Neufundländers „Boatswain" ein Gedicht.

Erst rund 100 Jahre nach Auftreten des großen Neufundländers erregte ein weiterer Hund aus Neufundland in England Aufsehen. Viele Autoren des 19. Jahrhunderts sahen den St. John's Water Dog deshalb als Unterart des großen Neufundländers und bezeichneten ihn als Lesser Newfoundland.

Der Amerikaner Richard A. Wolters folgte zwei Jahre lang den historischen Spuren des St. John's Water Dogs, bevor er seine umfangreichen Recherchen in „The Labrador Retriever: The History … The People …" (1981) veröffentlichte. Unter anderem lag ihm die Frage, wer von wem abstammte, besonders am Herzen. Er kam zu dem Schluss, dass sich der große Neufundländer erst später aus dem kleineren, leichter gebauten und glatthaarigen St. John's Water Dog entwickelt haben musste. Denn ausgehend von den frühen Anfängen der Fischer auf Neufundland, spielten zunächst diejenigen Hunde eine Rolle, die ihnen bei der Jagd und beim Fischfang von Nutzen sein konnten.

Im Museum der englischen Hafenstadt Poole fand Richard Wolters ein historisches Dokument, welches belegte, dass die englischen Küstenfischer kleine, flache Zweimannboote verwendeten. Die Hunde durften also aufgrund des begrenzten Platzangebots nicht allzu groß sein. Ihre Hauptaufgaben waren das Apportieren von Fisch, schwimmenden Tauen und Fanggerätschaften. Sie mussten demnach nicht nur kräftige Schwimmer sein, auch ihre Fellqualität war von großer Bedeutung. Das Fell musste kurz, dicht, isolierend und von wasserabweisender, öliger Beschaffenheit sein, damit sie bei der Rückkehr ins Boot nicht zu viel Wasser mitbrachten und sich kein Eis festsetzen konnte. Insoweit handelte es sich sicher nicht um große Neufundländer. Es liegt vielmehr nahe, dass dieser sich später im Zuge der zunehmenden Kolonisation und einem steigenden Bedarf an großen und starken Zughunden entwickelte.

Das wasserabweisende Fell war für die Arbeit in den Booten unabdingbar.

»Ein Hund, der zudem Wild finden und apportieren konnte, war für die Fischer Gold wert.«

Richard A. Wolters

01

02

DER ST. JOHN'S WATER DOG

Die Tatsache, dass sich in der rauen Gesellschaft Neufundlands eine planmäßige Zucht entwickelte, spiegelt deutlich die ungewöhnliche Beziehung und die Abhängigkeit der Fischer von den Hunden, die sie begleiteten, wider. Die Weiterzucht mit denjenigen Hunden, die die gesuchten Eigenschaften in hohem Maße verkörperten, bildete den Grundstein dafür, dass sich auf Neufundland schwarze, vorzüglich apportierende Wasserhunde entwickelten, die heute als direkte Vorfahren des modernen Labrador Retrievers gelten.

WIE SAH DER ST. JOHN'S WATER DOG AUS?

Der St. John's Water Dog hatte ein dichtes, isolierendes, wasserabweisendes, öliges Fell und eine dicke Rute, die ihm beim Schwimmen als Ruder diente.
Seine Ohren waren mehr auf und nach vorn gerichtet als die des heutigen Labradors. Neben weißen Markierungen an den Pfoten und im Gesicht hatten die Hunde von St. John typischerweise einen weißen Brustfleck, der auch heute noch gelegentlich beim Labrador auftritt und je nach Umfang vom Rassestandard toleriert wird.
Die Fotografie der 12-jährigen Nell, die im Besitz des 11. Earls of Home stand, stammt von 1867. Sie verkörperte noch gut sichtbar den Typ der St. John's Water Dogs, die im 19. Jahrhundert aus Neufundland importiert wurden.

»Die ursprüngliche Rasse ist bekannt für ihr dichtes Fell, das Wasser abweist wie Öl, und vor allem für einen Schwanz wie ein Fischotter.«

James Howard Harris, 3. Earl of Malmesbury

03

01 Die älteste Fotografie eines Labradors zeigt die zwölf Jahre alte Hündin Nell des 11. Earl of Home. Deutlich zu erkennen sind die weißen Markierungen an den Pfoten und am Fang.

02 Gespanntes Warten auf den Anflug der Fasane – eine typisch englische Vogeltreibjagd

03–04 Nicht nur in Poole, auch in anderen Hafenstädten, wie z. B. Weymouth, finden sich Hinweise auf die Ankunft des Labradors.

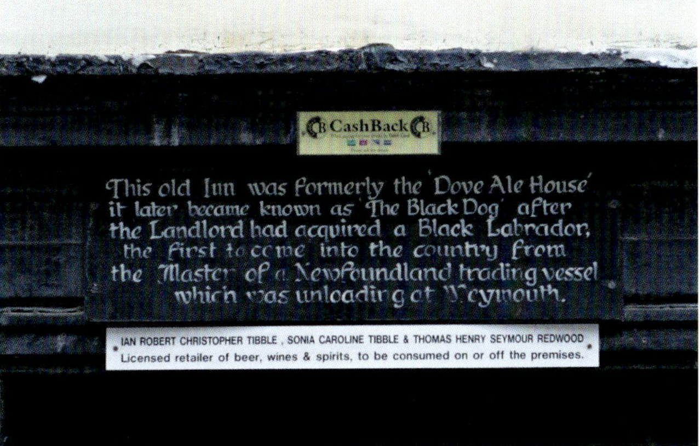

04

DIE ERSTAUNLICHEN FÄHIGKEITEN DES ST. JOHN'S WATER DOGS

Der Namenszusatz Water Dog verweist deutlich auf die Rolle, die sie in den Fischergemeinschaften einnahmen. Historische Dokumente berichten von Hunden, die im Wasser wie zu Hause waren. Sie waren exzellente, ausdauernde Schwimmer, die weder eisige Temperaturen noch Wellengang scheuten. Eine Eigenschaft, die viele Labradors auch heute noch erkennen lassen. Ihre Fähigkeiten waren erstaunlich: Sie waren darauf spezialisiert, Fanggerät, Netze und Taue zu apportieren, und konnten sogar vom Haken gerutschten Fischen hinterhertauchen. Besonders geschätzt wurden sie jedoch, weil sie auf eine bemerkenswert enge und kooperative Weise mit ihren menschlichen Gefährten zusammenarbeiteten.

DIE JAGD IN ENGLAND IM 19. JAHRHUNDERT

Während die universell einsetzbaren, zusammengewürfelten Meuten der Tudor-Zeit aufgrund der rückläufigen Haarwildbestände immer mehr an Bedeutung verloren, erlebte die Flugwildjagd mit der Entwicklung des Hinterladers ihre Blütezeit. Infolge der verbesserten Waffentechnik stiegen die Jagdstrecken stark an und spezialisierte Apportierhunde gewannen immer mehr an Bedeutung. Diese Entwicklungen traten in etwa zeitgleich mit der Entdeckung der neuen Rasse auf, sodass der vorauseilende Ruf der St. John's Water Dogs auf fruchtbaren Boden fiel. „Unter allen Hunderassen findet sich keine, die sich mit dem St. John's Water Dog messen kann, wenn es darum geht, verwundetes Wild jedweder Art aufzuspüren; er ist eine zwingende Notwendigkeit für die Flugwildjagd", schrieb Colonel Peter Hawker über den Vorfahren des Labradors. Über drei Jahrhunderte galt die englische Hafenstadt Poole, dank der boomenden Atlantikfischerei, als eines der reichsten Handelszentren Englands mit direkter Verbindung zu Neufundland. Als sich dies aus verschiedenen politischen Gründen im 18. Jahrhundert zu ändern begann, ebbte der Handelsverkehr immer mehr ab. Dies betraf auch den Import von St. John's Hunden, der 1895 mit Einführung des englischen Quarantäne-Gesetzes schließlich versiegte.

BERÜHMTE RASSE-PIONIERE

Es besteht kein Zweifel, dass das Interesse an den St. John's Water Dogs auf ihre außerordentlichen jagdlichen Fähigkeiten und ihr besonderes Wesen zurückzuführen war. Die Jagd war im 19. Jahrhundert immer noch der adligen Oberschicht vorbehalten, weshalb sich das Gros der importierten Hunde in ihren Händen befand. Doch trotz vermeintlich zahlreicher Importe gab es immer noch kaum genügend Hunde, um die Zucht rein zu halten. Dies hatte zur Folge, dass vielfach andere Rassen eingekreuzt wurden.
Dass das Erbe der importierten St. John's Water Dogs dennoch bewahrt wurde, ist v. a. zwei Schlüsselfiguren zu verdanken, deren umsichtige Zuchtbemühungen dafür sorgten, dass die Erfolgsgeschichte des Labradors Retrievers ihren Anfang nehmen konnte.

JAMES EDWARD HARRIS, DER 2. EARL OF MALMESBURY (1778–1841)

Auf seinem nur wenige Meilen von Poole entfernten Familiensitz **Heron Court** gründete James Edward Harris, der 2. Earl of Malmesbury, den ersten englischen Labrador-Zwinger. Durch zahlreiche Importe hatte er einen relativ guten Zuchtbestand und bemühte sich um eine möglichst reine Zucht. Als leidenschaftlichem Jäger stand für ihn von Anfang an die Gebrauchstüchtigkeit der Hunde im Vordergrund. Sie wurden beschrieben als: „Klein, kompakt und sehr aktiv; ihr Fell war kurz, dicht und glatt mit einer Schattierung Braun in gewissen Jahreszeiten. Die Augen der meisten ähnelten farblich gebranntem Zucker. Ihre Köpfe, die nicht groß waren, waren breit und der Schädel gut geformt und nicht lang im Fang. Ihre fröhliche Ausstrahlung bezeugte ihren freundlichen Charakter und großen Mut.“ Der **Malmesbury-Zwinger** bestand beinahe 100 Jahre lang fort und nahm nicht zuletzt durch die beiden einflussreichen Deckrüden **Malmesbury Sweep** (*1877) und **Malmesbury Tramp** (*1878) beträchtlichen Einfluss auf die Zucht. Unter ihren Nachkommen fanden sich viele bekannte Namen, wie **Munden Sentry, Munden Single, GB FTCh. Flapper, GB FTCh. Peter of Faskally, GB FTCh. Tag of Whitmore** und **Dual Ch. Banchory Bolo**, die noch Generationen später ihr Erbe weitertrugen.
Nach dem Tod von James Edward Harris 1841 wurde der Zwinger von seinem Sohn James Howard Harris, dem 3. Earl of Malmesbury (1807–1889), weitergeführt. Er galt über die nächsten 20 Jahre als Hauptimporteur der St. John's Water Dogs. Der letzte direkte Nachkomme der Malmesbury-Zuchtlinie starb 1914.

INFO

Der Name „Labrador" tauchte erstmals 1887 in einem Brief des 3. Earls of Malmesbury auf, als er schrieb: „Wir nennen meine immer Labrador Hunde und ich habe die Rasse nach den ersten, die ich von Poole hatte, so rein wie möglich gehalten …".

WALTER MONTAGU DOUGLAS SCOTT, DER 5. DUKE OF BUCCLEUCH (1806–1884)

Unabhängig von den Importen der Earls of Malmesbury brachte der 5. Duke of Buccleuch zusammen mit seinem Bruder Lord John Scott, Sir Richard Graham und Alexander Ramey-Home, dem 10. Earl of Home, den Labrador nach Schottland und begründete dort die **Buccleuch-Zuchtlinie.**
Beide Zuchtlinien entwickelten sich zunächst isoliert voneinander. Das änderte sich erst 1882, als es anlässlich einer Entenjagd auf dem Buccleuch Estate zu einer eher zufälligen Begegnung des 3. Earls of Malmesbury und des 6. Duke of Buccleuch kam. Als Lord Malmesbury ihm daraufhin zwei Rüden aus seiner Zucht schenkte, entwickelte sich daraus eine starke Zuchtlinie, die zusammen mit wenigen anderen Zuchthunden, wie Sir Frederick Graham's **Kielder** (*1872) und William Douglas-Hamiltons (12. Duke of Hamilton) **Sam** (*1884) den Grundstock für die Labrador-Zucht des gesamten 20. Jahrhunderts bildete. Besonders bekannt wurden die Rüden **Buccleuch Ned** (*1882) und **Buccleuch Avon** (*1885), auf die

Historische Karte mit dem Titel „Retriever"

Buccleuch Cabot

heute wahrscheinlich nahezu jeder Labrador in England zurückgeht.
Hauptmerkmale des traditionellen Buccleuch-Labradors waren die gute Nase und die ausgeprägte Weichmäuligkeit sowie das intelligente und mutige Wesen. Ihre Köpfe wurden als kürzer als diejenigen anderer Labradors beschrieben. Sie zeigten das typische Doppelfell und die erwünschte Otterrute.
Während die Labrador-Zucht sich in England fortzuentwickeln begann, und der Buccleuch-Zwinger in den 1920er Jahren bereits rund 150 Hunde umfasste, wurde der St. John's Water Dog auf Neufundland immer seltener. Als John Montagu Douglas Scott, der 7. Duke of Buccleuch, 1930 versuchte, weitere Hunde zur Auffrischung seiner Zuchtlinie zu importieren, erwies sich dies als schwieriges Unterfangen. Mit Hilfe von Sir John Middleton, dem damaligen Gouverneur der Insel, gelang es ihm jedoch zwischen November 1932 und November 1933, mehrere Hunde ausfindig zu machen und nach England zu bringen. Der bekannteste unter ihnen war ein gut aussehender Rüde namens **Buccleuch Cabot.** Lord George Scott schrieb in „The Labrador Dog – its Home and History": „Es ist nachgewiesen, dass die Nachkommen von Cabot, der 1932 importiert wurde, erstklassige Wasserhunde sind, mit weichem Maul und guten Nasen. Sie sind auch außergewöhnlich eifrig und intelligent."
Der erste Weltkrieg 1938 und eine Staupe-Epidemie 1948 brachten einen drastischen Rückgang des Buccleuch-Zuchtbestandes mit sich, sodass letztlich fremdes Blut eingebracht werden musste. Dabei spielte v. a. ein Rüde namens **Vaulter**, der alle Merkmale der ursprünglichen Linie verkörperte, eine große Rolle.
Als John Scott, der 9. Duke of Buccleuch (1923–2007), ins englische Unterhaus gewählt wurde, übergab er die Verantwortung für den Zwinger dem leitenden Jagdaufseher. Die Zucht konzentrierte sich in dieser Zeit hauptsächlich darauf, den Bedarf der Jagdaufseher der angeschlossenen Landgüter zu decken.
2004 engagierte Richard Scott, der 10. Duke of Buccleuch (*1954), **David Lisett**, mit dessen Hilfe er ein Zuchtprogramm zum Erhalt und zur Verbesserung der Buccleuch-Zuchtlinie erstellte, das ihren Fortbestand auch in der Zukunft sichern soll.

INTERVIEW
— *mit David Lisett 2018 (GB)*

Buccleuch Kennels Gundog Manager,
Gewinner der IGL Retriever Championship 2017

Welche Zuchtziele stehen im Buccleuch-Zwinger im Mittelpunkt?

Temperament, natürliche Veranlagung und Trainierbarkeit sind die Schlüsselfaktoren in jeder Zucht, unabhängig davon, ob es sich um Labradors, Springer- oder Cockerspaniel handelt.

GB FTCh. Buccleuch Xena

Wenn man in die Vergangenheit und die Gegenwart der Buccleuch-Zuchtlinien blickt, gibt es irgendwelche typischen Erkennungsmerkmale, die einen Labrador als einen „Buccleuch" auszeichnen?

Eine bestimmte Größe, Behändigkeit und Trieb lassen sich offensichtlich durchgängig in den Buccleuch-Linien finden. Die meisten Hunde sind zudem mit einer wirklich guten Nase gesegnet, die sie gelegentlich in Schwierigkeiten bringt.

Gab es in den letzten Jahren Veränderungen in Typ oder Temperament, die auf den heutigen jagdlichen Anforderungen und den Erwartungen bei Field Trials beruhen?

Ich glaube, dass die Erwartungen in Working Tests und Trials gestiegen sind, und damit auch die Anforderungen an das Training der Labradors.

Wie viele Labradors gehören derzeit zu den Buccleuch Kennels? Wie viele Würfe fallen normalerweise im Jahr?

Derzeit leben 11 Labradors bei uns. Aus den unterschiedlichsten Gründen hatten wir in den letzten Jahren nur wenige Würfe, aber unabhängig davon ist es eher selten, dass mehr als zwei Würfe pro Jahr in den Buccleuch Kennels fallen.

David, welche besonderen Qualitäten sind Dir bei einer Zuchthündin oder einem Deckrüden wichtig? Welche Bedeutung haben Gesundheitstests für Dich?

Kennzeichnend für eine erfolgreiche Zuchtlinie und deren einzelne Vererber – unabhängig davon, ob Rüden oder Hündinnen – ist, dass die Vorzüge auch an die Nachkommen weitergegeben werden. Unglücklicherweise kann es ein paar Jahre dauern, bis die gewünschten Eigenschaften tatsächlich in Erscheinung treten.

Dass Gesundheitstests in der „Labradorwelt" zunehmend wichtig werden, ist mir bewusst, und auch der Buccleuch-Zwinger hatte über die Jahre ein oder zwei Probleme, die glücklicherweise gelöst werden konnten. Die zunehmenden Gesundheitstests haben aber auch den Genpool verkleinert und die Sorge, die ich habe, ist, dass wir dadurch einige sehr wertvolle Blutlinien verloren haben könnten.

Wie wählst Du einen Welpen für Dich aus und in welchem Alter beginnst Du mit dem Training?

Die Auswahl eines Welpen ist etwas sehr Persönliches, aber die Qualitäten, nach denen ich suche, sind: Behändigkeit, natürliche Neugier und ein schönes Exterieur. Vieles davon wird durch die Aufzucht und die Zeit beeinflusst, die man mit den Welpen vor der Abgabe verbringt.

Ich beginne mit dem Training, sobald der Welpe bei mir ist, denn es ist weitaus einfacher, von Anfang an gute Angewohnheiten zu fördern, als später Probleme zu lösen.

Wann fängst Du mit dem ernsteren Training an? Was sind Deine ersten Schritte?

Basics sind das Wichtigste, denn sie sind das Fundament für alles, was man später erreichen möchte. Bindung und Kommunikation sind dabei zwei Schlüsselfaktoren. Der Hund muss wissen, wann er eine Aufgabe korrekt ausführt und wann nicht. Gutes Timing ist dafür unerlässlich.

Beim Aufbau meines Einweise-Trainings haben mir viele andere geholfen und mir gezeigt, wie man gerade Linien über unterschiedliches Gelände und Hindernisse, wie z. B. Mauern oder Gräben, trainiert. Für eine künftige Teilnahme an Wettbewerben ist dies wichtig.

Ein weiterer wichtiger Punkt ist das Handling im Bereich – sobald der Hund in den richtigen Suchbereich gelangt ist, muss er dort auch gehalten werden können.

Doch abgesehen von diesen Trainingsaspekten, muss die „natural ability" der Hunde erhalten bleiben und sichergestellt werden, dass sie genügend Selbstvertrauen besitzen, um ihre Nase einzusetzen, da ich glaube, dass die Hauptaufgabe eines Jagdhundes darin besteht, Wild zu finden.

Stolze Gewinner der IGL Retriever Championship 2017

Nachdem Buccleuch Xena eine Novice Stake gewonnen hatte, erhielt sie innerhalb eines Jahres den Field-Trial-Champion-Titel und gewann am Ende der Saison die IGL Retriever Championship – was ist das Geheimnis dieses unglaublichen Erfolgs?

Es gibt kein Geheimnis für den letztjährigen Erfolg, da Daisy ein sehr talentierter Hund ist und wir von vielen Menschen sehr unterstützt wurden. Es läuft nur auf harte Arbeit und eine gute Portion Glück hinaus.

Hast Du besondere Ziele für die Zukunft?

Ich würde mir wünschen, dass der Genpool der Buccleuch-Labradors seine Stärken weiter entwickeln kann, denn es gibt immer etwas, was man besser machen kann. Hoffentlich sehen wir in Zukunft viele Hundeführer, die genauso viel Spaß und Erfolg mit ihren Hunden haben, wie ich mit meinen Buccleuch-Labradors!

Vielen Dank, David, für das aufschlussreiche Interview!

Munden Single

»Labradors können alles, was irgendein anderer Retriever auch kann – nur eben ein bisschen besser.«

Arthur Henry Holland-Hibbert, 3. Viscount Knutsford

ARTHUR HENRY HOLLAND-HIBBERT, DER 3. VISCOUNT KNUTSFORD (1855–1935)

Ein großer Fürsprecher des Labradors, durch dessen Engagement die Rasse schließlich 1903 vom englischen Kennel Club anerkannt wurde, war Arthur Henry Holland-Hibbert, der 3. Viscount Knutsford. Als Gründungsmitglied des englischen Labrador Retriever Clubs (LRC) übernahm er von 1916 bis zu seinem Tod 1935 dessen Vorsitz und beteiligte sich maßgeblich an der Erstellung eines ersten offiziellen Rassestandards.
Die Ahnentafeln seiner Zuchthunde gingen direkt auf die alten Malmesbury- und Buccleuch-Linien zurück. **Sybil** (*1884), die Stammhündin seines **Munden-Zwingers**, war die Ururgroßtochter einer Hündin des 5. Duke of Buccleuch.

Von Anfang an hatte er sich dem **Dual-Purpose-Gedanken** verschrieben und stellte seine Hunde im Ausstellungsring und an Field Trials vor.

INFO

Dual-Purpose heißt übersetzt so viel wie „für den zweifachen Zweck". Gemeint waren damit Hunde, die sowohl an einem Field Trial (Leistungsprüfung im Feld) als auch im Ausstellungsring überzeugen konnten.

Seine bekannteste Hündin war ohne Zweifel **Munden Single** (*1899). Sie gewann 1904 nicht nur das erste je auf einer Ausstellung vergebene Challenge-Certificate, sondern nahm auch als erster Labrador erfolgreich an einem Field Trial der International Gundog League teil, wobei sie einen tiefen Eindruck bei den Zuschauern hinterließ.
Nach ihrem Tod wurde sie als besonders typisches Rasse-Exemplar präpariert und ist noch heute im Natural History Museum in London zu besichtigen.

In Presseinterviews hob Lord Knutsford immer wieder das außergewöhnliche Wesen des Labradors und seinen hohen Wert als **game finding dog** hervor. Noch in seinem 79. Lebensjahr gewann er mit **Munden Squeezer** einen Field Trial. Obwohl der einflussreiche Munden-Zwinger im Ersten Weltkrieg beinahe unterging, gelang es ihm über die Nachkriegsjahre hinweg, mit Hilfe der Hündin **Munden Scarcity** erneut eine stabile Zuchtlinie aufzubauen. Wie in vielen Zwingern dieser Zeit, gab es auch bei Munden immer wieder verheerende Staupe-Ausbrüche. Mit Unterstützung des Herausgebers des Magazins „The Field" gelang es Lord Knutsford schließlich, genügend Aufmerksamkeit für einen Hilfsfond zu wecken, mit dessen Hilfe 1929 ein Impfstoff entwickelt werden konnte.

LORNA COUNTESS HOWE (1887–1961)

Auch Lorna Countess Howe zählte zu den Gründungsmitgliedern des englischen Labrador Retriever Clubs (LRC), in dem sie sich zeit ihres Lebens engagierte. Sie besaß einige der einflussreichsten Labradors in der Geschichte der Rasse, wie die **Dual Champions Banchory Bolo, Banchory Painter, Banchory Sunspeck und Bramshaw Bob, die Show Champions Ilderton Ben, Banchory Trueman, Banchory Danilo, Bolo's Trust, Ingleston Ben, Orchardton Donald und den Field Trial Champion Balmuto Jock.**

Sie war ebenso wie Lord Knutsford eine überzeugte Verfechterin des Dual-Purpose-Labradors. Die Tatsache, dass immerhin vier der 10 englischen Dual Champions in ihrem Besitz standen, unterstrich dabei den Erfolg ihrer Bestrebungen. Ihren ersten Labrador, den Rüden **Scandal of Glynn**, bekam Lady Howe 1913. Er zeugte nur einen Wurf (*1915), und nach seinem frühen Tod beschloss sie, einen seiner Welpen, einen Rüden namens **Banchory Bolo**, zurückzukaufen. Er war zu dieser Zeit bereits knapp drei Jahre alt. Es stellte sich heraus, dass er durch viele Hände gegangen war und dabei nicht den besten Ruf erworben hatte. Sie fand einen ungepflegten, misstrauisch knurrenden Hund vor. Doch trotz seines vermeintlich schlechten Wesens beschloss sie, ihm eine Chance zu geben. Als er kurze Zeit später ernsthaft erkrankte, gelang es Lady Howe, sein Vertrauen und seine Ergebenheit zurückzugewinnen. Fortan wich er nicht mehr von ihrer Seite. Als sie mit dem Training begann, stellte sich heraus, dass er ein großes Potenzial besaß und trotz vieler negativer Erfahrungen überraschend schnell lernte. In rascher Folge gewann er zwei Field Trials und erlangte den Champion-Titel. Kurze Zeit später erfüllte er auch alle Voraussetzungen für den Titel eines Ausstellungs-Champions und wurde Lady Howes erster Dual Champion.

Dual Champion Bramshaw Bob

Dual Champion Banchory Bolo auf einem Gemälde von Ward Binks

Sein wahrer Wert spiegelte sich jedoch erst in seinen Nachkommen wider. Aus jedem seiner Würfe ging zumindest ein Field Trial oder Show Champion hervor. In der Dezemberausgabe der Zeitschrift „The Field" von 1932, die über die IGL Retriever Championship berichtete, wurde verlautet, dass sich unter den 14 prämierten Hunden allein acht seiner Nachkommen befanden.

DAS SCHICKSAL DER ST. JOHN'S WATER DOGS

Mit Ende der Handelsbeziehungen zwischen England und Neufundland in den 1880er Jahren, versiegten auch die Importe der St. John's Water Dogs. In dieser Zeit entschieden 135 Distrikte Neufundlands, die Hundehaltung zugunsten einer Intensivierung der Schafzucht einzuschränken, und die Regierung führte 1885 eine Steuer für Hunde ein. Diese bezog sich v. a. auf weibliche Tiere, wodurch die Zucht beinahe zum Erliegen kam und der St. John's Water Dog auf seiner Heimatinsel immer seltener wurde.

1974 unternahm Lady Jaqueline Barlow aus St. John's eine Reise quer über ihre Heimatinsel. Sie stieß dabei auf ein abgelegenes Fischerdorf, in dem sie ihren Worten nach auf drei Originale traf. Als der Amerikaner Richard Wolters 1980 ihren Spuren folgte, traf er auf Harold Melbourne, der in Grand Bruit, einem kleinen, extrem abgeschiedenen Ort an der unzugänglichen Südküste Neufundlands lebte. Tatsächlich begegnete er dort zwei 13 und 15 Jahre alten Rüden, die seiner Beschreibung nach in jeder Hinsicht einem Labrador sehr ähnlich sahen. Er schrieb: „... nicht wie ein heutiger Ausstellungshund, doch mit großer Ähnlichkeit zu so manchem Hund aus Field-Trial-Linien." Heute gilt der St. John's Water Dog als ausgestorben.

»Bolos Name war praktisch in der ganzen Welt bekannt. Zahlreich waren die Angebote, die ich für ihn bekam, aber ich konnte mich nicht von einem Hund trennen, der mich so sehr liebte und den ich ebenso liebte.«

Lorna Countess Howe

*Owlcroft Helena (*1970)*

GB FTCh. Tibea Tosh

Owlcroft Helena, die Stammhündin des Zwingers vom Keien Fenn

EINE WELTWEITE ERFOLGSGESCHICHTE

Seit Jahrzehnten gibt es in vielen Ländern der Welt Rassezuchtvereine, die sich dem Labrador Retriever verschrieben haben. Im Mittelpunkt ihrer Bestrebungen steht der Erhalt der Rasse in Bezug auf Gesundheit, Aussehen, Wesen und Leistung.

DER LABRADOR IN DEUTSCHLAND

Nach dem Zweiten Weltkrieg war der Labrador in Deutschland noch sehr selten anzutreffen. Aus jagdlicher Sicht bestand zunächst keinerlei Interesse, denn es gab genügend deutsche Rassen, die den Jagdgegebenheiten vor Ort entsprechen konnten. Neben den einheimischen Stöber- und Schweißhunden, Dackeln und Terriern wurde das Jagdhundewesen seit jeher von den Vorstehhunderassen dominiert, die als jagdliche Allrounder geführt werden.
Der erste im deutschen Jagdgebrauchshundestammbaumbuch eingetragene Labrador war der schwarze Rüde **Abraham v. d. Gaesdonk.** Bis Anfang 1986 wurden Retriever aller Rassen im Sammelzuchtbuch des VDH erfasst. Parallel dazu begann der **Deutsche Retriever Club e. V. (DRC)** mit einer handschriftlichen, internen Zuchtbuchführung. Der erste Wurf, der B-Wurf des Zwingers **v. d. Tannenreuth**, wurde am 12. Mai 1965 registriert. Aufzeichnungen über einen A-Wurf existieren nicht mehr.

Die 1970er Jahre

1970 gab es insgesamt nur 40 registrierte Labrador Retriever in ganz Deutschland. Erst im Verlauf der nächsten Jahre wurden verschiedene Zwinger gegründet.
Einer der bedeutsamsten war der 1971 von Helena Niehof (heute Dr. Helena Niehof-Oellers) ins Leben gerufene, noch heute bestehende Zwinger **Vom Keien Fenn**. Ihre aus England stammende Hündin Owlcroft Helena bewies sich sowohl auf deutschen Jagdprüfungen, als auch im Ausstellungsring und wurde Internationaler, VDH- und CSSR-Schönheitschampion. Aus der mit ihr begründeten Zuchtlinie gingen viele Stammhündinnen nachfolgender Zwinger hervor.
Anfang der 1990er Jahre wandte sich Helena Niehof immer mehr den englischen Field-Trial-Linien zu und importierte u. a. den englischen Deckrüden **GB FTCh. Tibea Tosh.**

INFO

Der Deutsche Retriever Club e. V. (DRC) wurde 1963 als erster Zuchtverein für alle Retriever-Rassen gegründet und kurz danach vom Dachverband für das deutsche Hundewesen (VDH) anerkannt. Die Vereinsaktivitäten gehen heute weit über das Zuchtgeschehen hinaus und umfassen alle Bereiche der Ausbildung sowie verschiedenste Prüfungsangebote.

*Poolstead Purser (*1969)*

Als praktizierender Tierärztin lag ihr seit jeher die Gesundheit der Rasse am Herzen. Im Rahmen ihrer Tätigkeit als Zuchtwartin des DRC setzte sie sich deshalb von 1975 bis 1983 engagiert für die **Einführung von Gesundheitsstandards bei Zuchthunden** ein. Das HD- und ED-Röntgen sowie jährlich zu wiederholende Augenuntersuchungen wurden fortan verpflichtend.
In den 1970er Jahren wurden noch weitere Hunde aus bekannten englischen Zwingern, wie **Poolstead, Timspring, Palgrave, Ballyduff, Blondella und Powhatan**, nach Deutschland importiert, von denen einige die Zucht maßgeblich beeinflussten. Gegen Ende der 1970er Jahre gewann das jagdliche Leistungswesen immer mehr an Bedeutung. Die 1979 80 vom DRC initiierte Bringleistungsprüfung erlaubte fortan nicht nur Jägern, sondern aus besonderen züchterischen Gründen auch Nichtjägern, den Labrador als sicheren Verlorenbringer prüfen zu lassen.

Die 1980er Jahre

In der zweiten Hälfte der 1980er Jahre begann die Labrador-Population in Deutschland stark anzuwachsen. Zahlreiche weitere Zwinger, wie **Vom Schnelter Bruch, Of Rembo, Ballycorner, Scandica, Cadonau's** oder **Aus Lühlsbusch**, nahmen in dieser Zeit ihren Anfang. Steigende Mitgliederzahlen machten es dem DRC ab 1986 möglich, ein Zuchtbuch in Eigenregie zu führen. Viele Zwinger dieser Zeit orientierten sich am **Dual-Purpose-Gedanken**. So auch der von Dr. Isabella und Dr. Fritz Kraft gegründete Zwinger **Aus Lühlsbusch**. Während sich Nachkommen aller drei Farbschläge auf Ausstellungen und Jagdprüfungen präsentierten, engagierte sich Dr. Isabella Kraft in verschiedenen Veröffentlichungen für die Rasse. Ihre in Zusammenarbeit mit Gary Johnson entstandenen Bücher „The Workers", „Labradors 2000" und „Labradors 2010" ermöglichten vielen Züchtern und Labrador-Liebhabern Einblicke in die Entwicklung englischer Zuchtlinien.

Die 1990er Jahre bis heute

Ende der 1980er, Anfang der 1990er Jahre gewann die Bekämpfung genetischer Erkrankungen im DRC immer mehr an Bedeutung. Der Verein etablierte zu diesem Zweck eine **Zuchtwertschätzung**, die seit 2016 unter Berücksichtigung moderner Erkenntnisse überarbeitet wird.
Eine Zwingererstbesichtigung und der Besuch von Züchterseminaren wurden zu obligatorischen Voraussetzungen für jeden Neuzüchter. Zugleich weiteten sich die **Vereinsaktivitäten des DRC** über das Zuchtgeschehen hinaus immer weiter auf den Ausbildungs- und Prüfungsbereich aus.
Heute werden nahezu flächendeckend verschiedenste Seminare und Ausbildungsgruppen für Retriever aller Altersgruppen angeboten. Ein breit gefächertes Prüfungsangebot reicht von Begleithunde- und Dummy-Prüfungen über Working Tests bis hin zu jagdlichen Prüfungen aller Leistungsstufen. Dabei hat sich insbesondere der Bereich der **Dummy-Arbeit** in den letzten 20 Jahren rasant entwickelt. Waren es vor der Jahrtausendwende noch familiär anmutende Veranstaltungen, sind heute Working Tests mit weit

---

INFO

1984 gründete sich durch eine Abspaltung des DRC der Labrador Club Deutschlands e.V. (LCD) mit dem Ziel, einen eigenständigen Rassehundezuchtverein für den Labrador ins Leben zu rufen. Auch wenn die Ausrichtung des LCD überwiegend ausstellungsorientiert ist, bietet er heute ein eigenes Prüfungssystem an.

über 100 Teilnehmern beinahe Standard. Parallel dazu stieg auch das Leistungsniveau der Hunde und erweist sich heute zunehmend als international konkurrenzfähig.
Anfang 2020 wurde im DRC die **Zuchtbuchnummer 24281** vergeben. Nach den Vereinszüchterlisten (Stand August 2018) gibt es heute 268 Labrador-Züchter im Deutschen Retriever Club e. V. und 607 im Labrador Club Deutschland e. V.
Höhepunkte der Vereinsaktivitäten sind die jährlich stattfindenden Clubschauen, der German Cup und das Working Test Finale des DRC sowie das Work und Show Wochenende des LCD.
Wie beliebt der Labrador Retriever in den letzten Jahren in Deutschland geworden ist, spiegelt die Welpen-Statistik der im Verband für das deutsche Hundewesen e. V. (VDH) registrierten Welpen wider. In rund 10 Jahren stieg er von Platz 22 im Jahr 2007 auf Platz 4 der aktuellen Top 50 der beliebtesten Hunderassen des VDH.

DER LABRADOR IN DEN VEREINIGTEN STAATEN

Die Jagd hatte in Amerika lange Zeit eine andere Bedeutung als in England, sie diente schlichtweg dem Überleben. Dies änderte sich erst Mitte des 19. Jahrhunderts. Mit der Entwicklung des Hinterladers wurde sie zunehmend zu einer weit verbreiteten Freizeitbeschäftigung. Dabei stellten die Weitläufigkeit des Landes sowie die herkömmlichen Jagd- und Wildarten vollkommen andere Ansprüche an die Hunde. Statt, wie in England üblich, auf Spezialisten zurückzugreifen, erweiterten die Amerikaner das Spektrum der bis dahin bevorzugten Setter und Pointer, die nun ebenfalls zum Stöbern und Apportieren eingesetzt wurden. So waren es auch hier zunächst andere als jagdliche Gründe, die in den 20er und 30er Jahren des 20. Jahrhunderts ein plötzliches Interesse am Labrador auslösten.

„America meets the Labrador!"

1917 wurde der erste Labrador in das Zuchtbuch des American Kennel Club (AKC) eingetragen. Die schwarze Hündin **Brocklehirst Floss** stammte aus Schottland und ihre Abstammung ging im Wesentlichen auf Lord Knutsfords Munden-Zwinger zurück.

Elf Jahre später erschien in der American Kennel Gazette ein enthusiastischer Artikel von Dr. G. H. Monro-Home mit dem Titel „Meet the Labrador". Er gehört zu den frühesten schriftlichen Dokumenten über den Labrador in Amerika. Der Artikel beschreibt das harmonische Zusammenspiel eines Setters und eines Labradors anlässlich einer Feld-Jagd. Der Autor hob dabei insbesondere die Standruhe, die Führigkeit, die hervorragende Nase und den Jagdverstand des Labradors hervor. Fünf Jahre später gründete **Jay F. Carlisle** einen der wichtigsten amerikanischen Zwinger unter dem Namen **Wingan**.

Der Labrador wird zum amerikanischen Status-Symbol

Während der 1920er Jahre machte sich unter wohlhabenden Amerikanern eine große Faszination für die englischen Herrschaftshäuser breit, die sich auch auf deren Jagdgewohnheiten erstreckte. In der Folge wurden schottische Wildhüter engagiert, um Jagden nach heimatlichem Vorbild zu organisieren. Damit rückte auch der Labrador mehr und mehr in den Fokus.

Titelbild des Time Life Magazins vom 12. Dezember 1938

Blind of Arden

»Ein wunderbar intelligenter, stämmiger Hund, immer freundlich mit Kindern und der Liebling aller weiblichen Zuschauer bei Field Trials, der pechschwarze Labrador ist in den USA erst in den letzten zehn Jahren populär geworden.«

Life Magazin Dezember 12,1938

Am 7. Oktober 1931 wurde der erste amerikanische **Labrador Retriever Club (LRC)** gegründet. Das erste lizenzierte Field Trial des Clubs fand am 21. Dezember 1931, die erste Spezialzuchtschau 1933 statt.
William Averell Harriman, später Gouverneur des Bundesstaates New York, verpflichtete 1913 den Schotten Tom Briggs. Er galt in seiner Heimat als erfahrener Wildhüter und begnadeter Hundeführer. Ende der 20er Jahre importierte W. Harriman **Peggy of Shipton, die Stammhündin seines Arden-Zwingers**. Aus ihrem zweiten Wurf mit dem Rüden **Odds On** 1933 gingen zwei der berühmtesten Hunde dieser Zeit hervor: **Field Champion Decoy of Arden** und **Field Champion Blind of Arden**. Von den ersten Tagen an bis zum Ausbruch des Zweiten Weltkriegs galt der Arden-Zwinger als äußerst erfolgreich an Field Trials und im Ausstellungsring. 1934 warb **Jay F. Carlisle** auf Empfehlung von Lorna Countess Howe den Schotten **Dave Elliott** an und begann, systematisch Hunde aus britischen Linien zu importieren.

Aus ehemaligen Wildhütern wurden im Lauf der Jahre professionelle Hundetrainer und -führer. Das ursprünglich aus England übernommene Prüfungssystem der Field Trials wurde von amerikanischen Trials abgelöst, die sich immer mehr in Richtung standardisierter Einzeltests entwickelten. Bis zum Zweiten Weltkrieg galt der vom Herausgeber E. F. Warner gestiftete **Field and Stream Award** als die begehrteste Auszeichnung. Später wurde sie von der **National Championship** abgelöst.

Nach dem Zweiten Weltkrieg veränderte sich auch die Gesellschaftsordnung in Amerika. Mit der aufstrebenden Mittelklasse explodierte die Popularität des Labradors förmlich. Seit beinahe 20 Jahren steht er nun an erster Stelle der beliebtesten Hunderassen in den USA. 2016 fielen im AKC knapp 30 000 Würfe mit über 200 000 eingetragenen Welpen.
Neben dem LRC gibt es zahlreiche weitere rassebetreuende Vereine, wie den Labrador Retriever Club of Potomac, dessen alljährliche Club-Show mit über 1 300 Meldungen mittlerweile als eine der weltweit wichtigsten Ausstellungen gilt.

DER LABRADOR GESTERN UND HEUTE

Das Erscheinungsbild und Wesen des Labradors spiegelt seine Geschichte und seinen ursprünglichen Verwendungszweck unmittelbar wider. Seine Anatomie ist darauf ausgerichtet unter schwierigsten Bedingungen, sowohl an Land als auch im Wasser, ausdauernd und energiesparend zu arbeiten. Zum Apportieren benötigt er nicht nur einen kräftigen Fang, sondern auch einen starken, gut bemuskelten Hals sowie eine muskulöse und gut gewinkelte Vorhand. Die ebenfalls starke und gut gewinkelte Hinterhand mit den tief gestellten Sprunggelenken gewährleistet einen kraftvollen Vorwärtsschub und macht ihn, unterstützt von den kompakten Pfoten, zu einem schnellen, ausdauernden Schwimmer.

Neben dem kräftigen Körperbau, der kurzen Lendenpartie, dem breiten Oberkopf und der tief gewölbten Brust sind es v. a. zwei Besonderheiten, die ihn unverwechselbar machen: seine als Ruder dienende dicke Otterrute und sein wetterfestes, isolierendes Haarkleid. Die typische Otterrute ist an der Basis dick und verjüngt sich zur Spitze hin. Sie sollte bis maximal zum Sprunggelenk reichen und in Fortsetzung der Wirbelsäule gerade getragen werden. Das Haarkleid des Labradors wird im Standard als kurz, dicht, nicht wellig und ohne Befederung beschrieben. Das viel zitierte Doppelfell (engl. double coat) besteht aus kurzem, härterem Deckhaar und dichter, wetterfester Unterwolle. Durch spezielle Talgdrüsen wird das Fell fortlaufend imprägniert und fühlt sich daher leicht ölig an.

Der Labrador ist ein kraftvoller, ausdauernder Schwimmer.

DER RASSESTANDARD DES KC UND DER FCI

Als Ursprungsland des modernen Labradors gilt Großbritannien. Der 2010 letztmalig revidierte Standard des englischen Kennel Clubs (KC) wurde von der Fédération Cynologique Internationale (FCI), der weltweiten Dachorganisation der Rassezuchtvereine, übernommen.

FCI-STANDARD NR. 22 / 20.01. 2012 / DE

Übersetzung von Uwe H.Fischer, ergänzt und überarbeitet von Christina Bailey Offizielle Originalsprache (EN)

URSPRUNG Großbritannien
DATUM DER PUBLIKATION DES GÜLTIGEN OFFIZIELLEN STANDARDS 13. 10. 2010
VERWENDUNG Apportierhund
KLASSIFIKATION FCI Gruppe 8 Apportierhunde, Stöberhunde, Wasserhunde
Sektion 1 Apportierhunde. Mit Arbeitsprüfung

KURZER GESCHICHTLICHER ABRISS

Es wird allgemein angenommen, dass der Labrador Retriever von der Küste Neufundlands abstammt, wo Fischer gesehen wurden, die einen ähnlich aussehenden Hund zum Apportieren der Fische benutzten. Ein vorzüglicher Wasserhund, dessen Veranlagung durch sein wasserabweisendes Haar und seine einzigartige Rute, welche von otterähnlicher Form ist, betont wird.
Im Vergleich ist der Labrador keine sehr alte Rasse; sein Rasseclub wurde 1916 gegründet und der Gelbe Labrador Retriever Club wurde im Jahr 1925 gegründet. Der frühe Ruhm des Labradors stammt von den Arbeitsprüfungen, welche ursprünglich im späten 18. Jahrhundert von Col. Peter Hawker und dem Earl von Malmesbury in dem Land eingefuhrt wurden. Ein Hund mit dem Namen Malmesbury Tramp wurde von Lorna, Countess Howe, als einer der Grundstöcke des modernen Labradors beschrieben.

ALLGEMEINES ERSCHEINUNGSBILD

Kräftig gebaut, kurz in der Lendenpartie, sehr rege **(welches übermäßiges Gewicht oder Substanz ausschließt)**; breiter Oberkopf; breit und tief in Brust und Rippenkorb; breit und stark in Lende und Hinterhand.

VERHALTEN CHARAKTER (WESEN)

Ausgeglichen, sehr aufgeweckt. Vorzügliche Nase, weiches Maul; begeisternde Wasserfreudigkeit. Anpassungsfähiger, hingebungsvoller Begleiter. Intelligent, eifrig und willig, mit großem Bedürfnis, seinem Besitzer Freude zu bereiten. Von freundlichem Naturell, mit keinerlei Anzeichen von Aggressivität oder deutlicher Scheue.

KOPF

OBERKOPF

Schädel Breit, gut modelliert ohne fleischige Backen
Stopp Deutlich ausgeprägt

GESICHTSSCHÄDEL

Nasenschwamm Breit, gut ausgebildete Nasenlöcher
Fang Kraftvoll, nicht spitz
Kiefer Zähne Kiefer von mittlerer Länge; Kiefer und Zähne kräftig mit einem perfekten, regelmäßigen und vollständigen Scherengebiss, wobei die obere Schneidezahnreihe ohne Zwischenraum über die untere greift und die Zähne senkrecht im Kiefer stehen.
Augen Mittelgroß, dabei Intelligenz und gutes Wesen zeigend, braun oder haselnussfarben.
Ohren Nicht groß oder schwer, dicht am Kopf anliegend, hoch und ziemlich weit hinten angesetzt.

HALS

Trocken, stark, kraftvoll, in gut gelagerte Schultern übergehend.

KÖRPER

Obere Profillinie Obere Linie gerade
Lendenpartie Breit, kurz und kräftig
Brust Von guter Breite und Tiefe, stark gewölbter, fassförmiger Rippenkorb, **dieser Eindruck darf nicht durch übermäßiges Gewicht erreicht werden.**

RUTE

Kennzeichnendes Merkmal, sehr dick am Ansatz, sich allmählich zur Rutenspitze verjüngend, mittellang, ohne Befederung, jedoch rundherum

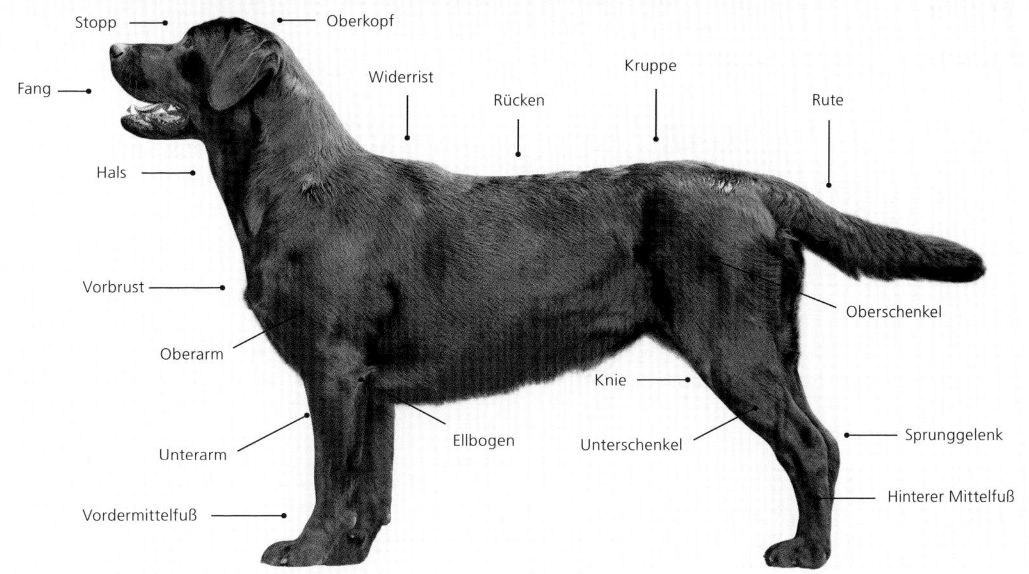

stark mit kurzem, dickem und dichtem Fell bedeckt, damit in der Erscheinung „rund", dies wird mit „Otterschwanz" umschrieben. Kann fröhlich, sollte jedoch nicht gebogen über dem Rücken getragen werden.

GLIEDMASSEN

VORDERHAND

Allgemeines Vorderläufe vom Ellenbogen bis zum Boden gerade, sowohl von vorn als auch von der Seite betrachtet.
Schultern Schulterblätter lang, schrägliegend
Unterarm Vorderläufe von guter Knochenstärke und gerade.
Vorderpfoten Rund, kompakt; gut aufgeknöchelt und mit gut ausgebildeten Ballen.

HINTERHAND

Allgemeines Gut ausgebildete Hinterhand, zur Rute hin nicht abfallend.
Knie Gut gewinkelt
Sprunggelenke Hacken tiefstehend. Kuhhessigkeit im höchsten Masse unerwünscht.
Hinterpfoten Rund, kompakt, gut aufgeknöchelt und mit gut ausgebildeten Ballen.

GANGWERK

Frei, raumgreifend, dabei in Vor- und Hinterhand gerade und parallel.

HAARKLEID

Haar Kennzeichnendes Merkmal, kurz, dicht, nicht wellig, ohne Befederung, fühlt sich ziemlich hart an; wetterbeständige Unterwolle.

FARBE

Einfarbig schwarz, gelb oder leber- schokoladenbraun. Gelb reicht von Hellcreme bis Fuchsrot. Ein kleiner, weißer Brustfleck ist statthaft.

GRÖSSE

Ideale Widerristhöhe Rüden 56 – 57 cm, Hündinnen 54 – 56 cm

FEHLER

Jede Abweichung von den vorgenannten Punkten muss als Fehler angesehen werden, dessen Bewertung in genauem Verhältnis zum Grad der Abweichung stehen sollte und dessen Einfluss auf die Gesundheit und das Wohlbefinden des Hundes zu beachten ist und seiner Fähigkeit, die verlangte rassetypische Arbeit zu erbringen.

DISQUALIFIZIERENDE FEHLER

Aggressive oder übermäßig ängstliche Hunde.
Hunde, die deutliche physische Abnormalitäten oder Verhaltensstörungen aufweisen, müssen disqualifiziert werden.

N. B.

Rüden müssen zwei offensichtlich normal entwickelte Hoden aufweisen, die sich vollständig im Hodensack befinden.
Zur Zucht sollen ausschließlich funktional und klinisch gesunde, rassetypische Hunde verwendet werden.

Die letzten Änderungen sind in Fettschrift.

☞ INTERESSANTE PUNKTE IN DER ENTWICKLUNG DES RASSESTANDARDS

MERKMAL	1916	1950	1986/87	2010
STOPP	Slight Leicht	Pronounced Ausgeprägt	Defined Deutlich ausgeprägt	Defined Deutlich ausgeprägt
	Während Lord Knutsford 1923 in einem Artikel über die Charakteristika des Labrador Retrievers noch schrieb: „The ‚stop' is not very pronounced" („The Labrador Retriever – its History, Points and Training", Leslie Sprake 1933), wurde er im Laufe der Jahre immer ausgeprägter.			
KIEFER	Die Kiefer sind lang und kraftvoll, völlig frei von Geschnürtsein oder übertriebener Länge.	Kiefer von mittlerer Länge, kraftvoll, nicht geschnürt.	Kiefer von mittlerer Länge, kraftvoll, nicht spitz.	
	Eine angepasste Kiefer- bzw. Fanglänge stellt ein entscheidendes Merkmal für einen Apportierhund dar. Ein zu kurzer Fang, wie er heute manchmal zu sehen ist, erschwert das Apportieren von stärkerem Wild.			

DIE ENTWICKLUNG DES RASSESTANDARDS VON 1916 BIS 2010

Vor Gründung des englischen Labrador Retriever Clubs (LRC) im April 1916 wurden Retriever mit Zustimmung des Kennel Clubs derjenigen Rasse zugeordnet, der sie am meisten ähnlich sahen. Dies führte u. a. dazu, dass im Januar 1916 ein als Labrador registrierter Rüde namens Horton Max, dessen Vater nachweislich der rassereine Flatcoated Retriever Ch. Darenth war, im Labrador-Ausstellungsring eine Anwartschaft auf den Ausstellungs-Champion-Titel erhielt. Als er diesen Erfolg kurze Zeit später wiederholte, trafen sich Interessierte beider Rassen und beschlossen die Gründung eines Vereins zum Schutze und zur Förderung des Labrador Retrievers. Dies war die Geburtsstunde des LRC. Das Gründungskomitee unter Leitung von Arthur Henry Holland-Hibbert und Mr. Twyford erstellte einen ersten offiziellen Rassestandard für den Labrador, einen **Standard of Points.** Er enthielt sowohl eine Beschreibung des Erscheinungsbildes, als auch der gewünschten Eigenschaften.
1950 wurde er erstmals überarbeitet und ergänzt. Neu aufgenommen wurden das korrekte Scherengebiss, die wetterbeständige Unterwolle sowie die Widerristhöhen für Rüden und Hündinnen. Erstmals fanden auch die drei Farbschläge Erwähnung.
Nach einigen weiteren geringfügigen Änderungen 1982 und 1986/87 erfuhr der Standard erstmals 2010 wieder eine bemerkenswerte Überarbeitung. Da auf Ausstellungen immer schwerere, massivere Hunde präsentiert und prämiert wurden, sah sich die Standard-Kommission dazu veranlasst, klarzustellen, dass es sich zwar um eine kräftig gebaute, aber auch sehr rege Jagdhunderasse handele, womit weder ein übermäßiges Gewicht noch übermäßige Substanz vereinbar seien. Dies wird in der Beschreibung der Brustpartie nochmals unterstrichen, indem darauf hingewiesen wird, dass der Eindruck eines stark gewölbten, fassförmigen Rippenkorbs nicht durch übermäßiges Gewicht erreicht werden darf.

DER RASSESTANDARD DES AMERIKANISCHEN KENNEL CLUBS (AKC)

Ursprünglich gab es zwischen dem englischen und dem amerikanischen Rassestandard keine Unterschiede. Diese ergaben sich erst nach ersten Revisionen. Besonders auffällig wurde eine sich abkoppelnde Größenentwicklung.

Drei Farben, zwei Zuchtlinien: Der gelbe Rüde stammt aus Field-Trial-, die Hündinnen aus Standardlinien.

Größenvergleich zwischen einer Hündin aus englischen Field-Trial-Linien und einem amerikanischen Rüden

☞ DIE WICHTIGSTEN UNTERSCHIEDE AUF EINEN BLICK

MERKMAL	FCI-STANDARD (STAND 2010)	AKC-STANDARD (STAND 1994)
ALLGEMEINES ERSCHEINUNGS-BILD	Kurze und prägnante Beschreibung der anatomischen Merkmale, die das typische Erscheinungsbild eines Labradors ausmachen.	Im Mittelpunkt steht der Ursprung der Rasse als Jagdhund sowie diejenigen körperlichen und wesensmäßigen Merkmale, die einen leistungsfähigen Retriever auszeichnen.
STOPP	Deutlicher Stopp	Mäßiger Stopp
GEBISS	Perfektes, regelmäßiges und vollständiges Scherengebiss	Regelmäßiges Scherengebiss, ein Zangengebiss ist nicht erwünscht, wird aber toleriert. Fehlende Molaren oder Prämolaren gelten als Fehler.
BRUST	Von guter Breite und Tiefe, stark gewölbter, fassförmiger Rippenkorb, **dieser Eindruck darf nicht durch übermäßiges Gewicht erreicht werden.**	… schöne Rippenwölbung, die sich zu einem mäßig breiten Brustkorb abflacht. […] Eine korrekte Brustbildung führt zu einer Stellung der Vorderläufe, die ein uneingeschränktes Vorgreifen der Vorderläufe erlaubt. Eine Brustbreite, die für kraftvolle Bewegung und Ausdauer entweder zu breit oder zu schmal ist, ist unkorrekt. Flachrippige Einzeltiere sind für die Rasse nicht typisch, ebenso fehlerhaft sind Exemplare mit runder oder fassförmiger Rippenwölbung.
GRÖSSE	Ideale Schulterhöhe Rüden: 56 – 57 cm Hündinnen: 54 – 56 cm	Widerristhöhe Rüden: 57,2 – 62,2 cm Hündinnen: 54,6 – 59,7 cm Jede Abweichung von mehr als 1,27 cm von diesen Werten führt zur Disqualifikation.

Die drei anerkannten Farbschläge: einfarbig schwarz, gelb oder leber- schokoladenbraun

ANERKANNTE FARBSCHLÄGE

Der Rassestandard erkennt drei Farben an: Einfarbig schwarz, gelb oder leber- schokoladenbraun (engl. chocolate), wobei das Gelb von Hellcreme bis hin zu Fuchsrot variieren kann und ein kleiner, weißer Brustfleck statthaft ist.

SCHWARZ

Das schwarze Farb-Gen verhält sich dominant zu Gelb und Braun und ist deshalb die häufigste Fellfarbe beim Labrador. Allerdings bedeutet Schwarz nicht unbedingt Tiefschwarz! Je nach Zuchtlinie und genetischer Disposition kann die Unterwolle der Schwarzen auch einen Stich ins Graue oder Rötlichbraune haben, was dem Fell ein eher mattschwarzes Aussehen verleiht. Welpen mit etwas stumpferem und plüschigerem Fell haben meist eine sehr gute Unterwollanlage, während lackschwarz wirkende Hunde oft zu wenig Unterwolle aufweisen. Augenlider, Lefzen und Nasenschwamm der Schwarzen sind immer schwarz pigmentiert.

GELB

Meist ist die Färbung der Gelben nicht einheitlich. Am Kopf, den Schultern und dem Hals fin-

Das Leber- Schokoladenbraun kann von hell cappucinofarben bis hin zu tief dunkelbraun variieren.

den sich häufig hellere, an den Behängen, über dem Rücken und an den Sprunggelenken dunklere Farbpartien. Oft besitzen sie eine sehr üppige und im Vergleich zum Deckhaar hellere Unterwolle. Die Pigmentierung der Lidränder, Lefzen und des Nasenspiegels sollte möglichst dunkel sein. Hellt sich der Nasenschwamm in der Winterzeit auf und dunkelt in den Sommermonaten wieder nach, spricht man von einer Wechselnase. Als Dudleys werden Gelbe bezeichnet, die aufgrund einer bestimmten Gen-Kombination kein schwarzes Pigment bilden können. Sie besitzen hellgelbe Augen und eine fleisch- bzw. leberfarbige Nase sowie entsprechende Augenlider.

LEBER- SCHOKOLADENBRAUN

Die Fellfarbe des braunen Labradors ist meist einheitlich, kann aber von einem hellen Milchkaffee-Ton über ein sattes Rot- oder Mittelbraun bis hin zum erwünschten Tiefbraun variieren. Während des Haarwechsels, bei manchen Hündinnen auch während der Läufigkeit, können sich einzelne Partien unregelmäßig aufhellen. Die Unterwolle der Braunen ist i. d. R. ebenfalls braun, wobei es, ähnlich wie bei den Schwarzen, auch hier leichte Farbunterschiede geben kann. Das Pigment von Nase, Lefzen und Augenlidern ist durchgängig braun. Aufgrund ihres farbgenetischen Hintergrunds haben sie meist etwas hellere Augen.

DIE ENTWICKLUNG DER FARBSCHLÄGE

Obwohl die Farbe Schwarz lange Zeit vorherrschte, fand sich bereits in Colonel P. Hawkers **Instructions to Young Sportsmen** (1814) ein ausdrücklicher Hinweis darauf, dass noch andere Farben existierten, deren Genetik aller Wahrscheinlichkeit nach bereits mit den Hunden aus Neufundland eingeführt wurde.

Der erste im Kennel Club registrierte gelbe Labrador war **Ben of Hyde** (*1899). Nach Gründung des **Yellow Labrador Retriever Clubs** 1924 gab es Bestrebungen, einen eigenen Rassestandard zu etablieren, da sich das Erscheinungsbild vom typischen schwarzen Vertreter der Rasse unterschied. Lorna Countess Howe schrieb in „The Popular Labrador Retriever" (1957): „... zu jener Zeit waren die Gelben loser im Hals als die Schwarzen. Normalerweise, und das tun sie noch heute, ragten sie in der Dichte des Haarkleids und der so sehr erwünschten Otterrute heraus." Häufig zu beobachten waren auch schlecht getragene, zu große Ohren, ein extrem kurzer Hals, eine zu steile Schulter, eine ungleichmäßige Fellfärbung sowie ein zu helles Auge, das dem gewünschten Ausdruck eines Labradors widersprach. Da die Farbschläge jedoch unzweifelhaft auf dieselben Urahnen zurückgingen, lehnte der Kennel Club eine Abspaltung ab. 1959 wurde der Rassestandard uneingeschränkt für alle Farbschläge offiziell anerkannt.

*Ben of Hyde (*1899)*

Eine planmäßige Zucht des braunen Labradors begann erst Ende der 1930er Jahre. Während sich anfangs nicht viele Züchter für die Farbe interessierten, ist sie in jüngster Zeit enorm in der Beliebtheitsskala gestiegen. Nachdem sie zunächst nur in Standard- Ausstellungslinien zu finden war, bemühen sich eine Handvoll englischer Züchter seit einigen Jahren, die Farbe durch gezieltes Einkreuzen schwarzer Field-Trial-Linien auch dort zu etablieren. 2008 startete erstmals ein brauner Labrador auf den IGL Retriever Championships. Seine Ahnentafel ging u. a. auf GB FTCh. Tasco Dancing Brave of Willowyck, GB FTCh. Shot of Palgrave und GB FTCh. Palgrave Holly zurück.

DIE FARBVERERBUNG BEIM LABRADOR

Die Farbvielfalt der Hunde bestimmt sich über 12 Gene, die international mit den Buchstaben A, B, C, D, E, G, K, M, P, S, T und W bezeichnet werden. Sie kontrollieren sowohl die Farbgebung an sich, als auch deren Ausdehnung bzw. das Auftreten spezieller Abzeichen.

Die Fellfärbung des Labradors beruht auf einem **Zusammenspiel** der **B- und E-Serie.** In der **B-Serie** gibt es zwei Allele, das **dominante B** und das **rezessive b.** Das dominante **B** erlaubt die Produktion schwarzen Pigments, dass rezessive **b** nicht. Da in allen Zellen Gen-Paare vorliegen, sind folgende Kombinationen möglich: **BB, Bb** oder **bb.** Während die Kombinationen **BB** und **Bb** aufgrund der Dominanz des **B** schwarzes Pigment bilden können, kann die Kombination **bb** dies nicht. Sie ist deshalb verantwortlich für die braune Fellfarbe, das leberfarbige Pigment sowie die gelegentlich helleren Augen.

Die **E-Serie** ist nicht direkt für das Produzieren einer Farbe, sondern für die Verteilung von dunkler Farbe auf der Körperoberfläche verantwortlich. In der Regel spielen beim Labrador nur die Kombinationen **EE, Ee** und **ee** eine Rolle. Das dominante Allel **E** erlaubt unter der Voraussetzung,

Die Farbe Gelb – von Hellcreme bis hin zu Fuchsrot

dass der Hund auch das dominante Allel **B** trägt, das für dunkle Augen und einen dunklen Nasenschwamm verantwortlich ist – die Ausdehnung von schwarzem oder braunem Pigment auf der ganzen Körperoberfläche. Das rezessive Allel **e** hingegen unterdrückt die Ausbildung von dunklem Pigment, wovon jedoch Augen, Nasenschwamm und Ballen ausgenommen sind. Daraus ergibt sich, dass ein Labrador mit **ee** weder schwarz noch braun sein kann. Dies bedeutet im Umkehrschluss, dass alle schwarzen und braunen Labrador Retriever das dominante Allel **E** tragen. Züchterisch muss besonderes Augenmerk auf die Kombination **bbee** gelegt werden. Die sog. Gelb-Braunen oder auch Dudleys sind Gelbe, die kein schwarzes Pigment bilden können. Ihre Augen sind i. d. R. hellgelb (im Welpenalter hellblau), Nase, Zahnfleisch und Lidränder sind rosa. Sie können aus allen Verpaarungen hervorgehen, bei denen beide Partner sowohl ein **b** als auch ein **e** tragen. **Dies kann sowohl bei phänotypisch schwarzen, gelben als auch braunen Elterntieren der Fall sein!**

FARBABWEICHUNGEN UND FEHLER

Die Geschichte zeigt, dass an der frühen Entwicklung des Labrador Retrievers verschiedene Rassen beteiligt waren. Einkreuzungen fanden entweder gezielt zur Fixierung bestimmter Eigenschaften oder in Ermangelung ausreichender Zuchttiere statt. Ihr Erbe wird auch heute noch in Form bestimmter Farbabweichungen sichtbar, die sich i. d. R. autosomal-rezessiv vererben.
Die häufigsten Farbabweichungen sind **weiße Abzeichen**, wie sie auch für den St. John's Water Dog kennzeichnend waren, oder sog. **Bolo Pads**. Weitaus seltener finden sich **Black-and-Tan- bzw. Chocolate-and-Tan-Färbungen** oder eine **partielle Stromung (engl. brindle-hair)**.

In seltenen Fällen fallen innerhalb eines Wurfes auch einzelne langhaarige Welpen. Da sich das Kurzhaar-Gen dominant über das Langhaar-Gen verhält, müssen beide Elterntiere ebenfalls Merkmalsträger sein.

☞ MÖGLICHE GEN-KOMBINATIONEN BEIM LABRADOR

BBEE	BBEe	BbEE	BbEe	BBee	Bbee	bbee	bbEE	bbEe
Reinerbig schwarz	Schwarz trägt Gelb	Schwarz trägt Braun	Schwarz trägt Gelb und Braun	Gelb, dunkles Pigment	Gelb trägt Braun, dunkles Pigment	Gelb trägt Braun, Pigment leberfarben	Braun	Braun trägt Gelb

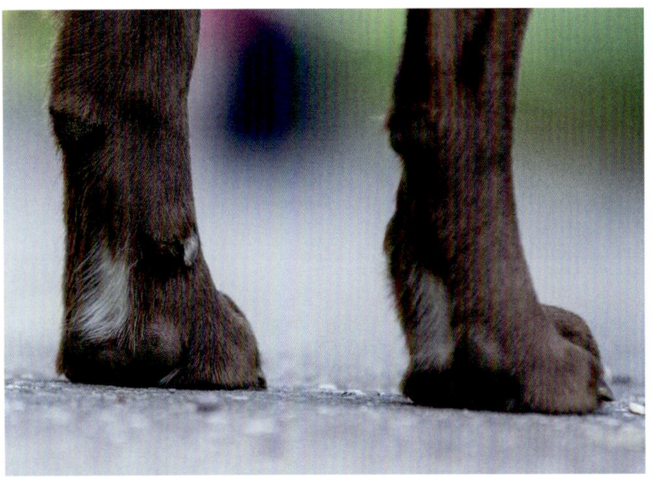
Typische Bolo Pads

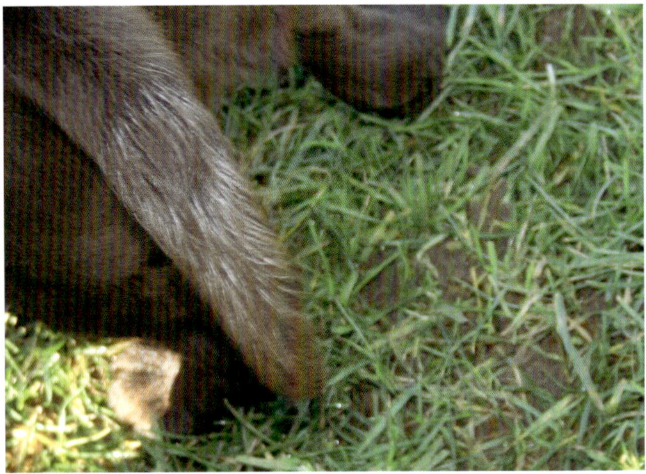
Einzelne weiße Haare an der Rute

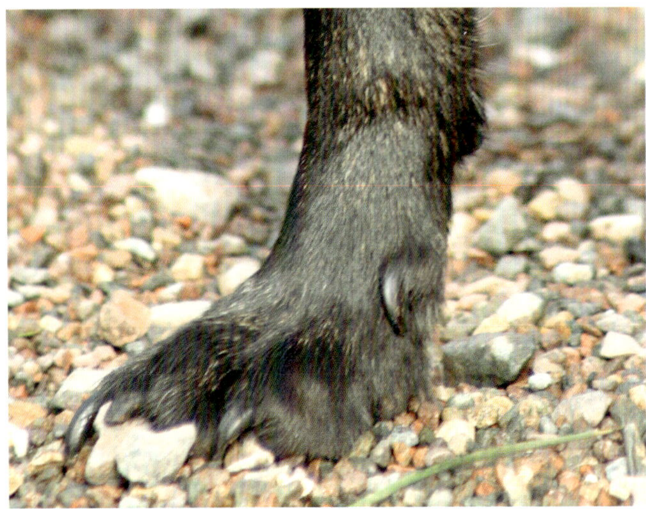
Brindle Hair

WEISSE FLECKEN

Ein kleiner, weißer Fleck an der Brust oder der Rückseite der Pfoten direkt oberhalb der Ballen, sog. **Bolo Pads**, ist relativ häufig. Während Bolo Pads als Erbe des Dual Champions Banchory Bolo gelten, wird für das Auftreten weißer Flecken der Working Sheepdog verantwortlich gemacht, der eventuell zur Verbesserung der Führigkeit eingekreuzt wurde.
Verantwortlich für die Verteilung der Pigmentzellen sind die Allele der **S-Serie**. Da der Labrador als reinerbig für das Allel **S** gilt, fallen, abgesehen von kleineren Arealen, in denen die Einwanderung von Pigmentzellen unterbleiben kann, i. d. R. komplett pigmentierte Welpen.

EINZELNE WEISSE HAARE

Einzelne weiße oder gelbliche Haare, die auf einen Körperteil, wie z. B. die Rute, begrenzt sind oder sich über den ganzen Körper erstrecken, treten v. a. beim jungen Labrador auf.
Meist beginnen sie erst im Alter von einigen Wochen zu wachsen. Der genaue Erbgang ist nicht bekannt, in den meisten Fällen verschwinden sie von selbst wieder.

SCHWARZE HAARE

Das Auftreten schwarzer Haare bzw. Flecken beim gelben Labrador beruht auf einer **somatischen Mutation**. Aufgrund eines fehlerhaften Kopiervorgangs im Laufe der frühgeburtlichen Entwicklung wird aus dem **e-Gen** einer gelbcodierten Pigment-Stammzelle ein schwarzcodiertes **E-Gen**. Diese neue Codierung wird im Rahmen der Zellteilung weiter reproduziert und führt von einzelnen schwarzen Haaren bis hin zu ausgedehnten schwarzen Flecken.

BLACK AND TAN BZW. CHOCOLATE AND TAN

Neben der schwarzen oder braunen Grundfärbung treten an Kopf, Brust und Läufen hellbraune Abzeichen auf, wie sie z. B. vom Gordon Setter bekannt sind. Es handelt sich um ein rezessiv bedingtes Merkmal, für dessen Auftreten eine Kombination eines rezessiven Allels der **K-Serie** (k) mit einem rezessiven Allel der **A-Serie** (a^t) verantwortlich gemacht wird.

BRINDLE HAIR

Die seltene partielle Stromung beruht auf einer Kombination eines rezessiven Allels der **K-Serie** (kb^r) mit einem rezessiven Allel der **A-Serie** (a^t). Meist sind Brindle-Abzeichen zunächst schwer zu erkennen. Mary Roslin-Williams sprach in **Advanced Labrador Breeding (1988)** von „splashed Labradors": „Die Sprenkelung tritt nicht in Erscheinung, bis der Welpe etwa vier Monate alt ist, und weil sie unter den Flanken und an den unteren Teilen der Innenseite der Beine erscheint, fällt sie nicht auf. Dann beginnt man eines Tages den Welpen, nachdem er im Regen draußen gewesen ist, abzutrocknen, und zum Erstaunen kann etwas ‚Schmutz' nicht abgerieben werden. Man rubbelt und rubbelt und am Ende untersucht man die Sprenkelchen genauer und stellt fest, dass es sich um farbige Haarbüschel handelt, meist genau in der Farbe von „Schmutz" oder ab und zu mal goldfarben."

Black and Tan

SILBER, CHARCOAL, CHAMPAGNER & CO.

In Amerika hat sich vor einigen Jahren ein Stamm silberfarbiger Labradors etabliert, deren Nachkommen auch immer häufiger in Europa anzutreffen sind. Sie zeigen die Fell-, Pigment- und Augenfarbe eines Weimaraners. Verantwortlich ist das **D- oder Dilutions-Gen**. Während die Gen-Paare **DD** und **Dd** ein unverdünntes, kräftiges Pigment bedingen, führt die Kombination **dd** zu einer **Aufhellung der durch andere Gene erzeugten Grundfarben** – aus Schokoladenbraun wird Silber, aus Schwarz Charcoal und aus Gelb Champagner.

Die Frage, ob das pigmentverdünnende **D-Gen** seit jeher in der Labrador-Population ruhte oder erst durch Einkreuzungen in jüngerer Zeit Einlass fand, konnte nicht zweifelsfrei geklärt werden. Da die Gen-Kombination **dd** in verschiedenen anderen Rassen zu gesundheitlichen Risiken bzw. Beeinträchtigungen führt, ist eine darauf abzielende Selektion jedoch als kritisch einzustufen. Nachdem silberne, charcoal- oder champagnerfarbene Labradors **nicht dem Standard** entsprechen, sind sie vom Zucht-und Prüfungsgeschehen sowie vom Ausstellungswesen der anerkannten Rassezuchtvereine ausgeschlossen.

Silber

DAS TRAUMZIEL – DER DUAL-PURPOSE-LABRADOR

In den frühen Jahren der Rasse konnte ein Labrador Retriever durchaus im Ausstellungsring platziert werden und am darauffolgenden Tag anlässlich eines Field Trials brillieren. Aus dieser Zeit stammt auch der Begriff des **Dual Purpose Dog**. Und doch geschah es in den vergangenen 100 Jahren nur zehnmal, dass ein Hund in beiden Bereichen auch **Champion-Qualitäten** unter Beweis stellen konnte und der Titel des englischen **Dual Champions** vergeben wurde.
Der letzte Labrador, dem diese Ehre bis heute zuteil wurde, war Mrs. Wormalds gelber Rüde **Knaith Banjo** (*1946).

INFO

Der Dual-Champion-Titel wurde denjenigen Hunden verliehen, die sowohl einen Field-Trial-Champion-Titel als auch einen Ausstellungschampion-Titel erringen konnten.

DIE AUFSPALTUNG DER ZUCHTLINIEN

Als die Popularität des Labradors stetig zunahm, deutete sich spätestens in den 1930er Jahren eine Aufspaltung in Standard- / Ausstellungs- und Field-Trial-Linien an. Im Bestreben, einen einheitlichen Typ zu erhalten, legte der Labrador Retriever Club (LRC) den Züchtern nahe, Arbeitsanlagen und standardgemäßes Aussehen bei der Wahl ihrer Zuchthunde gleichermaßen zu berücksichtigen.
Dies war auch einer der Gründe, die zur Einführung des **Working Certificate for Bench Winners** führte. Leslie Sprakes schrieb 1933 in „The Labrador Retriever – its history, points and training“: „... glücklicherweise erließ der Kennel Club in den frühen Ausstellungstagen des Retrievers 1909 die Vorschrift, dass kein Retriever den Titel eines Ausstellungschampions erhalten konnte, ohne zu zeigen, dass er Arbeitsqualitäten besaß, indem er

*Dual Champion Knaith Banjo (*1946)*

Beim WC kam es mehr auf die Anlage als auf die Ausführung an

ein Arbeitszertifikat gewann. Bis diese Regel durchkam, erhielt jeder Hund, der an Ausstellungen drei Anwartschaften unter drei verschiedenen Richtern gewonnen hatte, den Titel eines Champions. Ein Retriever mochte unfähig sein, zu apportieren, oder sogar schussscheu sein oder ein hartes Maul haben, aber er konnte immer noch Champion der Rasse werden." Ziel des Certificate war eine Überprüfung **der typischen Anlagen eines Retrievers**, wie der Schussfestigkeit, der Weichmäuligkeit, der Apportier- und Suchfreude. Weitere Hinweise auf die Bemühungen, die allmählich voranschreitende Aufspaltung der Linien noch aufzuhalten, finden sich in vielen schriftlichen Dokumenten dieser Zeit. So erinnerte sich Lorna Countess Howe in „The Popular Labrador Retriever" (1957) an Lord Knutsfords Worte: „... sollten Leute, die reine Schönheitshunde wollen, sich eine andere Rasse suchen und nicht den Labrador in Hunde aufteilen, die auf der Jagd von praktischem Nutzen sind, indem sie Wild apportieren, sowie in Hunde, die ausschließlich Cavaliere der Ausstellung sind. Der Labrador hat so klar gezeigt, dass er beides machen kann, und es liegt an denen, die die Rasse lieben, denen das Interesse dieser Rasse sehr am Herzen liegt, dass dieser gute Ruf beibehalten wird." Weiter appellierte sie an die Liebhaber der Rasse: „Es besteht diesbezüglich in der Gegenwart einige Gefahr. Lasst uns aufpassen – ehe es zu spät ist. Die großen Hunde der Vergangenheit haben so gekonnt sowohl Schönheit und Intelligenz aufrechterhalten, wir sollten versuchen, diesen sehr hohen Standard zu bewahren."

Lord Knutsford mit seinen Munden-Labradors

Und doch schien die Entwicklung nicht mehr aufzuhalten zu sein. Waren es zu Beginn v. a. wohlhabende Aristokraten und Angehörige der Oberschicht, die den Labrador als Jagdhund schätzten, erstreckte sich das Interesse an der Rasse in zunehmendem Maße auf alle Bevölkerungsschichten. Es setzte ein regelrechter Boom auf den Labrador als Ausstellungs-, Freizeit- und Familienhund ein, der nicht ohne Auswirkungen auf die Zucht blieb.

☞ GB: CHAMPION, SHOW CHAMPION UND FIELD TRIAL CHAMPION

CHAMPION (CH.)	Ausstellungschampion **mit** Nachweis der natürlichen Arbeitsanlagen über ein Field Trial Resultat oder das Bestehen des Show Gundog Working Certificates
SHOW CHAMPION (SH. CH.)	Ausstellungschampion **ohne** Nachweis der natürlichen Arbeitsanlagen. Dieser Titel wurde erst 1958 vom Kennel Club eingeführt. Bis dahin durfte ein Hund aus der Gundog Group nur dann den Titel führen, wenn er zumindest einen Qualifier ähnlich des heutigen Show Gundog Working Certificates nachweisen konnte.
FIELD TRIAL CHAMPION (FTCH.)	Jagdarbeitschampion

DIE WEITERE ENTWICKLUNG

Der nachfolgende Streifzug durch das 20. Jahrhundert gibt einen kleinen Einblick über die Entwicklung der Standard- Ausstellungs- und Field-Trial-Linien. Stellvertretend für die vielen, die sie beeinflusst und mitgestaltet haben, stehen einige wenige der bedeutendsten Zwinger und Hunde der einzelnen Dekaden.

DIE 1920ER JAHRE

Die herausragenden Zwinger der 1920er Jahre waren unzweifelhaft Lady Howes **Banchory**- und Thomas W. Twyfords **Whitmore-Labradors**. Beide Zwinger stellten auf Ausstellungen und Field Trials unter Beweis, dass sie mit den besten Hunden ihrer Zeit konkurrieren konnten, und ihr Einfluss auf die Zucht war groß.
Auch die königliche Familie begeisterte sich von Beginn an für die Rasse. Der **Sandringham-Zwinger** besteht seit 1911 und das Hauptaugenmerk lag seit jeher auf der Jagdtauglichkeit der Hunde. Über Jahrzehnte hinweg präsentierten sich Sandringham-Labradors erfolgreich auf Field Trials und im Ausstellungsring. Die gegenwärtige Monarchin Queen Elisabeth II., die selbst Field-Trial-Richterin ist, stellt alle vier Jahre ihren Landsitz für die IGL Retriever Championship zur Verfügung und lässt es sich dabei nicht nehmen, der Veranstaltung beizuwohnen. Von 1964–2005 leitete Bill Meldrum den königlichen Zwinger, der von 1960 bis 1978 sechs Field Trial Champions hervorbrachte. Der wohl bekannteste Labrador aus königlicher Zucht war **GB FTCh. Sandringham Sydney** (*1970). Seit 2005 lenkt David Clark die Geschicke des Sandringham-Zwingers.

Ch. Tatler of Whitmore und Thirl of Whitmore

DIE 1930ER JAHRE

Bekannte Linien dieser Dekade waren **Adderley, Braeroy, Glynn, Hiwood, Liddly, L'ile, Lochar, Munden, Whitmore, Withington** und **Zelstone.** Verfolgt man die Ahnentafeln heutiger Labradors aus Ausstellungs- oder Field-Trial-Linien ausreichend viele Generationen zurück, finden sich zahlreiche Hunde aus diesen Zwingern wieder.

Ausstellungslinien

SANDYLANS Gwen Broadley gründete ihren **Sandylands-Zwinger** 1931. Hinter ihrer Stammhündin Juno of Sandylands standen große Namen wie GB Ch. Ilderton Ben, GB FTCh. Peter of Faskally und Dual Champion Banchory Bolo. Während ihrer über 60 Jahre andauernden züchterischen Tätigkeit brachte ihr Zwinger allein in England mehr als 70 Show Champions hervor. Auch wenn die Hunde nicht auf Field Trials geführt wurden, standen sie in dem Ruf, gute Jagdhunde zu sein. Dennoch gab sie in den späten 1930er Jahren die Hoffnung auf einen Dual Champion auf und konzentrierte sich ausschließlich auf das Ausstellungswesen. Unzählige Zwinger wurden mit großem Erfolg auf den Sandylands-Linien aufgebaut. Als wichtige Eckpfeiler gelten **GB Ch. Sandylands Tandy** (*1961) und **GB Ch. Sandylands Mark** (*1965).

Field-Trial-Linien

HIWOOD Da Lady Hill-Woods Mutter eine geborene Buccleuch war, kam sie bereits sehr früh in Kontakt mit der Rasse. Ihre Hündin **GB FTCh. Hiwood Chance** gewann 1933 und 1934 die IGL Retriever Championship. Zugleich bewährten sich viele ihrer Hunde im Ausstellungsring.

Auf Sandringham überreicht ihre Hoheit Königin Elisabeth II. gern selbst die begehrte Silbertrophäe.

Sie beendete ihre Show-Aktivitäten erst, als die Linien ihrer Meinung nach immer weiter auseinanderdrifteten.

ZELSTONE Audrey Radclyffe gründete ihren **Zelstone-Zwinger** 1929. Ihr Interesse für Field Trials entdeckte sie 1933, als sie anlässlich ihres ersten Trials ein CoM mit ihrem Rüden **Zelstone Sandy** erhielt. Er stammte in 5. Generation in direkter Linie von **Ben of Hyde** ab, dem ersten im Kennel Club registrierten gelben Labrador. Die Zelstone-Labradors hielten über Jahre hinweg einen konstant hohen Leistungsstandard an Field Trials.

DIE 1940ER JAHRE

Noch war es durchaus möglich, dass aus ein und derselben Zuchtlinie sowohl ein Ausstellungs- als auch ein Field Trial Champion hervorging. So gab es nach dem Zweiten Weltkrieg immer noch einige bekannte Züchter, die nach dem Dual-Purpose-Typ strebten, wie u. a. **Ardmargha, Ballyduff, Cornlands, Hiwood** und **Mansergh.**

Ausstellungslinien

CORNLANDS Peggy Rae begründete ihren Zwinger nach Kriegsende mit der Hündin **Flush of Cornlands. GB Ch. Cornlands Westelm Flight** (*1954). Sie erhielt ebenso wie **Cornlands Lady be Good**, deren Tochter **GB Ch. Cornlands My Fair Lady** eine der erfolgreichsten Show-Hündinnen ihrer Zeit war, mehrere Auszeichnungen auf Field Trials.

MANSERGH Mary Roslin-Williams galt als große Verfechterin des Dual-Purpose-Labradors. Ihre Stammhündin **Carry of Mansergh** war sowohl im Ring als auch an Field Trials erfolgreich. Sie bezeichnete ihre Labradors als den „old-fashioned type“. Ihre besonderen Favoriten waren **GB Ch. Midnight** und **GB Ch. Bumblikite of Mansergh**.

*Dual Champion Staindrop Saighdear (*1944)*

*GB FTCh. Holdgate Bebe (*1984)*

Field-Trial-Linien

ZELSTONE Audrey Radclyffes gelbe Hündin **GB FTCh. Zelstone Darter** erwies sich als exzellente Field-Trial-Hündin und großartige Vererberin. Sie war 15-mal platziert und wurde 1948 Zweite der IGL Retriever Championship. Unter ihren Nachkommen fanden sich acht Field-Trial-Gewinner, ein Field-Trial- und ein Show Champion. **GB Ch. Zelstone Leap Year Lass**, eine Enkelin des **Dual Champion Staindrop Saighdear,** hatte ebenso wie **Zelstone Nethercompton Amanda** und **Zelstone Tramp** bemerkenswerte Erfolge in beiden Bereichen. Aus Lass stammte **GB FTCh. Zelstone Moss**, die 1957 – noch nicht einmal zweijährig – Zweite der IGL Retriever Championship wurde. Eine brillante Hündin mit beeindruckendem Style und Tempo, die auch einigen Erfolg auf Ausstellungen hatte, obwohl sie laut Audrey Radclyffe etwas zu klein war, um ganz an die Spitze gelangen zu können.

DIE 1950ER JAHRE

Viele einflussreiche Zwinger waren noch immer in den Händen des englischen Landadels, der den Labrador in erster Linie als Jagdhund sah. Bekannte Zwinger waren **Hallingbury, Holdgate, Cornbury, Greatford, Galleywood, Ruro, Stratfieldsaye, Sendhurst, Shavington, Staindrop** und natürlich weiterhin auch **Zelstone**, der immer noch als einer der erfolgreichsten Zwinger dieser Zeit galt. Obwohl zunehmend gezielt in Richtung Ausstellung oder Leistung gezüchtet wurde, sind unter den Ahnen der Ausstellungs-Champions der 1950/60er Jahre noch genauso häufig Field Trial Champions zu finden, wie Ausstellungs-Champions in den Ahnentafeln der Field Trial Champions.

Einer der einflussreichsten Deckrüden dieser Dekade war **GB FTCh. Galleywood Shot**, der 1957 und 1958 die IGL Retriever Championship gewann. Viele moderne Field-Trial-Labradors gehen auf ihn zurück.

Ausstellungslinien

BLAIRCOURT Grant und Maggie Cairns erfolgreichster Labrador war **GB Ch. Ruler of Blaircourt** (*1956), der im Lauf seiner Karriere 22 CCs gewann sowie 1959 das Reserve BIS an Crufts. Aus einer Verbindung von Ruler mit **GB Sh. Ch. Tessa of Blaircourt** ging **GB Ch. Sandylands Tweed of Blaircourt** (*1958) hervor. Aus einer Verdopplung von Tweed (Großvater und Urgroßvater) stammte schließlich **GB Ch. Sandylands Mark**, einer der

INFO

Das Challenge Certificate (CC), auch bekannt als Ticket, ist eine vom Richter unterschriebene Urkunde, in der er feststellt, dass der Hund seiner Meinung nach würdig ist, ein Show-Champion zu werden.

einflussreichsten Vererber des modernen Ausstellungs-Labradors.
POOLSTEAD Didi Hepworths Stammhündinnen waren **Braeduke Julia of Poolstead**, die in fünf Würfen vier englische und einen amerikanischen Show Champion hervorbrachte, und **GB Ch. Poolstead Kinley Willow.** Innerhalb kürzester Zeit gelang es ihr, einen eigenen, überwiegend gelben Typ zu festigen, der sich durch eine kompakte Statur, gutes Gangwerk und fein geschnittene Köpfe hervorhob.

Field-Trial-Linien

HOLDGATE Gabrielle Bensons Stammhündin war **GB FTCh. Creedypark Stella.** In ihrer Ahnentafel fanden sich sowohl Field Trial- und Dual- als auch Ausstellungs-Champions. Sie war immer bestrebt, gutes Aussehen mit hervorragenden Arbeitsqualitäten zu kombinieren. Dies war auch der Grund, warum sie ihre Hündin **GB FTCh. Holdgate Vesta** nach dem Erlangen des Arbeitstitels weitergab. Als sie sich später jedoch als hervorragende Vererberin erwies, kaufte sie einen ihrer Nachkommen zurück. **Holdgate Steven** erhielt zwar selbst niemals einen Arbeitstitel, zeugte aber seinerseits viele sehr erfolgreiche Nachkommen, wie **GB FTCh. Holdgate Willie** (*1969), der 1971 die IGL Retriever Championship gewann. Weitere erfolgreiche Hunde des Zwingers waren die **GB FTCh. Cefnperfa of Holdgate, GB FTCh Greenwood Timothy of Holdgate, GB FTCh Holdgate Winter** und **GB FTCh Holdgate Bebe.**

DIE 1960ER JAHRE

Mit **GB Ch. Sandylands Tweed of Blaircourt** (*1958), **GB Ch. Sandylands Tandy** (*1961) und **GB Ch. Sandylands Mark** (*1965) traten in dieser Zeit drei Rüden in Erscheinung, die die Ausstellungslinien nachhaltig beeinflussten. Tweed galt als der Top-Vererber der 60er Jahre. Er drückte seinen Nachkommen typ- und qualitätsmäßig einen Stempel auf, der noch Generationen später wiederzuerkennen war.

Ausstellungslinien

CHARWAY Janice Pritchards erster Wurf fiel 1965. Als wichtigster Hund des Zwingers gilt **GB Ch. Charway Ballywillwill.** Vor ihrem Tod 2005 äußerte sie sich zunehmend kritisch über die immer schwerer werdenden Labradors im Ausstellungsring und versuchte, durch das Einkreuzen von Field-Trial-Linien wieder mehr Arbeitsqualitäten zu erreichen. So stammte **Charway Ballyapril** (*1999) aus einer Verpaarung von **GB FTCh Pocklea Remus** mit **Charway Ballylace.**
FOLLYTOWER Margot Woolley gründete ihren Zwinger 1963 mit **GB Ch. Follytower Silsdale Old Chelsea.** Auf sie geht jeder Follytower-Labrador zurück. Als erfolgreichster Hund des Zwingers gilt **GB Ch. Follytower Merrybrook Black Stromer,** unter dessen Nachkommen sich weltweit viele Ausstellungs-Champions finden.
FOXRUSH Judith Garlton gründete ihren Zwinger 1968. Ihre Hündin **GB Sh. Ch. Croftspa Hazelnut of Foxrush** galt mit 45 CCs und 15 ResCCs als Rasserekordhalterin.

GB CH. SANDYLANDS MARK (*1965)

Als einflussreichster Deckrüde in der Entwicklung des modernen Standard- Ausstellungs-Labradors gilt Gwen Broadleys **GB Ch. Sandylands Mark** (*1965). Unter seinen direkten Nachkommen fanden sich allein 29 englische Ausstellungs-Champions, was ihn in der Ausstellungswelt zu einer Legende werden ließ.
Während der schwarze Labrador in den späten 1960er Jahren im Ausstellungsring immer mehr in den Schatten der zunehmend beliebter und erfolgreicher werdenden Gelben zu rücken drohte, gewann die Farbe durch ihn wieder an Interesse zurück. Seine Dominanz als Deckrüde äußerte sich nicht nur in seinen überaus erfolgreichen Nachkommen, sondern auch darin, dass er in der Lage war, ihnen nahezu unabhängig von der Hündinnen-Linie, seinen „Stempel" aufzudrücken. In „Sandylands" (2005) beschrieb Richard Edwards Mark als sehr substanzvollen Hund mit einem kräftigen, maskulinen Kopf, der sich dadurch von vielen anderen Ausstellungssiegern seiner Zeit unterschied. Mit der Weitergabe dieser Attribute an seine Söhne prägte er das Bild des Labradors im Ausstellungsring.

Tipp zum Weiterlesen
Richard Edwards: „Sandylands" (2005)
The Bucheboc Press, ISBN 1 8719 1812-X

Richard Edwards: „The Show Labrador Retriever in Great Britain and Northern Ireland 1945–1995 – Volume Two" (2001). Published privately

---

Field-Trial-Linien

SENDHURST GB FTCh. Sendhurst Sweep (*1961) gewann die IGL Retriever Championship 1965 und 1968. Über seinen berühmten Sohn **GB FTCh. Palgrave Edward** und seinen Enkel **GB FTCh. Swinbrook Tan** nahm er nachhaltig Einfluss auf die modernen Field-Trial-Linien.

SWINBROOK In Duncan MacKinnons Zwinger fielen nur wenige Würfe, weshalb viele seiner Hunde aus anderen bekannten Arbeitszwingern stammten. Geführt wurden seine Hunde von Philip White. Die drei bedeutendsten Hunde des Zwingers waren ohne Zweifel **GB FTCh. Beinnmhor Tide** (*1967), ihr Sohn **GB FTCh. Swinbrook Tan** (*1971) und ihr Enkel **GB FTCh. Swift of Swinbrook** (*1974). Tide gewann 1969 und 1970 die IGL Retriever Championship, während Swift 1980 Zweiter wurde. Tan gilt nach wie vor als einer der nachhaltigsten Vererber der modernen Field-Trial-Linien.

DIE 1970ER JAHRE

In dieser Dekade musste bei der Mehrzahl der Ausstellungslinien bereits acht bis 10 Generationen zurückgegangen werden, um Hunde mit Jagdarbeitstiteln zu finden. Demgegenüber fanden sich in den Ahnentafeln vieler Field Trial Champions der 1970er Jahre noch recht häufig Ausstellungs-Champions.

Als Beispiele mögen **GB FTCh. Sarumvale Geantress Camilla** (*1975), **GB FTCh. Quail of Lettermore** (*1976), **GB FTCh. Blackharn Jonty** (*1979), **GB FTCh. Glencoin Drummer of Drakeshead** (*1978) und **GB FTCh. Shinshail Apache** (*1978) gelten, in deren Ahnentafeln noch in der dritten Generation eine jagdlich geführte Showlinie zu finden war.

Und doch gab es in diesen Jahren auch nochmals zwei bekannte **Dual-Purpose-Labradors**, von denen einer aus Ausstellungs- und der andere aus Field-Trial-Linien stammte.

*GB FTCh. Glencoin Drummer of Drakeshead (*1978)*

*GB FTCh. Haretor Shadow of Drakeshead (*1985)*

Der rein showgezogene, dunkelgelbe Rüde **GB FTCh. Stratfieldsaye Calcot Crossbow** (*1970) war ein Enkel von **GB Ch. Sandylands Tandy.** Trotz seiner Erfolge wurde er jedoch weder von Züchtern von Ausstellungs-, noch von Field-Trial-Linien häufig als Deckrüde eingesetzt.
Der rein field-trial-gezogene Rüde **GB FTCh. Holdgate Willie** (*1969) gewann 1971 nicht nur die IGL Retriever Championship, sondern 1974 auch die Field-Trial-Klasse der Rüden an Crufts. Sein Einfluss auf die Entwicklung der Arbeitslinien war enorm, während er bei Züchtern von Ausstellungslinien trotz seines Erfolges im Ring kaum Verwendung fand.
Im Allgemeinen werden die 1970er Jahre als derjenige Zeitraum betrachtet, in dem die Aufspaltung der Linien so weit vorangeschritten war, dass es kaum noch Hoffnung auf einen weiteren englischen Dual Champion gab.

Ausstellungslinien

TRENOW Tony und Maureen Floyds Zwinger entstand Anfang der 70er Jahre. **GB Ch. Trenow Musicman** triumphierte 1988 in der offenen Klasse an Crufts, während **GB Ch. Trenow Brigadier** ein Novice Field Trial gewann und sich damit für Open Trials qualifizierte. Viele Trenows wurden beim Picking up zur Nachsuche eingesetzt.
WARRINGAH: David und Carole Coode gründeten ihren Zwinger 1974. Ihre Stammhündinnen kamen aus Majorie Satterthwaites Lawnwood-Zwinger. Bekannte Hunde des Zwingers waren u. a. der gelbe Rüde **GB Ch. Warringah's Fair and Square**, unter dessen Nachkommen sich fünf Champions fanden, und der schwarze Rüde **GB Ch. Warringah's Harlech**, der 1986 an Crufts das Best of Breed gewann. Als besondere Zuchthündin galt **GB Ch. Warringah's Fair Dinkum**, die in drei Würfen acht Champions hervorbrachte.

GB FTCh. Swinbrock Tan

GB FTCH. SWINBROOK TAN (*1971)

Duncan Mackinnons GB FTCh. Swinbrook Tan war ein außergewöhnlich erfolgreicher Hund. Geführt von Philip White, wurde er während seiner sechsjährigen Trial-Karriere Zweiter der IGL Retriever Championship. Er gewann insgesamt 7 Open Trials und erhielt weitere 16 Platzierungen. Noch mit 12 ½ Jahren ging er mit zur Nachsuche bei Niederwildjagden.
Auch seine Dominanz als Deckrüde war enorm. Unter seinen direkten Nachkommen fanden sich 15 englische Field Trial Champions, darunter die IGL Retriever Championship Sieger von 1979 GB FTCh. Westead Shot of Drakeshead und von 1981 GB FTCh. Pocklington Glen, sowie zwei irische Field Trial Champions, darunter der irische Championship Sieger Int. FTCh. Leacross Rinkals. Seine Nachkommen zeichneten sich v. a. durch ihre Leichtführigkeit aus, die es auch Anfängern ermöglichte, sie erfolgreich auszubilden und zu führen. Es wurde mit großem Erfolg Linienzucht auf ihn gemacht, sodass sich sein Name noch bis in die 1990er Jahre in vielen Ahnentafeln innerhalb der ersten fünf Generationen fand.

Tipp zum Weiterlesen:

Graham Cox and Dr. Gareth Davies:
„The Best of the Best – A History of the IGL Retriever Championship 1909–2011" (2013)
Pernice Press, ISBN 978 0 9926275-0-8

*Zwei typvolle Field-Trial Rüden: GB FTCh. Birdbrook Teak (*1988) …*

*… und GB FTCh. Blackharn Jonty (*1979)*

Field-Trial-Linien

Barnavara, Birdbrook, Brenjon, Blackharn, Blakemere, Bravenhyde, Haretor, Pocklea (früher Pocklington), Mirstan und natürlich auch John und Sandra Halsteads bekannter **Drakeshead-Zwinger** galten als die zentralsten Zwinger dieser Zeit. In den späten 1970er / frühen 1980er Jahren wurden die Linien von **GB FTCh. Swinbrook Tan** und **GB FTCh. Holdgate Willie** mit großem Erfolg kombiniert. Aus diesen Verbindungen gingen u. a. **GB FTCh. Tasco Spinner, GB FTCh. Marie of Cleary**, die 1983 die IGL Retriever Championship gewann, sowie deren Wurfschwester **Ir. FTCh. Ann of Cleary** hervor. Rückblickend gilt Ann als eine der einflussreichsten Vererberinnen der 1980er Jahre. Die Wurfschwestern stammten aus einer Verbindung von **Int. FTCh. Leacross Rinkels** mit **Derramorre Thatch**, deren Mutterlinie auf Ausstellungslinien zurückging.

DRAKESHEAD Aus Sandra und John Halsteads Zwinger sind bis heute mehr als 28 aus eigener Zucht oder anderen bekannten Linien stammende Field-Trial-Champions hervorgegangen. Darunter finden sich fünf IGL-Retriever-Championship-Gewinner: 1978 **GB FTCh. Drakeshead Wisp**, 1979 **GB FTCh. Westead Shot of Drakeshead**, 1985 86 87 **GB FTCh. Breeze of Drakeshead**, 1992 **GB FTCh Raughlin Pete of Drakeshead** und 2003 **GB FTCh. Drakeshead Deana.** Sandra Halstead ist eine der wenigen Richterinnen, die sowohl auf der Championship Show- als auch auf der A-Panel Field-Trial-Richterliste des KC registriert sind.

DIE 1980ER JAHRE

In den Ausstellungslinien trat Anfang der 1980er Jahre ein weiterer, überaus einflussreicher Rüde in Erscheinung: **GB Ch. Kupros Master Mariner.** Unter seinen direkten Nachkommen fanden sich 15 englische Show Champions, darunter u. a. **GB Sh.Ch. Cambremer All That Jazz, GB Ch. Sandylands My Guy** und **GB Ch. Marfell Seafarer** sowie zahlreiche Ausstellungssieger.

Ausstellungslinien

GB CH. CHARWAY BALLYWILLWILL (*1978) war **Top Labrador 1981** und gewann im Lauf seiner Show-Karriere dreimal das Best of Breed.

GB SH. CH. RECEIVER OF CRANSPIRE (*1981) wurde zunächst in die USA, wo er ebenfalls einen Champion-Titel erhielt, und später nach Frankreich exportiert. Er galt als einer der einflussreichsten gelben Rüden der späten 1980er Jahre und wurde nach seinem Erfolg auf Crufts 1984 extensiv zur Zucht eingesetzt.

GB CH. ABBEYSTEAD HERONS COURT (*1985), dessen Züchterin Lynn Minchella bis in die jüngste Zeit den Dual-Purpose-Gedanken ver-

John Halstead mit einigen seiner Drakeshead Labradors in 1990

GB FTCh. Tibea Tosh (links), geführt Ian Openshaw, an den IGL Retriever Championship

folgte, kam diesem Ziel sehr nahe, als er 1993 ein Open Stake gewann.
GB SH. CH. SIMANDEN KING'S NEPTUNE (*1988) gewann 31 CCs und war **Top Labrador 1990.**

Field-Trial-Linien

GB FTCH. BREEZE OF DRAKESHEAD (*1981) stammte ebenfalls aus einer **Tan-Willie-Kombination**. Im Alter von drei Jahren qualifizierte er sich erstmals für die Teilnahme an der IGL Retriever Championship, die er 1985 / 86 / 87 in Folge gewann – eine bisher unerreichte Leistung.
GB FTCH. POCKLEA REMUS (*1986) gewann 1991 die IGL Retriever Championship und galt als einflussreicher Vererber. Auch seine Mutterlinie ging auf eine **Tan-Willie-Kombination** zurück.
GB FTCH. TIBEA TOSH (*1986) entsprach dem alten Typ, gingen seine Ahnen doch über **GB FTCh. Palgrave Edward** auf **Dual Champion Staindrop Saighdear** und andere alte Linien zurück. Unter seinen Nachkommen fanden sich zahlreiche Field Trial Champions.

DER DUAL PURPOSE HEUTE

Aufgrund des Wandels im Ausstellungsring und der hohen Anforderungen auf Field Trials wurde zunehmend deutlich, dass das **Ziel des ursprünglichen Dual Purpose** für Labradors in England kaum noch zu erreichen war.
Doch wäre es zum Wohl der Rasse sicher wünschenswert, wenn sich sowohl Züchter als auch Ausstellungs- und Formwertrichter wieder auf den Labrador als Jagdhund besinnen würden.
Die englische Ausstellungsrichterin Anne Taylor (Zwinger Fabracken) schrieb 2001: „Der Labrador als Rasse wurde wegen seiner Arbeitsqualitäten zum Labrador. Dies war der Grund für die Rasse, [...]. Man erwartete vom Hund, dass er seinem Führer geschossenes Wild apportierte. Dafür musste er die physischen und mentalen Fähigkeiten mitbringen. [...] Bevor wir die Rasse, wie sie (einst) war, ganz verlieren, sollten wir alle sorgfältig nachdenken, bevor wir den nächsten Wurf züchten. Sind die Hündin und der Rüde, den wir als Deckrüden aussuchen, körperlich und geistig fähig, als Jagdgebrauchshund zu arbeiten?"
Neben den jüngsten Ergänzungen zum Rassestandard sollte auch das vom KC eingeführte **Show Gundog Working Certificate** als Voraussetzung für den Erhalt des Ausstellungstitels **Full Champion (Ch.)** einen verstärkten Anreiz dafür bieten, beim Labrador wieder vermehrt auf ein Mindestmaß an natürlichen jagdlichen Anlagen zu achten. Die Praxis zeigt jedoch, dass davon noch immer viel zu wenig Gebrauch gemacht wird.

INTERVIEW

— mit Rony Michiels (B)

Internationaler FCI-Field-Trial-Richter, Internationaler Ausstellungsrichter; Labrador-Züchter

Rony, wann hast Du Deinen Zwinger gegründet und was war die Grundidee Deines Zwingernamens 'Dual's Hope'?

Ich habe meinen Zwinger 1987 gegründet. Der Plan war, Labradors zu züchten, die sowohl auf Ausstellungen als auch auf Field Trials gewinnen konnten. Noch viel wichtiger war jedoch, dass sie ihre Familien im Alltag begleiteten und mit ihnen ebenso Spaß in anderen Bereichen, wie Obedience, Agility etc., haben konnten.

Welche Gründe siehst Du für die großen Unterschiede zwischen Show- und Arbeitslinien?

Der Hauptgrund für die großen Unterschiede zwischen Show- und Arbeitslinien ist der enorme Einfluss des Vereinigten Königreichs. Dort haben sich die Linien schon Jahre zuvor aufgespalten und Kontinentaleuropa bildete diese Entwicklung durch den Kauf und die Nachzucht von Hunden aus Großbritannien ab.
Nicht vergessen werden darf dabei auch, dass es in den letzten 15 Jahren mit der Lockerung der Einreisebestimmungen viel einfacher geworden ist, englische Zuchtrüden zu verwenden. Auch der Kauf von guten Welpen gestaltet sich heute viel einfacher.

Warum ist es Deiner Meinung nach so schwierig, einen Dual-Purpose-Labrador zu züchten?

Ich persönlich glaube, dass es gar nicht so schwierig ist, einen Hund zu züchten, der in beiden Bereichen in einem gewissen Umfang erfolgreich sein kann. Es hängt einfach von den eigenen Erwartungen ab. Wenn Du mit einem Ausstellungshund in allen Ländern gewinnen möchtest, brauchst Du einen Top-Hund aus einer ausgezeichneten Linienzucht. Wenn Du bei Working Tests und Field Trials an der Spitze stehen möchtest, brauchst Du einen Hund aus Arbeitslinien.

Deine Zucht begann mit Hündinnen aus Ausstellungslinien. Mittlerweile hast Du zu den Arbeitslinien gewechselt. Nach welchen Kriterien – das Aussehen betreffend – wählst Du Deckrüden aus, die Du verwendest?

Ich kann mich glücklich schätzen, dass es mir schon viele Jahre möglich ist, nach Großbritannien zu reisen, zuerst mit meinen Show- und später mit meinen Field-Trial-Hunden. Im Laufe der Jahre kam ich mit einigen der besten professionellen Trainer in Kontakt, die zu Freunden wurden. Sie sagen mir, welche Hunde es wert sind, in den nächsten Saisons im Auge behalten zu werden.

Bei diesen Gelegenheiten konnte ich auch schon häufig den einen oder anderen noch jungen Hund im Training sehen. Oftmals war ich dabei von der Arbeitsleistung so beindruckt, dass ich, selbst wenn der Hund noch nicht so weit war, einen Trial zu gewinnen, und noch lange keinen Field-Trial-Champion-Titel hatte, direkt gefragt habe, ob ich ihn verwenden darf.
Ein weiterer wichtiger Aspekt ist die Gesundheit für mich. Ich bevorzuge niedrige Hip-Scores und Ellenbogen 0 / 0. Ich schaue mir immer die Ergebnisse der DNA-Tests an, aber da die meisten meiner Hündinnen genetisch frei von wichtigsten Erberkrankungen sind, habe ich auch die Möglichkeit, Zuchtrüden einzusetzen, die Träger einer Generkrankung sind, wenn sie mir außergewöhnlich gut gefallen!
Leider denken einige Züchter nicht so und verwenden immer nur genetisch frei getestete Zuchtrüden. Warum? Jeder weiß, dass eine genetisch freie Hündin mit einem Rüden, der Träger ist, risikolos verpaart werden kann. Die Nachkommen können höchstens ebenfalls Träger sein, und dies gibt uns die Möglichkeit, den Welpen mit dem größten Potenzial auszuwählen. Ich halte es für sehr wichtig, Rüden, die Träger sind, nicht einfach zu verwerfen.
Wenn mein Welpe alt genug ist, mache ich alle notwendigen Tests, und abhängig von den Ergebnissen kann ich später den am besten passenden Zuchtrüden aussuchen.

Du hattest 2017 die Ehre, zwei sehr renommierte Veranstaltungen in Großbritannien zu richten: Die jährliche Club-Show des englischen Labrador Retriever Clubs (LRC) und den International Skinners Cup, einen sehr bekannten Working Test auf höchsten Niveau.

Wie hat sich der Labrador aus Deiner Sicht verändert?

Der Typ der Hunde hat sich über die Jahre verändert. Nicht nur in unserer, sondern in den meisten Rassen – und das nicht immer zum Wohle der Rasse. Einige der Showhunde sind – im Gesamten gesehen – für mich zu schwer. Das hatten wir aber auch schon in den späten 1980er Jahren. Die Züchter haben das Problem damals gelöst. In den Arbeitslinien sehe ich heute weniger spitze,

Rony Michiels

dafür mehr kräftigere und gut gebaute Hunde als in den 80ern. Ich glaube, dass die Arbeitsszene erkannt hat, dass ein Hund mit einem etwas kräftigeren Gebäude auch etwas länger arbeiten kann.

Wenn Du den heute im Ausstellungsring erfolgreichen Labrador-Typ mit dem Typ vergleichst, der bei Arbeitsprüfungen erfolgreich ist – glaubst Du, dass es noch eine reelle Chance für den echten Dual Purpose gibt?

Um ehrlich zu sein, nein. Um ganz vorn mit dabei zu sein, braucht man den Top-Show- oder den Top-Working-Dog.

Wie bewertest du die Situation in anderen europäischen Ländern? Sind dort noch Dual Champions denkbar?

In dem ein oder anderen Land aufgrund unterschiedlicher Regelungen und Möglichkeiten vielleicht schon. Wenn wir aber über Großbritannien oder die meisten europäischen Länder sprechen, um ehrlich zu sein, nein.

Vielen Dank, Rony!

EIN LABRADOR-WELPE

— zieht ein

BIN ICH BEREIT FÜR EINEN LABRADOR?

SO IST DER TYPISCHE LABRADOR!

ANPASSUNGSFÄHIG & BELASTBAR

Neben seinem freundlichen Naturell ist es vor allem seine große Anpassungsfähigkeit, die den Labrador so populär macht. Sie lässt ihn nicht nur schnell und souverän mit neuen Situationen zurechtkommen, sondern geht auch mit einer natürlichen Gelassenheit, Nervenfestigkeit und Belastbarkeit einher.

ARBEITSFREUDIG & AKTIV

Der typische Labrador Retriever ist ein bewegungs- und arbeitsfreudiger Hund. Nach wie vor ruht das jagdliche Erbe seiner Vorfahren, die vorzügliche Nase und die große Apportierleidenschaft in ihm. Neben ausreichend Auslauf sollte eine sinnvolle Beschäftigung deshalb selbstverständlich sein!

INTELLIGENT, LERNBEREIT & LEICHTFÜHRIG

Seine Intelligenz spiegelt sich in seiner Vielseitigkeit wider. Egal, welcher „Job“ von ihm verlangt wird, seine hohe Lernbereitschaft und seine Leichtführigkeit ermöglichen einen zügigen und nachhaltigen Ausbildungserfolg. Sinnvolle Korrekturen nimmt er i. d. R. nicht übel und sein angeborener Wille, zu gefallen (engl. will to please), lässt ihn gern mit seinem Besitzer zusammenarbeiten.

MENSCHENBEZOGEN & VON FREUNDLICHEM NATURELL

Dreh- und Angelpunkte seines Wesens sind seine hohe Menschenbezogenheit und Bindungsbereitschaft. Der Labrador ist ein Hund zum Anfassen! Er liebt das Zusammenleben mit dem Menschen und eignet sich daher weder für eine reine Zwingerhaltung, noch dafür, täglich stundenlang alleingelassen zu werden.

Apportier- und wasserfreudig

Neugierig und lernbereit

Sportlich und robust

ROBUST & WASSERFREUDIG

Grundsätzlich ist der Labrador ein robuster Hund, der zwar feine Antennen für die Befindlichkeiten seiner Menschen hat, sich von widrigen äußeren Bedingungen aber wenig beeindruckt zeigt. Er scheut kein schlechtes Wetter oder unwegsames Gelände und seine ausgeprägte Wasserfreude macht weder vor eisigen Temperaturen, noch vor Schlammpfützen halt.

PASST EIN LABRADOR ZU MIR?

Auch der niedlichste Welpe wächst schnell zu einem kräftigen, temperamentvollen Labrador heran, der eine konsequente Erziehung, ausreichend Auslauf und sinnvolle Beschäftigung braucht. Deshalb sollten weder der hinreißende Anblick eines verspielten Welpen noch etwaige Modetrends Entscheidungsgrundlage für die Anschaffung eines Labradors sein. Wichtig ist vielmehr, sich im Vorfeld mit der Rasse, ihren Bedürfnissen und Eigenheiten auseinanderzusetzen und sie mit den eigenen Wünschen abzugleichen.

Und sehr menschenbezogen!

☞ WICHTIGE VORÜBERLEGUNGEN

FRAGE	JA	NEIN
Sind Grundkenntnisse über Haltung und Bedürfnisse eines Hundes vorhanden?	✓	
Besteht die Bereitschaft, für die nächsten 12 bis 15 Jahre Verantwortung für ein Hundeleben zu übernehmen?	✓	
Lässt die Wohnsituation das Halten eines bewegungsfreudigen, mittelgroßen Hundes zu?	✓	
Können Beruf und Hund miteinander vereinbart werden?	✓	
Kann der Labrador mit in den Urlaub oder gibt es verlässliche Unterbringungsmöglichkeiten?	✓	
Gibt es noch weitere zeitintensive Hobbys, die sich nicht mit einem Hund vereinbaren lassen?		✓
Sind Kosten in Höhe von rund 1.500 € jährlich für die Grundversorgung des Hundes tragbar?	✓	

FRAGE	JA	NEIN
Besteht die grundsätzliche Bereitschaft dem Labrador nicht nur reichlich Auslauf, sondern auch sinnvolle Beschäftigung zu bieten?	✓	
Ist ausreichend Zeit und Geduld vorhanden, um den Labrador zu einem verlässlichen Begleiter auszubilden?	✓	
Steht die ganze Familie hinter dem Hunde-Wunsch?	✓	
Sind die Kinder alt und verständig genug, um einfache Grundregeln im Umgang mit dem Hund zu akzeptieren und umzusetzen?	✓	
Gibt es im Haushalt oder in der näheren Verwandtschaft Allergiker?		✓
Wird großer Wert auf eine stets blitzblank geputzte, hundehaarfreie Wohnung gelegt?		✓
Soll der Hund auch eine Wach- bzw. Schutzfunktion erfüllen?		✓

JA, EIN LABRADOR SOLL ES SEIN!

WELPE ODER ÄLTERER HUND?

Die Vorteile eines Welpen liegen klar auf der Hand: Er kann während der Prägungsphase mit allem vertraut gemacht werden, was für sein späteres Leben wichtig ist, und in die Familie hineinwachsen. Der Besitzer kann ihn insoweit nach seinen Vorstellungen formen. Allerdings bedeutet die Aufzucht eines Welpen auch einen hohen Zeitaufwand, denn bis aus ihm ein wohlerzogener Begleiter geworden ist, vergehen meist ein bis zwei Jahre. Es kann deshalb auch Gründe geben, sich für einen bereits erzogenen, erwachsenen Labrador zu entscheiden. Dank der Menschenfreundlich- und Anpassungsfähigkeit gelingen Besitzerwechsel meist problemlos. Erwachsene Labradors werden i. d. R. über den Züchter vermittelt. Beide Rassezuchtvereine führen zu diesem Zweck eine Liste mit zu vermittelnden älteren Hunden. Es handelt sich dabei meist um Hunde, die der Züchter aus familiären oder gesundheitlichen Gründen von den neuen Besitzern zurückgenommen hat und nun wieder neu vermittelt. Von Zeit zu Zeit geben Züchter auch selbst aufgezogene Junghunde ab, die z. B. die Auflagen einer Zuchtzulassung nicht erfüllen. Sie verfügen i. d. R. über ein gut entwickeltes Sozialverhalten und eine solide Grunderziehung.

Anders sieht es bei Hunden aus dem Tierschutz aus, über deren Schicksal häufig nur wenig bekannt ist. Meist sind schon die Rassereinheit und die damit verbundenen typischen Eigenschaften nicht sicher belegt. Ferner besteht immer ein gewisses Risiko, dass die eine oder andere „Macke“ des Hundes erst nach und nach zu Tage tritt. Familien sollten deshalb die Übernahme eines Hundes unklarer Herkunft gut überdenken.

Welpe oder erwachsener Hund? Für beide Entscheidungen gibt es gute Gründe!

WO KAUFT MAN EINEN LABRADOR-WELPEN?

Es gibt heute zahlreiche Möglichkeiten, einen Rassehund zu kaufen. Leider ist für viele immer noch der Weg über die Anzeigenseite der Tageszeitung die erste Wahl. Hier finden sich jedoch nur in Ausnahmefällen Anzeigen seriöser Züchter, meist handelt es sich um sog. Vermehrer oder Hundehändler. Oft besitzen sie viele Hündinnen, die sie regelmäßig belegen lassen, oder sie kaufen Welpen an, um jederzeit jede gewünschte Farbe jeden Geschlechts anbieten zu können. Die Welpen werden natürlich mit „Papieren" angeboten. Gleiches gilt für Kleinanzeigen im Internet. Auch sogenannte Hobbyzüchter, die die Kontrolle durch einen Zuchtverband scheuen, gehören i. d. R. nicht zu den besten Anlaufadressen. Da mittlerweile kaum mehr Preisunterschiede zu Hunden aus seriösen Zuchten bestehen, lohnt es, sich umfassend zu informieren.
Seriöse Züchter planen langfristig und haben nicht ständig Welpen. Ihre Wurfplanungen und -meldungen werden inklusive aller relevanten Daten auf den Homepages der Rassezuchtvereine veröffentlicht.

Ziel der Rassezuchtvereine ist das tierschutzgerechte Erhalten und Fördern des Labradors.

WARUM EIN WELPE AUS EINEM RASSEZUCHTVEREIN?

Es gibt viele Gründe, sich für einen Labrador zu entscheiden. Jeder einzelne ist Grund genug, einen Welpen nur dort zu kaufen, wo auf den Erhalt des rassetypischen Labrador Retrievers in Bezug auf Gesundheit, Wesen, Charakter und Erscheinungsbild auch besonderer Wert gelegt wird! Dies ist i. d. R. nur dort der Fall, wo sich Züchter den Auflagen eines anerkannten Rassezuchtvereins unterwerfen, dessen Ziel nicht ein unkontrolliertes Vermehren, sondern das tierschutzgerechte Erhalten und Fördern der Rasse ist. Dazu bedarf es über viele Generationen hinweg der Verwendung ausschließlich gesunder Hunde mit den für die Rasse erwünschten Wesensmerkmalen und Eigenschaften sowie einer lückenlosen Dokumentation der Gesundheits- und Prüfungsergebnisse der Ahnen und Nachkommen.

VERBÄNDE UND RASSEZUCHTVEREINE

Nationale Dachorganisation ist in Deutschland der **Verband für das Deutsche Hundewesen (VDH)**. Er gehört dem internationalen Dachverband, der **Fédération Cynologique Internationale (FCI)**, an und unterliegt dessen Rahmenzuchtbestimmungen.
Für die Rasse Labrador Retriever gibt es in Deutschland nur zwei Rassezuchtvereine, die anerkannte Mitglieder des VDH sind – der **Deutsche Retriever Club e. V. (DRC e. V.)** und der **Labrador Club Deutschland e. V. (LCD e. V.)**. Nur diese beiden Vereine haben die FCI- und VDH-Rahmenzuchtordnungen in ihren Satzungen verankert und garantieren mit einem bundesweiten Netz an ausgebildeten Zuchtwarten, dass jeder Wurf einer Zuchtstätte vor Ort überprüft wird. Beide Zuchtvereine unterhalten auf ihren Homepages Züchter- und Welpen-Listen sowie öffentliche Datenbanken, in denen jeder im Verein gezüchtete Hund mit seinen Eltern, Geschwistern und Nachkommen, Gesundheitsdaten, Ausstellungs- und Prüfungserfolgen erfasst wird.
Da sich die in der FCI zusammengeschlossenen nationalen Mitgliedsvereine gegenseitig anerken-

Eine VDH-Ahnentafel gewährleistet die dort dokumentierte Abstammung.

nen, ist es auch möglich, einen Hund aus einem anderen FCI-Mitgliedsland mit Hilfe einer vom dortigen Zuchtverband ausgestellten Export-Ahnentafel nach Deutschland zu importieren und in das Zuchtbuch eines der dem VDH angeschlossenen Rassezuchtvereine übernehmen zu lassen. Für einen Hund ohne FCI-anerkannte Papiere ist dies nicht möglich.

Leider gibt es immer wieder Nachahmer-Organisationen, die z. B. mit identischen Abkürzungen oder ähnlichen Logos werben, aber weder Mitglied in der FCI noch im VDH sind.

DRC UND LCD

Sowohl der DRC (Deutscher Retriever Club) als auch der LCD (Labrador Club Deutschland) haben bezüglich der Zwingergenehmigung und der Zuchtzulassung der Hunde strenge Vorschriften, die in den jeweiligen Zwinger- bzw. Zuchtordnungen niedergelegt sind. Im Mittelpunkt stehen der Erhalt des gesunden und rassetypischen Labrador Retrievers sowie die Sicherung eines gewissen züchterischen Qualitätsstandards.

Anforderungen an die Zuchtstätte und den Züchter Jede Zuchtstätte wird von den Zuchtwarten der Vereine nicht nur auf die Einhaltung tierschutzrechtlicher Bestimmungen hin überprüft, sondern darüber hinaus auch, ob sie den Voraussetzungen für eine optimale Entwicklung, Aufzucht, Prägung und Sozialisierung der Welpen entspricht. Vor Genehmigung eines Zwingers muss der Züchter über die Teilnahme an Züchterseminaren zuchtrelevante genetische und medizinische Grundkenntnisse erwerben.

Die Rassezuchtvereine stellen bezüglich der Aufzucht, ...

... Prägung und Sozialisierung hohe Ansprüche.

Anforderungen an die Zuchthunde

Grundvoraussetzungen für die Erteilung einer Zuchtzulassung ohne Auflagen ist ein im zuchttauglichen Bereich liegendes offizielles HD- und ED-Röntgengutachten durch einen unabhängigen Gutachter sowie das Vorliegen einer gültigen Augenuntersuchung, die nicht älter als 24 Monate sein darf und die Freiheit von genetischen Augenerkrankungen bestätigt. Wurde der angehende Zuchthund nicht selbst hinsichtlich GPRA, CNM, EIC, HNPK und SD2 als genetisch frei bzw. über Erbgang frei befundet, bekommt er eine Zuchtzulassung unter Auflagen. Er darf dann nur mit einem genetisch frei getesteten Partner verpaart werden.

Um zu gewährleisten, dass nur Labradors in die Zucht gehen, die sich durch ihr rassetypisches Erscheinungsbild und Wesen auszeichnen, muss zusätzlich eine Formwertbeurteilung nach dem FCI-Rassestandard und das Bestehen eines Wesenstests bzw. einer jagdliche Anlagensichtung (JAS) nachgewiesen werden. Der DRC legt ferner großen Wert darauf, dass bei jeder Verpaarung zumindest einer der beiden Zuchtpartner über eine bestandene retriever-typische Prüfung verfügt.

Ziel ist der rassetypische, gesunde Labrador.

Listen für erwartete Würfe und Welpen-Listen

Auf den Homepages der Rassezuchtvereine finden sich Listen mit erwarteten und bereits gefallenen Würfen. Sie lassen sich nach Postleitzahlen sortieren, sodass Züchter in der näheren Umgebung leicht gefunden werden können. Für jeden erwarteten Wurf ist das voraussichtliche Deck- bzw. Wurfdatum, bei den Welpen-Listen das frühestmögliche Abgabedatum angegeben. Über eine Verlinkung mit den Zuchtdatenbanken ist eine schnelle Übersicht über Gesundheits- und Prüfungsergebnisse der Eltern und bereits vorhandener Nachzucht möglich.

Jagdliche Leistungszucht & Co.

Durch verschiedene Prädikate wie „Jagdliche bzw. spezielle jagdliche Leistungszucht" (DRC) oder „Jagdliche Zucht bzw. Leistungszucht" (LCD) versuchen die Vereine, jagdlich geprüfte Hunde herauszustellen. Während im LCD für eine Standardzucht keinerlei Prüfungen der Elterntiere verlangt werden, muss im DRC immer zumindest einer der Deckpartner eine retrievertypische Prüfung nachweisen. Das Prädikat „Jagdliche Leistungszucht" (DRC) sowie „Leistungszucht" (LCD) bedeutet, dass beide Elterntiere zumindest eine Bringleistungsprüfung (BLP / R) bzw. vergleichbare ausländische jagdliche Prüfung bestanden haben. Bei der „speziellen jagdlichen Leistungszucht" (DRC) müssen auch die Großeltern entsprechende Prüfungen nachweisen. Für die „Jagdliche Zucht" des LCD wird bereits eine bestandene Brauchbarkeits- bzw. Jagdeignungsprüfung oder eine ausländische Prüfung, die zum Start in der Gebrauchshundeklasse berechtigt, beider Elternteile anerkannt. Die Zuordnung zu den einzelnen Zuchtarten hat demzufolge nichts mit den Zuchtlinien zu tun, sondern bezieht sich nur auf erfolgreich absolvierte Prüfungen.

Der Jagdgebrauchshundeverband (JGHV)

Sowohl der DRC als auch der LCD sind Mitglied im JGHV, der sich als Dachorganisation für das deutsche Jagdgebrauchshundewesen versteht und als solches ebenfalls Mitglied im VDH ist. Der JGHV setzt voraus, dass eine waidgerechte Jagdausübung aus jagdethischen, tierschutzrechtlichen und jagdwirtschaftlichen Gründen nur mit einem brauchbaren Jagdhund möglich ist. Sein Ziel ist deshalb ein Zusammenschluss aller Vereine, die durch Prüfung, Zucht, Fort- und Weiterbildung für den Fortbestand brauchbarer Jagdhunde sorgen und damit dem waidgerechten Jagen dienen. Im Vordergrund steht die Festsetzung gemeinsamer Prüfungsordnungen und Richtlinien für das Heranbilden und Ernennen von Verbandsrichtern sowie das Führen des Deutschen Gebrauchshundestammbuches (DGStB). Jagdliche Prüfungen stellen sowohl die Gebrauchstüchtigkeit als auch natürliche Anlagen fest und geben damit Aufschluss auf den Erb-Wert der Eltern.

DEN RICHTIGEN ZÜCHTER FINDEN

Naheliegende Kriterien für die Wahl eines Züchters sind häufig die räumliche Nähe und die Verfügbarkeit eines Welpen. Wer sich jedoch intensiver mit der Suche nach einem passenden Welpen beschäftigen möchte, wird feststellen, dass es noch weitere wichtige Kriterien gibt.

WELCHE ZUCHTLINIE AUSWÄHLEN?

Das typische Wesen des Labradors zeichnet sich unabhängig von der Zuchtlinie durch seine Anpassungsfähigkeit, Robustheit, allgemeine Wesenssicherheit, Nervenstärke und Verträglichkeit gegenüber Mensch und Tier aus. Und doch spiegelt sich die Entwicklung der unterschiedlichen Zuchtlinien nicht nur in einer Veränderung des Exterieurs, sondern auch in anderen Bereichen wider.

Besuche auf Ausstellungen und Prüfungen, z. B. Working Tests, bieten Gelegenheit, Labradors in Aktion zu sehen, mit Züchtern bzw. Besitzern ins Gespräch zu kommen, und sie ermöglichen einen guten Überblick über die unterschiedlichen Typen.

Welche Zuchtlinie in Betracht kommt, hängt im Wesentlichen von den persönlichen Interessen und Erwartungen ab, wie auch von der bereits vorhandenen Hundeerfahrung und dem Engagement, das in die Ausbildung und spätere Beschäftigung fließen soll.

Hündin aus Standardlinien

Hündin aus Field-Trial-Linien

☞ TENDENZIELLE UNTERSCHIEDE IN DEN ZUCHTLINIEN

	LABRADORS AUS STANDARD-AUSSTELLUNGSLINIEN	LABRADORS AUS FIELD-TRIAL-LINIEN
ZÜCHTERISCHES HAUPT-AUGENMERK	Im Mittelpunkt steht das Exterieur, welches sich in den letzten 50 Jahren zu einem modernen, schwereren Ausstellungstyp gewandelt hat.	Im Mittelpunkt steht die jagdliche Leistungsfähigkeit.
EXTERIEUR	Ein häufig sehr schwerer, kräftiger Körperbau mit proportional kürzeren Läufen und kräftigem Kopf mit ausgeprägtem Stopp.	Ein meist leichterer, athletischer Körperbau mit schmalerem Kopf und weniger ausgeprägtem Stopp. Häufig hochläufiger und länger in der Lende.
UNTERSCHIEDE IN DEN CHARAKTEREIGENSCHAFTEN	Unerschrocken und häufig schwer beeindruckbar. Zuweilen mangelt es an Führigkeit, was zu größerer Eigenständigkeit führt. Auch die Bindungsbereitschaft ist nicht immer ausgeprägt genug.	Meist sensibler und sehr führerbezogen, Fremden gegenüber sicher, aber uninteressiert. Trotz großer körperlicher Härte aufgrund der ausgeprägten Unterordnungsbereitschaft i. d. R. leicht zu beeindrucken.
LEISTUNGSBEREITSCHAFT	Unterschiedlich ausgeprägt: teilweise hoch, teilweise gering	Hoch
BEUTEVERHALTEN	Manchmal zu wenig, manchmal stark ausgeprägt, jedoch nicht immer leicht zu kontrollieren.	Ausgeprägt
BRINGVERHALTEN	Unterschiedlich stark ausgeprägt	Ausgeprägt
WILL TO PLEASE	Manchmal zu wenig, arbeitet dann mehr für sich selbst, als für den Besitzer.	Ausgeprägt, hohe Unterordnungsbereitschaft
FÜHRIGKEIT	Nicht immer rassetypisch leichtführig, manchmal auch mit einem Hang zur Dickköpfigkeit.	In der Regel sehr leichtführig, was bei unsachgemäßem Training zur Unselbstständigkeit führen kann.
WASSERFREUDE	Meist sehr ausgeprägt	In einzelnen Linien nicht ausgeprägt genug.
ENTWICKLUNG	Meist frühreif	Häufig frühreif, aber nicht immer!
STABILITÄT	Meist unerschütterlich, oft aber auch schwer zu kontrollierende Passion, die im Zusammenspiel mit einer zu gering ausgeprägten Führigkeit zu Ausbildungsproblemen führt.	In der Regel stabil, manchmal jedoch zu viel Passion, die bei unsachgemäßem Training zu unerwünschten Verhaltensweisen, wie z. B. Winseln, führen kann.

PERSÖNLICHE INTERESSENS-SCHWERPUNKTE

FAMILIENBEGLEITER

Der Labrador erfreut sich aufgrund seiner Charakter- und Wesenseigenschaften immer größerer Beliebtheit als Familienbegleithund. Diese Eigenschaften sowie ein Mindestmaß an jagdlichen Anlagen finden sich unabhängig von der Zuchtlinie in jedem Labrador. Trotzdem kann ein führiger Hund aus Standardlinien die bessere Wahl sein als ein hoch veranlagter Hund aus Field-Trial-Linien. Obwohl sich dieser insbesondere durch eine ausgeprägte Führigkeit und hohe Ausbildungsbereitschaft auszeichnet, stellt sich die Frage, inwieweit sich die persönlichen Lebensumstände mit den über eine normale Grunderziehung hinausgehenden Ansprüchen eines Arbeitshundes in Einklang bringen lassen.

JAGDBEGLEITER

Aufgrund der vergleichsweise niedrigen Erblichkeit jagdlicher Anlagen von 10 – 30 % (Malcolm B. Willis in „Genetik der Hundezucht") kommen für Interessenten aus dem jagdlichen Bereich insbesondere Züchter in Betracht, deren Hunde sich sowohl auf Jagdprüfungen als auch im praktischen Jagdbetrieb bewiesen haben. Auch wenn sich Titel und Prüfungsergebnisse nicht vererben, beweisen erfolgreich absolvierte Prüfungen doch, dass sie sich als gut ausbildbar, schussfest und wasserfreudig erwiesen haben. Nur mit über Generationen hinweg nachgewiesener Leistung kann eine gewisse Gewähr bestehen, dass die für die jagdliche Arbeit erwünschten Eigenschaften in ausgeprägtem Maß vorhanden sind.

Jagdliche bzw. Spezielle jagdliche Leistungszucht

Die Prädikate Jagdliche bzw. Spezielle jagdliche Leistungszucht bedeuten nur, dass beide Elternteile bzw. alle Großeltern zumindest eine BLPR bestanden haben. Sie geben hingegen keinen Aufschluss darüber, aus welcher Zuchtlinie der Hund stammt. Es können sich dahinter sowohl Standard-/Ausstellungslinien als auch Field-Trial-Linien verbergen. Aufschluss kann hier nur ein Blick in die Ahnentafel geben.

Standardlinien mit dem Prädikat Jagdliche bzw. Spezielle jagdliche Leistungszucht

Auch wenn die jagdlichen Anlagen nicht immer im Mittelpunkt der züchterischen Bestrebungen stehen, haben Hunde aus Standardlinien mit dem Bestehen der für die Leistungszucht notwendigen Prüfung zumindest bewiesen, dass sie die Grundvoraussetzungen für einen sicheren Verloren-Bringer mitbringen. Die nicht immer ausreichend ausgeprägte Führigkeit steht jedoch häufig einer erfolgreichen Teilnahme an höherwertigen Prüfungen, in denen größere Ansprüche an die Lenkbarkeit gestellt werden, entgegen. Doch diese „Schwäche" kann sich dort, wo gegenüber dem Hundeführer ein gewisses Durchsetzungsvermögen gefragt ist, wie z. B. bei der Arbeit am Schweißriemen, auch als Stärke erweisen.

Field-Trial-Linien

Bei den Field-Trial-Linien steht die Leistung im Vordergrund. Ihre Entwicklung wurde von den im Herkunftsland England vorherrschenden speziellen Retriever-Jagdprüfungen, den Field Trials, wesentlich beeinflusst. Eine erfolgreiche Teilnahme gibt sowohl Aufschluss über die Standruhe und Nervenstärke anlässlich einer Jagd, als auch über die natürliche Begabung, Wild zu finden, und die Bereitschaft zur Zusammenarbeit. Doch unabhängig davon, wie beeindruckend der Anblick eines gut durchgearbeiteten Labradors aus Field-Trial-Linien ist und wie magisch die enge Verbindung zum Hundeführer anmuten mag, es steckt immer noch viel Zeit, Training und Engagement dahinter. Seine Beschäftigungsansprüche sind hoch und Bewegung allein füllt ihn nicht aus. Bekommt er eine gezielte Ausbildung und sinnvolle Beschäftigung, ist er ein hoch ambitionierter und in sich ruhender Jagdbegleiter, der jede ihm aufgetragene Aufgabe mit Bravour meistert.
Ein Welpe aus Field-Trial-Linien ist auch die richtige Wahl für alle, die planen, intensiv in die Dummy-Arbeit oder die Rettungshundearbeit einzusteigen.
In den Datenbankeinträgen und Ahnentafeln von Hunden aus Field-Trial-Linien finden sich i. d. R. zahlreiche Field-Trial-Champion-Titel (FTCh.) oder Vermerke, die auf eine erfolgreiche Teilnahme an Field Trials und anderen Prüfungen hinweisen.

01

02

03

BEST IN SHOW

Da anatomische Merkmale eine mittlere bis hohe Erblichkeit von ca. 40 – 80 % besitzen (Malcolm B. Willis in „Genetik der Hundezucht“), sollten sich Interessenten, die großes Interesse an Hundeausstellungen haben, auf Züchter konzentrieren, deren Zuchthunde und Nachzuchten das moderne Show-Ideal verkörpern und konstant Erfolge im Ausstellungsring haben.

Mit Ausnahme von Ausstellungs- und diversen Siegertiteln finden sich auf den Welpenlisten bzw. in den Datenbankeinträgen keine spezifischen Hinweise auf entsprechende Linien. Besuche auf Ausstellungen ermöglichen einen breiten Überblick und eignen sich auch zur Kontaktaufnahme mit Züchtern.

01 Das Prädikat jagdliche Leistungszucht bezieht sich nur auf die erfolgreich absolvierten Prüfungen des Hundes, nicht aber auf seine Zuchtlinie.

02 Hunde aus Field-Trial-Linien sind i. d. R. leicht über die in der Ahnentafel / Datenbank vermerkten Field-Trial-Champion-Titel (FTCh.) zu erkennen.

03 Für Hunde aus erfolgreichen Ausstellungslinien gibt es keine speziellen Prädikate. Hinweise geben aber die vermerkten Ausstellungstitel der Ahnen.

DIE WAHL DES ZÜCHTERS

Ist die Frage nach den persönlichen Interessen geklärt, gilt es, einen entsprechenden Züchter zu finden. Die Welpen-Listen der Rassezuchtvereine geben Auskunft über geplante, erwartete und bereits gefallene Würfe. Engagierte Züchter haben häufig eine Warteliste. Eine eventuelle Wartezeit kann jedoch hervorragend genutzt werden, um sich auf das neue Familienmitglied vorzubereiten. Der Kauf eines Welpen ist Vertrauenssache – sowohl für den Welpen-Interessenten, als auch für den Züchter. Ein ernsthafter Züchter wird gern und detailliert alle Fragen rund um die Rasse, seine Zuchtziele, die Zuchthündin, die Verpaarung und die Aufzucht der Welpen beantworten. Aber er wird auch sichergehen wollen, dass er seine Welpen in verantwortungsvolle Hände abgibt. Deshalb wird er seinerseits Fragen stellen, die ihm einen Eindruck vermitteln, ob die Anschaffung eines Hundes gut überlegt ist und die Lebensumstände eine langjährige Hundehaltung zulassen.

Wichtig! Züchter, die sich dem Wettbewerb stellen, gleichgültig ob auf Prüfungen oder Ausstellungen, haben ein großes Interesse an ihrer Rasse, nehmen an aktuellen Entwicklungen teil und stehen im ständigen Austausch mit anderen Züchtern.

Für einen verantwortungsbewussten Züchter ist die Aufzucht seiner Welpen eine Herzensangelegenheit!

☞ LEITFRAGEN ZUR ZÜCHTERWAHL

DER ZÜCHTER

1 WIE LANGE HÄLT BZW. ZÜCHTET ER SCHON LABRADORS?

2 WELCHE ZUCHTZIELE BESCHREIBT ER UND PASSEN DIESE ZU DEN EIGENEN VORSTELLUNGEN?

3 BEANTWORTET ER FRAGEN GEDULDIG UND SCHEUT SICH NICHT, AUCH UMFASSEND ÜBER EVTL. ERBKRANKHEITEN DER RASSE ZU INFORMIEREN?

4 STELLT ER SEINERSEITS FRAGEN, DIE IHM EINEN EINDRUCK VERMITTELN KÖNNEN, OB ER SEINE WELPEN IN VERANTWORTUNGSVOLLE HÄNDE ABGIBT?

5 BETONT ER, IN KONTAKT BLEIBEN ZU WOLLEN UND BEI ETWAIGEN SCHWIERIGKEITEN AUCH WEITERHIN MIT RAT UND TAT ZUR SEITE ZU STEHEN?

WAS STECKT DAHINTER?

Ein engagierter, gut informierter Züchter nimmt nur Hunde in die Zucht, die sich aufgrund ihrer Gesundheit, ihres Wesens, ihrer Arbeitsanlagen und ihres Aussehens als typische Vertreter ihrer Rasse erwiesen haben. **Er verfolgt mit viel Liebe und Interesse ein konkretes Zuchtziel.** Je länger und intensiver er sich bereits mit der Rasse beschäftigt, desto besser ist er in der Lage, seine geplante Verpaarung einzuschätzen.
Da ihm die Rasse am Herzen liegt, beschränkt er sich nicht nur auf die zur Zuchtzulassung notwendigen Pflichtuntersuchungen, sondern legt auch Wert darauf, dass er über die Gesundheitsuntersuchungen seiner Nachzucht ein Feedback über seine Zuchtbemühungen bekommt. Erbkrankheiten sind für ihn kein Tabu-Thema und verfügbare Gentests selbstverständlich.
Ein guter Züchter sucht sich seine zukünftigen Welpen-Besitzer sehr sorgfältig aus. Er möchte nicht nur sichergehen, dass er sie in verantwortungsvolle Hände abgibt, sondern auch, ob ein Welpe aus seiner Zucht den Vorstellungen und Erwartungen des Interessenten entspricht. Er ist am Werdegang des Welpen interessiert und erster Ansprechpartner bei Schwierigkeiten jedweder Art.

DIE ZUCHTSTÄTTE

1 ZÜCHTET DER ZÜCHTER NOCH ANDERE RASSEN?

2 WIE VIELE HUNDE BZW. ZUCHTHÜNDINNEN BEFINDEN SICH IN SEINEM BESITZ?

3 WIE VIELE WÜRFE HAT ER DURCHSCHNITTLICH PRO JAHR?

4 LEBEN DIE ERWACHSENEN HUNDE UND DIE WELPEN IM HAUS ODER ISOLIERT IN EINEM NEBENGEBÄUDE?

5 WIE SIND DIE AUFZUCHTBEDINGUNGEN EINZUSCHÄTZEN?

WAS STECKT DAHINTER?

Das **Verfolgen eines bestimmten Zuchtziels** bedarf nicht nur eines großen Interesses an der Rasse und ihren Entwicklungen, sondern auch einer guten Kenntnis entsprechender Ahnentafeln und umfassender Recherche aller Informationen, die für eine verantwortungsvolle Wurfplanung von Wert sein können. Dies lässt sich kaum für mehrere Rassen bewerkstelligen.
Ein dem VDH angeschlossener Züchter betreibt die Hundezucht **als Hobby und nicht auf gewerblicher Basis.** Die meisten Züchter besitzen nicht mehr als zwei Zuchthündinnen. Um eine verantwortungsvolle Aufzucht zu gewährleisten, ist **die Zahl der pro Jahr zugelassenen Würfe in einem Zwinger** begrenzt.
In Anbetracht des Aufwands wird ein umsichtiger Züchter nur im Ausnahmefall zwei Würfe zur gleichen Zeit aufziehen.
Ein typischer Labrador-Besitzer und -Züchter liebt und schätzt die ausgeprägte **Menschenbezogenheit** seiner Rasse. Die Hunde gehören mit zur Familie und die Welpen wachsen i. d. R. in enger Anbindung zum Familienalltag auf.
Jeder Züchter der dem VDH angeschlossenen Rassezuchtvereine ist verpflichtet, seine Hunde und Welpen in einem **optimalen Pflege- und Ernährungszustand** zu halten und eine **artgerechte, saubere Unterbringung** zu gewährleisten.

	DIE ZUCHTHÜNDIN	WAS STECKT DAHINTER?
1	ZEIGT SICH DIE MUTTER DER WELPEN FREUNDLICH UND AUFGESCHLOSSEN?	Die Zuchthündin sollte Fremdpersonen gegenüber ein rassetypisch offenes und entspanntes Verhalten zeigen. **Ihr Verhalten setzt Maßstäbe für das Verhalten ihrer Welpen.**
2	LASSEN DAS AUSSEHEN DER HÜNDIN UND IHR ERNÄHRUNGSZUSTAND AUF EINE OPTIMALE VERSORGUNG SCHLIESSEN?	Die Vitalität, der Ernährungszustand und die allgemein gute Konstitution der Hündin sind deutliche Hinweise auf eine optimale Versorgung der Welpen.
3	HAT DIE HÜNDIN FREIEN ZUGANG ZU DEN WELPEN?	Die Hündin muss während der Aufzuchtwochen **jederzeit Zugang zu ihren Welpen** haben, sich aber auch zurückziehen können. Dies wird v. a. dann relevant, wenn das Säugen der Welpen aufgrund der durchgebrochenen Milchzähne unangenehm zu werden beginnt.
4	WIE ALT IST DIE HÜNDIN UND WIE VIELE WÜRFE HATTE SIE BISHER?	Das **Mindest- und Höchstalter** für zuchtfähige Hündinnen ist ebenso begrenzt wie die **Anzahl der Würfe**, die eine Hündin im Verlauf ihres Lebens haben darf.
5	BESITZEN DIE ELTERNTIERE EINE GÜLTIGE ZUCHTZULASSUNG, IN DER DIE VOM ZUCHTVEREIN VORGEGEBENEN ZUCHTVORAUSSETZUNGEN, WIE DAS HD- UND ED-GUTACHTEN, DER WESENSTEST BZW. DIE ENTSPRECHENDE JAGDPRÜFUNG UND DIE FORMWERTPRÜFUNG DOKUMENTIERT SIND? LIEGEN EIN AKTUELLER AUGENUNTERSUCHUNGSBEFUND SOWIE GENTESTS FÜR DIE WICHTIGSTEN GENETISCHEN ERKRANKUNGEN VOR?	**Beide Rassezuchtvereine haben strenge Vorschriften für die Zuchtzulassung.** Der Züchter gibt darüber bereitwillig Auskunft und kann entsprechende Gutachten der Elterntiere vorlegen, deren Ergebnisse auch in den Datenbanken der Zuchtvereine veröffentlicht sind, und ein **transparentes Zuchtgeschehen** gewährleisten. Der Vater der Welpen wird nur in den seltensten Fällen anwesend sein, denn der Rüde von nebenan muss nicht die erste Wahl im Sinne des Zuchtziels sein. Dies gilt insbesondere für eine Rasse wie den Labrador, deren Zuchtschwerpunkt nicht in Deutschland liegt.

	DIE WELPEN	WAS STECKT DAHINTER?
1	BESTEHT DIE MÖGLICHKEIT, DIE WELPEN WÄHREND DER AUFZUCHT ZU BESUCHEN?	Ein verantwortungsvoller Züchter legt viel **Wert auf Besuche zukünftiger Welpen-Käufer.** Über die Art des Umgangs mit den Welpen bzw. der Hündin kann er sich ein Bild über deren Persönlichkeit machen, über weitere Gespräche mehr über die Lebensumstände erfahren, in denen sein Welpe aufwachsen wird. Beides hilft ihm bei der Wahl des passenden Welpen.
2	MACHEN DIE WELPEN EINEN SAUBEREN, GEPFLEGTEN UND GESUNDEN EINDRUCK?	Die Welpen sollten einen **gesunden und gut genährten Eindruck machen,** der sich in klaren Augen, einem glänzenden Fell und dem typischen, angenehmen Welpen-Geruch widerspiegelt.
3	VERHALTEN SIE SICH VERSPIELT UND ZUTRAULICH?	Typische Labrador-Welpen sind aktiv, kontaktfreudig und sehr menschenbezogen!
4	WERDEN DIE WELPEN ALTERSGERECHT IN IHRER ENTWICKLUNG GEFÖRDERT?	Ein guter Züchter kümmert sich während der Aufzuchtzeit intensiv um seine Welpen und versucht, ihnen den besten Start in ihr weiteres Leben zu ermöglichen. Er fördert ihr Lernverhalten und leistet einen wichtigen Beitrag zur Sozialisation.
5	IN WELCHEM ALTER WERDEN DIE WELPEN ABGEGEBEN?	Die Abgabe der Welpen ist den dem VDH angeschlossenen Züchtern erst nach Vollendung der achten Lebenswoche und nur nach erfolgter Grundimmunisierung gegen Staupe, Hepatitis, Leptospirose und Parvovirose erlaubt. Jeder Wurf wird von den Zuchtwarten der Rassezuchtvereine vor Ort kontrolliert. Dabei werden die Umstände der Geburt und der Aufzucht sowie der Zustand der Mutterhündin, der Welpen und der Zuchtstätte dokumentiert.

BESUCHE BEIM ZÜCHTER

In der Regel legen Züchter Wert darauf, dass sich Welpen-Interessenten schon vor der Geburt der Welpen bei ihnen vorstellen. Regelmäßige Nachfragen über den Fortgang der Ereignisse und Besuche während der Aufzuchtzeit signalisieren ein ernsthaftes Interesse.

Erste Besuche der Welpen lassen die meisten Züchter erst mit Beginn der Sozialisierungsphase zu. Zum Schutz vor versehentlich eingeschleppten Infektionen sollten dabei einige Vorsichtsmaßnahmen eingehalten werden, wie z. B. das Ausziehen der Straßenschuhe, das Händewaschen und gegebenenfalls auch das Desinfizieren der Hände.

DIE AUSWAHL DES WELPEN

Auch wenn Besuche einen Eindruck über die Welpen vermitteln können, handelt es sich doch nur um von der jeweiligen Tagesform abhängige Momentaufnahmen. Ihre Entwicklung verläuft fließend. Der stets unerschrocken wirkende Macho des Wurfes kann, auf sich allein gestellt, plötzlich zum Mauerblümchen werden, während ein unauffälliger Welpe von heute auf morgen zum Star avanciert.

Durch den intensiven Kontakt während der Aufzuchtzeit kann ein erfahrener Züchter Temperament, Wesen und Veranlagung der einzelnen

So wird ein Welpe richtig getragen!

WELPEN RICHTIG TRAGEN

Welpen-Besuche helfen nicht nur, einen ersten Eindruck der unterschiedlichen Charaktere und Temperamente zu bekommen, sie unterstützen auch die Prägung und Sozialisation. Dabei gilt es, negative Erfahrungen, die z. B. durch ein unsachgemäßes Tragen entstehen können, zu vermeiden. Ein Welpe sollte immer mit beiden Händen hochgenommen werden. Dazu fasst eine Hand gezielt unter den Po, während die andere von vorn durch die Vorderläufe greift und den Welpen am Brustbein fixiert. Auf diese Weise können auch energiegeladene, temperamentvolle Labrador-Welpen sicher gehalten und getragen werden. Ein Welpe darf niemals am Nackenfell oder gar an den Vorderläufen hochgehoben werden. Seine noch weichen Schulter- und Ellenbogengelenke halten einer derartigen Belastung nicht stand und ernsthafte, irreparable Schäden können die Folge sein.

Beim Welpen-Test wird das Bringverhalten …

Jeder Welpe besitzt eine eigene Persönlichkeit!

... und die Reaktion auf optische Reize beobachtet.

Welpen sehr gut einschätzen. Je besser er die Persönlichkeit, das Lebensumfeld und die Erwartungen des Welpen-Käufers kennt, desto leichter kann er mit Hilfe seiner Erfahrung, seines Wissens und seines Gespürs helfen, den passenden Welpen auszusuchen.

Die Aussagekraft von Welpen-Tests

Viele Welpen-Tests haben ihren Ursprung in der Auslese von Welpen für die Blindenführ- oder Diensthundeausbildung. Meist werden sie um den 49. Lebenstag durchgeführt. Zu diesem Zeitpunkt ist das Gehirn des Welpen bereits vollständig entwickelt.

Bei einem Welpen-Test wird jeder Welpe für sich von einer ihm unbekannten Person in einer ihm unbekannten Umgebung in gezielt herbeigeführten Situationen beobachtet. Festgehalten wird dabei u. a. die Reaktion des Welpen auf den fremden Menschen und die fremde Umgebung sowie auf unbekannte optische und akustische Reize. In Ansätzen wird auch geprüft, ob sich ein Beute- und Bringverhalten auslösen lässt, wie er sich unter moderatem Stress verhält und ob er Problemlösungsverhalten zeigt.

Reihenuntersuchungen kommen übereinstimmend zum Ergebnis, dass sich das Verhalten erwachsener Hunde anhand der während des Tests gemachten Beobachtungen nicht vorhersagen lässt. Allerdings weist das Verhalten acht Wochen alter Welpen eine hohe Erblichkeit zum Verhaltensmuster der Mutter auf. Dies unterstreicht nochmals, wie wichtig es ist, dass nur wesens- und instinktsichere Hunde in die Zucht gehen. Die Aussagekraft von Welpen-Tests ist v. a. deshalb begrenzt, weil das spätere Verhalten wesentlich von den weiteren Umwelterfahrungen beeinflusst wird. Da die Welpen nacheinander, d. h. zu verschiedenen Tageszeiten und in unterschiedlichen Aktivitätsphasen getestet werden, sind die Ergebnisse kaum vergleichbar. Das Verhalten der Welpen auf moderaten Stress kann Hinweise auf ihr künftiges Stressmanagement geben, insgesamt lassen die Beobachtungen aber nur auf den momentanen Prägungs- und Entwicklungsstand schließen. Insoweit kann der Test Anhaltspunkte dafür geben, wie mit der weiteren Prägung des einzelnen Welpen fortzufahren ist.

Rüde oder Hündin? Nicht nur eine Frage des Geschmacks!

Rüde oder Hündin?

Häufig beruht die Entscheidung auf persönlichen Vorlieben oder vorangegangenen Erfahrungen. Labrador-Hündinnen sind nicht grundsätzlich anhänglicher, leichtführiger und verträglicher als Rüden. Sie sind jedoch standardgemäß deutlich kleiner und leichter. Ihre Geschlechtsreife beginnt i. d. R. zwischen dem 7. und 14. Lebensmonat. Normalerweise werden sie zweimal im Jahr für ca. 3 Wochen läufig und bedürfen in dieser Zeit besonderer Aufsicht. Die Blutung kann je nach Ausprägung als Belastung empfunden werden. Manche Hündinnen zeigen vor und nach der Hitze ein hormonell bedingt verändertes Verhalten. Häufig sind sie während dieser Zeit unsicherer und weniger belastbar. Kommt es zwischen Hündinnen zu innerartlichen Konflikten, fallen diese meist deutlich heftiger aus als bei Rüden, die gern „viel Lärm um nichts“ machen.
Rüden sind das ganze Jahr über sexuell aktiv. Ihre Reife macht sich i. d. R. ab dem 8. Lebensmonat durch das Beinheben bemerkbar. Sie markieren typischerweise ihre Umgebung. Es ist jedoch auch eine Frage der Erziehung, inwieweit und v. a. wo dies toleriert wird. Wird das hormonell gesteuerte Arterhaltungsverhalten eines Rüden durch die Anwesenheit einer läufigen Hündin aktiviert, versucht er, es auszuleben. Um dies zu verhindern, bedürfen Labrador-Rüden aus Standardlinien meist einer energischeren, erzieherischen Konsequenz als Rüden aus Field-Trial-Linien, die sich aufgrund ihrer ausgeprägten Führigkeit und hohen Arbeitsbereitschaft im Allgemeinen gut von ihrem Vorhaben ablenken lassen. Da Konkurrenzsituationen im Rahmen des Fortpflanzungsverhaltens zu Eskalationen führen können, muss auf ein normal entwickeltes Sozialverhalten gegenüber anderen Rüden geachtet werden.

Macht die Farbe einen Unterschied?

Die Farbe macht beim Labrador keinen Unterschied. Allerdings wirken schwarze Hunde naturgemäß oft bedrohlicher auf hundeunerfahrene Menschen als helle. Dies kann z. B. dann relevant sein, wenn der Hund mit ins Büro gehen oder in der tiergeschützten Intervention eingesetzt werden soll.
Die Farbe Braun war bis vor wenigen Jahren in Deutschland noch kaum verbreitet und wurde aufgrund zunehmender Beliebtheit in relativ kurzer Zeit verstärkt gezüchtet. Heute sind knapp 23 % der im DRC e. V. und gut 30 % der im LCD e. V. gezüchteten Welpen braun. Wann immer sich die Zuchtwahl auf ein Hauptmerkmal be-

schränkt, wie z. B. die Fellfarbe, verkleinert sich der Genpool und andere rassespezifische Merkmale können in den Hintergrund gedrängt werden.

VERTRAGLICHES

Seriöse Züchter besprechen den Inhalt ihres Kaufvertrags und den Kaufpreis frühzeitig, damit sich der Welpen-Käufer darauf einstellen kann. In vielen Kaufverträgen findet sich ein späteres Vorkaufsrecht des Züchters. Es soll verhindern, dass ein Hund aus seiner Zucht von Hand zu Hand gereicht wird oder im Tierheim landet, wenn dem Besitzer die weitere Haltung nicht mehr möglich ist. Eine Verpflichtung des Käufers, den Hund mit einem Jahr auf HD und ED röntgen und die Aufnahmen offiziell auswerten zu lassen, ist mittlerweile gängige Praxis. Manchmal werden auch spezielle Vereinbarungen getroffen, die eine spätere Zuchtverwendung betreffen. Vorverträge und Anzahlungen nehmen zwar zu, sind jedoch kritisch zu betrachten. Verantwortungsvollen Züchtern geht es in erster Linie darum, ihre Welpen optimal zu platzieren. Sollten während der Aufzucht seitens des Welpen-Käufers Zweifel aufkommen, ist es deshalb im beiderseitigen Interesse, vom Kauf Abstand nehmen zu können.

DER WELPEN-PREIS

Der Preis für einen Labrador-Welpen aus einer VDH-anerkannten Zucht liegt derzeit bei ca. 1 100 bis 1 600 €. Der im Vergleich zu kommerziellen Hundezüchtern vermeintlich höhere Preis ist unter Berücksichtigung der intensiven Aufzucht und Sozialisation sowie der Einhaltung der strengen Zuchtvorschriften gerechtfertigt. Das große Engagement der Züchter und das Aufwachsen unter bestmöglichen Bedingungen macht sich sowohl aus gesundheitlicher Sicht, als auch in puncto rassetypisches Verhalten ein Hundeleben lang bezahlt.
Die vor der Abgabe der Welpen zu erfolgende tierärztliche Untersuchung und das Chippen sollte ebenso im Preis inbegriffen sein, wie Entwurmungen und Impfungen, die der Züchter während der Aufzucht vorgenommen hat.
Sollte der Welpe zum Zeitpunkt der Übergabe einen erkennbaren zuchtausschließenden Fehler haben, wie z. B. eine Fehlfarbe, einen Gebissstellungsfehler, ein Ektro- bzw. Entropium oder nicht abgestiegene Hoden, sollte sich dies in einer angemessenen Minderung des Kaufpreises niederschlagen. Fehler dieser Art sind im Wurfabnahmebericht dokumentiert.

Tierärztliche Untersuchung vor der Abgabe

Kontrolle des Milchgebisses

ENTWICKLUNGSPHASEN DES LABRADORS

Die Entwicklung eines Hundewelpen verläuft in den ersten Lebenswochen rasend schnell. Vom Tag seiner Geburt an durchläuft er verschiedene fließend ineinander übergehende Entwicklungsphasen, die ihn in Abhängigkeit von seiner individuellen Entwicklungsgeschwindigkeit auf sein weiteres Leben vorbereiten. Ein sachkundiger Züchter kann in dieser Zeit einen wichtigen Beitrag zur Entwicklung der Welpen leisten.

DIE GEBURT

Die durchschnittliche Trächtigkeitsdauer liegt bei 63 Tagen. Aufgrund des speziellen Kontrazeptionsmechanismus des Hundes – der Decktermin ist in den wenigsten Fällen mit dem Befruchtungstermin gleichzusetzen – kann die Trächtigkeitsdauer jedoch stark variieren. Ausgehend von Tag 1 nach dem ersten Decken kann die Schwankungsbreite zwischen 58 bis 72 Tage betragen. Während der Vorbereitungsphase beginnt die Hündin, unruhig zu werden, zu hecheln und verstärkt Nestbauverhalten zu zeigen. Durch das Absinken des Progesterons kommt es zum kurzzeitigen Absinken der Körpertemperatur unter 37 °C. Dies ist meist ein gutes Kriterium dafür, dass die Geburt innerhalb der nächsten 24 Stunden einsetzt.

Während des Eröffnungsstadiums treiben leichte Wehen die Welpen in Richtung Gebärmutterkörper, die Plazenten beginnen, sich aufzulösen, der Muttermund öffnet sich. Die Beckenbänder erschlaffen und die Flanken der Hündin fallen ein. Meist will sie sich nun vermehrt lösen. Dabei sollte sie unbedingt an der Leine bleiben. Die Übergänge der Stadien verlaufen fließend und es kommt häufiger vor, dass während eines vermeintlichen Lösevorgangs bereits der erste Welpe geboren wird.

Im Austreibungsstadium kommen die Wehen kräftig und regelmäßig. Das Austreiben der Welpen beginnt aus dem stärker gefüllten Uterushorn und erfolgt dann jeweils wechselseitig. Beim Durchtritt durch das knöcherne Becken reißt die Fruchtblase und Fruchtwasser tritt aus. Sobald der Welpe vollständig ausgetrieben ist, beginnt eine instinktsichere Hündin, die Fruchthülle aufzureißen und den Welpen abzunabeln. Das Fressen der Fruchthülle und der nachfolgenden Nachgeburt ist ein vollkommen normales Verhalten.

Die Dauer zwischen der Geburt der einzelnen Welpen kann mehrere Stunden betragen. Meist werden zunächst drei bis vier Welpen in relativ kurzen Abständen geboren, bevor eine längere Pause eintritt.

☞ ENTWICKLUNGSPHASEN AUF EINEN BLICK

ENTWICKLUNGSPHASEN	ZEITRAUM
NEUGEBORENENPHASE	Von der Geburt bis zum 13. Lebenstag
DIE ÜBERGANGSPHASE	Vom 14. bis zum 21. Lebenstag
DIE SOZIALISIERUNGSPHASE	Vom 21. Lebenstag bis zur 12.–16. Lebenswoche
JUNGHUNDEPHASE	Von der 16. Lebenswoche bis zum Eintritt der Geschlechtsreife
REIFUNGSPHASE	Von der Geschlechtsreife bis zum 2./3. Lebensjahr

In der Neugeborenenphase ist der Welpe auf den Schutz und die Fürsorge seiner Mutter angewiesen.

Während der Pausen kann der Züchter das Wurfprotokoll ergänzen, die Welpen wiegen und markieren. Neben dem Wurfdatum, der Uhrzeit, dem Geburtsgewicht, dem Geschlecht, der Markierung und etwaigen Besonderheiten sollte auch vermerkt werden, ob die Nachgeburt vorhanden war. Die durchschnittliche Wurfgröße liegt beim Labrador bei 7,7. Die Geburtsgewichte variieren i. d. R. zwischen 350 bis 450 Gramm.

DIE NEUGEBORENEN-PHASE

Als typische Nesthocker sind Hundewelpen nach der Geburt auf die Fürsorge und den Schutz ihrer Mutter angewiesen. Wichtige angeborene Verhaltensweisen, die ihr Überleben sichern, sind das Suchen nach Wärme und Nahrung. Die kreiselnden Pendelbewegungen, mit denen sich der Welpe in Richtung der Milch- und Wärmequelle fortbewegt, sind reflexartige Bewegungsabläufe. Zusammen mit dem Saugreflex bilden sie instinktveranlagte Handlungen, die ein gesunder Welpe vom Zeitpunkt der Geburt an beherrscht. Wird er nicht fündig, reagiert er mit einem durchdringenden „Verlassenseins-Ruf", der die Mutterhündin sofort reagieren lässt.
Die Kolostralmilch der ersten Tage ist für die Entwicklung des Welpen überaus wichtig. Sie ist nicht nur nährstoff-, vitamin- und mineralstoffreicher, sie stellt auch eine Art passive Immunisierung dar. Der Geschmacks- und Geruchssinn, der Lage- und Gleichgewichtssinn, der Temperatur- und Tastsinn sowie die Schmerzrezeptoren sind zum Großteil bereits vor der Geburt im Mutterleib, spätestens aber kurz nach der Geburt voll wahrnehmungsfähig. Durch den Lage- bzw. Gleichgewichtssinn ist der Welpe von Anfang an imstande, sich in die Bauchlage zu bringen. Obwohl er Temperaturunterschiede gut wahrnimmt, kann er seine Körpertemperatur nicht selbstständig aufrechterhalten. Sein Wärmebedürfnis wird durch das enge Kontaktliegen mit der Mutterhündin und den Wurfgeschwistern gestillt.
Das Verhalten des Welpen ist in dieser Zeit überwiegend reflexgesteuert. Da sich das Nervensystem erst langsam von vorn nach hinten weiter ausbildet, kann sich der Welpe zunächst nur „robbenartig" fortbewegen. Ein erstes Hochstemmen mit den Vorderbeinen ist ab dem sechsten, das Mitbewegen der Hinterhand ab dem achten Lebenstag zu beobachten. Bei Welpen aus Field-Trial-Linien können erste Versuche auch schon etwas früher beobachtet werden. Die noch unvollständige Innervierung der Hinterhand bedeutet ferner, dass der Welpe nicht selbstständig Harn und Kot absetzen kann. Seine Ausscheidungen werden von der Mutter reflexartig ausgelöst, indem sie massierend über die Bauch- und Analregion leckt. Zwei weitere Reflexe, die sich in dieser Zeit gut beobachten lassen, sind der Beuge- und der Streckreflex.
Einer der Nerven, die von Anfang an entwickelt sind, ist der Gesichtsnerv. Er ermöglicht dem Welpen u. a., die Zitze mit seiner fächerförmigen Zunge zu umschließen und sich daran festzusaugen.

Die tägliche Gewichtskontrolle während der ersten 14 Lebenstage gibt Hinweise auf ein gesundes Wachstum. Üblicherweise nehmen Labrador-Welpen in dieser Zeit pro Tag rund 50 – 80 Gramm zu und verdoppeln damit ihr Geburtsgewicht bis zum Ende der ersten Lebenswoche.

WAS KANN DER ZÜCHTER IN DIESER ZEIT TUN?

Messungen der Gehirnströme verzeichnen in der Neugeborenenphase kaum Unterschiede zwischen den Wach- und Schlafphasen. Trotzdem kann der Züchter dem Welpen in dieser Zeit erste wichtige Lebenserfahrungen ermöglichen.
Sieht er davon ab, den Welpen nach der Geburt bei der Hündin anzulegen, vermeidet er den Einsatz einer Rotlichtlampe und lässt ihn stattdessen den Weg zur Zitze und Wärmequelle selbst finden, setzt er einen Lernprozess in Gang, der die weitere Entwicklung des Welpen wesentlich beeinflusst. Die Erfahrung, dass hinter einer Anstrengung ein Erfolg steht, wirkt sich positiv auf das spätere Lern- und Problemlösungsverhalten aus und begleitet ihn sein Leben lang. Zugleich trainieren milde Stressoren, wie das selbstständige Suchen nach Nahrung und Wärme oder das Hochnehmen und Berühren des Welpen, sein biochemisches Stresssystem. Es lernt nicht nur, schneller zu reagieren, sondern auch schneller wieder herunterzufahren. Dies fördert die emotionale Ausgeglichenheit und die Entwicklung des Immunsystems. Regelmäßige Berührungen üben ferner einen positiven Reiz auf die weitere Entwicklung des Geruchs-, Gleichgewichts- und Tastsinns aus.

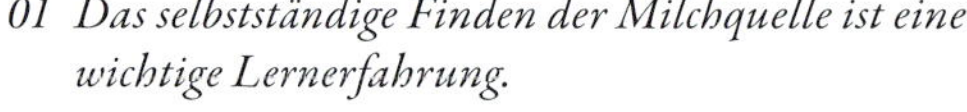

01 Das selbstständige Finden der Milchquelle ist eine wichtige Lernerfahrung.

02 Das enge Kontaktliegen dient dem Aufrechterhalten der Körperwärme.

03 Durch den Milchtritt regt der Welpe den Milchfluss am Gesäuge der Mutter an.

04 Mit dem Öffnen der Ohren und Augen beginnen auch erste Kommunikationsversuche.

01

02

03

DIE ÜBERGANGSPHASE

Gegen Ende der 2. bzw. Anfang der 3. Lebenswoche beginnt die Übergangsphase. Sie ist vor allem durch das Öffnen der Gehörgänge und der Augen gekennzeichnet.

KÖRPERLICHE ENTWICKLUNG

Ab dem 10. Lebenstag beginnen sich kleine, schuppenartige Hautpartikel an den Ohröffnungen abzulösen. Innerhalb der nächsten zwei bis drei Tage öffnet sich der komplette Gehörgang. Der Welpe beginnt, Geräusche wahrzunehmen und auf sie zu reagieren, kann sie zunächst aber weder unterscheiden noch lokalisieren. Beinahe zeitgleich beginnen sich die Augen zu öffnen. Dabei werden zunächst kleine, dreieckige, schimmernde Öffnungen an den inneren Lidspalten sichtbar, die sich allmählich von innen nach außen bis hin zur vollständigen Öffnung ausweiten. Nach dem Öffnen der Augen dauert es noch einige Zeit, bis der Welpe auch in der Lage ist, Dinge zu fokussieren.

Trotz der noch unausgewogenen Körperbalance macht er in dieser Phase große motorische Fortschritte. Die zunehmend innervierte und langsam erstarkende Hinterhand-Muskulatur erlaubt ihm, sich vor- und rückwärts zu bewegen. Die Bewegungen werden zielgerichteter und kraftvoller.

04

Gegen Ende der 3. Woche ist der Welpe in der Lage, sich selbstständig zu versäubern.

Mit der Seh- und Hörfähigkeit setzt auch die Wärmeregulation ein. Der Welpe kann von nun an seine Körpertemperatur selbstständig aufrechterhalten. Er beginnt zu hecheln, wenn ihm zu warm ist, und er zittert bei Kälte.

VERHALTENSENTWICKLUNG

Mit dem Öffnen der Ohren und Augen nimmt der Welpe mehr und mehr seine Umwelt wahr. Er lernt seine Mutter und seine Wurfgeschwister als Artgenossen kennen. Erste bewusste Kontaktaufnahmen und Kommunikationsversuche sowie Anfänge von Spielverhalten können beobachtet werden. Häufig werden die Interaktionen von unterschiedlichen Tönen begleitet, Bell- und Knurrlaute sind zu hören.

Mit der Fähigkeit, sich selbst zu versäubern, beginnen die Welpen auch, sich von ihrer Schlaf- und Hauptaufenthaltsstätte zu entfernen.

WAS KANN DER ZÜCHTER IN DIESER ZEIT TUN?

Mit dem Öffnen der Ohren und Augen erwacht auch die für Welpen so typische Neugier. Der Züchter kann ihre optische, akustische, olfaktorische oder taktile Wahrnehmung nun gezielt in einem dem Reizbewältigungsvermögen der Welpen angemessenen Rahmen anregen. Es sollen dabei alle Sinnessysteme angesprochen, der Welpe jedoch nicht überfordert werden! Eine fördernde Reizkonfrontation setzt voraus, dass der Welpe selbst entscheiden kann, ob und wie lange er sich mit dem jeweiligen Reiz auseinandersetzt. Als Reize bieten sich Gegenstände verschiedener Form und Oberflächenstruktur (z. B. weich, hart, glatt, rau), unterschiedlichen Klangs (z. B. hell, dunkel) oder Geruchs (z. B. Kleidungsstücke verschiedener Familienmitglieder oder verschiedene nicht gegerbte Felle) an.

Auf taktiler Ebene unterstützen sanftes Streicheln und zarte Massagen die Entwicklung des Nervensystems und vermitteln dem Welpen zudem, dass Berührungen etwas ganz Normales sind. In den akustischen Bereich fällt auch das möglichst positive Wahrnehmen der menschlichen Stimme.

Soziales Lernen im Spiel mit der Mutter

Im Spiel wird auch die Basis für die Beißhemmung gelegt.

Beuteorientiertes Spielen

DIE SOZIALISIERUNGS-PHASE

In der Sozialisierungsphase erlernen die Welpen im Spiel mit der Mutter und den Wurfgeschwistern die Regeln der Kommunikation und den Umgang mit Artgenossen. Sie begreifen den Menschen als Sozialpartner und machen im günstigsten Fall vielfältige positive Umwelterfahrungen. Die in dieser Zeit kennengelernten Reize und Stressfaktoren, die erlernten Verhaltenssequenzen und gesammelten Erfahrungen haben eine ausgeprägte Beständigkeit für ihr gesamtes späteres Leben.
Die Sozialisierungsphase ist die sensible Phase für viele Lernerfahrungen. Da sie nur bis über die 12. / 14. Lebenswoche hinausreicht, unterstreicht dies umso mehr die Rolle des Züchters während der Aufzuchtzeit und die Verantwortung des neuen Welpen-Besitzers während der ersten Wochen im neuen Zuhause.

KÖRPERLICHE ENTWICKLUNG

Mit drei Wochen sind die Welpen bereits sehr agil. Am Ende der dritten bzw. Anfang der vierten Lebenswoche beginnen die Milchzähne durchzubrechen. Meist ändert sich damit auch das Verhalten der Hündin. Sie verlässt die Wurfkiste jetzt öfter. Mit dem Beginn des Zufütterns stellt sie normalerweise das Versäubern der Welpen ein. Die Welpen sind zwar immer noch an die schützende Wurfkiste gebunden, erweitern aber stetig ihren Bewegungsradius. Ein an die Wurfkiste anschließender Innenauslauf mit rutschfester, einfach zu reinigender Unterlage leistet dabei gute Dienste.

VERHALTENSENTWICKLUNG

Die Entwicklung sozialer Kontakte, die sich zunächst auf die Mutter und die Wurfgeschwister beziehen, weiten sich nun auf den Züchter und dessen Familie aus. Im Alter von rund vier Wochen erkennen die Welpen ihre Bezugspersonen und reagieren eindeutig auf sie. Dies bietet gute Ansatzpunkte für erste Erziehungsschritte, wie das Herankommen auf Pfiff oder die Stubenreinheit.
Langsam beginnen sich unter den Welpen unterschiedliche Charaktere abzuzeichnen. Ihre Lern-

bereitschaft wird nie wieder so hoch sein wie in den kommenden Wochen. Sie gehen immer geschickter mit Spielsachen oder -geräten um und verbessern stetig ihre motorischen Fähigkeiten. Über das gemeinsame Spiel mit der Mutter und den Wurfgeschwistern kommt es zu ersten sozialen Lerneffekten. Sie erlernen dabei nicht nur nahezu alle arttypischen Verhaltensweisen, sondern trainieren auch ihr Ausdrucksverhalten und entwickeln die Grundlage für die sog. Beißhemmung. Beißt einer der Welpen zu fest zu, unterbricht der Gebissene das Spiel oder er beißt zurück. Da beides als unangenehm empfunden wird, lernt der Welpe, Situationen wie diese zu vermeiden, und passt sein Verhalten an.
Bis zur sechsten Lebenswoche ist das Verhalten der Welpen von Neugier geprägt. Erst danach zeigen sich erste Vorbehalte, leichte Unsicherheiten oder zurückweichende Reaktionen gegenüber Unbekanntem.
Mit sechs bis sieben Wochen werden die Spiele untereinander, aber auch mit dem Menschen, ausdauernder, rauer und körperbetonter. Dies dient ebenfalls dem weiteren Ausbau der Beißhemmung. Zugleich steigt das Interesse an bewegten Objekten und beuteorientierten Spielen.
Je älter die Welpen werden, umso intensiver werden die erzieherischen Maßnahmen der Mutterhündin. In der Natur übernimmt jetzt auch der Rüde einen Teil der Erziehung. Im Spiel lernen sie jetzt immer wieder die Überlegenheit des erwachsenen Hundes kennen. Dieser agiert als Spielführer und zeigt dem Welpen deutlich, wann ein Spiel beginnt und wann es beendet ist. Ziel ist dabei weniger die Herstellung einer hierarchischen Ordnung, als vielmehr die Akzeptanz der im Rudel einzuhaltenden Regeln und das Einfügen in den Sozialverband.

WAS KANN DER ZÜCHTER BIS ZUM ENDE DER 8. LEBENSWOCHE TUN?

Die Lernbereitschaft des Welpen ist in dieser Phase so groß, dass mit nahezu jeder Beschäftigung ein einfacher Lernvorgang verbunden ist. Dinge, an die er sich jetzt gewöhnt, werden ihm immer vertraut sein. Deshalb sollte er nun die Möglichkeit bekommen, in einem angemessenen Umfang möglichst vielfältige Lern- und Umwelterfahrungen zu sammeln. Ziel ist ein selbstbewusster Umgang mit unterschiedlichen Situationen.
Die Mutterhündin sollte jederzeit Zugang zu den Welpen haben. Ihr Verhalten setzt Maßstäbe für das Verhalten ihrer Welpen. Leben noch weitere Hunde im Haushalt des Züchters, ist spätestens jetzt der Moment gekommen, sie miteinzubeziehen.

Wichtig! Regelmäßiger Kontakt zum Menschen als zukünftigem Sozialpartner und eine angepasste Konfrontation mit Umweltreizen ermöglichen es dem Welpen, ein stabiles Selbstbewusstsein zu entwickeln.

Das Bällebad fördert das Körpergefühl und die motorischen Fähigkeiten.

Der Mensch als Sozialpartner

Ein regelmäßiger, intensiver Kontakt zu möglichst unterschiedlichen Menschen (groß, klein, jung, alt, mit Brille, mit Hut, mit Mantel, mit Handicap, unterschiedlicher Hautfarbe usw.) zwischen der 5. und 12. Lebenswoche ist in dieser Zeit sehr wichtig. Er fördert eine positive Grundeinstellung und hilft, ein gut entwickeltes Bindungsbestreben auszubilden. Beides sind wichtige Voraussetzungen für das harmonische Zusammenleben von Mensch und Hund.
Die Begegnung mit Kindern sollte kontrolliert und unter Anleitung des Züchters erfolgen, um unbeabsichtigte Negativerlebnisse auf beiden Seiten zu vermeiden.

Umwelterfahrungen im Außenauslauf

Während die Welpen im Innenauslauf Gelegenheit bekommen, das Geschehen im Haushalt mitzuerleben (Staubsauger, Geschirrklappern, usw.), sollten sie im Alter von etwa vier Wochen auch die Möglichkeit bekommen, die Welt außerhalb des Hauses kennenzulernen.
Beim Einrichten des Außenauslaufs gilt es, die von den Rassezuchtvereinen vorgegebenen Mindestanforderungen zu berücksichtigen. Sie betreffen sowohl die Maße, als auch das Vorhandensein unterschiedlicher Böden, eines Sonnenschutzes sowie einer überdachten, trockenen, windgeschützten und je nach Jahreszeit beheizbaren Rückzugsmöglichkeit. Eine stabile, ausbruchs- und verletzungssichere Einzäunung (Streben-Abstand!) ist ebenfalls ein absolutes Muss.
Die Gestaltung des Außenauslaufs sollte einem Abenteuerspielplatz für Welpen gleichen. Alle Sinnessysteme sollen angesprochen, der Welpe jedoch nicht überfordert werden! Statt einer dauerhaften, geballten Reizüberladung kann der Züchter eine täglich wechselnde Auswahl treffen, die die optische, akustische, olfaktorische oder taktile Wahrnehmung in einem dem Reizbewältigungsvermögen der Welpen angemessenen Umfang anregt.
Welpen-Spielgeräte, wie Tunnel, Balancierkreisel, Wippe, Wackelbrett oder Hindernisparcours, können gezielt Motorik, Körpergefühl, Gleichgewichtssinn, psychische Belastbarkeit, aber auch das Problemlösungsverhalten fördern. Jedoch muss bei Spielgeräten jeglicher Art auf die Sicher-

01

02

heit der Welpen geachtet werden, denn Negativerfahrungen prägen sich jetzt ebenso nachhaltig ein wie positive!

Erste Ausflüge

Spätestens ab der 6. bzw. 7. Lebenswoche sind die Welpen mit ihrem Außenauslauf so vertraut, dass der Züchter erste Ausflüge in den Wald, ins Feld oder ans Wasser unternehmen kann. Begleitet von der Mutterhündin sind kurze Strecken mit dem Auto – unter der Voraussetzung, dass die Welpen sicher untergebracht sind – meist kein Problem, v.a. wenn am Ende der Fahrt ein großes Abenteuer wartet. Je abwechslungsreicher das Gelände und der Bewuchs, umso vielfältigere Erfahrungen können gesammelt werden. Da die Welpen noch über keinen ausreichenden Impfschutz verfügen, sollten vielbesuchte Hundewiesen oder -gewässer jedoch gemieden werden, da dort i.d.R. ein höherer Erreger- bzw. Infektionsdruck herrscht.

03

04

Erste Erziehungsschritte

Die Lernbereitschaft der Welpen kann schon jetzt vom Züchter genutzt werden, um spielerisch den Grundstein für erste Erziehungsschritte zu legen. Dies kann, wie beim Konditionieren des Komm-Signals, entweder innerhalb der Welpengemeinschaft, oder ab der 7. Woche auch einzeln erfolgen, wie z.B. beim Sitz-Signal.
Gleiches gilt für erste, dem Welpen-Status angepasste Korrekturen: Beißt der Welpe in die Hand, den Fuß, den Schuh oder zerrt an den Schnürsenkeln, wird er sanft, aber bestimmt weggeschoben. Bleibt er beharrlich, kann der Schnauzengriff der Mutter nachgeahmt werden. Sie greift dabei kurz und fest mit der Schnauze über den Fang des Welpen, oftmals begleitet von einem tiefen Knurren. Auch eine Gewöhnung an das Halsband bzw. Geschirr kann – unter steter Beaufsichtigung – bereits beim Züchter erfolgen, indem es z.B. während des Fressens angelegt wird.

Das Komm-Signal Mit dem ersten Zufüttern kann der Züchter beginnen, die Welpen mit dem verbalen Signal „Hier!“ und dem Komm-Pfiff zum Futternapf zu rufen. Auf diese Weise lernen sie innerhalb kürzester Zeit, das Signal mit etwas Positivem zu verknüpfen, da das Kommen sich lohnt. Eine Lernerfahrung, die sich bis zur Abgabe der Welpen i.d.R. so verfestigt, dass der zukünftige Welpen-Besitzer darauf aufbauen kann.

01 Regelmäßiger Kontakt mit dem Sozialpartner Mensch ist sehr wichtig für die weitere Entwicklung.

02 Wird das Komm-Signal mit Hilfe des Futters bereits jetzt konditioniert, prägt es sich tief ein.

03 Angemessene Reize regen die Wahrnehmung des Welpen auf verschiedenen Ebenen an.

04 Das Wackelbrett fördert spielerisch den Gleichgewichtssinn und die Motorik.

Eine vertrauensvolle, stabile Bindung ist der Grundstein für ein harmonisches Miteinander.

„Sitz", „Steh" und „Platz" Der Züchter kann dabei entweder Verhalten, das der Welpe zufällig zeigt, benennen und bestätigen, oder ihn mittels Futter in eine bestimmte Position locken, die er benennt und bestätigt.

Erste Schritte zur Stubenreinheit Bereits zu Beginn der Sozialisierungsphase kann im Innenauslauf eine etwa 1 × 1 m große Versäuberungsbox eingerichtet werden. Bewährt haben sich flache, mit Öko-Katzen- bzw. Hundeeinstreu gefüllte Plastikwannen in direkter Nähe zur Wurfkiste. Je nach Bedarf kann zusätzlich ein Einstieg eingeschnitten werden. Wichtig sind eine entsprechende Größe, eine niedrige Einstiegskante und das regelmäßige Säubern. Zeigt der Welpe, insbesondere nach dem Aufwachen und Fressen, das typische kreiselnde Suchen, kann er in die Box gesetzt werden und dort für sein erfolgreiches Geschäft bestätigt werden.
Auch im Außenauslauf bietet sich ein vorbereiteter, fester angelegter Löseplatz an. Er sollte in etwa 4qm groß und gut sauber zu halten sein. Das regelmäßige Entfernen bzw. Wegspülen der Hinterlassenschaften ist oberstes Gebot.

AUFGABEN DES WELPEN-BESITZERS AB DER 9. WOCHE

Nach dem ersten Kennenlernen des neuen Zuhauses, der Familienmitglieder und des Gartens, steht der Aufbau einer dauerhaften, stabilen Bindung im Mittelpunkt.

Bindungsaufbau

Eine vertrauensvolle Bindung bildet die Grundlage für alle späteren Trainingsformen und ein reibungsloses Zusammenleben im Alltag. Den Labrador zeichnet i. d. R. eine hohe Bindungsbereitschaft und Menschenbezogenheit aus. Für den Aufbau einer soliden Bindung benötigt der Welpe ein konstantes Umfeld. Dazu gehört auch, dass es idealerweise nur eine Hauptbezugsperson gibt. Bindungsfördernd wirken sich neben Körperkontakt und Füttern auch das Spielen sowie

das gemeinsame Meistern erster Erziehungsschritte aus. Beides fördert das Zusammengehörigkeitsgefühl, die Kommunikation und die Bereitschaft zur Kooperation.
Im vom Menschen kontrollierten Spiel lernt der Welpe ihn als Sozialpartner kennen, mit dem man Spaß haben kann. Die Entscheidung, ob ein Spiel zwischen Mensch und Hund stattfindet, liegt immer beim „Ranghöheren". Dies bedeutet jedoch nicht, dass nicht auch ab und zu auf Spielaufforderungen des Welpen eingegangen werden darf. Das Beenden des Spiels geht hingegen immer vom Menschen aus und erfolgt am besten dann, wenn es am schönsten ist. Bereits hier ist ein gutes Timing gefragt! Bricht der Welpe das Spiel von sich aus ab, sollte er nochmals zu einer kurzen, einfachen Spielsequenz aufgefordert werden, bevor das Spiel beendet wird. Geeignete Spiele für Labrador-Welpen sind v. a. erste Apportier- und Suchspiele. Um als Spielpartner attraktiv zu bleiben, muss das Spiel variantenreich, lustbetont und motivierend sein. Wird es zu wild, unterbricht der Mensch den Sozialkontakt für einen Moment und wendet sich dem Welpen erst wieder zu, wenn dieser den Abbruch akzeptiert. Auf diese Weise lernt er schnell, dass es einzuhaltende Regeln gibt.

Grenzen setzen

Das Setzen von Grenzen erfordert Konsequenz und Gefühl für das richtige Timing. Regeln, die später einmal für den erwachsenen Hund gelten sollen, müssen schon jetzt eingeführt und konsequent umgesetzt werden. Die Konsequenz besteht im Wesentlichen im Nachahmen der typischen Verhaltensweisen, die erwachsene Hunde gegenüber Welpen zeigen. Schlägt ein Welpe über die Stränge, kann sein Verhalten ignoriert, tabuisiert („Nein") oder mit Hilfe eines eindeutigen Signals („Ende") beendet werden.

Ignorieren Das häufigste Erziehungsmittel, das erwachsene Hunde gegenüber Welpen von der 4. bis zur 8. Lebenswoche anwenden, ist das Ignorieren. Ignorieren bedeutet das Entsagen jeglicher Aufmerksamkeit. Mit zunehmendem Alter werden die Welpen jedoch ausdauernder im Verfolgen ihrer Ziele, sodass ein Ignorieren meist nicht mehr ausreicht. Häufig kann es jetzt nur noch dann erfolgreich eingesetzt werden, wenn der Welpe etwas vom Besitzer einfordert.

Tabuisieren Beim Tabuisieren legt die Mutterhündin einen bestimmten Gegenstand vor sich und wartet ab. Versucht ein Welpe an den Gegenstand zu kommen, warnt sie ihn zunächst mit einem tiefen Knurren vor, bevor sie bei weiterer Missachtung körperliche Konsequenzen wie einen Schnauzengriff oder Nackenstoß folgen lässt. Diese Korrektur kann der Besitzer nachahmen, indem er das Knurren durch ein Signal wie z. B. „Nein" ersetzt.

Beenden Das Beenden einer ansonsten erlaubten bzw. erwünschten Handlung kann v. a. im Sozialspiel mit der Mutter und anderen erwachsenen Hunden beobachtet werden. Nachdem sie zunächst ein ausgelassenes Spiel initiiert, beendet sie es nach einiger Zeit wieder und wendet sich ab. Im Sozialspiel mit dem Menschen kann dies 1 : 1 übernommen und das Ende des Spiels zusätzlich mit einem Signal, wie z. B. „Ende", angekündigt werden. Die Bedeutung des Signals kann dem Welpen ganz einfach verständlich gemacht werden, indem der Besitzer ein ausgelassenes freudiges Spiel mit einem klar und deutlich gesprochenen „Ende" unterbricht und sich vom Welpen wegdreht. Unabhängig davon, wie der Welpe nun weiter reagiert, beteiligt er sich nicht mehr am Spiel. Ziel ist die Lernerfahrung, dass das Signal „Ende!" zwar die Beendigung von etwas Schönem, aber keine Korrektur bedeutet. Insoweit kann es später auch in anderen Bereichen eingesetzt werden.

SCHUHE ANKNABBERN

Die meisten Labradors tragen mit großer Begeisterung Schuhe herum und verteilen sie im ganzen Haus. Finden Welpen dabei keine Beachtung, knabbern sie sie auch gern einmal an. Solange der Welpe das Signal „Nein!" noch nicht kennt, sollte ihm der Schuh ruhig, aber bestimmt abgenommen und ihm eine Alternative, wie z. B. ein Kauknochen, angeboten werden.

Beißhemmung festigen

Nachdem der Welpe bereits beim Züchter gelernt hat, dass das Beißen in Hände, Füße oder Schuhe sowie das Ziehen an Schnürsenkeln nicht erwünscht ist, muss die Beißhemmung nun weiter gefestigt werden. Setzt er im Spiel mit dem Menschen seine Zähne ein, beendet dieser das Spiel sofort, indem er aufsteht und weggeht. Er kann den Abbruch auch mit einer kurzen, verbalen Schmerzäußerung unterstreichen. Danach ignoriert er den Welpen für einen Moment.

Stellt dieser sein Verhalten daraufhin ein, kann er nach einiger Zeit bewusst zum Weiterspielen aufgefordert werden. Reicht das Ignorieren hingegen nicht aus, muss der Welpe nachhaltiger korrigiert werden. Dazu greift die Hand in dem Moment, in dem er zupackt, einmal kurz und fest über den Fang. Das Nachahmen des Schnauzengriffs der Mutterhündin wirkt i. d. R. sofort. Es kann mit einem verbalen Abbruchsignal, wie z. B. „Nein“, belegt und über ein zusätzliches Fixieren noch intensiviert werden. Hat der Welpe nach einigen Wiederholungen verstanden, dass sein Verhalten nicht erwünscht ist, reicht meist das Signal-Wort aus, um ihm seine Grenzen aufzuzeigen.

Kurze, gut geplante Gewöhnungseinheiten sind der Schlüssel zum Erfolg.

Umweltsozialisation

Der Welpe sollte weiterhin an verschiedenste Umweltreize gewöhnt, dabei jedoch nicht überfordert werden. Kurze Gewöhnungszeiten von 15 bis 20 Minuten reichen i. d. R. vollkommen aus. Eine Reizüberflutung führt zu Stress, Unsicherheiten und schlimmstenfalls Angstreaktionen.

Konfliktbewältigung

Die Stimmungsübertragung von Mensch zu Hund spielt bei der Gewöhnung eine große Rolle. Der Besitzer muss deshalb zu jeder Zeit Ruhe und Gelassenheit ausstrahlen. Erschrickt der Welpe in einer bestimmten Situation oder reagiert er ängstlich, sollte dies ignoriert und ihm zugleich über das eigene Verhalten vermittelt werden, dass es nichts gibt, wovor er sich fürchten muss. Sobald er sich darauf einlässt und erste Ansätze von Vertrauen zeigt, muss er positiv bestätigt werden. Der Versuch, ihn zu beruhigen, bestätigt ihm hingegen nur, dass seine Zweifel berechtigt sind.

Erschrickt er vor einem bestimmten Gegenstand, ist es besser, selbst ruhig hinzugehen und abzuwarten, bis der Welpe sich herantraut, anstatt ihn zu locken. Überwindet er sein Misstrauen selbstständig, stärkt dies seine Selbstsicherheit und sein Selbstvertrauen.

Noch ist der Welpe von den Kühen leicht beeindruckt.

☞ UMWELTSOZIALISATION AUF EINEN BLICK

	UMWELTKONTAKTE	SOZIALKONTAKTE MENSCH	HUNDEBEGEGNUNGEN	KONTAKTE ZU ANDEREN TIEREN
01	Neues Zuhause, nähere Umgebung	Familienmitglieder, nahe Freunde und Bekannte	keine	
02	Ländliche, ruhige Gegend mit geringem Verkehr und wenig Reizen	Nachbarn, freundliche Menschen in der Umgebung	Kontakt zu bekannten, gut sozialisierten, erwachsenen Hunden, sowie gleichaltrigen Welpen Eventuelle Teilnahme an einer kontrollierten Welpengruppe	
03	Städtische Gegend mit mehr Verkehr (Fahrrad, Auto, LKW, Bus) und vielen Reizen, evtl. kurzer Restaurantbesuch	Tierarzt (Vorstellungsgespräch und Entwurmung vor der Impfung) Kontakt zu möglichst vielen, fremden Menschen unterschiedlichsten Aussehens	Regelmäßiger Kontakt zu gut sozialisierten, erwachsenen Hunden sowie gleichaltrigen Welpen verschiedener Rassen	Regelmäßiger Kontakt zu Katzen, Schafen, Ziegen, Kühen, Pferden, bis sie nicht mehr als etwas Besonderes empfunden werden, falls möglich auch Wildparkbesuch
04	Bahnhof mit Zugverkehr; Zugfahrt	Tierarzt (Impfung) Kontakt zu Menschen mit besonderem Aussehen sowie Kontakt zu Kindern unterschiedlichen Alters		
05	Stadtbesuch mit kurzer Busfahrt, Fußgängerzone, Marktplatz, Kaufhaus, Fahrstuhl, Restaurantbesuch o. Ä.	Kontakt zu Menschen jeglicher Art (auch in der Dunkelheit)		
06	Einkaufszentrum, Flughafen, glatte Böden, künstliches Licht, viele Menschen			

Das gemeinsame Bewältigen eines Hindernisses …

… schafft Vertrauen und stärkt die Bindung.

Abenteuerspaziergänge in Wald und Feld

Ideale Aktivitäten sind gemeinsame Abenteuerspaziergänge. Sie geben dem Welpen die Möglichkeit, Umwelteindrücke in Wald und Flur zu sammeln, und fördern die Bindung. Dazu gehören sowohl Begegnungen mit Walkern, Joggern, Fahrradfahrern und Reitern, wie auch das Kennenlernen unterschiedlicher Bewuchs- und Tierarten oder das Erkunden verschiedener Geländegegebenheiten, das Durchwaten eines flachen Baches, das Überwinden kleiner Geländehindernisse oder am Boden liegender Äste uvm. Der Begriff Spaziergang darf jedoch nicht missverstanden werden. Im Sinne einer gesunden und physiologischen Gelenkentwicklung sollte der Welpe seine Umwelt erfahren können, ohne selbst weite Strecken zurücklegen zu müssen. Aufgrund seines natürlichen Folgeverhaltens besteht die Gefahr, dass er seine Belastungsgrenze weit überschreitet. Typische Ermüdungszeichen (wie z. B. häufiges Hinsetzen oder Hinlegen, aber auch Kratzen und Gähnen) zeigen deutlich, wann es höchste Zeit ist, den Ausflug abzubrechen.

Spielerisches Lernen der wichtigsten Erziehungselemente

Das gemeinsame Üben ist nicht nur ein erster Schritt in Richtung Grunderziehung, es fördert auch die Bindung und das Zusammengehörigkeitsgefühl.

Kontrollierte Welpen-Spielgruppen

In der Sozialisierungsphase ist der Umgang mit gut sozialisierten, erwachsenen Hunden und gleichaltrigen Welpen verschiedener Rassen überaus wichtig. Über das innerartliche Spiel verfeinert der Welpe seine kommunikativen Fähigkeiten und lernt rassespezifisch unterschiedliche Verhaltens- und Ausdrucksweisen kennen.
Da die Qualität von Welpen-Spielgruppen sehr variiert, ist zu empfehlen, sich zuvor ohne Hund ein Bild zu machen. In einer guten Welpen-Spiel-

Checkliste

WELPEN-SPIELGRUPPEN

- ☐ Gut ausgebildeter, erfahrener Hundetrainer
- ☐ Kleine Gruppe von 5 – 6 Welpen
- ☐ Vermittlung von theoretischem und praktischem Wissen über Verhalten, Kommunikation und Lernvorgänge
- ☐ Unterschiedliche Rassen
- ☐ Sachgerechtes Anleiten der Teilnehmer
- ☐ Angepasstes Alter, Größe bzw. Gewicht der Welpen innerhalb der Gruppe
- ☐ Kontrollierter Ablauf, der in eine Spiel- und eine Trainingseinheit unterteilt ist
- ☐ Entsprechende Geländegröße

gruppe wird sowohl theoretisches Wissen über Hundeverhalten vermittelt, als auch anhand praktischer Spielszenen verdeutlicht.
Ein erfahrener Hundetrainer kann nicht nur genau einschätzen, wann ein Eingreifen notwendig wird, er kann auch die Welpen-Besitzer entsprechend anleiten. Ein Eingreifen ist i. d. R. dann angezeigt, wenn sich ein Welpe in der Gruppe sichtlich unwohl fühlt, kein Wechselspiel mehr stattfindet (ein Welpe liegt immer unten), es zu anhaltenden Streitigkeiten kommt oder Mobbing-Sequenzen entstehen.
Der Ablauf unterteilt sich meist in eine Spiel- und eine Trainingseinheit, in der spielerisch kurze Basisübungen trainiert werden. Über das Einbeziehen von Trainingsgeräten, wie Wippe, Wackelbrett, und Balancierkreisel, werden die motorischen Fähigkeiten und das Selbstvertrauen gestärkt sowie Bindung und Vertrauen gefördert.

JUNGHUNDEPHASE

Die Junghundephase (von der 16. Lebenswoche bis zum Eintritt der Geschlechtsreife) wird auch als juvenile Phase bezeichnet. Mit dem vollendeten Zahnwechsel ist aus dem Welpen ein Junghund geworden. In der Natur löst er sich nun deutlich von seiner Mutter. Er wird ins Rudel integriert und seine Position festgelegt. Dies sorgt für ein entspanntes Zusammenleben.
Spätestens jetzt muss er auch im menschlichen Familienverband seinen Platz finden. Die ausgeprägte Menschenbezogenheit des Labradors und sein Bestreben, zu gefallen, lassen ihn bei konsequentem und eindeutigem Vorgehen Grenzen i. d. R. bereitwillig akzeptieren. Nichtsdestotrotz ist es auch für ihn vollkommen normal, wenn er in der Junghundephase versucht, sie zu überschreiten, indem er z. B. beginnt, zuvor beherrschte Signale zu ignorieren.
Ist das der Fall, darf keinesfalls versucht werden, das Signal durch stetige Wiederholungen doch noch durchzusetzen! Vielmehr muss dem Verhalten des Junghundes unverzüglich mit artgerechter, angemessener Konsequenz begegnet werden. In den meisten Fällen wird dazu ein „knurrender", verbaler Tadel ausreichen.
Ist die Situation geklärt, können die zuvor spielerisch erlernten Grundsignale nach vollendetem Zahnwechsel und in Abhängigkeit des individuellen Reifegrads nun auch mit mehr Präzision, Nachdruck und unter moderaten Ablenkungssituationen geübt werden.

Qualitätsmerkmal einer guten Welpenspielgruppe: Freies Spiel unter fachkundiger Aufsicht!

GESCHLECHTSREIFE BIS ZUM ERWACHSENENALTER

Die Pubertät beginnt beim Labrador meist im Alter von 8 bis 9 Monaten. Rüden beginnen, das Bein zu heben und zu markieren, Hündinnen werden das erste Mal läufig.
Doch das ist noch lange nicht alles!
Die Pubertät erstreckt sich über einen längeren Zeitraum und wird begleitet von umfassenden neurobiologischen und körperlichen Entwicklungsprozessen, die u. a. erhebliche Umbaumaßnahmen im Gehirn beinhalten. Aus verhaltensbiologischer Sicht bildet die Pubertät den letzten Abschnitt in der Sozialisation eines Hundes. In der Natur trifft der heranwachsende Junghund die Entscheidung, sich endgültig in das soziale Gefüge des vertrauten Familienverbandes einzuordnen oder abzuwandern, um sich einer anderen Gruppe anzuschließen.
Wird das Ende der Pubertät mit dem Erreichen sozialer Reife gleichgesetzt, erstreckt sie sich über einen wesentlich längeren Zeitraum als nur bis zum Eintritt der vollständigen Geschlechtsreife. Ein Labrador gilt i. d. R. mit zwei bis drei Jahren als erwachsen. Als Faustregel gilt bei Hündinnen ein Zeitraum von mindestens drei Läufigkeiten (inklusive nachfolgender Scheinträchtigkeit) als realistisch, bei Rüden sind es meist noch ein paar Monate mehr.

Zwei junge Rüden, links aus Standardlinien, …

HERAUSFORDERUNGEN IN DER PUBERTÄT

Bindung fördern

Der Radius des Hundes wird größer, er entfernt sich bei Spaziergängen weiter, wird selbstständiger und zeigt mehr Eigeninitiative. Das Jagdverhalten kann sich verstärken. Zugleich nimmt die Bereitschaft zur Zusammenarbeit entwicklungsbedingt ab.
Wichtig! Eine solide Bindung bedarf einer klaren sozialen Struktur und eines stabilen Umfelds. Bindungs- und vertrauensfördernd wirken Spielen, Beschäftigung und Training. Gemeinsame Erfolge lassen das Mensch-Hund-Team zusammenwachsen.

Grenzen bleiben Grenzen

Der Hund benimmt sich flegelhaft und testet vermehrt aus, ob gestrige Verbote auch heute noch gelten.
Wichtig! Die im Welpenalter aufgestellten Regeln gelten nach wie vor und ihr Einhalten muss geduldig konsequent eingefordert werden. Einen pubertierenden Junghund durch Ignorieren zu rechtweisen zu wollen, ist kontraproduktiv, da dies weder Führung noch Halt signalisiert.

Erziehung

Signale, die bisher bereits gut beherrscht wurden, scheinen wie ausgelöscht. Die Aufmerksamkeitsspanne ist entwicklungsbedingt verkürzt, die Lerngeschwindigkeit häufig herabgesetzt.

... rechts aus Field-Trial-Linien, nähern sich einander an.

Wichtig! Zuvor Erlerntes ist nicht gelöscht, es ist nur nicht immer abrufbar. Das Training muss deshalb an das aktuelle Leistungsvermögen angepasst werden. Das bedeutet: Die Trainingsdauer im Bedarfsfall verkürzen, Übungen vereinfachen, aber auf eine exakte Ausführung achten und immer mit einem Erfolg abschließen. Ziel ist, durch regelmäßiges, variantenreiches Training bereits Erlerntes zu festigen und auszubauen.

Soziale Unsicherheiten

Begegnungen mit fremden Hunden verlaufen nicht mehr so friedlich wie zuvor. Rüden beginnen, Macho-Allüren und zuweilen auch ein übertriebenes Interesse an Hündinnen an den Tag zu legen.

Wichtig! Das Spielverhalten ist in der Pubertät nochmals von besonderer Bedeutung. Nur im Spiel mit anderen Hunden können Abbruchsignale und soziales Konfliktmanagement unter den neuen Vorzeichen, die die Pubertät mit sich bringt, einstudiert werden, ohne ernste Konsequenzen fürchten zu müssen. Durch das Spielverhalten wird auch die sexuelle Prägung vollzogen.

Umweltunsicherheiten

Frühere Unsicherheiten tauchen unvermittelt wieder auf und von einem Tag auf den anderen werden z. B. altbekannte Dinge verbellt.

Wichtig! Die in der Welpenzeit gemachten positiven Erfahrungen müssen jetzt nochmals aufgefrischt und bestätigt werden.

BEVOR DER WELPE EINZIEHT

VORBEREITUNGEN

Vor der Abholung des Welpen sind einige Vorkehrungen zu treffen, die sowohl dem Schutz des Welpen, als auch dem des Wohnumfelds dienen. Wer berufstätig ist, sollte sich bereits jetzt nach einer geeigneten Hundetagesstätte oder einem zuverlässigen Dog-Sitter-Dienst umsehen!

SICHERHEIT IM WOHNBEREICH

Welpen sind sehr neugierig und haben den natürlichen Drang, alles genau zu untersuchen und mit ihren spitzen Welpen-Zähnen zu bearbeiten. Dies betrifft insbesondere Sachen, denen der Geruch des menschlichen Ersatzrudels anhaftet, wie Schuhe, Taschen und Kleidungsstücke, aber auch vieles andere. Wertvolle Teppiche, Bücher, Zeitschriften und dekorativer Kleinkram sollten ebenso aus seiner Reichweite entfernt werden, wie Elektro- und Telefonkabel, kleinteiliges Kinderspielzeug und Topfpflanzen. Auch Treppen stellen eine Gefahr für Welpen dar. Absperrgitter sorgen hier für Sicherheit.

Nicht alle gängigen Gartenpflanzen sind so harmlos wie diese Rose.

Ein Blick aus der Welpen-Perspektive hilft, potenzielle Gefahrenquellen zu erkennen!

SICHERHEIT IM GARTEN

Der Garten muss sicher eingezäunt sein. Dabei gilt es insbesondere, ein Auge auf das Gartentor zu haben. Häufig besitzt es einen zu großen Bodenabstand, durch den ein Welpe problemlos hindurchkriechen kann. Aber auch innerhalb des Gartens können Gefahren für den Welpen lauern, wie z. B. giftige Pflanzen, spitze bzw. scharfe Gartengeräte, Schädlingsbekämpfungsmittel, Gartenteiche oder Schwimmbecken. Mögliche Gefahrenquellen müssen entweder entfernt oder sicher abgedeckt bzw. eingezäunt werden.

EINRICHTEN EINES LÖSEPLATZES

Ein fest angelegter Löseplatz sollte etwa vier Quadratmeter groß und leicht zu reinigen sein. Urin muss gut versickern und Kot leicht aufzunehmen sein. Das Versickern durch eine Kiespackung hat sich hierbei bewährt. Regelmäßiges Säubern des Löseplatzes ist aus hygienischen und erzieherischen Gründen oberstes Gebot, da der Welpe bei zunehmender Verunreinigung ansonsten auf einen anderen Lösebereich ausweicht.

Wichtig! Auch scheinbar harmlose Dinge wie Schokolade können Hunden gefährlich werden. Aufgrund eines fehlenden Enzyms kann das im Kakao enthaltene Theobromin nicht abgebaut werden und zu schweren Vergiftungen führen. Typische Symptome sind starkes Hecheln, Durchfall, Erbrechen, Herzrasen und motorische Krampfanfälle bis hin zum Tod. Als Faustregel gilt: Je dunkler die Schokolade, desto höher der Kakao- und damit auch der Theobromin-Gehalt. Schon der Genuss einer halben bis einer Tafel Zartbitterschokolade kann für einen Welpen tödlich enden.

☞ KLEINES ABC GIFTIGER BZW. UNVERTRÄGLICHER PFLANZEN, HAUSHALTS- UND LEBENSMITTEL FÜR HUNDE

Adonisröschen
Alkohol
Alpenrose
Alpenveilchen
Amaryllis
Aralie
Aubergine (roh)
Avocado
Azalee

Bärlauch
Begonie
Berberitze
Berglorbeer
Bilsenkraut
Birkenfeige
Blauregen
Bogenhanf
Bohnen (roh)
Brennspiritus
Buchsbaum
Buntwurz
Buschwindröschen

Calla
Christrose
Christstern
Christusdorn
Chrysantheme

Dieffenbachie
Drachenbaum

Efeu
Efeutute
Eibe
Einblatt
Eisenhut
Engelstrompete
Erbse (roh)

Farne
Fensterblatt
Fingerhut
Flamingoblume
Frostschutzmittel

Geißblatt
Ginster
Glyzinie
Goldregen
Gummibaum

Hahnenfuß
Herbstzeitlose
Holunder
Hortensie
Hülsenfrüchte
Hundspetersilie
Hyazinthe

Insektizide

Kaffee
Kaiserkrone
Kakao
Kartoffel (roh)
Kirschlorbeer
Klatschmohn
Klivie
Kolbenfaden
Korallenstrauch
Knoblauch
Krokus
Kunstdünger

Liguster
Lupine

Madagaskarpalme
Maiglöckchen
Medikamente
Mineralöl
Mistel

Nachtschatten
Narzisse
Nieswurz
Nikotin

Oleander

Palmfarn
Palmlilie
Paprika (grünroh)
Pfaffenhütchen
Pflanzenschutzmittel
Philodendron
Prachtlilie
Purpurtute

Reinigungsmittel
Rhododendron
Rittersporn
Robinie
Rosinen
Rosskastanie

Sadebaum
Schefflera
Schierling
Schlafmohn
Schlüsselblume
Schneckenkorn
Schneeglöckchen
Schöllkraut
Schokolade
Schwertlilie
Seidelbast
Stechapfel
Stechpalme
Süßstoff

Tabak
Thuja
Tollkirsche
Tomate (grünroh)
Tulpe

Wandelröschen
Wasserschierling
Weintrauben
Windröschen
Wolfsmilch
Wüstenrose

Zimmerkalla
Zigaretten
Zwiebel

WELPEN-AUSSTATTUNG

FUTTER- UND WASSERNAPF

Der Futter- und Wassernapf muss ausreichend groß, leicht zu reinigen und rutschfest sein. Edelstahlnäpfe haben sich als Futternäpfe sehr bewährt. Als Wassernapf bieten sich eher schwere Steingutnäpfe an, die nicht so leicht umgekippt und herumgetragen werden können.

WELPEN-FUTTER

Der Welpe sollte während der Eingewöhnungszeit das bereits gewohnte Futter erhalten. Viele Züchter geben ihren Welpen für die ersten Tage einige Futterrationen mit oder sind bereit, eine Sammelbestellung zu Züchterkonditionen zu machen.

HALSBAND, BRUSTGESCHIRR UND LEINE

Bewährt haben sich größenverstellbare Nylonhalsbänder (mindestens 25 mm breit). Sie sind weich, wasserresistent, schnell trocknend und leicht zu reinigen. Die Leine sollte nicht zu kurz sein (ab 1,20 m). Bei sog. Umhänge-Leinen lässt sich die Länge nach Bedarf variieren.

Beim Brustgeschirr kommt es auf den perfekten Sitz an.

Alternativ kann auch ein Brustgeschirr verwendet werden. Bei der Auswahl kommt es auf einen perfekten Sitz, eine gute Verarbeitung und die Akzeptanz des Welpen an.

HUNDEPFEIFE MIT PFEIFENBAND

Viele Züchter konditionieren ihre Welpen von Anfang an bei jeder Fütterung auf einen bestimmten Komm-Pfiff. Üblicherweise werden englische ACME®-Pfeifen verwendet, die sich durch ihre genormten Tonlagen und ihre Wetterbeständigkeit auszeichnen. Ein Pfeifenband hilft, sie jederzeit parat zu haben.

HUNDEBÜRSTE BZW. -KAMM

Regelmäßiges Bürsten ist beim Labrador meist nur während des Haarwechsels nötig. Spezielle, im Fachhandel erhältliche Bürsten bzw. Kämme entfernen lose Haare und überschüssige Unterwolle, ohne das Deckhaar zu beschädigen oder die Haut zu verletzen.

HUNDEBETT

Bewährt haben sich Hundebetten aus Kunstleder. Sie sind leicht sauber zu halten, sehen ansprechend aus und werden von Hunden jeden Alters gern angenommen. Als weiche Einlage bietet sich ein Vetbed an. Es handelt sich dabei um sehr robuste, anti-allergene, atmungsaktive und wasserableitende Kunstfaserdecken, die sich je nach Farbe und Ausstattung mit bis zu 95 Grad waschen lassen und schnell trocknen.

ZIMMERKENNEL

Ein Zimmerkennel bietet dem Welpen einen optimalen Rückzugsort und sicheren Schlafplatz für die Nacht. Der Fachhandel bietet verschiedene Ausführungen an. Kunststoffboxen sind sehr robust und leicht sauber zu halten. Sie unterstützen den Höhlencharakter und bieten Geborgenheit. Ihre Geschlossenheit bringt jedoch auch eine verminderte Luftzirkulation mit sich.
Eine Alternative sind zusammenlegbare Gitterboxen. Zwar bleibt der Schmutz nicht, wie bei Kunststoffboxen, innerhalb liegen, dafür ist die Belüftung sehr viel besser.
Auch Softkennel lassen sich mit wenigen Handgriffen zusammenfalten und sind ideal auf Reisen,

Wichtig! Bei Kauartikeln muss auf eine angemessene Größe geachtet werden.

für Büro-Hunde oder auf Ausstellungen. Für Welpen sind sie i. d. R. jedoch nicht stabil genug. Der Kennel sollte groß genug sein, dass ein erwachsener Labrador mit erhobenem Kopf darin stehen, sich umdrehen und ausgestreckt liegen kann.

KAUARTIKEL

Welpen haben ein ausgeprägtes Kaubedürfnis. Im Fachhandel findet sich ein breites Spektrum, das von Kauknollen pflanzlichen Ursprungs bis hin zu Geweihabschnitten und naturbelassenen Kauartikeln reicht.

WELPEN-SPIELZEUG

Beliebt sind v. a. Wurf- und Apportiergegenstände sowie Plüschtiere. Spielzeuge für Welpen müssen eine angemessene Größe haben und sollten besonders bissfest sein. Stofftiere dürfen keine aufgenähten Augen oder Nasen haben, die abgebissen und verschluckt werden können. Auch Taue und Knoten halten spitzen Welpen-Zähnen meist nicht lange stand und abgeschluckte Fäden können zu Darmverschlüssen führen.
Da Labradors sich durch ihr weichmäuliges Tragen auszeichnen und ein neugieriger Welpe sehr schnell lernt, dass er dem Spielzeug durch einen festen Zugriff einen interessanten Ton entlocken kann, sollte auf Hundespielzeug mit Quietschfunktion generell verzichtet werden.

Checkliste

WELPEN-AUSSTATTUNG

- ☐ Auto-Transport-Zubehör
- ☐ Futter- und Wassernapf
- ☐ Halsband, Geschirr und Leine
- ☐ Hundebett
- ☐ Hundebürste bzw. -kamm
- ☐ Hundehandtücher
- ☐ Hundepfeife und Pfeifenband
- ☐ Kauartikel
- ☐ Versicherungen
- ☐ Wasser für unterwegs
- ☐ Welpen-Dummy
- ☐ Welpen-Futter
- ☐ Welpen-Spielzeug
- ☐ Zeckenzange
- ☐ Zimmerkennel

Welpen-Dummys sind aufgrund des speziellen Füllmaterials sehr leicht und weich. Die asymetrische Form des Dummys unterstützt das mittige Tragen.

WELPEN-DUMMY

Ein Welpen-Dummy (100 g) ist ein Apportier- und kein Spielgegenstand! Da die meisten Dummys mit Kunststoffgranulat gefüllt sind, muss unbedingt vermieden werden, dass der Welpe unbeaufsichtigt darauf herumkaut.

HUNDEHANDTÜCHER

Gut bewährt haben sich spezielle Kunstfasertücher, die große Wassermengen aufnehmen können, pflegeleicht sind und schnell trocknen.

ZECKENZANGE

Zecken übertragen Viren und Bakterien, die bei Hund und Mensch gefährliche Erkrankungen hervorrufen können. Festgebissene Zecken sollten deshalb schnellstmöglich mittels einer Zeckenzange entfernt werden.

AUTO-TRANSPORT

Für den Transport von Hunden gelten die verkehrsrechtlichen Vorschriften über die korrekte Ladungssicherung gemäß § 22 der StVO. Wer einen ungesicherten Hund im Auto transportiert, riskiert nicht nur ein Bußgeld, sondern im Falle eines Unfalls auch eine Gefährdung mitfahrender Insassen und des Hundes selbst.

Transportboxen Für Kombi-Fahrzeuge wird eine Vielzahl von festinstallierten oder mobilen Transportboxen angeboten. Sie schützen das Interieur vor spitzen Welpen-Zähnen. Schmutz und Hundehaare verbleiben innerhalb der Box. Bei der Auswahl ist besonderer Wert auf eine gute Belüftung zu legen. Ein Notausstieg ermöglicht im Falle eines Auffahrunfalls die Bergung des Hundes. Weitere Vorteile sind, dass der Hund auch bei offener Heckklappe nicht unkontrolliert aus dem Auto springen und rund um die Box weiteres Gepäck zugeladen werden kann.

Hundetrenngitter Preiswerter sind fest verschraubte Gepäck- oder Hundegitter, die den Kofferraum vom Fahrgastinnenraum abtrennen. Der Kofferraum bietet dem Hund mehr Bewegungsfreiheit, kann aber nicht für weiteres Gepäck genutzt werden. Ein unkontrolliertes Herausspringen oder Herausschleudern des Hundes im Fall eines Auffahrunfalls kann nur durch den Einbau eines zusätzlichen Heckgitters verhindert werden.

Gurtsysteme Crashgeprüfte Hundesicherheitsgurte haben sich bewährt, stoppen den Hund im Falle eines Unfalls aber erst nach der Beschleunigungsphase. Die Bedienung ist einfach, jedoch besteht die Gefahr, dass er sich verheddert oder das Geschirr zerbeißt.

WASSER FÜR UNTERWEGS

Bei längeren Autofahrten muss ausreichend frisches Wasser für den Hund zur Verfügung stehen. Empfehlenswert sind spezielle Autoreisenäpfe, deren besondere Randkonstruktion ein Überschwappen während der Fahrt verhindert. Daneben gibt es zweiteilige Boxen, die aus einem Wasserbehälter und einer Schale für Futter und Wasser bestehen. Durchsichtige Plastikkanister neigen meist zur Algenbildung, besser geeignet sind deshalb Wassersäcke aus dem Outdoor-Bereich.
Für längere Wanderungen gibt es eine Vielzahl an Faltnäpfen und Wasserflaschen in verschiedenen Ausführungen.

VERSICHERUNGEN

HUNDEHAFTPFLICHTVERSICHERUNG

Der Abschluss einer Hundehaftpflichtversicherung ist unbedingt empfehlenswert. In einigen Bundesländern ist er rasseunabhängig bereits Pflicht. Die Versicherung übernimmt, ungeachtet der Schuldfrage, alle Verpflichtungen, die sich aus der Tierhalterhaftung gem. § 833 BGB ergeben. Bei Vertragsabschluss ist darauf zu achten, dass der Versicherungsschutz auch dann gewährleistet ist, wenn der Hund nicht an der Leine geführt wird. Er sollte weiterhin auch für Familienmitglieder, Freunde, Bekannte oder Nachbarn gelten, die den Hund in ihrer Obhut haben (Haftpflicht als Tierhüter). Es gibt zahlreiche Anbieter mit ähnlichen Konditionen, weshalb ein Vergleich sich lohnt.

TIERKRANKENVERSICHERUNG

Bei Tierkrankenversicherungen wird meist in Kranken- und Unfallschutz sowie OP-Kostenschutz unterschieden. Letzterer wird nur dann relevant, wenn der Hund in Narkose behandelt wird. Da die Tarife nach Alter gestaffelt sind, macht es Sinn, sich frühzeitig Gedanken darüber zu machen. Dabei sollte das Preis-Leistungsverhältnis der verschiedenen Anbieter und Angebote sorgfältig geprüft werden. Eine sinnvolle Alternative kann auch das Ansparen einer gewissen Summe für den Notfall sein.

FRÜHZEITIG KONTAKT ZUM TIERARZT AUFNEHMEN

Schon in der Vorbereitungszeit sollte Kontakt zu einem Tierarzt in der Nähe aufgenommen werden. Dabei kann z. B. besprochen werden, wie das vom Züchter begonnene Impf- und Entwurmungsprogramm weiter fortgeführt werden soll. Die erste Entwurmung bietet eine gute Gelegenheit, den Welpen stressfrei an die Situation beim Tierarzt zu gewöhnen.

ACME®-Pfeifen sind genormt und wetterbeständig.

DIE ABHOLUNG DES WELPEN

Endlich ist es so weit! Alle Vorbereitungen sind getroffen, ein Abholtermin ist vereinbart. Je früher der Welpe morgens abgeholt wird, je mehr Zeit verbleibt für einen ausgiebigen, gemeinsamen Erkundungsgang durch das neue Zuhause.
Für die Abholung sollten ein bis zwei Stunden eingeplant werden. Neben den Formalitäten, wie dem Unterschreiben des zuvor besprochenen Kaufvertrags und dem Durchgehen des Wurfabnahmeberichts, nimmt sich der Züchter i. d. R. ausreichend Zeit, auf die wichtigsten Inhalte des Welpen-Ordners und das Vorgehen während der ersten Tage im neuen Zuhause einzugehen.

ORIGINAL-AHNENTAFEL

Sobald der Wurfabnahmebericht vorliegt, verschicken die Geschäftsstellen der Rassezuchtvereine zunächst einen Vorabdruck der Ahnentafel, der vom Züchter auf mögliche Fehler hin korrigiert werden muss. Erst danach werden die Original-Ahnentafeln erstellt. Da die Wurfabnahme nicht vor dem 50. Lebenstag erfolgen darf, liegt sie zum Zeitpunkt der Übergabe nicht immer vor. In diesem Fall kann im Kaufvertrag eine zusätzliche Verpflichtung des Züchters zur kostenfreien Zusendung nach Erhalt vereinbart werden.
Auf der Rückseite der Ahnentafel bestätigt der Züchter mit seiner Unterschrift die Richtigkeit der Angaben. Der neue Besitzer wird als neuer Eigentümer eingetragen und der Eigentumswechsel wird nochmals mit der Unterschrift des Züchters quittiert.

HD- UND ED-RÖNTGEN-FORMULARE

Zusammen mit der Ahnentafel bekommt der Welpen-Besitzer auch bereits die offiziellen Formulare für die Auswertung der HD- und ED-Röntgenaufnahmen sowie ein Zahnstatusformular bzw. eine Zahnkarte. Da diese Unterlagen eine fortlaufende Registrierungsnummer besitzen, müssen sie sorgfältig aufbewahrt werden, bis das Röntgenmindestalter von 12 Monaten erreicht ist. Die Auswertungsgebühr für das HD- und ED-Gutachten wurde vom Züchter bereits übernommen.

Checkliste

FÜR DIE ABHOLUNG

- ☐ Kaufvertrag
- ☐ HD- und ED-Röntgenformulare
- ☐ Original-Ahnentafel
- ☐ Impfpass bzw. EU-Heimtierausweis
- ☐ Kopie des Wurfabnahmeberichts
- ☐ Welpen-Mappe

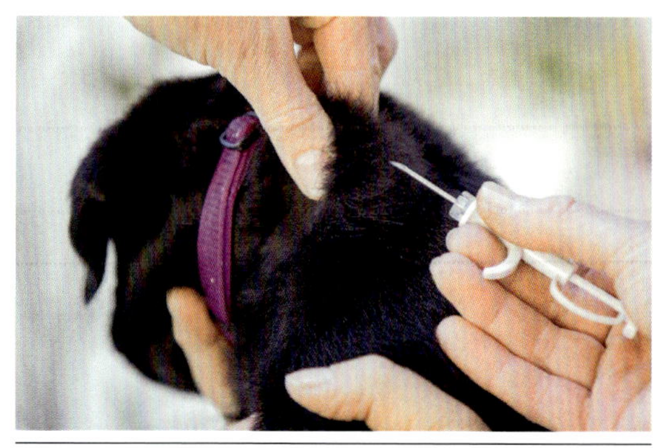

Setzen des Chips an der linken Nackenseite

Die Chipnummer ist ein unveränderliches Identifikationsmerkmal.

IMPFPASS BZW. EU-HEIMTIERAUSWEIS

Zum Welpen gehört ein Impfpass bzw. ein blauer EU-Heimtierausweis. Auf Seite 1 hat der ausstellende Tierarzt i. d. R. bereits den Züchter als Erstbesitzer eingetragen. Darunter trägt der neue Besitzer nun seine Daten ein. Der Züchter sollte gemeinsam mit dem neuen Besitzer nochmals überprüfen, ob die auf Seite 3 eingetragene oder eingeklebte Chipnummer auch mit der Chipnummer des Welpen übereinstimmt. Auf Seite 2 sind die Daten des Welpen eingetragen, die mit den Angaben in der Ahnentafel und im Kaufvertrag übereinstimmen müssen. Der Welpe hat vor der Abholung bereits eine Grundimmunisierung gegen Staupe (S), Hepatitis (H), Parvovirose (P), Parainfluenza (Pi) und Leptospirose (L) erhalten, die im Impfausweis eingetragen ist.

WELPEN-MAPPE

Viele Züchter handhaben es schon lange so, mittlerweile schreibt es auch das Tierschutzgesetz vor: Zu jedem Welpen gehört ein Welpen-Ordner, in dem nicht nur Informationen über die Elterntiere, sondern auch Ratschläge und Hinweise rund um wichtige Themen wie Haltung, Pflege, Fütterung und Gesundheit zu finden sind. Dazu zählt auch insbesondere ein Futter- und Entwurmungsplan für das erste Jahr.

DER CHIP

Welpen der dem VDH-angeschlossenen Rassezuchtvereine bekommen vor der ersten Impfung und der Wurfabnahme einen reiskorngroßen Transponder implantiert. Er wird mit Hilfe einer Einwegspritze vom Tierarzt an der linken Halsseite unter die Haut gesetzt. Die 15-stellige Identifikationsnummer, die mit einem entsprechenden Lesegerät abgelesen werden kann, ist einmalig und sowohl in der Ahnentafel als auch im Impfausweis vermerkt.
Die Chipnummer kann zusammen mit der Wohnadresse bei einem Haustierregister, wie z. B. Tasso e. V., kostenlos hinterlegt werden. Auf diese Weise können verlorengegangene Hunde schnell identifiziert und Kontakt mit den Besitzern aufgenommen werden.

DIE AUTOFAHRT INS NEUE ZUHAUSE

Die meisten Labrador-Welpen vertragen das Autofahren sehr gut. Haben sie bereits beim Züchter bei Ausflügen mit der Mutter und den Wurfgeschwistern erste positive Auto-Erfahrungen gesammelt, gibt es i. d. R. keinerlei Schwierigkeiten. Wichtig ist, dass der Welpe unmittelbar vor der Abfahrt nicht gefressen hat und sich noch einmal lösen konnte. Damit sich der Welpen-Besitzer während der Fahrt um ihn kümmern kann, sollte eine Begleitperson das Fahren übernehmen.

Ein Handtuch, ein Napf, Hundewasser, eine Rolle Haushaltspapier und eine Plastiktüte für Notfälle sollten griffbereit liegen. Es macht auch Sinn, wenn der Welpe während der Fahrt ein Halsband oder ein Geschirr trägt, um zu vermeiden, dass er beim ersten Öffnen der Tür unkontrolliert herausspringt.

Am besten aufgehoben ist der Welpe in einer Transportbox. Ein Stück Vetbed oder ein Handtuch, an dem der Geruch der Mutter und der Wurfgeschwister haftet, kann ihm in der fremden Box Sicherheit und Geborgenheit vermitteln. Auf den Rücksitz gestellt, steht sie stabil, und vom Nebensitz aus kann der Welpen-Besitzer Kontakt zum Welpen halten. Ist der Welpe bereits an das Tragen eines Geschirrs gewöhnt, kann er auch mit Hilfe eines Gurtsystems auf dem Rücksitz gesichert werden. Ansonsten bietet sich der vorübergehende Transport im Fußraum des Beifahrersitzes an.

Verhält der Welpe sich ruhig und dauert die Fahrt nicht allzu lange, kann ohne Unterbrechung gefahren werden. Wird er unruhig, muss er sich i. d. R. lösen. Beginnt er zu gähnen, zu speicheln, zu schlucken oder sich über den Fang zu lecken, können dies auch Anzeichen einer beginnenden Übelkeit sein. Da er die erste gemeinsame Autofahrt nicht negativ verknüpfen soll, muss die Fahrt dann für einige Zeit unterbrochen werden. Eine kurze Spielpause auf einer Wiese gibt ihm die Möglichkeit, sich zu lösen und sich zu entspannen. Anschließend dürfte der Rest der Fahrt kein Problem mehr sein.

Der große Tag der Abholung – ein neues Abenteuer beginnt.

DER WELPE KOMMT INS HAUS

Zu Hause angekommen, wird der Welpe als Erstes zu seinem künftigen Löseplatz getragen. Dies kann eine geeignete Ecke im Garten oder auch eine schnell erreichbare Stelle in der Nähe des Hauses sein. Das Tragen und Absetzen direkt vor Ort stellt sicher, dass er sich wirklich dort und nicht schon unterwegs löst. Im Bedarfsfall kann er übergangsweise auch angeleint bleiben, um zu vermeiden, dass er auf eine andere Stelle ausweicht. Sobald er dazu ansetzt, sein Geschäft zu verrichten, wird er ausgiebig gelobt.

Anschließend darf der Welpe seine neue Welt erkunden. Da er vor der Abholung noch nichts gefressen hat, steht nach einem ersten Rundgang auch die erste Mahlzeit im neuen Zuhause auf dem Programm. Er sollte bereits jetzt dort gefüttert werden, wo er in Zukunft fressen soll. Unmittelbar nach dem Fressen muss er wieder zum Lösen nach draußen gebracht werden.

24-STUNDEN-RUNDUMBETREUUNG

Mit dem Tag der Abholung ändert sich das Leben des Welpen grundlegend. Er muss sich völlig neu orientieren und wird Zeit brauchen, bis er sich eingewöhnt hat. Ein acht Wochen alter Welpe benötigt eine beinahe 24-Stunden-Rundumbetreuung, sodass sich der Familienalltag in der ersten Zeit weitestgehend an seinen Bedürfnissen orientiert. Um Vertrauen und Bindung aufzubauen, die wichtigsten Regeln kennenzulernen, stubenrein zu werden und für kurze Zeit allein bleiben zu können, bedarf es rund vier Wochen intensiver Aufmerksamkeit.

DIE ROLLENVERTEILUNG INNERHALB DER FAMILIE

Ein wichtiges Thema, das bereits vor Abholung des Welpen geklärt werden sollte, betrifft die Rollenverteilung innerhalb der Familie: Wer füttert? Wer geht spazieren? Wer erzieht?

Es ist durchaus möglich, dass sich mehrere Familienmitglieder an der Pflege und Erziehung beteiligen. Dies setzt jedoch voraus, dass sich alle Beteiligten über die einzuhaltenden Regeln einig sind, auf die gleiche Art und Weise mit dem Hund kommunizieren, und in jeder Situation dieselbe Konsequenz zeigen.

WICHTIGE VORÜBERLEGUNGEN

— **Das Festlegen der wichtigsten Erziehungs- und Verhaltensregeln** Ziel ist ein verlässlicher, gut erzogener Familienbegleithund. Schon jetzt muss innerhalb der Familie Einvernehmen über die wichtigsten Regeln, die das zukünftige Zusammenleben bestimmen, bestehen. Leitfragen: Was darf er, was darf er nicht? Was muss er können?

— **Welches Signal (Hör- und Sichtzeichen) soll künftig mit welcher Aktion des Hundes verknüpft werden?** Voraussetzung für eine erfolgreiche Kommunikation ist, dass alle Familienmitglieder dasselbe Signal für dieselbe Aktion verwenden. Um eine zuverlässige Verknüpfung sicherzustellen, müssen sie sich ferner bewusst sein, dass diese nur dann stattfinden kann, wenn während oder unmittelbar nach dem entsprechenden Verhalten eine Bestätigung erfolgt.

TIPP

Eine im Haus gut sichtig aufgehängte Liste der wichtigsten Hör- und Sichtzeichen ist in der ersten Zeit hilfreich!

— **Wie sieht die korrekte Ausführung des jeweiligen Signals aus?** Eine Verknüpfung zwischen einem Signal und einem Verhalten kann ferner nur dann entstehen, wenn alle Beteiligten dasselbe Verhalten positiv bestätigen. Beispiel: Das korrekt ausgeführte Signal „Hier" kann beinhalten, dass der Hund auf den ersten Zuruf freudig und schnell kommt, und sich so lange im unmittelbaren Bereich aufhält, bis er das Auflösungssignal bekommt. Es kann aber auch bedeuten, dass er sich nach dem Kommen zunächst vorsetzt und aus dieser Position heraus auf ein weiteres Signal wartet.

DER NAME

Das Wichtigste, das der Welpe zu Beginn lernen muss, ist sein Name. Sobald er ihn hört, soll er Blickkontakt aufnehmen und ihn möglichst so lange halten, bis er ein weiteres Signal erhält. Um dies zu erreichen, muss er seinen Namen mit etwas Angenehmem verbinden. Diese Verknüpfung kann ganz leicht hergestellt werden, indem er in einer zunächst ablenkungsfreien Situation mit Namen angesprochen und in dem Moment, in dem er Kontakt aufnimmt, ohne Verzögerung in seinem Verhalten positiv bestätigt wird. Zugleich kann er auch immer dann mit Namen angesprochen und positiv bestätigt werden, wenn er von sich aus Blickkontakt aufnimmt. Wird er für jeden Blickkontakt in Verbindung mit seinem Namen bestätigt, verbindet er ihn schnell mit etwas Angenehmem.

Wichtig! Bei der Wahl des Namens muss darauf geachtet werden, dass er nicht zu lang und in verschiedenen Tonlagen leicht auszusprechen ist. Außerdem sollte er sich von anderen Namen bzw. Signalen gut unterscheiden.

☞ DAS LEBEN MIT EINEM 8 WOCHEN ALTEN LABRADOR-WELPEN

06.00 UHR
Der Welpe wird im Kennel unruhig. Ab zum Lösen in den Garten!

06.15 UHR
Zeit für eine kleine Kuschel- und Spielrunde

06.45 UHR
Vorbereiten der 1. Mahlzeit

07.00 UHR
1. Mahlzeit

07.10 UHR
Danach geht es wieder zum Lösen in den Garten.

07.30 UHR
Der Welpe ist müde und wird zum Schlafen in den Kennel gebracht.

10.30 UHR
Der Welpe wird wach – ab in den Garten!

10.45 UHR
Kurze Autofahrt in den Wald

11.00 UHR
Abenteuer Wald entdecken!

11.15 UHR
Rückfahrt

11.30 UHR
Vorbereiten der 2. Mahlzeit

11.45 UHR
2. Mahlzeit

11.55 UHR
Nochmals kurz in den Garten

12.05 UHR
Der Welpe ist satt und müde. Zeit für den Mittagsschlaf im Kennel!

15.00 UHR
Der Welpe wird wach – ab in den Garten!

15.30 UHR
Kurz-Besuch auf dem Dorfplatz

16.00 UHR
Zu Hause zurück. Welpe schläft nach einer Kuschelrunde in der Küche ein.

16.45 UHR
Der Welpe wird wach, während das Futter vorbereitet wird, schnell ab in den Garten!

17.00 UHR
3. Mahlzeit

17.10 UHR
Nach dem Fressen geht es nochmals zum Lösen.

17.20 UHR
Kleines Apportier-Spiel

17.30 UHR
Der Welpe ist müde und schläft wieder im Kennel.

20.00 UHR
Der Welpe wird wieder munter – ab zum Lösen in den Garten!

20.10 UHR
Spielen und Kuscheln

20.30 UHR
Welpe schläft auf dem Schoß ein.

21.45 UHR
Vorbereiten der Nachtmahlzeit

22.00 UHR
4. Mahlzeit

22.10 UHR
Nach dem Fressen geht es nochmals kurz zum Lösen in den Garten.

22.20 UHR
Danach geht es mit einem kleinen „Gute-Nacht-Goodie" in den Kennel.

01.20 UHR
Der Welpe wird unruhig, kurzes Lösen im Garten.

01.30 UHR
Zurück in den Kennel und ins Bett

06.00 UHR
Ein neuer Tag beginnt!

Quelle: Zvolsky: Retrieverschule für Welpen. Kosmos Verlag

01

02

FÜTTERUNG DES WELPEN

Üblicherweise bekommt ein Welpe im Alter von 8 bis 12 Wochen vier Mahlzeiten am Tag. Dabei sollten die Angaben des vom Züchter ausgehändigten Futterplans im Wesentlichen eingehalten werden. Die darin angegebene Futtermenge bleibt in den ersten Tagen unverändert, bevor sie an die individuelle Wachstumskurve des Welpen angepasst wird. Liegt kein Futterplan vor, muss vorübergehend auf die Mengenangaben des Futtermittelherstellers zurückgegriffen werden.

Wichtig! Auf einen Futterwechsel sollte während der Eingewöhnungszeit verzichtet werden, denn auch für einen gesunden Welpen bedeutet die Umstellung körperlichen Stress, der ebenso wie die Konfrontation mit neuen Keimen das Immunsystem fordert. Vermeidbare weitere Belastungen sollten deshalb auf einen späteren Zeitpunkt verschoben werden.

Der Welpe wird immer am selben Ort gefüttert. Dort steht auch stets frisches Wasser zur freien Verfügung. Wendet er sich ab, bevor der Futternapf leer ist, wird der Rest entfernt und die nächste Mahlzeit entsprechend reduziert.

DER ZIMMERKENNEL

Die Philosophie, die hinter dem Einsatz eines Zimmerkennels steht, versteht ihn nicht als Indoor-Zwinger, sondern als Rückzugsort und Trainingshilfe sowie als sichere Unterbringungsmöglichkeit, wann immer eine Beaufsichtigung kurzzeitig nicht möglich ist.
Grundvoraussetzung ist, dass der Welpe den Kennel von Anfang an positiv verknüpft, d. h. er muss sich darin wohlfühlen. Dies setzt neben einem geeigneten Standort auch eine entsprechende Größe voraus. In dem Moment, in dem der Kennel als Strafmaßnahme missbraucht wird, verliert er nicht nur seinen Wert, sondern auch seine Berechtigung!

DIE GEWÖHNUNG AN DEN KENNEL

- Die Gewöhnung an den Aufenthalt im Kennel gelingt am einfachsten, wenn der Welpe bereits müde ist. Im ersten Schritt wird ein Leckerchen in den offenen Kennel geworfen, das der Welpe herausholen darf.
- Im zweiten Schritt werden mehrere kleinere Leckerchen innerhalb des Kennels verteilt, sodass sich der Welpe eine Zeit darin aufhält, bis er alles gefunden und gefressen hat. Die Tür

03

04

bleibt offen bzw. angelehnt, sodass er jederzeit herauskommen kann, wenn er möchte.

— Nach mehreren Wiederholungen von Schritt 2 wird ihm etwas Leckeres zum Kauen mit in den Kennel gelegt, das ihn eine Weile beschäftigt. Die Tür wird geschlossen.

Wichtig! Der Besitzer bleibt in sichtbarer Nähe, damit der Welpe sich nicht verlassen fühlt.

Schläft er danach im Kennel ein, muss er, sobald er aufwacht, für sein ruhiges Verhalten gelobt und anschließend sofort zu seinem Löseplatz gebracht werden.
Beginnt er hingegen, bereits nach dem Schließen der Tür, lautstark zu protestieren, stellt dies eine erste Bewährungsprobe in Sachen Konsequenz dar! Jeglicher Protest wird ignoriert. Dies schließt sowohl mitleidige Blicke als auch vermeintlich beruhigende Worte mit ein. Auch wenn es noch so schwerfällt und sein Verhalten an Hysterie grenzt, nur über konsequentes Ignorieren lernt er, dass sein Verhalten keine Bestätigung findet, und wird es einstellen. Sobald er verstummt, ist Timing gefragt! Er muss jetzt unverzüglich für sein ruhiges Verhalten bestätigt werden, um die entsprechende Verknüpfung herzustellen! Wird der Moment der Ruhe verpasst, muss er erneut ignoriert und der nächste ruhige Augenblick abgepasst werden.

— Der Welpe darf beim Öffnen der Tür nicht einfach herausstürmen, sondern wird mit der Hand zurückgehalten. Sobald er nicht mehr gegen die Hand drückt, wird er mit einem Auflösungssignal, wie z. B. „Lauf!", freigegeben.

— Akzeptiert der Welpe die geschlossene Tür, kann die Zeit im Kennel Schritt für Schritt ausgedehnt werden.

01 *Verhält sich der Welpe bei geschlossener Tür ruhig, wird er sofort bestätigt.*

02 *Beginnt er zu protestieren, muss dies so lange konsequent ignoriert werden, ...*

03 *... bis er akzeptiert, dass sein Verhalten keine Bestätigung findet.*

04 *Beruhigt er sich, muss er unverzüglich bestätigt werden.*

SCHLAFEN

Ausgestattet mit einem pflegeleichten Vetbed mit gummierter Rückseite wird der Kennel zum angenehmen Schlaf- und Liegeplatz. Eine über den Kennel gelegte Decke verleiht ihm zudem den bevorzugten Höhlencharakter. Als Standort bietet sich ein ruhiger, zugfreier Platz an, der dem Welpen sowohl eine Rückzugsmöglichkeit bietet, als auch Gelegenheit, das Leben um ihn herum zu beobachten.
Der Kennel ist eine Ruhezone, die von allen Familienmitgliedern, auch von Kindern, zu jeder Zeit respektiert werden muss.

ENTSPANNEN LERNEN

Welpen brauchen für eine gesunde Entwicklung ausreichend lange Ruhephasen. Um diese zu gewährleisten, muss der Welpe lernen, Auszeiten zu akzeptieren und sich zu entspannen. Verausgabt er sich z. B. aufgrund seines überschäumenden Temperaments und lässt sich nur schwer wieder beruhigen, kann der Kennel auch als Signal für eine Auszeit dienen.
Beim Initiieren des Signals **Kennel = Auszeit** wird genauso vorgegangen, wie beim Training des Alleinbleibens. Selbstverständlich muss auch hier jeglicher Protest unbedingt ignoriert und der Welpe, sobald er sich entspannt, bestätigt werden. Hat er bereits früh gelernt, eine Auszeit zu akzeptieren, ist dies in vielen Situationen als Mittel zum Stressabbau von großem Nutzen.

STUBENREINHEIT

Die Herausforderungen dieser ersten Erziehungsaufgabe lassen sich in drei Worten zusammenfassen: **Aufmerksamkeit, Konsequenz und Ausdauer!**
Da die Blasenkapazität eines Welpen noch gering ist, muss er sich wesentlich öfter lösen als ein erwachsener Hund. Anfangs sollte er tagsüber alle zwei Stunden, auf jeden Fall aber nach jedem Aufwachen, jedem Füttern und jedem Spielen zu seinem Löseplatz getragen werden.

Grundsätzlich gilt: Lieber einmal zu viel als einmal zu wenig!

Eine Hundekottüte muss immer griffbereit sein!

Normalerweise zeigt der Welpe deutlich an, wenn er muss. Er wird unruhig, beginnt intensiv zu suchen oder sich im Kreis zu drehen. Spätestens wenn er die dem Lösen vorausgehende typische Rücken- und Rutenhaltung zeigt, ist es höchste Zeit, ihn auf den Arm zu nehmen und zum Löseplatz zu tragen. Löst er sich dort, wird er ausgiebig gelobt.

LÖSEN AUF SIGNAL

In vielen Situationen, wie z. B. vor dem Gang ins Büro, vor längeren Autofahrten, einem Stadtbesuch, einer Prüfung oder auf dem Löseplatz einer Ausstellung, kann es später von großem Nutzen sein, wenn der Hund gelernt hat, sich auf ein Signal hin zu lösen. Um ein Signal wie z. B. „Mach was“ oder „Pippi machen“ zu etablieren, sollte es immer dann gegeben werden, wenn der Welpe dazu ansetzt, sich zu lösen. Anschließend wird er sofort gelobt.

DIE BESTE NACHTSTRATEGIE

Schläft der Welpe nachts im Kennel, macht er sich durch Winseln bemerkbar, sobald er raus muss. Er muss dann ohne große Verzögerung nach draußen getragen werden. Löst er sich, wird er gelobt und anschließend in seinen Kennel zurückgebracht. Sollte er protestieren oder zum Spielen auffordern, muss er ignoriert werden, denn er soll lernen, dass die Nachtruhe noch nicht zu Ende ist.

EIN MALHEUR – WAS NUN?

Wird der Welpe auf frischer Tat ertappt, genügt ein scharfes „Nein", bevor er hochgenommen und kommentarlos zum Löseplatz getragen wird. Löst er sich dort ein weiteres Mal, wird er ausgiebig gelobt. Anschließend sollte das Häufchen wortlos weggeräumt, die Pfütze aufgewischt werden.

Wichtig! Das nachträgliche Strafen oder hoffentlich antiquierte Stoßen der Welpennase in seine Hinterlassenschaft ist vollkommen sinnlos, denn es nimmt dem Welpen jede Möglichkeit, das gewünschte Verhalten zu verknüpfen. Er muss stattdessen sorgfältiger beaufsichtigt werden. Wie schnell er stubenrein wird, hängt auch entscheidend von der Aufmerksamkeit und Beobachtungsgabe des Besitzers ab!

Ist das Malheur im Haus passiert, muss die Stelle gründlich gereinigt werden. Dabei sollte auf Reinigungsmittel auf Ammoniakbasis verzichtet werden. Da Urin ebenfalls ammoniakalkalisch ist, wäre der Welpe aufgrund des Geruchs weiterhin versucht, sich dort zu lösen. Besser ist eine biologische Seifenlauge. Das Nachwischen mit Essig- oder Desinfektionslösung hilft, den Geruch verlässlich zu entfernen.
Manche Welpen neigen dazu, bei sozialen Kontakten vor Aufregung oder Unterwürfigkeit unwillkürlich zu urinieren. Da sie rein instinktiv reagieren, ist ein Strafen völlig unangemessen. Vielmehr sollte die auslösende Situation so gestaltet werden, dass ein Fehlverhalten ausgeschlossen ist, indem die Begrüßung z. B. vorübergehend in den Garten verlegt wird.

Durch aufmerksames Beobachten lässt sich die typische Körperhaltung, die einem „Geschäft" vorausgeht, leicht erkennen.

ALLEINE BLEIBEN

Sobald der Welpe den Verbleib im Kennel in Anwesenheit des Besitzers ruhig akzeptiert, kann das Training des Alleinebleibens beginnen. Auch hier ist es von Vorteil, wenn der Welpe zu Trainingsbeginn müde ist. Nachdem er etwas Leckeres zum Kauen in den Kennel gelegt bekommen hat, wird die Tür geschlossen und der Besitzer verlässt für einen kurzen Moment den Raum. Bleibt der Welpe ruhig, kommt er sofort zurück und bestätigt ihn für das Ruhigbleiben. Beginnt er noch während des Verlassens des Raums zu protestieren, heißt es, standhaft zu bleiben. Sein Protest muss so lange ignoriert werden, bis er sich beruhigt und für das erwünschte ruhige Verhalten bestätigt werden kann. Gleiches gilt auch, wenn der Protest während der Abwesenheit des Besitzers beginnt. Meistens ist in diesem Fall davon auszugehen, dass zu schnell vorgegangen wurde. Die Dauer der Abwesenheit muss nun wieder so weit reduziert werden, wie der Welpe es sicher toleriert. Anschließend kann die Zeit, wenn nötig sekundenweise, verlängert werden.
Wichtig ist, ein Gefühl für das richtige Timing zu entwickeln.

AUTOFAHREN

Sobald der Welpe sich im neuen Zuhause eingelebt hat, kann er zur weiteren Gewöhnung auf kürzere Fahrten mitgenommen werden. Eine sichere Unterbringung muss dabei ebenso selbstverständlich sein wie Wasser für unterwegs.
Um weiterhin eine positive Verknüpfung sicherzustellen, sollte am Ende der Fahrt stets etwas sehr Angenehmes für ihn stehen, wie z. B. ein Abenteuerspaziergang.

Wichtig! Typische Anzeichen einer Reiseübelkeit sind Unruhe, Zittern, vermehrter Speichelfluss oder Erbrechen.

Sollte der Welpe wider Erwarten deutliches Unbehagen beim Autofahren zeigen, muss das Thema Auto so positiv wie möglich belegt werden.

WENN HUNDE DAS AUTOFAHREN NICHT VERTRAGEN

— Ein- und Aussteigen lassen, ohne zu fahren, im Auto spielen oder füttern, Motor kurz anlassen und wieder abstellen.
— Vor Fahrtantritt nicht füttern und während der Fahrt nicht aus dem Fenster sehen lassen.
— Verschiedene Fahrpositionen ausprobieren – im Beifahrerfußraum, auf der Rücksitzbank oder im Kofferraum.
— Mit Körperkontakt zu einer vertrauten Person positionieren, die sich jedoch neutral verhält.
— Mit sehr kurzen Strecken beginnen und am Ende der Fahrt stets etwas für den Hund sehr Angenehmes tun, wie Spazierengehen, Spielen usw.
— Bei längeren Fahrten häufiger Entspannungspausen einlegen.

VORSICHT, SONNE!

Selbst bei moderaten Außentemperaturen von 20° C heizen sich Fahrzeuge bei direkter oder indirekter Sonneneinstrahlung sehr schnell auf. Innerhalb kürzester Zeit können Temperaturen von über 50° C erreicht werden. Eine für Hunde lebensgefährliche Situation, die schnell zu einem qualvollen Tod führen kann. Sie dürfen daher im Sommer niemals im Auto gelassen werden!

BEWEGUNG WÄHREND DES WACHSTUMS

Neben der genetischen Disposition spielen bei Entstehung und Ausprägung degenerativer Gelenkerkrankungen auch Ernährung und Bewegung während des Wachstums eine wesentliche Rolle. Ein Welpe kann körperlich kaum unterfordert, aber sehr leicht überfordert werden. Welpen benötigen keine Spaziergänge im eigentlichen Sinn. Wesentlich sinnvoller ist es, sich gemeinsam mit ihm auf eine Wiese, in den Wald, an einen kleinen Bachlauf oder ein flaches Seeufer zu setzen und ihn seine Umgebung erkunden zu lassen. Der Welpe sollte sich frei bewegen können, aber nicht aktiv bewegt werden!

Grundsätzlich gilt, dass ein Welpe körperlich kaum unterfordert, aber sehr leicht überfordert werden kann.

Ein gesunder Labrador ist i. d. R. mit 12 Monaten voll belastbar. Aufschluss über die Gelenksituation gibt ein Röntgengutachten.

Wichtig! Das natürliche Folgeverhalten lässt den Welpen auch dann noch versuchen, Anschluss zu halten, wenn er körperlich schon längst überfordert ist. Deshalb sind hier gesunder Menschenverstand und ein vernünftiges Mittelmaß gefragt!

TREPPEN & CO

Um die in der Entwicklung befindlichen Gelenke zu schonen, sollte der Welpe weder unkontrolliert Treppen laufen, noch aus dem Auto springen. Solange es möglich ist, sollte er getragen bzw. heraus- oder hineingehoben werden. Ist er dafür zu schwer geworden, ist er i. d. R. groß genug, um Treppen an der Leine kontrolliert hinauf- oder hinunterzugehen. Für das Ein- bzw. Aussteigen aus dem Auto kann eine Rampe hilfreich sein.

SPIELEN MIT ANDEREN HUNDEN

In der Sozialisierungsphase ist der Umgang und das Spielen mit gut sozialisierten, erwachsenen Hunden und Gleichaltrigen verschiedener Rassen für die Entwicklung des Welpen wichtig. Der Kontakt sollte jedoch zeitlich begrenzt und vor allem kontrolliert erfolgen. Dabei gilt es z. B. auf größen- und gewichtsmäßig angepasste Spielgefährten zu achten. Welpen kennen ihre körperlichen Grenzen noch nicht und ein ungebremster Aufprall eines anderen Hundes im Gelenkbereich kann sich folgenreich auswirken.

EMPFEHLENSWERTE BEWEGUNGSFORMEL FÜR LABRADOR-WELPEN

Bis zum 6. Lebensmonat 5 Minuten pro Lebensmonat 3 × täglich

Ab dem 6. Lebensmonat Das Bewegungspensum wird nun bis zum Abschluss des Wachstums nicht weiter gesteigert. Die ermittelte Minutenzahl bezieht sich auf moderate Spaziergänge, in denen kein oder wenig Spiel mit anderen Hunden oder Beutespiel stattfindet. Das Spiel mit anderen Hunden ist für eine artgerechte Entwicklung nötig, muss aber pädagogisch sinnvoll und wohldosiert gestaltet werden. Unkontrollierte Welpen-Spielgruppen haben keinen Nutzen, sondern schaden der Gesundheit.

Quelle Dr. Susanne Wisniewski, Fachtierärztin für Orthopädie, Kleintierklinik Iffezheim

DAS BRINGEN – EIN BESONDERES SPIEL

Ein typischer Labrador-Welpe trägt alles herum, was er findet. Da dies gleichermaßen für die neuen Designerschuhe, als auch für die halbverweste Maus gilt, heißt es, Haltung zu bewahren! Denn auch ein Retriever kann durch eine unbedachte Reaktion in seinem angeborenen Bringverhalten frustriert werden.

Um dies zu vermeiden, muss er, wann immer er etwas im Fang trägt, in seiner Apportierfreude bestärkt und bestätigt werden! Dazu wird er, auf dem Boden sitzend, herangelockt und **– ohne nach seiner Beute zu greifen** – sanft gehalten, gestreichelt und gelobt. Versucht er wegzustreben, wird er mitsamt seiner Beute auf den Arm genommen. Bevor ihm der Gegenstand mit dem Signal „Aus" abgenommen wird, wird er für das Festhalten der Beute bestätigt.

DIE ERSTEN APPORTIERVERSUCHE DES WELPEN

- Das Apportieren erfolgt in der Welpenzeit rein spielerisch und hat nichts mit dem korrekten, disziplinierten Apportiertraining eines erwachsenen Labradors zu tun!
- Jedes Aufnehmen, Tragen und Bringen wird positiv bestätigt – unabhängig von der Art der Beute!
- Die Grenze zwischen Fördern und Überfordern verläuft in dieser Zeit fließend. Für einen Welpen mit ausgeprägtem Apportierverhalten reicht eine Apportierübung wöchentlich mit zwei bis drei Apporten vollkommen aus. Bei einem ruhigeren Welpen muss das Beuteverhalten hingegen frühzeitig gefördert werden. Dazu kann z. B. mit bewegter Beute gearbeitet werden.
- Wichtig ist das Verwenden eines altersangepassten weichen Apportiergegenstandes, wie z. B. eines Welpen-Dummys (100 g). Das Apportieren von Holzstöcken ist nicht nur aus Verletzungsgründen abzulehnen, es verleitet auch – ebenso wie Quietschspielzeuge – zum Zupacken und Knautschen.

INTERESSE WECKEN

Zeigt der Welpe wider Erwarten kein großes Interesse, muss sein Spaß am Apportieren gezielt gefördert werden. Dies geht am besten mit hilfe seines bevorzugten Spielgegenstandes. Wird dieser wie eine flüchtende Beute mal schneller, mal langsamer vor dem Welpen hin und her bewegt, gelingt es meist sehr schnell, sein Interesse zu wecken und ein Beuteverhalten auszulösen. Sobald der Welpe nachhaltig versucht, das Spielzeug in seinen Besitz zu bekommen, kann es aus der Bewegung heraus ein bis zwei Meter weit geworfen werden.

Rennt der Welpe hinterher, wird er bereits dafür in einem ermunternden, ruhigen Ton gelobt! Fällt das Lob zu enthusiastisch aus, besteht die Gefahr, dass er kehrtmacht und zurückkommt. Läuft er zum Spielzeug und nimmt es sofort auf, wird er aus der Hocke heraus ruhig gelobt und herangelockt. Auch hier gilt: Fällt das Lob zu überschwänglich aus, kann es passieren, dass er den Gegenstand vor lauter Begeisterung sofort wieder fallen lässt und ohne ihn zurückkommt.

Sobald der Welpe mitsamt seiner Beute herankommt, wird er – ohne nach der Beute zu greifen – sanft festgehalten und ausgiebig gelobt. Anschließend wird ihm die Beute mit dem Signal „Aus" vorsichtig abgenommen. Nach dem Bestätigen dieser Abgabe, wird ihm seine Beute nochmals für einen kurzen Moment wiedergegeben, bevor sie abgenommen und weggesteckt wird. Auf diese Weise lernt er, dass das Herankommen nicht den unmittelbaren Verlust der Beute bedeutet.

Rennt der Welpe dem geworfenen Gegenstand zwar hinterher, verliert aber vor Ort sofort wieder das Interesse, heißt es, kreativ zu werden. Eine Möglichkeit ist, den Motivationsgegenstand zu wechseln. Viele Labradors lieben z. B. fellbezogene Dummys. Das Interesse kann auch dadurch intensiviert werden, dass dem Apportiergegenstand eine Zeitlang besondere Aufmerksamkeit gewidmet wird, ohne dem Welpen jedoch Gelegenheit zu geben, ihn zu bekommen. Wichtig ist hierbei, dass er in der Zwischenzeit keine Möglichkeit hat, sein erwachendes Beuteverhalten durch herumliegende Spielsachen selbst zu befriedigen.

01

02

01 Das Interesse an einem bewegten Felldummy ist meist schnell geweckt.

02 Sobald der Welpe versucht, es zu fassen, wird es ein kleines Stück weit geworfen.

03 Läuft er zum Dummy, wird er ruhig ermuntert, es aufzunehmen, …

04 … und, unterstützt von einer positiven Körpersprache, motiviert, es zu bringen.

03

04

Beginnt der Welpe an der Beute zu kauen, ist das Apportierspiel sofort beendet!

KOMMEN MIT „BEUTE"

Lässt sich der Welpe mit seiner Beute nicht heranlocken, muss die Übungsumgebung so gewählt werden, dass ein Ausweichen unmöglich ist, wie z. B. in einem engen Hausflur. Versucht er, trotzdem vorbeizurennen, wird er sanft abgefangen und mitsamt seiner Beute auf den Arm genommen. Beruhigendes Streicheln und Loben – ohne dabei mit der Hand in die Nähe der Beute zu kommen – vermitteln ihm, dass das Kommen mit Beute nicht mit deren unmittelbarem Verlust verbunden ist.

Zu keiner Zeit darf hingegen versucht werden, dem Welpen die Beute „abzujagen". Dies würde nur ein kontraproduktives Fangspiel initiieren.

Im nächsten Schritt muss der Welpe lernen, dass das Beuteteilen auch positive Seiten haben kann. Dazu kann ihm die gebrachte Beute entweder mehrfach nur kurz abgenommen und sofort wiedergegeben, oder ihm ein Tausch, wie Beute gegen Spielzeug oder Beute gegen Futter, angeboten werden. Ein Tausch funktioniert jedoch nur mit dem richtigen Vorgehen und Timing! Zum einen darf das Tauschobjekt nicht als Lockmittel missbraucht werden, zum anderen darf es ihm erst **nach der Abgabe** angeboten werden. Ansonsten besteht die Gefahr, dass er den apportierten Gegenstand schon in Erwartung des Spielzeugs oder des Leckerchens fallen lässt! Damit würde nur ein Problem durch ein anderes ersetzt.

Legt sich der Welpe in einiger Entfernung hin, anstatt zurückzukommen, und beginnt an der Beute zu kauen, wird das Apportierspiel sofort beendet. Das Aufstehen und Abwenden vermittelt ihm dies unmissverständlich.

Wichtig! Im Fokus der ersten Apportierübungen steht immer das freudige und vertrauensvolle Bringen, keinesfalls jedoch ein untadeliges Apportieren und eine perfekte Abgabe!

FESTHALTEN

Hält der Welpe seine Beute bereits fest, bis sie ihm mit dem Signal „Aus" abgenommen wird, kann er sowohl für das Halten als auch für das Abgeben positiv bestätigt werden. Lässt er die Beute fallen, wird er dazu animiert, sie nochmals kurz aufzunehmen. Gelingt dies, wird er sowohl für das erneute Aufnehmen als auch für das Halten bestätigt, bevor ihm die Beute mit dem Signal „Aus" vorsichtig abgenommen und die Abgabe bestätigt wird. Nimmt er die Beute trotz aller Bemühungen nicht wieder auf, wird sie wortlos aufgehoben und weggesteckt. Jede Art von Druck oder Zwang kann im Welpenalter sehr leicht zu Negativverknüpfungen führen, weshalb es besser ist, mit dem Apportieren noch etwas zu warten. Neigt der Welpe dazu, den Apportiergegenstand fallenzulassen, bevor er ihm abgenommen werden kann, muss versucht werden, ihm zuvorzukommen. Schon beim leisesten Anzeichen heißt es, sich rasch in die entgegengesetzte Richtung zu entfernen und hinter einer für den Welpen nicht einsehbaren Stelle (z. B. hinter einer Hecke) stehenzubleiben. Folgt der Welpe voller Elan, kann das Überraschungsmoment genutzt und er für das Bringen und Halten bestätigt werden, bevor er auf die Idee kommt, die Beute fallenzulassen. Mit dem richtigen Timing lernt er so sehr schnell, was von ihm erwartet wird!

01

02

03

01 Vor den ersten Apportierversuchen aus dem Wasser sollte der Welpe an Land bereits zuverlässig aufnehmen, bringen und halten.

02 Aufgrund des speziellen Füllmaterials lässt sich das Welpen-Dummy auch nass leicht aufnehmen. Die asymmetrische Form unterstützt das mittige Tragen.

03 Kommt der Welpe mit dem Dummy heran, wird er – ohne danach zu greifen – für das Halten bestätigt, bevor es ihm mit dem Signal „Aus" abgenommen wird.

DIE SACHE MIT DEM DUMMY

DER ERSTE DUMMY-APPORT (AB CA. DER 12 WOCHE)

Apportiert der Welpe bereits sehr sicher, kann er an das Dummy als Apportiergegenstand gewöhnt werden. Dazu bietet sich ein Welpen-Dummy an. Aufgrund des speziellen Füllmaterials ist es sehr weich und leicht. Durch die asymmetrische Form kann es nur mittig getragen werden, wodurch das richtige Aufnehmen gefördert wird.

Der Ablauf der Apportierübungen kann nun schon vage dem Endziel angeglichen werden. Der Hundeführer geht in die Hocke und hält den Welpen an seiner linken Seite an der Brust fest. Bevor er das Dummy wirft, bewegt er es ein bisschen hin und her, um es interessant zu machen.

Ein Welpe mit weniger ausgeprägtem Apportierverhalten darf mit dem Signal „Apport!" schon losgehen bevor, oder unmittelbar nachdem, das Dummy gelandet ist.

Ein Welpe mit ausgeprägtem Apportierverhalten wird hingegen schon jetzt einen Moment länger zurückgehalten und darf erst loslaufen, wenn er das Warten eindeutig akzeptiert. Drei bis vier Retrieves dieser Art pro Woche in unterschiedlichem Gelände sind für ihn bereits vollkommen ausreichend.

Hält der Welpe das Dummy beim Zurückkommen sicher, wird er dazu animiert, es mit erhobenem Kopf anzubieten. Dazu kniet sich der Hundeführer auf den Boden und neigt den Oberkörper leicht nach hinten. Kommt der Welpe mit dem Dummy, ermuntert er ihn, mitsamt dem Dummy an seiner Brust nach oben zu steigen und ihm das Dummy entgegenzustrecken. Bevor er es ihm mit dem Signal „Aus" abnimmt, lobt und bestätigt er ihn ausgiebig.

DIE NÄCHSTEN SCHRITTE

Sobald der Welpe das Dummy zuverlässig bringt, können die Anforderungen langsam steigert werden. Dazu kann ein Gelände mit etwas höherem Bewuchs gewählt oder moderate optische Grenzen eingebaut werden, wie z. B. ein Bewuchswechsel oder auch ein kleines Geländehindernis. Der Welpe lernt so, nicht nur verschiedene Geländegegebenheiten und Bewuchsarten anzunehmen, sondern auch seine Nase einzusetzen und ihr zu vertrauen. Mit zunehmender Übung kann die Wartezeit vor dem Schicken allmählich ausgedehnt werden. Die Distanz sollte erst nach dem Zahnwechsel vergrößert werden.

01

DAS APPORTIEREN UND DER ZAHNWECHSEL

Während des Zahnwechsels befindet sich der Welpe in einer heiklen Entwicklungsphase. Manche Welpen wirken in dieser Zeit lustlos und verweigern das Apportieren völlig, anderen ist kaum etwas anzumerken. Sollte der Welpe aufgrund eines Wackelzahns beim Aufnehmen oder Tragen Schmerz empfinden, kann dies sehr schnell zu einer Fehlverknüpfung mit dem Apportiergegenstand undoder dem Apportieren selbst führen. Aus diesem Grund ist in dieser Zeit Vorsicht geboten. Insbesondere bei Welpen mit weniger ausgeprägtem Apportierverhalten ist es besser, den Zahnwechsel abzuwarten, bevor mit dem weiterführenden Dummy-Training begonnen wird.

VORAN IM WELPENALTER (AB CA. 12 WOCHEN)

Sobald der Welpe zu Hause vor seinem gefüllten Futternapf sicher sitzen bleibt, kann mit dessen Hilfe auch der Grundstein für das Voranschicken gelegt werden. Ziel der Übung ist dabei nur die Verknüpfung des Geradeauslaufens mit dem verbalen Signal „Voran“ sowie ein erstes Ritualisieren der entsprechenden Körperhaltung des Hundeführers.

Der Hundeführer setzt den Welpen ab und stellt den Napf in einigen Metern Entfernung an einen optisch markanten Punkt. Danach kehrt er zurück, lobt und bestätigt ihn für das Sitzenbleiben. Zu Beginn kann er den Welpen aus der Hocke heraus schicken. Er hält ihn dabei mit der linken Hand vor der Brust fest und konzentriert ihn mit dem rechten ausgestreckten Arm in Richtung des Futternapfs. Sobald er merkt, dass der Welpe Spannung aufbaut, gibt er ihn mit dem Signal „Voran!“ frei. Die positive Bestärkung des gewünschten Verhaltens, das Vorangehen in gerader Linie, erfolgt über das Futter im Napf. Hat er das Signal mit der Aktion verknüpft und bleibt bereits sicher sitzen, kann er auch aus dem Stehen heraus geschickt werden.

01 Erst wenn der Welpe nicht mehr gegen die Hand drückt und das Warten ruhig akzeptiert, darf das verbale Apportier-Signal gegeben werden.

02 Ziel der Voran-Übung ist eine erste Verknüpfung des In-gerader-Linie-Laufens mit dem verbalen Signal „Voran“ und der entsprechenden Körperhaltung.

03 Das Ermuntern zum Hochsteigen an der Brust bildet bereits den ersten Schritt hin zum später erwünschten Anbieten des Dummys mit erhobenem Kopf.

02

03

KLEINE SUCHE (AB CA. 16 WOCHEN)

Das Signal für die kleine Suche kann bereits im Alter von 10 bis 12 Wochen spielerisch mit Hilfe einiger ausgestreuter Leckerchen geübt werden. Dabei sollte von Anfang an das verbale Signal oder das Pfeifsignal sowie das Handzeichen verwendet werden. Später kann die kleine Suche mit mehreren Tennisbällen oder kleinen Suchen-Dummys (80 g) Schritt für Schritt weiter aufgebaut werden.

Schritt 1 Der Hundeführer kniet mit dem Welpen vor einer kleinen, optisch klar umrissenen Fläche mit höherem Bewuchs. Er hält einen Ball in der Hand und bewegt ihn mehrfach in der Deckung hin und her, bevor er ihn unter den Bewuchs schiebt. Danach gibt er dem Welpen das Such-Signal und ermutigt ihn, mit tiefer Nase zu suchen. Sobald er findet, ruft er ihn mit dem Komm-Pfiff zu sich.

Schritt 2 Gleicher Aufbau und gleicher Suchenbereich wie bei Schritt 1, nur versteckt der Hundeführer den Ball dieses Mal vom Welpen unbemerkt.

Schritt 3 Gleicher Suchenbereich wie bei Schritt 1 und 2. Der Hundeführer kniet neben dem Welpen und hält ihn an der Brust, während ein Helfer zwei bis drei Bälle versteckt und anschließend sichtbar einen Ball einwirft, den er – während der Welpe weiterhin gehalten wird – ebenfalls unter den Bewuchs schiebt. Der Hundeführer gibt dem Welpen das Such-Signal und lässt ihn ein bis zwei Bälle suchen und bringen.

Wichtig! Bei Welpen mit ausgeprägtem Apportierverhalten muss darauf geachtet werden, dass sie nach jedem Apport erst wieder zur Ruhe kommen, bevor sie erneut geschickt werden.

Schritt 4 Der Hundeführer entfernt sich mit dem Welpen vom Suchenbereich. Ein Helfer versteckt währenddessen drei Bälle. Der Hundeführer hält den Welpen mit der linken Hand vor der Brust fest, konzentriert ihn mit dem ausgestreckten rechten Arm in Richtung des Suchenbereichs und schickt ihn, sobald er Spannung aufbaut, mit dem

01

03

04

02

Signal „Voran!“. Sobald der Welpe im Bereich zur Suche ansetzt, gibt er ihm das Such-Signal.

Problemlösung Sucht der Welpe mit dem Ball im Fang weiter, muss der Hundeführer mit allen Mitteln versuchen, seine Aufmerksamkeit zurückzugewinnen – pfeifen – in die Hände klatschen – verbal locken –, und ihn sofort bestätigen, sobald er auch nur dazu ansetzt, zurückzukommen.

05

01 Das Hin- und Herbewegen des Balls setzt Geruchsmarkierungen, die den Welpen dabei unterstützen, den Suchenbereich eng zu halten.

02 Die vom Such-Signal begleitete, flach über den Suchenbereich streichende Hand ermutigt ihn, intensiv mit tiefer Nase zu suchen.

03 Im nächsten Schritt darf er – an der Brust gehalten – aus kurzer Distanz noch zusehen, wie ein Helfer die Bälle im Suchenbereich auslegt.

04 Anschließend wird er in Richtung des Suchenbereichs konzentriert und mit „Voran!“ geschickt. Sobald er zur Suche ansetzt, folgt das Such-Signal.

05 Im Moment des Findens wird er – um ein etwaiges Weitersuchen schon im Ansatz zu vermeiden – mit dem Komm-Pfiff zurückgerufen.

DER LABRADOR

— *Alltagsbegleiter und Familienhund*

DER LABRADOR ALS FAMILIEN-BEGLEITHUND

Auch wenn der Labrador über viele Generationen hinweg für eine bestimmte jagdliche Aufgabe gezüchtet wurde, eignet er sich doch sehr gut als Familienbegleithund. Die Gründe hierfür liegen v. a. in der Art seiner jagdlichen Spezialisierung. Sie brachte nicht nur eine große Bereitschaft zur engen Zusammenarbeit mit dem Menschen sowie eine allgemeine Nervenfestigkeit und große Verträglichkeit mit sich, sondern wirkte sich auch auf sein Jagdverhalten aus.
Für die Arbeit nach dem Schuss spielten vor allem zwei Verhaltenselemente eine wesentliche Rolle: das Orten und das Packen der Beute.
Beides wurde durch Zuchtauswahl verstärkt, während andere typische Elemente des Jagdverhaltens, wie das Fixieren, Anpirschen und Hetzen, zurückgedrängt wurden. Aus dem Verhaltenselement des Ortens entwickelte sich durch züchterischen Einfluss später auch die angeborene Markierfähigkeit des Labradors.

WICHTIGE EIGENSCHAFTEN UND DIE BEDEUTUNG FÜR DEN FAMILIENHUND

Als Spezialist für die Arbeit nach dem Schuss kennzeichnen den Labrador verschiedene Eigenschaften, die sich positiv auf sein Leben als Familienhund auswirken.

Standruhe Da das ruhige, geduldige Warten einer der Kernpunkte für die jagdliche Arbeit nach dem Schuss ist, verfügt der Labrador i. A. über ein zuchtbedingt ausgeglichenes und nervenstarkes Wesen. Beides bietet eine gute Grundlage für Frustrationstoleranz und Impulskontrolle im Alltag.

Apportierfreude Für den Labrador gehört das Apportieren zu seinem natürlichen Verhaltensrepertoire. Es besitzt für ihn einen selbstbelohnenden Charakter. Deshalb bedarf es kaum einer weiteren Motivation und eine rassegerechte Alternativbeschäftigung lässt sich damit auch für Ersthundebesitzer leicht umsetzen.

Will to please Die ursprüngliche Aufgabe des Labradors war geprägt durch die Zusammenarbeit von Mensch und Hund. Die Bereitschaft dazu drückt sich in seinem will to please (dt. dem Willen zu gefallen) und in seiner Anpassungsfähigkeit aus. Er fügt sich problemlos in den Alltag ein, möchte aber auch beschäftigt werden. Dabei lässt er sich für vieles begeistern, aber sein Herz gehört nach wie vor dem Apportieren.

Verträglichkeit Die Arbeit nach dem Schuss gewann vor allem im Rahmen großer Gesellschaftsjagden an Bedeutung. Damit stand seit jeher auch eine allgemeine Verträglichkeit gegenüber Menschen und Artgenossen im Mittelpunkt der Zuchtbemühungen.

Der Labrador – ein Hund für alle Generationen

BASISWISSEN ZUR HUNDE-ERZIEHUNG

WARUM IST ERZIEHUNG WICHTIG?

Labradors sind überaus kontaktfreudige Hunde. Sie lieben menschliche Gesellschaft genauso wie die von Artgenossen. Ihre ausgeprägte Menschenbezogenheit beschränkt sich i. d. R. nicht nur auf ihre Besitzer, sondern erstreckt sich auf jeden, der ihren Weg kreuzt. Trotz freundlicher Begrüßungsgesten können sich andere Menschen durch die häufig sehr körperliche Kontaktaufnahme belästigt fühlen. Dies ist spätestens dann der Fall, wenn sie voll überschäumender Begeisterung angerempelt oder angesprungen werden. Erweist sich der Hund als nicht rückrufbar, sind Konflikte vorprogrammiert. Dabei können insbesondere schwarze Hunde allein aufgrund ihrer Fellfarbe auch schnell zu ängstlichen Reaktionen führen. Der einzige Weg zu einem harmonischen Miteinander ist eine solide Erziehung und ein verantwortungsvoller, rücksichtnehmender Hundehalter.

KLEINER HUNDEHALTER-KNIGGE

Die **Umwelt** erwartet, dass die Hinterlassenschaften des Hundes immer und überall aufgesammelt und entsprechend entsorgt werden.
Nachbarn möchten, dass der Hund sich ruhig verhält und nicht jeden Zaunpfahl, jeden Blumenkübel oder jede Hausecke markiert.
Besucher erwarten, dass der Hund sich freundlich, aber nicht aufdringlich benimmt und sich

Erziehung ist die Basis für ein harmonisches Miteinander.

u. U. auf ein Signal des Besitzers hin auf seinen Platz zurückzieht.

Spaziergänger, Jogger, Radfahrer und Reiter setzen voraus, dass der Hund jederzeit unter Kontrolle ist und bei Begegnungen angeleint wird. Dies signalisiert Rücksichtnahme und dient der Aufsichtspflicht als Tierhalter.

Andere Hundebesitzer möchten, dass sich der Hund in jeder Situation auch unter Ablenkung zuverlässig abrufen lässt. Da nicht alle Hunde sozial verträglich sind, gehört es zum guten Ton unter Hundehaltern, die Hunde vor Begegnungen zunächst anzuleinen.

Bauern erwarten, dass die Hinterlassenschaften des Hundes auf landwirtschaftlich genutzten Flächen aufgesammelt und die Säckchen entsprechend entsorgt werden. Das Graben von Mäuselöchern kann nicht nur Schäden an landwirtschaftlichem Gerät verursachen, es birgt auch Risiken für den Hund, wie z. B. durch das Fressen von Mäusen oder das Treten in Löcher usw.

Förster und Jagdpächter verlangen, dass sich der Hund auf Spaziergängen nicht verselbstständigt, Wild beunruhigt oder gar hetzt, sondern zu jeder Zeit, d. h. auch bei Sichtkontakt mit Wild, unter Kontrolle oder vorausschauend angeleint bleibt.

KONSEQUENZ

Eines der wichtigsten Erfordernisse in der Hundeerziehung ist konsequentes Handeln. Es umfasst sowohl die gezielte Verwendung von Signalen, als auch das durchgängige Einfordern zuvor definierter Regeln sowie ein eindeutiges Verhalten bei Korrekturen. Im Umkehrschluss bedeutet es, dass nichts gefordert werden darf, was nicht auch durchgesetzt werden kann.

FÜHRUNG ÜBERNEHMEN

Früher wurden Erziehungsprobleme häufig mit Schlagworten wie Dominanz und Rangordnung belegt und Hunde unabhängig von den Ursachen ihres Verhaltens körperlich untergeordnet. Im Gegenzug gab es eine Bewegung der antiautoritären Hundeerziehung, die dem Hund keinerlei

Bereits Welpen sollten lernen, …

… dass sie nicht von sich aus spontan zu jedem Hund rennen dürfen.

Einschränkungen zumuten und ein weitestgehend selbstbestimmtes Leben gewährleisten wollte. Heute gilt der goldene Mittelweg als zielführend: **Führung und Orientierung bieten, klare Regeln aufstellen und erwünschtes Verhalten bestätigen.** Das Eingebundensein in einen Familienverband ist ein wichtiger Bestandteil für das Wohlbefinden des Hundes. Auch wenn z. B. das Liegen auf dem Sofa heute nicht mehr ohne Weiteres als Rangordnungsfrage betrachtet wird, beweisen klar definierte Regeln im Alltag aus Hundesicht dennoch Führungskompetenz und unterstützen eine eindeutige Verständigung.

Warum das Thema Führung bzw. Leadership so wichtig ist, zeigt sich im täglichen Zusammenleben. Es gibt unzählige Beispiele, die jeder Hundebesitzer kennt und sich doch nicht bewusst ist, dass der Hund auf subtile Weise versucht, seine Wünsche durchzusetzen und ein Stück weit die Führung zu übernehmen. Es beginnt beim unruhigen Hin- und Herlaufen zur Fütterungs- oder Gassigehzeit und zieht sich hinweg über das Einfordern von Streichel- und Spieleinheiten. In den meisten Fällen gelingt es ihm, seinen Besitzer unmittelbar dazu zu bewegen, das Fressen zuzubereiten, sich für den Spaziergang fertig zu machen, das sanfte Anstupsen mit einer Streicheleinheit oder das gebrachte Lieblingsspielzeug mit einer Spieleinheit zu belohnen.

Was an sich harmlos wirkt, stellt sich bei genauerem Hinsehen folgendermaßen dar: In allen Fällen agiert der Hund und der Mensch reagiert! Macht er entsprechend oft die Erfahrung, dass er bekommt, was er will, hat dies auf lange Sicht Auswirkungen auf alle Bereiche des Zusammenlebens von Mensch und Hund. Während der Hund stückweise die Führung übernimmt, verringert sich zugleich seine Bereitschaft zum Gehorsam und zur Zusammenarbeit.

Der will to please des Labradors spiegelt die hohe Bereitschaft zur Zusammenarbeit wider.

LEADERSHIP BEDEUTET DIE FÜHRUNG ZU ÜBERNEHMEN

In erster Linie heißt dies: Der Mensch bestimmt über das wann, wie und wo – er agiert, der Hund reagiert. Wie sieht das in den vorher genannten Beispielen konkret aus?

Einfordern von Futter Fordert der Hund sein Futter ein, wird er so lange ignoriert, bis er aufhört und die Situation akzeptiert. Ignorieren bedeutet das Entsagen jeglicher Aufmerksamkeit, d. h. nicht Ansehen, nicht Ansprechen, nicht Anfassen. Verhält sich der Hund einige Minuten lang ruhig, kann er gerufen und gelobt werden. Anschließend wird das Futter zubereitet. Sollte er sein forderndes Verhalten wieder aufnehmen, sobald das fertig zubereitete Futter auf der Küchentheke steht, muss er abermals so lange ignoriert werden, bis er sich beruhigt. Dann kann er gelobt und mit dem Futter bestätigt werden. Konsequenz und Timing sind hier das A und O.

Einfordern des Spaziergangs Winselt der Hund und kratzt an der Tür, muss unterschieden werden: Fordert er auf diese Art generell Spaziergänge ein oder ist es ein eher untypisches Verhalten und er muss wirklich dringend raus? Handelt es sich um ein manipulatives Verhaltensmuster, das es zu unterbrechen gilt, muss sein Verhalten so lange ignoriert werden, bis er es aufgibt und die Situation akzeptiert. Verhält er sich für einige Minuten ruhig, kann er gerufen und gelobt werden. Anschließend gehen Besitzer und Hund gemeinsam zur Haustür.

Zuwendung und Spielen Den meisten Labradorbesitzern fällt es in diesem Bereich besonders schwer, manipulatives Verhalten zu erkennen und zu unterbrechen. Besonders aufdringliche Hunde sollten so oft wie möglich ignoriert werden. Akzeptieren sie dies, können sie nach einiger Zeit gerufen und gestreichelt bzw. zum Spielen aufgefordert werden. Der Unterschied ist nun jedoch, dass die Initiative vom Menschen ausgeht.

Der „Running Rabbit" simuliert einen flüchtenden Hasen.

FRUSTRATIONSTOLERANZ UND IMPULSKONTROLLE

Beide Begriffe haben in den letzten Jahren immer mehr an Bedeutung gewonnen. In der Welt der Retriever sind sie jedoch unter anderem Namen schon lange bekannt.
Unter **Frustrationstoleranz** ist die Fähigkeit zu verstehen, auch unangenehme Situationen, wie z. B. Langeweile, auszuhalten. Für einen Jagdhund, dessen Spezialisierung die Arbeit nach dem Schuss ist, ist das ruhige Warten essenzieller Bestandteil seiner Bestimmung. In der Regel kommt er erst dann zum Zug, wenn die Jagd abgeblasen wurde und die Schützen sich bereits entfernen.
Mit **Impulskontrolle** ist die Fähigkeit gemeint, sich beherrschen zu können und nicht jedem Drang nachzugeben. Auch dies ist für den Labrador aus jagdlicher Sicht „Business as usual", denn das Aushalten von Bewegungsreizen höchster Intensität sind normale Vorgänge bei einer Enten- bzw. Niederwildjagd, die auch im Dummy-Bereich simuliert werden.

Der Begriff der **Steadiness** umfasst im jagdlichen Bereich beides: das ruhige, geduldige Abwarten an der Seite des Hundeführers – unabhängig jeglicher Reize, die ein Jagdgeschehen mit sich bringt. Sie bildet seit über 100 Jahren die Grundlage für die Beurteilung der Arbeit eines Labradors. Jegliche ungeduldige Verhaltensweisen, wie auch das Winseln, führen nach wie vor bei allen retriever-typischen Prüfungen zum Ausschluss. Die Erfordernis der Steadiness floss in die Zucht ein und formte das typische ausgeglichene Wesen und die Nervenfestigkeit. Beides gewinnt in der heute zunehmend enger, lauter und hektischer werdenden Umwelt auch immer mehr an Bedeutung für den Labrador als Familienbegleithund. Es gibt eine Vielzahl von Situationen, in denen Impulskontrolle bzw. Steadiness im Alltag trainiert werden kann und sollte. Sei es beim Warten vor dem gefüllten Futternapf, während des Anziehens vor dem Spaziergang, vor dem Passieren der Haustür, vor dem Herausspringen aus dem Auto oder dem Überqueren einer Straße – in jeder dieser Situationen kann der Hund lernen, sich zu beherrschen.

Das Apportieren ist beim Labrador primär motiviert.

Eine vetrauensvolle Bindung – ein Grundbaustein des Lernens

GRUNDBAUSTEINE DES LERNENS

LERNEN DURCH VERTRAUEN UND BINDUNG

Aus Sicht des Hundes ist der Mensch dann führungskompetent, wenn er sich ihm gegenüber in jeder Situation vertrauenswürdig, besonnen, transparent und vor allem eindeutig verhält. Freundliche Konsequenz im Handeln und klare Regeln für gemeinsame Interaktionen sind die Basis einer soliden Mensch-Hund-Beziehung. Sind diese Voraussetzungen erfüllt, bindet sich der Hund bereitwillig und vertrauensvoll an den Menschen.

LERNEN DURCH MOTIVATION

Gezieltes Lernen findet nur bei entsprechender Motivation statt. Sie ist die innere Antriebskraft, die den Hund dazu bewegt, ein bestimmtes Verhalten auszuführen, und die Voraussetzung dafür, dass er die nötige Konzentration aufbringt, um die zu erlernende Aufgabe zu meistern.

Primäre Motivation oder Eigenmotivation

Ist ein Hund primär motiviert, wird er aus Eigeninitiative aktiv. Die Aktivität selbst wirkt bereits belohnend, sodass er das entsprechende Verhalten öfter zeigt. Ein primär motivierter Hund lernt meist schneller und lässt sich weniger leicht ablenken.

Beispiel Das Apportierverhalten des Labradors ist durch züchterische Selektion in seinen Anlagen verankert. Es ist für ihn insoweit ein selbstbelohnendes Verhalten, für das er i. d. R. keine weiteren Anreize benötigt. Er ist damit in Bezug auf das Apportieren primär motiviert.

Sekundäre Motivation oder Fremdmotivation

Ist ein Hund sekundär motiviert, wird er aufgrund äußerer Einflüsse aktiv. Er führt ein bestimmtes Verhalten aus, um etwas anderes damit zu erreichen.

Beispiel Gehorsamsübungen, wie z. B. das Fußlaufen, sind i. d. R. sekundär motiviert. Der Hund führt das gewünschte Verhalten entweder aus, um eine Belohnung (Zuwendung, Futter usw.) zu erhalten oder um einer Strafe zu entgehen.

☞ BELOHNUNG UND BESTÄTIGUNG

		DEFINITION	FORMEN	VORTEIL	NACHTEIL
01	BESTÄTIGUNG	Positive Erfahrung, die **während** eines Verhaltens des Hundes erfolgt	**Primäre Bestätigung**	Auch ohne vorherigen Lernprozess fühlt sich der Hund durch einen primären Bestärker (z. B. Futter, Spielzeug, Zuwendung) in seinem Verhalten bestätigt.	
			Sekundäre Bestätigung Der Hund nimmt einen durch einen bereits erfolgten Lernprozess (klassische Konditionierung) eingeführten sekundären Bestärker (z. B. das Click-Geräusch) als Versprechen auf eine nachfolgende Belohnung wahr.	Das Verhalten des Hundes kann zeitnah und auf größere Distanz bestätigt werden. Die leichte zeitliche Verzögerung der nachfolgenden Belohnung wirkt sich nicht mehr negativ auf den Lernprozess aus.	
02	BELOHNUNG	Positive Erfahrung, die einem bestimmten Verhalten des Hundes **direkt nachfolgt**	Eine Belohnung kann z. B. durch Futter, Beute (Spielzeug) oder Zuwendung (Aufmerksamkeit, Lob, usw.) erfolgen.	Sie erhöht die Wahrscheinlichkeit, dass das Verhalten in Zukunft häufiger gezeigt wird.	Sie muss so zeitnah **– innerhalb von max. 2 Sekunden! –** erfolgen, dass der Hund sein Verhalten mit ihr verknüpfen kann.

LERNEN DURCH BESTÄTIGUNG ODER BELOHNUNG

Während eine Bestätigung eine positive Erfahrung kennzeichnet, die während eines erwünschten Verhaltens erfolgt, folgt eine Belohnung diesem unmittelbar nach (innerhalb von max. 2 Sekunden).
Beide erhöhen die Wahrscheinlichkeit, dass das erwünschte Verhalten in Zukunft häufiger und intensiver gezeigt wird. Während zu Beginn eines Lernvorgangs stets jede korrekt ausgeführte Übung bestätigt bzw. belohnt werden sollte, wird bei zunehmender Zuverlässigkeit langsam dazu übergegangen, nur noch variabel, d. h. jede x. Ausführung in unvorhersehbarer Reihenfolge, zu bestätigen bzw. zu belohnen.

Wichtig! Es darf immer nur eine korrekt ausgeführte Übung bestätigt werden. Die Belohnung darf nicht als Lockmittel missbraucht und damit anstelle des Signals zum Auslösereiz für das erwünschte Verhalten werden.

KOMMUNIKATION

Hunde kommunizieren im Wesentlichen über Körpersprache. Sie verfügen über ein großes Repertoire an Signalen, die in vielfältiger Art und Weise kombiniert werden können. Neben Mimik, Gestik oder Bewegungen spielen jedoch auch Lautäußerungen und die Kommunikation über Gerüche eine Rolle.
Der Schwerpunkt menschlicher Kommunikation liegt hingegen auf verbaler Ebene. Während körpersprachliche Signale im zwischenmenschlichen Bereich weniger differenziert und weitestgehend unbewusst wahrgenommen werden, reagieren Hunde darauf naturgemäß äußerst feinsinnig. Um Verständigungsschwierigkeiten zu vermeiden, liegt es deshalb am Menschen, sich auf eine hundegerechte Kommunikation einzustellen.

VERSTÄNDIGUNG ÜBER AKUSTISCHE SIGNALE

Aufgrund ihrer ausgeprägten Bereitschaft zum sozialen Lernen, fällt es Hunden relativ leicht, verbale Signale zu verstehen und damit verknüpfte Aufgaben auszuführen. Da sie beim Hören eines Wortes nicht nur den akustischen Charakter wahrnehmen, sondern auch die Ton- und Stimmlage sowie die Mimik miteinbeziehen, ist es ihnen möglich, eine Vielzahl von Wörtern zu unterscheiden, auch wenn sie deren tatsächliche Bedeutung nicht verstehen.

RICHTIG LOBEN, RICHTIG TADELN

Besondere Bedeutung entfaltet die Ton- bzw. Stimmlage bei der Unterscheidung zwischen erwünschtem und unerwünschtem Verhalten. Während ein Lob immer mit einer hohen, schmeichelnden Stimme ausgesprochen wird, wird ein Tadel von einer tiefen, unfreundlich knurrigen Stimme begleitet.
Doch nicht nur die Tonlage, auch die Lautstärke muss der Bedeutung eines Signals und der Situation angepasst sein. Eine von vornherein sehr laute Stimmlage bietet kaum noch Möglichkeiten, die Intensität zu steigern.
Beim Welpen sollte das verbale Lob immer mit einer für ihn wichtigen Motivation positiv verstärkt werden. Dies kann eine kurze Spielsequenz, eine Streicheleinheit oder auch ein kleiner Leckerbissen sein. Gleiches gilt für auch für ältere Hunde, die insbesondere zu Beginn einer neuen Übung für jeden erfolgreichen Abschluss zusätzlich zum verbalen Lob bestätigt werden sollten.
Wurde die Übung zuverlässig verstanden, kann die zusätzliche Bestätigung nach und nach wieder abgebaut werden, bis sie schließlich nur noch nach dem Zufallsprinzip erfolgt.

Wichtig! Die Intensität des Lobes muss der Aktion und dem Temperament des Hundes entsprechen. Die Tonlage ist immer dann richtig gewählt, wenn der Hund deutlich positiv reagiert.

KORREKTUREN

Grundsätzlich sollte sowohl die Grunderziehung des Welpen als auch das weiterführende Training so gestaltet sein, dass Lerninhalte über positive Bestärkung vermittelt werden können und Korrekturen nicht notwendig werden. Dies erfordert einen umsichtigen und durchdachten Übungsaufbau. Ziel ist dabei, die Übungen so zu gestalten, dass sich der Welpe zwangsläufig richtig verhält und wie geplant zum erwünschten Erfolg kommt, für den er bestätigt werden kann.

Was aber, wenn der Welpe trotz aller Umsicht etwas Unerwünschtes tut? Die Toleranz, die Welpen während der ersten Lebenswochen von den Alttieren entgegengebracht wird, äußert sich weitestgehend in einer Ignoranz unerwünschten Verhaltens. Dies ändert sich ab der 9. Lebenswoche grundlegend. Die Alttiere reagieren zunehmend unnachgiebig und machen deutlich, dass das Zusammenleben in einer sozialen Gemeinschaft nur mit klaren Regeln funktioniert. Die Welpen lernen dabei nicht nur ihre Grenzen, sondern auch wichtige Kommunikationsregeln kennen. Deutlich zu beobachten sind typische Drohsignale wie das „Lefzenhochziehen" oder das Drohknurren sowie finale Abbruchsignale, wie der Schnauzengriff und der Nackenstoß.
Innerhalb des Rudels gibt es keine Grauzonen, sondern nur ein klares Schwarz oder Weiß. Unerwünschtes Verhalten wird sofort mit artgerechter Konsequenz unterbrochen. Das sollte auch im menschlichen Familienverband gelten. Dabei ist

zu berücksichtigen, dass der Welpe nur dann versteht, was von ihm erwartet wird, wenn es sich um gegensätzliche Zustände, also „Ja“ oder „Nein“, handelt. Nur wenn die Regeln klar und die Reaktionen auf das gezeigte Verhalten immer eindeutig und vergleichbar sind, kann der Welpe lernen, sich entsprechend zu verhalten.
Die Intensität der Korrektur muss dem Verhalten und dem Wesen des Welpen angepasst sein. Häufig reicht schon ein einfaches Hochnehmen und Wegtragen oder auch ein leichtes, von einem unfreundlich geknurrten „Nein!“ begleitetes Wegschubsen aus. Maßnahmen wie der Schnauzengriff oder Nackenstoß fallen hingegen schon in den Bereich von Korrekturen höchster Intensität.

TIMING

Das A und O für eine erfolgreiche Kommunikation zwischen Hund und Mensch ist das richtige Timing. Nur wenn im richtigen Moment, also während oder unmittelbar nach dem entsprechenden Verhalten (am besten innerhalb von ca. 2 Sekunden), eine Bestätigung, Belohnung oder Korrektur erfolgt, kann der Hund diese auch mit dem gezeigten Verhalten in Zusammenhang bringen. Am erfolgversprechendsten ist dabei, ein Verhalten immer bereits im Ansatz zu bestätigen bzw. zu korrigieren.
Das richtige Timing spielt auch beim blitzschnellen Umschalten zwischen Tadel und Lob, wenn der Hund z. B. aufgrund einer erfolgreichen Korrektur zur erwünschten Handlung ansetzt, eine wichtige Rolle.

Wichtig! Nur mit dem richtigen Timing kann das Verhalten des Hundes gezielt geformt werden.

01

02

01 Timing! Erst wenn die Vorderläufe wieder fest auf dem Boden stehen, ...

02 ... darf der Welpe für das Sitz bestätigt werden.

KLEINER LEITFADEN ZUR WELPENERZIEHUNG

Die Erziehung des Welpen beginnt bereits mit dem Tag seiner Abholung. Labrador-Welpen sind sehr neugierig und lernfreudig. Sie genießen die gemeinsame Beschäftigung. Verständnis, Geduld und Konsequenz sowie ein altersangepasster und schrittweiser Übungsaufbau garantieren einen schnellen Lernerfolg.

ÜBUNGSAUFBAU

Es sollte selbstverständlich sein, dass eine entspannte Lernatmosphäre in ruhiger Umgebung für die ersten Lernschritte erfolgversprechender ist als eine viel besuchte Hundewiese.

Da Welpen sich nur kurz konzentrieren können, müssen die Übungseinheiten kurz gehalten werden.

Da Hunde am effektivsten über positive Bestärkung lernen, sind ein klar definiertes Lernziel und ein gut durchdachter Übungsaufbau unbedingte Voraussetzung für eine erfolgreiche Erziehung. Zuerst müssen alle Einzelschritte trainiert, beherrscht und abgesichert werden, bevor sie wie bei einem Puzzle zu einem Gesamtablauf zusammengesetzt werden können.

DAUER DER ÜBUNGEN

Aufgrund der begrenzten Konzentrationsspanne des Welpen müssen die Einheiten sehr kurz und die Übungen so einfach und spielerisch wie möglich gehalten werden. Für einen acht Wochen alten Welpen sind drei bis vier Übungseinheiten von wenigen Minuten mehr als ausreichend.

ÜBUNGSABLAUF

Jede Übung muss so gestaltet werden, dass es dem Welpen so einfach wie möglich ist, sich richtig zu verhalten. Anfangs sollte bereits jeder Ansatz zum erwünschten Verhalten positiv bestätigt und belohnt werden. War die Übung erfolgreich, wird die Einheit beendet. Häufige Wiederholungen nehmen dem Welpen nicht nur die Freude am Üben, sondern bergen mit sinkender Konzentration auch die Gefahr eines plötzlichen Misserfolgs. Misslingt die Übung, gilt es, die Übungssituation und den Übungsaufbau zu überdenken. Wurde zu schnell fortgeschritten? War die Wartezeit zu lang, die Distanz zu groß oder der Ablenkungsreiz zu stark? In allen Fällen heißt es, einige Übungsschritte zurückzugehen und die Übung in kleineren Schritten wieder neu aufzubauen!

Wichtig! Bei allen Übungen muss auf ein perfektes Timing geachtet werden!

ABSICHERN VON ÜBUNGEN

Ein viel diskutiertes Thema in der Hundeausbildung ist die Frage, auf welchem Weg eine hohe Zuverlässigkeit in der Ausführung eines Signals erreicht bzw. wie eine Übung abgesichert werden kann. Beim Absichern durch Generalisieren wird davon ausgegangen, dass der Hund ein Signal auch dann noch unter schwierigen bzw. neuen Bedingungen zuverlässig ausführt, wenn es strukturiert aufgebaut und unter Einbeziehung verschiedenster Ablenkungsreize und Umweltsituationen möglichst variantenreich trainiert wurde. Ein kleinschrittiger Aufbau ist zwar zeitintensiv, bietet aber auch die Möglichkeit, den Hund häufig zu bestätigen und zu belohnen. Die Schwierigkeit einer Übung darf dabei immer nur so weit gesteigert werden, wie er sie noch bewältigen und so über den Erfolg lernen kann.

EIN LABRADOR — *im Büro*

Ein Hund im Büro? Noch dazu ein so großer wie ein Labrador? An diesen Fragen scheiden sich die Geister: für die einen eine tolle Möglichkeit zur Verbesserung des Arbeitsklimas, für die anderen nur Ablenkung, Unruhe, Stress und vielleicht sogar kundenfeindlich.

Eines vorweg, es gibt keine richtige oder falsche Antwort, es kommt auf die Menschen an! Sobald Angst oder Allergien im Spiel sind, haben Hunde am Arbeitsplatz nichts zu suchen. Existieren solche Gründe hingegen nicht und halten alle Beteiligten ein paar Regeln ein, wird es eine wunderbare Sache für Hund und Mensch.

Natürlich benötigen Sie eine Decke o. Ä., die dem Welpen signalisiert, wo sein Platz ist. Idealerweise fügt sie sich farblich in das Arbeitsplatzumfeld ein und ist schmutzunempfindlich. So wird schon optisch der Eindruck vermieden, der Hund könnte stören. Ein Wassernapf und eine Küchenrolle für alle Eventualitäten gehören ebenfalls zur Grundausstattung.

Bevor der Kleine seinen ersten „Arbeitstag" hat, sollten die Kollegen darüber informiert und gebeten werden, sich an ein paar wichtige Regeln im Umgang mit dem Welpen zu halten.

Für einen Welpen ist die Mitnahme zur Arbeit eine grundlegende Erfahrung: Menschen, Umgebung, Gerüche, Geräusche, alles ist neu und fremd. Natürlich muss er an die unbekannte Situation genauso behutsam herangeführt werden wie an andere neue Erfahrungen.

Und wie überall gelten auch hier die gleichen Regeln im Miteinander. Allem voran: Konsequenz. Dem Welpen muss von vornherein klar signalisiert werden, welches Verhalten erwünscht und welches nicht akzeptiert wird. Er muss lernen, nicht jeden Menschen vor Freude anzuspringen. Er muss lernen, dass nicht jede Bewegung, z. B. durch Kollegen, die an den Arbeitsplatz kommen, eine Aufforderung zum Spiel ist. Er muss lernen, dass er einen festen Platz hat, an dem er zeitweise

Marc und Pie

zu verbleiben hat, an den er sich aber auch zurückziehen kann. Die Kollegen müssen lernen, das zu akzeptieren. In der Regel lernt der Welpe sehr schnell, dass es Zeiten gibt, in denen Ruhe gefragt ist und dass nicht er bestimmt, wann getobt wird. Nicht vergessen werden dürfen in diesem Zusammenhang auch Möglichkeiten zur Beschäftigung: ein Kauknoten, ein Stofftier, etwas, an dem er knabbern kann. Ein kurzes Spiel zwischendurch mit Ihnen oder den Kollegen macht ihn müde und ausgeglichen. Aber: Sie sind auch derjenige, der das Spiel beizeiten beendet. Sie helfen dem Welpen, sich einzugewöhnen, indem Sie die Zeiten für Schlafen, Spielen, Fressen, Gassi-Gänge etc. anfangs nicht variieren, damit sich schnell ein bestimmter Tagesablauf festigt, der es allen Beteiligten leichter macht, den gemeinsamen Arbeitstag zu absolvieren.

Der Labrador eignet sich gut als Büro-Hund: Er ist menschenfreundlich, passt sich leicht an, ist ruhig und ausgeglichen. Und weil er einen so freundlichen Charakter hat, spielen Größe und Farbe meiner Erfahrung nach weder gegenüber Kollegen noch gegenüber Kunden eine große Rolle. Das Vertrauen entsteht durch den Besitzer und dessen konsequente Erziehung.
Welpen gewöhnen sich sehr schnell an die neue Umgebung und die langen Ruhephasen, in denen einfach mal nichts passiert. Auch wenn einmal ein Malheur vorkommen sollte oder Pausenbrote verschwinden, die lustigen Momente, die gemeinsamen „Abenteuer" im Büroalltag verschaffen allen Beteiligten angenehme Augenblicke der Entspannung.
Marc Schweren, Inhaber einer Unternehmensberatung

ERZIEHUNGSPROGRAMM FÜR JEDEN LABRADOR

Der Labrador gilt als leicht erziehbar, das heißt aber nicht, dass er sich von selbst erzieht! Ein solider Grundgehorsam ist für einen Hund seiner Größe unverzichtbar.
Der einfachste Einstieg ist der Besuch einer guten Hundeschule oder das Absolvieren eines Junghunde- bzw. Begleithundekurses der Rassezuchtvereine. Das Üben in der Gruppe hilft, Trainingsroutine zu entwickeln, und ermöglicht das Festigen der Übungen unter Ablenkungen. Eine Kursteilnahme ersetzt jedoch nicht das konsequente Umsetzen des Gelernten im Alltag.

Die den Kurs abschließende Begleithundeprüfung gibt Aufschluss über den Ausbildungsstand des Hundes. Ferner ist sie Teilnahmevoraussetzung für den Einstieg in viele Hundesportarten.

DER SICHERE ALLTAGSBEGLEITER

Ausbildungsziel sollte der in allen Lebenslagen verkehrssichere und sozial verträgliche Begleiter sein. Die vielerorts angebotenen Kurse umfassen

☞ WICHTIGE SIGNALE AUF EINEN BLICK

	AKTION	VERBALES SIGNAL (DT.)	VERBALES SIGNAL (ENGL.)	PFEIFSIGNAL	HANDZEICHEN
01	HERANRUFEN	Hier	Here	Kurzer Doppelpfiff	Seitlich leicht ausgebreitete Arme mit offenen, nach vorne zeigenden Handflächen
02	FUSSLAUFEN	Fuß	Heel		Kurzes Klopfen auf den Schenkel
03	HINSETZEN	Sitz	Sit	Kurzer Einzelpfiff	Zum Hund zeigende, erhobene Handfläche
04	ABLEGEN	Platz	Down		Nach unten zeigende Handfläche
05	AUFLÖSUNGSSIGNAL	Lauf, Frei	Go, Free		
06	ABSOLUTES VERBOT	Nein	No		

Entspanntes Verhalten in der Stadt. Auch das sollte jeder Labrador lernen.

meist nicht nur die wichtigsten Erziehungselemente, sondern vermitteln auch allgemeine Verhaltensregeln. Diese sind schon deshalb nicht zu unterschätzen, weil dem Hundebesitzer nach den Regeln der Tierhalterhaftung (§ 833 BGB) aus rechtlicher Sicht die Verantwortung für das Verhalten seines Labradors obliegt.

Es macht durchaus Sinn, sowohl ein verbales Signal als auch ein entsprechendes Pfeif- und Handsignal zu etablieren. Soll der Hund später während eines Spaziergangs abgestoppt werden, um z. B. einen Fahrradfahrer passieren zu lassen, eignet sich ein unmissverständlicher, neutraler Pfiff viel besser, als ein lautstark hinterhergerufenes „Sitz“.

SINNVOLLE SIGNALE

Nur über ein konsequentes Einsetzen der Signale lernt der Hund, sie mit den erwünschten Verhaltensweisen zu verknüpfen. Ein Signal darf deshalb auch grundsätzlich nur dann gegeben werden, wenn der Hundehalter in der Lage ist, es durchzusetzen.
Um Missverständnisse zu vermeiden, müssen die Signale kurz, prägnant und gut unterscheidbar sein.
Jedes einmal gegebene Signal muss konsequenterweise auch wieder aufgehoben werden. Dies kann entweder durch ein Folge- oder ein gesondertes Auflösungssignal wie z. B. das Signal „Lauf“ erfolgen.

Beim Üben in der Gruppe werden die Übungen auch unter Ablenkung gefestigt.

Einladende Körperhaltung

Bedrohliche Körperhaltung

DAS HERANRUFEN – „HIER"

LERNZIEL

Der Hund kommt in jeder Situation, auch unter größter Ablenkung, zuverlässig und auf direktem Weg und entfernt sich erst wieder, wenn er das Auflösungssignal bekommt.

ERSTE AUFBAUSCHRITTE FÜR WELPEN UND ANFÄNGER

Stimmlage und Körperhaltung beim Heranrufen

Beim Heranrufen muss auf eine freundliche, aufmunternde Stimme und einladende Körpersprache geachtet werden. Ein sich über den Welpen beugender Mensch kann für diesen durchaus bedrohlich wirken.

Besser ist deshalb, in die Hocke zu gehen und die Arme bei aufgerichtetem Oberkörper seitlich auszustrecken. Neigt der Welpe dazu, nicht von vorn auf den Hundeführer zuzukommen, sondern seitlich auszuweichen, sollte dieser ruhig in der ursprünglichen Stellung verharren und den Welpen ermuntern, sich selbst zu korrigieren. Nur so kann er lernen, was von ihm erwartet wird. Bestätigt wird er erst, wenn er in der erwünschten Position angekommen ist.

Die Belohnung muss so ausfallen, dass sich das Herankommen für den Welpen lohnt. Dies ist für einen Labrador i. d. R. natürlich immer der Fall, wenn mit dem Futter gearbeitet wird. Aber auch ein intensiver Kontakt, wie ein ausgiebiges Lob, eine Streicheleinheit oder ein kleines Spiel, sind aus Sicht des Welpen lohnenswert.

Heranrufen in Verbindung mit dem Füttern

Hat der Züchter die Welpen bereits mit dem „Hier"-Signal oder einem Komm-Pfiff zum Futternapf gerufen, hat sich das Signal meist schon so tief eingeprägt, dass es auch in der neuen Umgebung des Welpen zuverlässig funktioniert und eine gute Grundlage für den weiteren Aufbau bietet. Kennt der Welpe das Signal hingegen noch nicht, kann dies in den ersten Tagen im neuen Zuhause mit Hilfe des Futternapfes leicht nachgeholt werden.

Schritt 1 Während der Welpe auf sein Futter wartet, ruft der Hundeführer mit freundlicher Stimme seinen Namen und gibt anschließend das „Hier"- und das Pfeif-Signal. Sobald der Welpe ihn ansieht, bestätigt er ihn verbal und belohnt ihn mit dem auf den Boden gestellten Futternapf.

Schritt 2 Im nächsten Schritt sollte der Hundeführer versuchen, sich vor dem Füttern vom Welpen zu entfernen. Sobald er ihm nachfolgt, ruft er seinen Namen, gibt das „Hier"-Signal und belohnt ihn mit dem Futternapf.

Schritt 3 Sobald der Welpe das „Hier"-Signal mit dem Herankommen verknüpft hat, muss der Hundeführer kreativ werden, um das Signal weiter zu festigen. Dazu kann er den Welpen z. B. an unterschiedlichen Orten im Haus und Garten füttern.

Heranrufen auf „halbem Weg"

Um das „Hier"-Signal ohne Zuhilfenahme des Futternapfs weiter auszubauen, wird es am Anfang nur dann gegeben, wenn der Welpe bereits auf dem Weg zum Hundeführer ist. Solange die Wegstrecke nicht allzu lang ist, ist die Gefahr gering, dass er das Signal ignoriert oder unterwegs abgelenkt wird. Der Hundeführer hat so die Möglichkeit, ihn für das Kommen zu bestätigen.

Wichtig! Auch beim Heranrufen kommt es in zweierlei Hinsicht auf das Timing an!
Erstens darf der Welpe erst bestätigt werden, wenn er ganz herangekommen ist. Ansonsten besteht die Gefahr, dass er künftig auf das „Hier"-Signal hin nur noch kurz „vorbeischaut". Zweitens muss das Auflösungssignal gegeben werden, bevor der Welpe sich selbstständig wieder entfernt.

Hat der Welpe das „Hier"-Signal mit dem Herankommen verknüpft, …

… kann die Übung mit dem Futternapf auch außerhalb des Hauses variiert werden.

01

02

03

Heranrufen im freien Gelände ohne Ablenkung

Für die ersten Übungseinheiten im freien Gelände sollte ein möglichst ablenkungsarmer Ort gewählt werden. Der ideale Zeitpunkt für den Einsatz des „Hier"-Signals ist nach wie vor, wenn der Welpe bereits auf dem Weg zum Hundeführer ist.
Eine gute Variante ist aber auch das Üben mit einem Helfer, der den Welpen halten oder ablenken kann, während der Hundeführer sich entfernt und den Welpen dann mit Namen und dem Signal zu sich ruft. Die Distanz kann Schritt für Schritt vergrößert und mit zunehmender Sicherheit können auch kleine Geländeübergänge wie z. B. ein flacher Graben, ein Bach oder ein Stück höherer Bewuchs eingebaut werden.

Wichtig! Bei allen „Hier"-Übungen im Welpenalter muss immer berücksichtigt werden, dass sich Welpen noch sehr leicht ablenken lassen.

Was tun, wenn es nicht klappt?

Sollte der Welpe trotz aller Umsicht das „Hier" ignorieren, darf es nicht ein zweites Mal wiederholt werden. Der Welpe muss von Anfang lernen, auf das erste Signal hin zu reagieren. Besser ist deshalb, wenn der Hundeführer sich wortlos umdreht und in die entgegengesetzte Richtung entfernt. Besinnt sich der Welpe und folgt ihm, geht er schnell in die Hocke, ruft den Namen des Welpen und das „Hier"-Signal, und bestätigt sein Kommen überschwänglich.
Folgt der Welpe nicht unmittelbar, versteckt sich der Hundeführer und wartet ruhig ab. Sobald der Welpe sein Verschwinden bemerkt und hektisch zu suchen beginnt, kann er mit Namen und dem „Hier"-Signal gerufen und dann für sein Kommen bestätigt werden.

Wichtig! Wenn auch nur im Entferntesten damit zu rechnen ist, dass der Welpe das Signal ignoriert, weil er z. B. zu stark abgelenkt ist, muss darauf verzichtet werden! Besser ist es in diesem Fall, ruhig auf ihn zuzugehen und ihn kommentarlos hochzunehmen.

01 – 03 Variante: Heranrufen mit Helfer

WEITERE LERNSCHRITTE FÜR FORTGESCHRITTENE

Schritt 1: Heranrufen unter Ablenkung

Mit zunehmender Verlässlichkeit können Ablenkungen in das Training eingebaut werden, deren Intensität langsam gesteigert wird.

Was tun, wenn es nicht klappt?

Während bei der Korrektur des Welpen noch das Folgeverhalten genutzt werden kann, reicht dies bei einem Pubertierenden i. A. nicht mehr aus. Das Vorgehen hängt dann vom Hundetyp ab. Ignoriert der Hund das „Hier"-Signal, weil er z. B. von einer interessanten Witterung abgelenkt wird, kann die Korrektur von einem unfreundlichen „Nein!" bis hin zu einem empfindlichen Stören seines Tuns in bedrohlicher Körperhaltung reichen.

Wichtig ist jedoch in allen Fällen: Sobald der Hund von seinem Tun ablässt und wieder Blickkontakt aufnimmt, müssen Stimme und Körperhaltung blitzschnell vom Negativen ins Positive wechseln. Der Hundeführer ruft ihn nun mit freundlicher Stimme zu sich. Dabei kann er sich – den Blickkontakt haltend – ein paar Schritte nach hinten entfernen. Sobald der Hund beginnt, in seine Richtung zu laufen, geht er in die Hocke und breitet die Arme einladend aus, während er ihn nochmals ruft und dann bestätigt.

Schritt 2: Schnelles Herankommen fördern

Ein schnelles Herankommen lässt sich beim Labrador am einfachsten mit einem Ball und einem Belohnungsapport erreichen. Der Ball darf dabei jedoch nicht als Lockmittel missbraucht werden. Der Hundeführer setzt den Hund in einiger Entfernung ab und ruft ihn mit dem „Hier!"- bzw. dem Pfeif-Signal zu sich. Sobald der Hund in seine Richtung startet, holt der Hundeführer einen Ball aus der Tasche und hält ihn gut sichtbar in der Hand oder wirft ihn sogar ein paar Mal in die Luft und fängt ihn wieder auf. Ist der Hund nur noch wenige Meter entfernt, wirft der Hundeführer den Ball durch seine Beine nach hinten.
Am Anfang wird jedes schnelle Kommen mit einem Ballwurf und selbstverständlich auch jedes Bringen positiv bestätigt. Sobald die Verknüpfung „Schnelles Kommen = Belohnungsapport" hergestellt ist, wird das schnelle Kommen zu einem immer späteren Zeitpunkt bestätigt, bis der Wurf schließlich erst erfolgt, wenn der Hund schon fast beim Hundeführer angelangt ist. Sobald der Hund über die ganze Distanz hinweg zuverlässig schnell kommt, kann der Hundeführer das schnelle Kommen nur noch variabel bestätigen, während er das Bringen weiterhin jedes Mal bestätigt.

Wichtig! Sollte der Hund in Erwartung des Wurfes stehenbleiben, muss das Timing für den Wurf überprüft werden!

Variante: Heranrufen durch einen Tunnel

01

DAS HINSETZEN – „SITZ"

LERNZIEL

Der Hund setzt sich auf ein einmaliges Signal hin und bleibt so lange sitzen, bis er ein weiteres Signal bekommt.

ERSTE AUFBAUSCHRITTE FÜR WELPEN UND ANFÄNGER

Beim Aufbau der „Sitz"-Übung kann der Welpe sowohl gezielt zum Sitzen animiert, als auch jedes zufällige, selbstständige Hinsetzen bestätigt werden.

„Sitz"-Übung mit Leckerchen

Um den Welpen zum Sitzen zu animieren, wird ein in der Hand gehaltenes Leckerchen langsam von der Nase aus über seinen Kopf nach hinten geführt. Will der Welpe es im Blick behalten, wird er sich aus Gründen der Körperbalance in der Rückwärtsbewegung unweigerlich setzen. Sobald er dazu ansetzt, bekommt er das verbale Signal „Sitz" und wird sofort mit dem Leckerchen belohnt. Auf diese Weise verknüpft er die Sitzbewegung sehr schnell mit dem Signal. Zeitgleich zum verbalen Signal kann auch das entsprechende Handzeichen eingeführt werden.

02

03

Wichtig! Beim Üben muss immer berücksichtigt werden, dass der Welpe sich nur sehr kurze Zeit konzentrieren kann. Das bedeutet, dass er unbedingt rechtzeitig, d. h. bevor er das Sitz-Signal selbst auflöst und aufsteht, das Auflösungssignal bekommen muss!

„Sitz"-Übung in Verbindung mit dem Füttern

Das Sitzen kann mit Hilfe des Futternapfs auch in Verbindung mit dem Herankommen geübt werden. Kommt der Welpe auf den Komm-Pfiff angerannt, wird der Futternapf so lange direkt über seinem Kopf gehalten, bis er sich selbstständig setzt. Sobald er dazu ansetzt, erfolgt das verbale Signal „Sitz", sobald er vollständig sitzt, wird er durch den auf den Boden gestellten Futternapf belohnt. Es kommt dabei ganz entscheidend auf das Timing an. Denn er muss in dem Moment, in dem der Futternapf abgestellt wird, auch tatsächlich sitzen. Ist er bereits wieder aufgestanden und reckt den Kopf Richtung Napf, muss dieser kommentarlos hochgenommen (Frustration) und die Übung nochmals von vorn begonnen werden. Nur wenn er perfekt sitzt und ein enger zeitlicher Zusammenhang zwischen dem Sitzen, dem Signal und der Belohnung vorliegt, kann der Welpe das gewünschte Verhalten richtig verknüpfen.

Sitzen und Warten

Wartet der Welpe bereits zuverlässig auf das Auflösungssignal, kann die „Sitz" -Übung weiter gefestigt werden, indem sich der Hundeführer schrittweise vom Welpen entfernt bzw. die Sitzdauer ausdehnt.

Der Welpe wird an einem ablenkungsarmen Ort abgesetzt. Sobald er sitzt, wird er bestätigt. Dann erhält er nochmals das Signal „Sitz", während sich der Hundeführer unter Beibehalten des Handsignals einen halben Schritt rückwärts entfernt. Bleibt er ruhig sitzen, wartet der Hundeführer ein paar Sekunden, bevor er langsam wieder auf ihn zutritt, in die Hocke geht und ihn lobt, bevor er ihn mit dem Auflösungssignal freigibt.

Steht der Welpe vor dem Auflösungssignal auf, wird dies mit einem bestimmten „Nein" (Aufbau von „Nein" siehe Seite 148) quittiert, bevor er ruhig an die entsprechende Stelle zurückgebracht wird. Dort bekommt er erneut das „Sitz" -Signal und wird, sobald er sich setzt, bestätigt. Danach wiederholt der Hundeführer sein Vorgehen. Bleibt der Welpe jetzt sitzen, darf nicht zu lange mit dem Zurückgehen gewartet werden, damit der Erfolg gewährleistet bleibt. Die Entfernung und die Sitzdauer können mit zunehmender Sicherheit schrittweise ausgebaut werden.

04

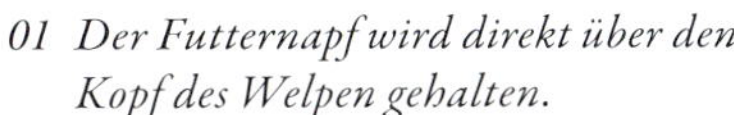

01 Der Futternapf wird direkt über den Kopf des Welpen gehalten.

02 Beginnt er sich zu setzen, wird dies vom Signal „Sitz" begleitet.

03 Sobald er vollständig sitzt, wird er mit dem Futternapf belohnt.

04 Achtung Timing! Er muss im Moment des Abstellens tatsächlich sitzen!

Das langsam über den Kopf geführte Leckerchen …

… animiert den Welpen dazu, sich zu setzen.

Sitzt er vollständig, wird er sofort belohnt.

Das Auflösungssignal beendet das „Sitz".

Festigen der „Sitz"-Übung durch schrittweises Entfernen, …

… langsames Umkreisen …

… und verlängern der Sitzdauer.

EINFÜHREN DES SITZ- BZW. STOPP-PFIFFS

Setzt sich der Welpe zuverlässig auf das verbale Signal und das Handzeichen, kann auch das Pfeif-Signal hinzugefügt werden. Dabei wird immer zuerst das neue Pfeif-Signal zusammen mit dem Handzeichen und im Anschluss daran das zuvor erlernte verbale Signal gegeben. Auf diese Weise lernt der Welpe schnell, den Pfiff mit der gewünschten Handlung zu verknüpfen.

WEITERE LERNSCHRITTE FÜR FORTGESCHRITTENE

Sobald die Grundübung klappt, kann das „Sitz" in unterschiedlicher Umgebung und durch ablenkende Reize weiter gefestigt werden.

Schritt 1: Sitzen vor der Futternapf

Der Welpe wird wie zuvor mit dem in der Hand gehaltenen Futternapf gerufen. Sobald er kommt, wird er zunächst für das Kommen bestätigt. Danach erhält er das „Sitz"-Signal. Sobald er sitzt, geht der Hundeführer in die Hocke und hält ihn sanft an der Brust zurück, während er den Futternapf auf den Boden stellt. Drückt der Welpe gegen die Hand, wird er ruhig aber bestimmt zurückgeschoben und bekommt nochmals das „Sitz"-Signal. Lässt der Druck gegen die Hand für einen Moment deutlich nach, wird er entweder mit dem Auflösungssignal oder z. B. mit dem Namen freigegeben. Akzeptiert der Welpe das kurze Warten, kann die Zeitspanne Schritt für Schritt ausgedehnt werden.

Schritt 2: Sitzen bei jeder Gelegenheit

Zu Hause und unterwegs ergeben sich zahllose Möglichkeiten, das „Sitz"-Signal unter Ablenkungen zu festigen. Ziel ist es, dem Hund konsequent zu vermitteln, dass er unter allen Umständen so lange sitzen bleiben muss, bis er ein weiteres Signal bekommt bzw. das Auflösungssignal ihn freigibt. Im Alltag kann das Sitzen und Warten z. B. beim Zubereiten des Futters, beim Anziehen für den Spaziergang oder vor dem Durchschreiten der Haustür geübt werden. Draußen kann der Hund immer dann abgesetzt werden, wenn ein Bekannter begrüßt wird, neutrale Personen (mit und ohne Hund) vorbeigehen oder während Kinderwagen,

Sitz-Pfiff – Handzeichen – verbales Signal

Jogger, Fahrradfahrer, Reiter oder Autos passieren. Eine Herausforderung kann auch das Sitzen auf verschiedenen, tendenziell unangenehmen Untergründen sein, wie das Sitzen auf einem Gitterrost, auf Kies, in einer flachen Pfütze, auf einem Stoppelacker oder an einem Gefälle.

Wichtig! Die Intensität der Ablenkung darf bei allen Varianten nur langsam gesteigert werden. Steht der Hund auf, muss dies mit einem bestimmten „Nein" quittiert und er konsequent an den ursprünglichen Platz zurückgebracht und die Übung wiederholt werden.

Schritt 3: Sitzen aus der Bewegung und auf Distanz

Nicht nur in der Dummy-Arbeit, sondern auch in unserer vielbefahrenen Umwelt ist es wichtig, dass der Hund in jeder Distanz und unter jeglicher Ablenkung gestoppt und in die „Sitz"-Position gebracht werden kann. Näheres zum Aufbau im Kapitel „Der Labrador in der Dummy-Arbeit – Der Stopp-Pfiff" (S. 241).

DAS FUSSLAUFEN – „FUSS"

LERNZIEL

Der Hund sollte mit und ohne Leine zuverlässig, und ohne die Aufmerksamkeit des Hundeführers zu beanspruchen, bei Fuß laufen können.

ERSTE AUFBAUSCHRITTE FÜR WELPEN UND ANFÄNGER

Im Welpenalter sollte das Fußlaufen nicht länger als ein paar Minuten am Stück geübt werden. Erst mit zunehmendem Alter kann eine längere Konzentrationsdauer verlangt werden.

Schritt 1: Die durchhängende Leine

Erstes Lernziel auf dem Weg zur Leinenführigkeit ist, dass der Welpe sich ohne ein weiteres Signal an der locker durchhängenden Leine im Bereich des Hundeführers aufhält. Dazu bedarf es in erster Linie einer ausreichend langen Leine. Ist sie zu kurz, wird es ihm beinahe unmöglich, sich richtig zu verhalten, und er gewöhnt sich schnell an den Zug der gespannten Leine. Ähnlich verhält es sich auch, wenn der Welpe die Erfahrung macht, dass er durch das Ziehen an der Leine die Laufrichtung vorgeben kann. Folgt ihm der Hundeführer an gespannter Leine, wirkt das Ziehen selbstbelohnend!

Die ersten Übungen sollten so gestaltet sein, dass die Motivation, in der Nähe zu bleiben, die des Davonstrebens überwiegt. Dabei ist nicht nur eine möglichst ablenkungsarme Umgebung hilfreich, sondern auch ein für den Welpen interessanter Motivationsgegenstand, wie z. B. ein Leckerchen oder ein Spielzeug. Mit dessen Hilfe gelingt es i. d. R. leicht, die Aufmerksamkeit des Welpen zu gewinnen und für die kurze Dauer der Übung zu erhalten.

Sollte sie abbrechen und der Welpe zu ziehen beginnen, bleibt der Hundeführer so lange kommentarlos stehen, bis sich der Welpe ihm wieder zuwendet. Sobald er Blickkontakt aufnimmt, wird er für die selbstständige Kontaktaufnahme bestätigt.

Anschließend motiviert der Hundeführer ihn, noch einige Schritte an lockerer Leine weiterzugehen, bevor er ihn für das nun korrekte Verhalten bestätigt und die Übung beendet.

Erstes Ziel: Die durchhängende Leine. Solange der Welpe sich in der gewünschten Position befindet, …

... wird er bestätigt.

Schritt 2: Der Welpe wird in die korrekte Fußposition gebracht.

Der Hundeführer bringt den Welpen mit Hilfe des Motivationsgegenstands in die korrekte Fußposition, gibt ihm das Signal „Sitz!" und bestätigt ihn. Der Welpe sitzt nun eng an der linken Seite des Hundeführers, seine Schulter befindet sich auf dessen Kniehöhe. Die Leine wird locker in der rechten Hand, das Leckerchender Clicker in der linken Hand gehalten.

Wichtig! Läuft der Welpe an der linken Seite des Hundeführers, muss auch das Leckerchender Clicker in der linken Hand gehalten werden. Wird es rechts gehalten, animiert es den Welpen, nicht parallel zum Hundeführer, sondern schräg vor ihm zu laufen.

Schritt 3: Das richtige Verhalten verstärken

Der Hundeführer spricht den Welpen mit seinem Namen an. In dem Moment, in dem der Welpe Blickkontakt aufnimmt, gibt er ihm das Signal „Fuß" und geht mit dem linken Bein los.
Solange er sich in der richtigen Position befindet, wird der Welpe bestätigt. Die angestrebte Verknüpfung ist: Diese Position und die lockere Leine lohnen sich für mich. Und da es sich lohnt, bietet er dieses Verhalten immer öfter von sich aus an. Ist dies der Fall, kann er zunehmend erst dann bestätigt werden, nachdem er die Position schon ein paar Schritte lang gehalten hat.
Bricht die Aufmerksamkeit des Welpen ab und die Leine spannt sich, bleibt der Hundeführer wortlos stehen.
Dreht sich der Welpe ihm daraufhin wieder zu, bestätigt er ihn für die Kontaktaufnahme. Danach dreht er sich mit einladender, leicht übertriebener Körpersprache um 180° und geht langsam in die entgegengesetzte Richtung. Folgt ihm der Welpe, bekommt er in dem Moment, in dem er die korrekte Fußposition wieder erreicht hat, das Signal „Fuß" und wird unmittelbar darauf bestätigt. Behält er die Position an der lockeren Leine für ein paar Meter bei, dreht sich der Hundeführer wieder und geht weiter in die ursprüngliche Richtung. Auf diese Weise lernt der Welpe schnell, dass er nur vorankommt, wenn er sich am Hundeführer orientiert.

Die Hundeführerin nimmt Kontakt auf, …

… geht mit dem linken Bein los …

… und bestätigt das Beibehalten der Fußposition.

Bricht die Aufmerksamkeit ab, …

… bleibt die Hundeführerin stehen, …

… bis der Welpe wieder Kontakt aufnimmt.

Sie geht wieder mit links los, …

… beendet die nun korrekte Übung …

… und lobt die Hündin.

WEITERE LERNSCHRITTE FÜR FORTGESCHRITTENE

Schritt 1: Erlerntes festigen
Mit zunehmender Sicherheit und Konzentration kann das Training des Fußlaufens in wechselndes Gelände verlegt und schrittweise um Richtungs- und Geschwindigkeitswechsel, Stopps und Ablenkungen ergänzt werden. Je variantenreicher das Training gestaltet wird, desto mehr fördert es die Aufmerksamkeit und die Konzentration des Hundes.

Wichtig! Bei jeder Bestätigung / Belohnung muss auf das richtige Timing geachtet werden. Ein typisches Beispiel: Der Hund läuft in korrekter Fußposition. In dem Moment, in dem der Hundeführer die Hand senkt, um ihn mit dem Leckerchen zu bestätigen, springt er der Hand entgegen. Würde er nun das Leckerchen tatsächlich bekommen, würde er nicht für das Laufen in korrekter Fußposition, sondern für das Hochspringen bestätigt.

Schritt 2: Step by step zur Freifolge
Der Aufbau der Freifolge muss in kleinere Zwischenschritte unterteilt werden. Um zu verhindern, dass der Hund sich angewöhnt, zu weit seitlich zu laufen, bietet sich an, zu Beginn neben einer räumlichen Begrenzung, wie einem Zaun oder einer Hecke, zu üben.
Unbedingte Voraussetzung für ein erfolgreiches Training der Freifolge ist, dass der Hund zu jeder Zeit auf den Hundeführer konzentriert ist und bleibt! Bricht die Aufmerksamkeit ab, kann eine kurze Leinensequenz als erneute Konzentrationsphase dienen.

Zwischenschritt 1 Der Hundeführer geht mit dem Hund ein kurzes Stück an der Leine und lässt das Leinenende dann unauffällig fallen. Ohne anzuhalten, geht er ein paar Schritte weiter, bestätigt den Hund für das Beibehalten der Fußposition und nimmt die Leine im Gehen wieder auf.

Zwischenschritt 2 Der Hundeführer geht mit dem Hund zunächst ein kurzes Stück an der Leine, bevor er stehenbleibt und den Hund in korrekter Fußposition sitzen lässt. Anschließend wickelt er ihm die Moxonleine locker um den Hals. Damit vermittelt er ihm zum einen, dass er noch unter Kontrolle ist, zum anderen hat er die Möglichkeit, die Position des Hundes durch einen kurzen Griff an die Leine zu korrigieren. Er nimmt Blickkontakt zum Hund auf, gibt ihm das Signal „Fuß" und geht bewusst mit dem linken Bein los. Anfangs läuft er nur ein paar Schritte geradeaus und bestätigt den Hund, solange er sich in der korrekten Position befindet. Mit zunehmender Übung kann die Distanz weiter ausgebaut und die Laufstrecke mit Bögen bzw. Richtungswechseln ergänzt werden.

Zwischenschritt 3 Der Hundeführer geht mit dem Hund ein kurzes Stück an der Leine, bevor er stehenbleibt, den Hund in der korrekten Fußposition sitzen lässt und ableint. Er nimmt Blickkontakt zum Hund auf, gibt ihm das Signal „Fuß" und geht mit dem linken Bein los. Die ersten Male hält er die abgenommene Leine noch in der Hand, um dem Hund Kontrolle zu signalisieren.

Zwischenschritt 4 Um das Fußlaufen an der Leine und in der Freifolge weiter zu festigen und die Attraktivität der Übungen zu erhöhen sowie die Aufmerksamkeit und Konzentration des Hundes zu fördern, muss nun möglichst variantenreich trainiert werden. Durch wechselndes Gelände, über unterschiedlichen Bewuchs, bergauf, bergab, auf breiten und schmalen Wegen, querfeldein, über kleine Geländehindernisse und an Ablenkungen vorbei – die Möglichkeiten sind vielfältig.

Wichtig! Auch wenn der Hund bereits perfekt bei Fuß läuft, muss er immer wieder einmal variabel bestätigt werden. Denn ein Verhalten, das keine Bestätigung findet, wird nach und nach wieder eingestellt.

ÜBEN MIT MOXONLEINE

Für das Üben der Freifolge bietet sich an, mit einer Moxonleine zu arbeiten. Sie ist leicht und einfach zu handhaben. Voraussetzung ist jedoch, dass sie richtig angelegt ist, eine entsprechende Stärke sowie eine Zugbegrenzung besitzt.

Das Handzeichen für das „Platz"-Signal: die nach unten zeigende Handfläche

DAS ABLEGEN – „PLATZ"

LERNZIEL

Der Hund legt sich auf ein einmaliges Signal sofort hin und bleibt auch unter Ablenkung so lange liegen, bis er ein weiteres Signal bekommt.

ERSTE AUFBAUSCHRITTE FÜR WELPEN UND ANFÄNGER

Vor Trainingsbeginn sollte der Welpe das „Sitz"-Signal schon zuverlässig beherrschen. Auch beim Aufbau der „Platz"-Übung kann er entweder gezielt zum Liegen animiert oder jedes zufällige, selbstständige Hinlegen bestätigt werden.

Spielerische „Platz"-Übungen mit Leckerchen

Schritt 1: Unten durch!

Der Hundeführer sitzt auf dem Boden und stellt das linke Bein angewinkelt auf. Mit der rechten Hand gibt er das Handsignal für „Platz", die nach unten zeigende Handfläche. Mit Hilfe eines zwischen Daumen und Zeigefinger gehaltenen Leckerchens lockt er den Welpen nun von links nach rechts unter seinem angewinkelten Bein

Der Hundeführer kann das Ablegen unterstützen, ...

... indem er anfangs ebenfalls in die Hocke geht.

Ablegen mit Ablenkung

hindurch. Dazu zieht er die Hand langsam vor der Hundenase am Boden entlang. Sobald der Welpe unter dem angewinkelten Bein zum Liegen kommt, d. h. Bauch und Ellbogen den Boden berühren, gibt er ihm das verbale Signal „Platz" und legt das Leckerchen zwischen seinen Pfoten ab. Solange der Welpe es frisst, bleibt das Handsignal ruhig vor ihm stehen. Sobald es aufgefressen ist, wird er gelobt und bekommt das Auflösungssignal.

Schritt 2: Sitz-Platz-Sitz

Der Hundeführer setzt den Welpen ab und geht neben ihm in die Hocke. Mit der rechten Hand gibt er das Handsignal für „Platz", die nach unten zeigende Handfläche. Mit Hilfe eines zwischen Daumen und Zeigefinger gehaltenen Leckerchens versucht er, den Welpen von der Hundenase aus in einer L-Bewegung Richtung Boden und nach vorn zu ziehen. Folgt der Welpe dem Leckerchen, landet er unweigerlich in der „Platz"-Position. Sobald der Welpe liegt, bekommt er das verbale Signal „Platz" und wird mit dem Leckerchen belohnt. Direkt im Anschluss geht die Hand denselben Weg wieder zurück und animiert den Welpen so, sich vom „Platz" ins „Sitz" aufzurichten. Sobald er dazu ansetzt, bekommt er das Signal „Sitz" und wird bestätigt. In dem Moment, indem er sitzt, bekommt er nochmals das „Sitz"-Signal und wird belohnt. Danach wird er mit dem Auflösungssignal freigegeben.

WEITERE LERNSCHRITTE FÜR FORTGESCHRITTENE

Sobald die Grundübung klappt, kann an einer möglichst schnellen Ausführung gearbeitet, die Zeitspanne des Liegens schrittweise verlängert und in unterschiedlicher Umgebung durch ablenkende Reize weiter gefestigt werden.

Schnelles Hinlegen fördern

Sobald der Hund das „Platz"-Signal beherrscht, kann er mit Hilfe der Körpersprache des Hundeführers dazu animiert werden, sich möglichst schnell hinzulegen. Dazu setzt er ihn ab, stellt sich vor ihn, geht dann selbst schnellstmöglich in die Hocke und bewegt dabei blitzschnell das Leckerchen von der Hundenase aus in einer L-Bewegung Richtung Boden und auf sich zu.
Wichtig ist bei diesem Übungsschritt, dass der Hund immer nur für eine zügige Ausführung bestätigt wird!

01 a

01 b

01 c

Distanz-Aufbau

Bleibt der Hund sicher liegen, bis er ein weiteres Signal bekommt, kann der Hundeführer beginnen, sich von ihm zu entfernen. Zu Beginn sind es nur ein paar Schritte in Verlängerung der Liegerichtung, mit zunehmender Verlässlichkeit kann weiter variiert werden, indem der Hundeführer sich in verschiedene Richtungen entfernt, den Hund umkreist oder außer Sicht geht.
Sobald er wieder zurück ist, stellt er sich ruhig vor oder neben den Hund und wartet noch einige Sekunden, bevor er ihn in die „Sitz"-Position bringt, bestätigt und freigibt.
Um hundertprozentig sicherzustellen, dass sich der Hund während der Abwesenheit des Hundeführers nicht wegbewegt hat, wird er entweder an einem markanten Punkt abgelegt oder ein Gegenstand, wie z. B. die Leine, wird neben ihn gelegt. Sollte er seine Position auch nur geringfügig verändern, muss er korrigiert werden. Dazu wird er ruhig angeleint und exakt an die Ablegestelle zurückgebracht, bevor die Übung wiederholt wird.

Wichtig! Der Hund wird zunächst nicht aus der „Platz"-Position abgerufen, sondern immer vor Ort für sein Liegen bestätigt, kontrolliert ins Sitz gebracht und freigegeben.

Ablegen unter Ablenkung

Mit zunehmender Zuverlässigkeit können auch Ablenkungen, deren Intensität langsam gesteigert wird, in das Training miteingebaut werden. Um den Hund zeitnah korrigieren zu können, muss die Distanz zunächst wieder verkürzt werden. Sobald er beginnt, sich aufzurichten, bzw. dazu ansetzt, seinen Platz zu verlassen, muss er konsequent korrigiert bzw. an den ursprünglichen Platz zurückgebracht werden. Anschließend wird die Übung wiederholt.
Das Ablegen kann sowohl in vielen Alltagssituationen, wie z. B. während des Essens oder bei Restaurantbesuchen, als auch auf Spaziergängen unter vielfältigen Ablenkungen geübt werden.

01 a – c Ablegen und Umkreisen

02 a – c Auflösen der „Platz"-Position

03 a – b Übersteigen des abgelegten Hundes

02 a

02 b

02 c

03 a

03 b

04 Abrufen am abgelegten Hund vorbei

ABBRUCHSIGNAL – „NEIN"

LERNZIEL

Der Hund soll eine bestimmte Handlung abbrechen oder unterlassen.

AUFBAUSCHRITTE FÜR WELPEN, ANFÄNGER UND FORTGESCHRITTENE

Solange der Welpe das Signal „Nein" noch nicht kennt, sollte er mit einer Alternative abgelenkt werden. Langfristig muss er jedoch lernen, erwünschtes Verhalten klar von unerwünschtem zu unterscheiden.

Schritt 1: Die Bedeutung von „Nein"

Die anzustrebende Verknüpfung ist: Was immer du gerade tust oder vorhast, lass es! Am einfachsten lässt sich diese Verknüpfung mit Hilfe eines Leckerchens aufbauen.

Dazu setzt sich der Hundeführer zum Welpen auf den Boden und hält wortlos ein Leckerchen in der geöffneten Handfläche. Versucht der Welpe es zu nehmen, wird dies bereits in dem Moment, in dem sein Kopf in Richtung der Hand geht, mit einem energischen „Nein!" quittiert, während sich die Hand zeitgleich blitzschnell zur Faust schließt. Zieht sich der Welpe daraufhin zurück, öffnet sich die Faust wieder. Versucht er hingegen, an der Faust zu kratzen oder zu nagen, ignoriert der Hundeführer ihn und wartet ab, bis er aufgibt. Genügt das Ignorieren nicht, kann er auch entschieden weggeschoben werden.

Ist der Welpe sehr hartnäckig, muss das „Nein" energischer ausfallen. Der Welpe sollte beeindruckt, aber nicht ängstlich reagieren. Je nach Temperament muss die Übung so oft wiederholt werden, bis er seine Versuche, an das Leckerchen zu kommen, aufgibt.

Wichtig! Der Welpe darf während des Aufbaus nicht zum Erfolg kommen!

Schritt 2: Festigen des „Nein"

Im nächsten Schritt legt der Hundeführer das Leckerchen mit einem energischen „Nein!" auf den Boden. Um dem Welpen weiterhin zuvorkommen zu können, muss er seine Hand jedoch in Reichweite behalten.

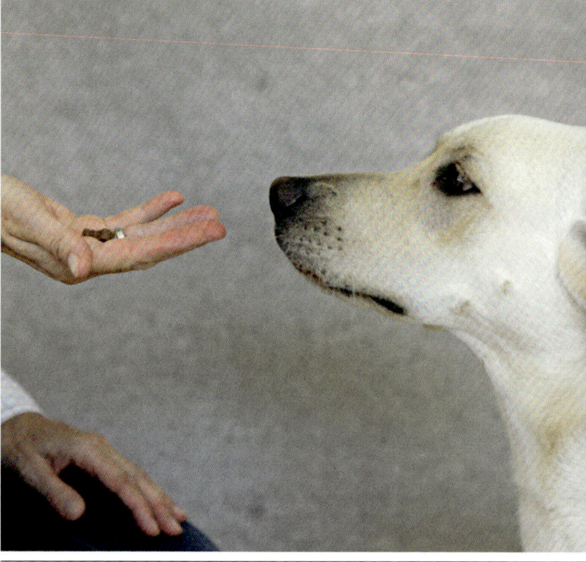

Das Leckerchen liegt in der offenen Hand.

Akzeptiert der Welpe nach einigen Wiederholungen das „Nein" auch in dieser Situation, kann der Hundeführer das Leckerchen zur weiteren Festigung des Signals an wechselnde Orte im Haus legen.

Schritt 3: Generalisieren des „Nein"

Im nun folgenden Schritt werden unterschiedliche Gegenstände gezielt mit dem Signal „Nein!" belegt. Dabei bietet sich z. B. das Fallenlassen kleinerer Alltagsgegenstände bis hin zu leeren Lebensmittelverpackungen an. Wichtig ist, dass jeweils zeitgleich mit dem Fallenlassen das energische Signal „Nein!" ertönt und dass sich das Signal im Notfall auch durchsetzen lässt. Funktioniert es zuverlässig, kann dazu übergegangen werden, für den Welpen attraktive Dinge so zu deponieren, dass er sie selbstständig entdeckt – das Signal ertönt dann im Moment des Entdeckens. Mit zunehmender Sicherheit können entsprechende Situationen vom Haus in den Garten und in einem weiteren Schritt auf den Spaziergang verlegt werden.

Schritt 4: Das „Nein" als Abbruchsignal im Alltag

Erst wenn die Schritte 1 bis 3 erfolgreich absolviert wurden, kann das „Nein!" auch im Alltag als Abbruchsignal eingesetzt werden.

Wichtig: Der praktische Einsatz des Signals darf nur gezielt und nur dann erfolgen, wenn sichergestellt ist, dass es auch durchsetzbar ist.

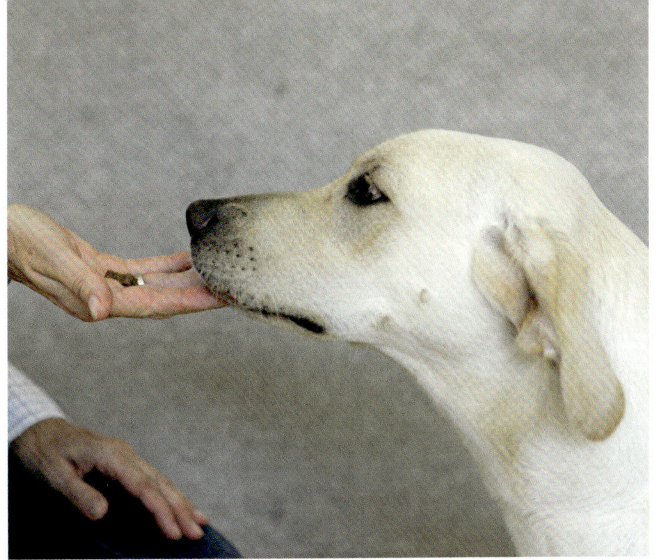

Sobald die Nase in Richtung der Hand geht, …

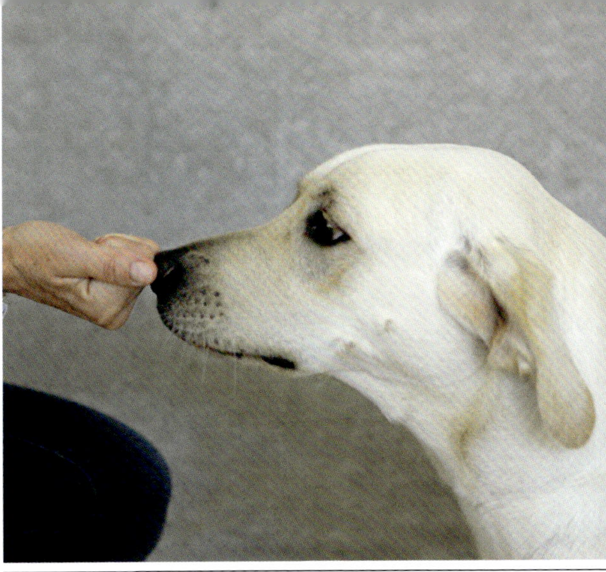

… ertönt das „Nein!“ und die Hand schließt sich.

Gibt der Hund seine Bemühungen nicht auf, …

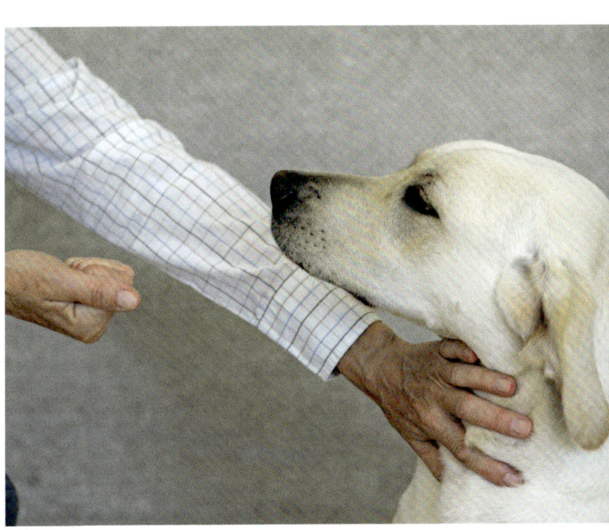

… wird er energisch zurückgeschoben.

Akzeptiert er das „Nein!“ eindeutig, …

… öffnet sich die Hand wieder und er wird belohnt.

BEGLEITHUNDE-PRÜFUNGEN

Begleithundeprüfungen werden sowohl von den dem VDH-angeschlossenen Ausbildungsvereinen als auch von verschiedenen rassebetreuenden Vereinen angeboten. Wichtig zu wissen ist, dass für die weitere Ausbildung in einigen Hundesportbereichen, wie z. B. im Fährtenhunde- und Rettungshundewesen, bei Obedience und Agility, nur Begleithundeprüfungen anerkannt werden, die bei einem der AZG (Arbeitsgemeinschaft der Rassezuchtvereine und Gebrauchshundeverbände) angehörenden VDH-Vereine bzw.-Verbände abgelegt wurden.

Wichtig! Die Vereinsprüfungen der Rassezuchtvereine, die nicht den VDH-Vorgaben entsprechen, werden in vielen Hundesportbereichen nicht oder nur teilweise anerkannt.

Im Mittelpunkt der BH-VTSK steht die Alltagstauglichkeit.

BEGLEITHUNDEPRÜFUNG DES VDH (BH-VTSK)

Seit 2012 gilt für die Begleithundeprüfung im VDH die Internationale Prüfungsordnung der FCI (Fédération Cynologique Internationale). Das Mindestalter des Hundes beträgt 15 Monate. Während auf dem Übungsplatz zunächst die Grundelemente, wie Leinenführigkeit, Freifolge, Sitz aus der Bewegung und Ablegen in Verbindung mit Herankommen sowie unter Ablenkung geprüft werden, steht bei der Prüfung im Verkehr das Verhalten des Hundes im öffentlichen Raum im Mittelpunkt. Ziel ist die Feststellung der Alltagstauglichkeit und Sozialverträglichkeit.

SACHKUNDENACHWEIS (SK) DES HUNDEFÜHRERS

Die Sachkunde kann entweder unmittelbar vor der Prüfung durch Vorlage eines VDH-Hundeführerscheins, einer entsprechenden Bescheinigung des Amtstierarztes oder einer bereits mit einem anderen Hund abgelegten Begleithundeprüfung (Leistungsheft) nachgewiesen werden. Die Prüfungsfragen erstrecken sich vom Allgemeinwissen über den Hund bis hin zu speziellen Fragen über Hundehaltung und deren gesetzliche Grundlagen.

VERHALTENSTEST (VT)

Vor der Zulassung zur Prüfung wird der Hund einer Unbefangenheitsprobe unterzogen. Dabei soll er sich fremden Menschen gegenüber neutral verhalten. Mit Ausnahme der Identitätskontrolle ist es dem Leistungsrichter überlassen, wie er den Test gestaltet. Er sollte jedoch unter normalen Umweltbedingungen und an einem neutralen Ort stattfinden.

BEGLEITHUNDEPRÜFUNGEN DER RASSEZUCHTVEREINE

Während die Begleithundeprüfung des DRC seit 01. März 2018 den Vorgaben des VDH folgt, besitzt der LCD nach wie vor eine eigene Vereinsprüfung, die sich hinsichtlich der Zulassungsvoraussetzungen und einzelner Prüfungsfächer unterscheidet. Dort gibt es unter anderem ein Apportierfach sowie eine Überprüfung der Schussfestigkeit.

Das kontaktfreudige, temperamentvolle Wesen des Labradors kann auch zu viel des Guten sein.

NICHT ZU TOLERIERENDE VERHALTENSWEISEN

HOCHSPRINGEN

Während das Hochspringen des niedlichen Welpen noch von vielen Menschen toleriert und unwillkürlich mit Zuwendung bestätigt wird, kann das überschäumende, kontaktfreudige Wesen eines erwachsenen Labradors später schnell zu Problemen führen. Nicht jeder Gast und nicht jeder Fußgänger freut sich, wild wedelnd begrüßt oder gar angesprungen zu werden.

Deshalb sollte schon der Welpe lernen, dass das Hochspringen nicht erwünscht ist. Sobald die Vorderpfoten vom Boden abheben, wird der Blick abgewandt und ihm wortlos der Rücken zugedreht. Wird sein Verhalten auf diese Weise konsequent ignoriert, lernt er schnell, dass es zu einem Kontaktabbruch führt. Um wieder Aufmerksamkeit zu bekommen, wird er deshalb ein Alternativverhalten anbieten. Sobald der Welpe das Anspringen unterlässt und wieder alle vier Pfoten am Boden sind, muss er deshalb unverzüglich dafür bestätigt werden. Wenn alle Familienmitglieder und Besucher konsequent reagieren, wird der Welpe schnell verknüpfen, welches Verhalten sich für ihn lohnt.

Um ein Hochspringen in der Begrüßungssituation zu vermeiden, bietet sich an, den Welpen in der Hocke zu begrüßen und ihn dabei sanft festzuhalten. Solange alle vier Pfoten am Boden sind, wird er ruhig gestreichelt.

Wichtig! Ignorieren bedeutet ein vollständiges und konsequentes Nichtbeachten!

Hat der Hund bereits gelernt, dass sein Hochspringen in irgendeiner Weise Bestätigung findet, reicht das Ignorieren i. d. R. nicht mehr aus. Sein Verhalten muss dann entweder mit Hilfe eines Abbruchsignals wie „Nein!" (S. 148) oder eines Signals, welches sich mit dem Verhalten des Anspringens nicht vereinbaren lässt (wie z. B. „Sitz"), unterbrochen werden. Um damit Erfolg zu haben, muss er genau beobachtet und sein Vorhaben schon im Ansatz vereitelt werden.

Hilfreich kann dabei sowohl zu Hause als auch auf Spaziergängen eine Haus- bzw. Schleppleine sein. Ein Tritt auf die ca. 2 Meter lange Hausleine verhindert erfolgreich das Hochspringen an Besuchern und ermöglicht, sobald der Hund sich beruhigt hat, eine Begrüßung unter kontrollierten Bedingungen.

Auf dem Spaziergang muss er im Freilauf konsequent abgerufen werden, sobald andere Menschen entgegenkommen. Nur so lässt sich eine unkontrollierte Begegnung vermeiden. Das Arbeiten mit einer Schleppleine sichert den Rückruf ab und bietet auch hier die Möglichkeit, ein Anspringen durch einen Tritt auf die Leine zu verhindern.

Futtereinfordernde Gesten müssen ignoriert werden.

Ruhiges Verweilen auf einem angewiesenen Platz muss bestätigt werden.

RÜPELHAFTES BENEHMEN GEGENÜBER ARTGENOSSEN

Eine Schwäche mancher Labradors zeigt sich in einer rüpelhaften Distanzlosigkeit gegenüber Artgenossen. Ihre sehr körperbetonte Spielweise lässt sie in ihrem Überschwang etwaige Abwehr- oder Drohgesten ihres Gegenübers schlichtweg übersehen. So kann ein kumpelhaft gemeintes Anrempeln auch zum Auslöser für Auseinandersetzungen werden. Zudem birgt es eine nicht unerhebliche Verletzungsgefahr für kleinere Hunde. Labradors, die sich so verhalten, sollten nur kontrolliert mit anderen Hunden spielen. Wird ihr Spiel zu körperlich, muss es unverzüglich unterbrochen werden. Im Gegenzug muss für ausreichend sinnvolle Beschäftigung und ein konsequentes Gehorsamstraining gesorgt werden.

BETTELN AM TISCH

Eine weitere Schwäche des Labradors ist seine Verfressenheit. Um zu vermeiden, dass er sich angewöhnt, bei Tisch zu betteln, müssen deshalb, wie bei jeder anderen Erziehungsaufgabe auch, innerhalb der Familie bestimmte Verhaltensregeln festgelegt werden. Dabei ist zunächst zu klären, wie sich der Hund während der gemeinsamen Mahlzeiten idealerweise zu verhalten hat. Denkbar ist sowohl das ruhige Liegen unter dem Esstisch, als auch das Verweilen auf einem angewiesenen Platz. Beides kann parallel zu den Platzübungen Schritt für Schritt aufgebaut und gegebenenfalls mit Hilfe einer kurzen Hausleine abgesichert werden. Dabei gelten die gleichen Regeln, wie für das Ablegen und – im Fall des Einsetzens einer Hausleine – wie für das Verweilen im Kennel. Verlässt er den angewiesenen Platz ohne Aufforderung, wird er ruhig zurück und erneut ins Platz gebracht. Verhält er sich an der Hausleine unruhig, wird dies ignoriert! Aufgelöst werden kann die Übung erst, wenn er auch für das erwünschte ruhige Verhalten bestätigt werden kann. Dazu bedarf es des richtigen Timings! Denn sollte er, sobald jemand sich ihm nähert, aufgeregt aufspringen und evtl. sogar winseln, würde ein Beenden der Übung bzw. das Lösen der Leine zu diesem Zeitpunkt ein falsches Verhalten bestätigen.

Jegliche futtereinfordernde Gesten, wie z. B. das Stupsen am Ellbogen oder das Anstarren, müssen konsequent ignoriert werden. Haben sie Erfolg, werden sie in Zukunft häufiger und intensiver gezeigt.

UNERWÜNSCHTES JAGDVERHALTEN

Das Jagdverhalten erschöpft sich nicht nur im Hetzen von Wild, sondern hat vielfältige Ausprägungen unterschiedlicher Intensität. Dazu gehören sowohl das Stöbern im Gebüsch, das Verfolgen von Spuren, das Buddeln von äuselöchern, das Anpirschen an Vögel, als auch Beutespiele aller Art.

Obwohl der Labrador aufgrund seiner Spezialisierung nicht zu den klassischen Sicht- und Hetzjägern und das ausdauernde Verfolgen von unversehrtem Wild nicht zu seinem typischen Jagdverhalten gehört, gibt es individuelle Unterschiede. Diese können vor allem dann zum Problem werden, wenn er nicht ausreichend beschäftigt und viel sich selbst überlassen wird. Da das Jagen ein Verhalten mit selbstbelohnendem Charakter ist, lässt es sich, einmal etabliert, meist nur schwer wieder abstellen.

Totschütteln

Anpirschen

01

02

03

04

05

ANTI-JAGDTRAINING FÜR DEN LABRADOR?

Zunächst bleibt festzuhalten: Das Jagdverhalten eines Hundes gänzlich zu unterdrücken, ist weder artgerecht noch sinnvoll. Damit es sich jedoch nicht verselbstständigt, sollte der Hund die Möglichkeit bekommen, ein Alternativverhalten aufzubauen, das er gemeinsam mit dem Hundeführer ausleben kann.

01 *Schleppleine und gut sitzendes Geschirr*

02 *Die Hündin zeigt deutlich, dass etwas ihre Aufmerksamkeit erregt hat.*

03 *Solange der Rückruf bei Witterungskontakt noch nicht gefestigt ist, …*

04 *… wird er durch die in der Hand gehaltene Schleppleine abgesichert.*

05 *Anlagegemäße Beschäftigung während des Spaziergangs fördert den Kontakt, die Aufmerksamkeit und Bereitschaft zur Zusammenarbeit.*

☞ JAGDVERHALTEN BESSER KONTROLLIEREN

SCHRITTE	WAS TUN?	WIE?	WIE UMSETZEN?	ZIELE
01	**Unerwünschtes Verhalten im Ansatz unterbrechen bzw. vermeiden**	**Erstmaßnahme:** Der Hund läuft während des Spaziergangs nur noch mit Schleppleine und gut sitzendem Geschirr (Handschuhe tragen!).	1 Zu Beginn des Trainings sollte ein möglichst reiz- bzw. wildarmes Gelände gewählt werden. 2 Der Hundeführer muss zu jeder Zeit vollkommen auf den Hund konzentriert sein und erste Anzeichen eines Jagdverhaltens bereits im Ansatz erkennen. 3 Der Hundeführer gibt die Route des Spaziergangs vor! Er variiert dabei unvorhersehbar und durchbricht Gewohnheiten.	**Der Hund darf keine Möglichkeit mehr bekommen, sein Jagdverhalten unkontrolliert auszuleben.** **Er soll hingegen lernen, sich am Hundeführer zu orientieren.**
02	**Konsequentes Aufbauen und Festigen des „Hier"-Signals. Erlernen einer hohen Frustrationstoleranz und Impulskontrolle im Alltag**	1 Konsequentes Durchsetzen des „Hier"-Signals mit Hilfe der Schleppleine. 2 Frustrationstoleranz umschreibt die Fähigkeit, auch unangenehme Situationen aushalten zu können. 3 Impulskontrolle bedeutet, sich beherrschen zu können und nicht gleich jedem Drang nachgeben zu müssen.	1 Gehorsam jeglicher Art ist i. d. R. sekundär motiviert, d. h. das erwünschte Verhalten muss sich für den Hund lohnen! 2 Frustrationstoleranz und Impulskontrolle lassen sich im Alltag in allen Situationen üben, in denen ein kurzes Warten verlangt wird, wie beim Warten vor dem Futternapf, vor dem Öffnen der Haustür, vor dem Herausspringen aus dem Auto, beim Überqueren einer Straße usw.	**1 Festigen der Bindung und des allgemeinen Gehorsams** **2 Frustrationstoleranz und Impulskontrolle im Alltag ausbauen und festigen**
03	**Alternativverhalten aufbauen** **Festigen der Frustrationstoleranz und Impulskontrolle durch gezielt eingesetzte Reize steigender Intensität**	Durch anlagengemäße Beschäftigung: Für den Labrador heißt das Apportieren in allen Varianten!	1 Der Labrador ist in Bezug auf das Apportieren primär motiviert, d. h. es bedarf i. d. R. keiner weiteren Motivation. 2 Neben kleinen Apportieraufgaben während des Spaziergangs (z. B. das Arbeiten von ausgelegten Dummys) ist ein gezielt aufgebautes Dummy-Training unter fachkundiger Anleitung zu empfehlen. 3 Für nicht rassetypisch apportierfreudige Hunde kann mit verschiedenen Motivationsgegenständen (wie z. B. Fell- oder Futter-Dummys) gearbeitet werden. 4 Alternativ bietet sich auch die kontrollierte Nasenarbeit an.	**1 Anlagegemäßes, kontrolliertes Ausleben des Jagdverhaltens** **2 Fördern der Bereitschaft zur Zusammenarbeit.** **3 Sinnvolles Training der Standruhe mit stärkeren Reizen, wie z. B. mit bewegter Beute** **4 Physische und mentale Auslastung**

FAMILIENALLTAG MIT KINDERN

Da Hunde sowohl Artgenossen als auch Menschen als Sozialpartner betrachten, übertragen sie ihr Sozialverhalten auch auf den Umgang mit Letzteren. Das gilt für Erwachsene ebenso wie für Kinder. Allerdings mit dem Unterschied, dass sich deren Status aus Sicht des Hundes entsprechend ihres Alters und Entwicklungsstandes verändert.
Die sprichwörtliche Kinderfreundlichkeit des Labradors beruht v. a. darauf, dass er einen sehr geduldigen Umgang mit Kindern zeigt und sich i. d. R. eher zurückzieht oder ausweicht, anstatt die Gegeninitiative zu ergreifen. Dennoch ist er immer noch ein Hund! Aus diesem Grund müssen Kinder, unabhängig von der individuellen Toleranzschwelle des Labradors, unter Anleitung der Eltern lernen, sich dem Sozialverhalten eines Hundes entsprechend angemessen zu verhalten.

Wichtig! Auch ein Labrador darf nicht ohne Aufsicht mit Kindern allein gelassen werden!

BABYS UND KLEINKINDER BIS ZUM 6. LEBENSJAHR

Aus Sicht des Hundes besitzen Babys und Kleinkinder innerhalb des Menschenrudels Welpen-Status. Deshalb kann es auch seitens des Hundes zu den erzieherischen Maßnahmen gegenüber dem Kind kommen. Da Kleinkinder nicht in der Lage sind, die vorausgehenden Signale des Hundes zu deuten, muss jeder Kontakt zwischen Kind und Hund genauestens beobachtet und bei jeglichen Anzeichen von Stress, Beschwichtigung oder gar Drohverhalten unverzüglich abgebrochen werden. Auf diese Weise lernen beide nicht nur die Führungsrolle der Eltern innerhalb der Mensch-Hund-Gemeinschaft kennen, sondern der Hund erfährt auch, dass ihnen die Klärung von Konflikten obliegt.

Schulkinder bis zum 12. Lebensjahr werden vom Hund meist als gleichrangige Spielpartner wahrgenommen.

Die größte Gefahrenquelle sind in diesem Alter kommunikative Missverständnisse, die meist auf typischem Kinderverhalten beruhen. Das gilt insbesondere für Kinder, die schon mobil sind. Das Zukrabbeln auf den Hund kann schnell zu einer Situation führen, in der der Hund sich bedrängt oder verunsichert fühlt. Ähnliches kann sich auch aus dem unbeabsichtigten Fixieren (Anstarren) oder unerwarteten, zu übermütigen „Liebesbezeugungen" ergeben.

SCHULKINDER BIS ZUM 12. LEBENSJAHR

Erst etwa ab 6 Jahren sind Kinder in der Lage, einfache Grundregeln im Umgang mit dem Hund umzusetzen, wie z. B. das Akzeptieren der Ruhezone. Langsam bekommen sie eine Vorstellung davon, wie Hunde kommunizieren und warum z. B. das Fixieren oder das Vornüberbeugen auf den Hund bedrohlich wirken kann, während aufrechtes Gehen und Ignorieren Souveränität vermitteln. In Abhängigkeit der individuellen Reife können Kinder unter altersgerechter Anleitung und in Anwesenheit von Erwachsenen nun auch kleinere Aufgaben rund um den Hund übernehmen, wie z. B. das Bürsten oder Abtrocknen nach dem Spaziergang.

In dieser Altersphase wird das Kind vom Hund meist als gleichrangiger Spielpartner wahrgenommen. Aufgabe der Eltern ist deshalb, dafür zu sorgen, dass die Spiele nicht zu wild werden, um unbeabsichtigte Verletzungen zu vermeiden. Denn ebenso wie Kinder können auch Hunde im Eifer des Gefechts überdrehen und trotz gut ausgeprägter Beißhemmung Grenzen überschreiten.

TEENAGER-ALTER

Erst im Alter von 12 bis 14 Jahren wird das Kind aus Sicht des Hundes langsam zum gleichwertigen Familienmitglied. Ein Jugendlicher, der sich dem Hund gegenüber transparent, eindeutig und konsequent verhält, der Hundeverhalten deuten und angemessen darauf reagieren kann, wird i. d. R. auch von ihm ernstgenommen. **Trotzdem gilt nach wie vor, dass Konflikte nur mit Hilfe eines Erwachsenen gelöst werden dürfen. In einer angespannten Situation sollten Kinder sich am besten ruhig umdrehen und weggehen!**

KIND UND HUND ALLEIN UNTERWEGS

In der Regel besitzen Kinder erst im Teenager-Alter die individuelle Reife, um ein allgemeines Verständnis für die Ausdrucksformen und das Verhalten des Hundes zu entwickeln. Meist sind sie dann auch in der Lage, unter sachkundiger Anleitung mehr Verantwortung gegenüber dem Hund zu übernehmen.

Davon sollten unbeaufsichtigte Spaziergänge jedoch aus verschiedenen Gründen ausgenommen sein. Zunächst fehlt es selbst Teenagern häufig schlichtweg an körperlicher Kraft, um einen vor Begeisterung losstürmenden Labrador aufhalten zu können. Doch auch wenn beide sich untadelig verhalten, kann nicht gänzlich ausgeschlossen werden, dass es durch unvorhergesehene Ereignisse zu Gefährdungssituationen für sie selbst und Dritte kommt. Es gibt in diesem Zusammenhang diverse aktuelle Gerichtsurteile, die im Schadensfall von einer Vernachlässigung der Aufsichtspflicht ausgehen.

ALTERNATIVEN

Eine schöne Alternative zum Spazierengehen können auch spezielle Hundekurse für Kinder sein. Sie ermöglichen ihnen, altersgerecht und unter fachgerechter Betreuung mit dem Hund aktiv zu werden. Meist umfassen sie kindgerecht aufbereitete theoretische und praktische Inhalte, die vom allgemeinen Umgang mit dem Hund über das Einüben von kleinen Kunststücken bis hin zum Meistern von Geschicklichkeitsparcours reichen.

Die gemeinsame Beschäftigung kommt nicht nur dem Hund zugute, sondern fördert auch die Teamfähigkeit, das Körperbewusstsein und das Selbstvertrauen des Kindes. Auch wenn in seriösen Hundeschulen meist kindgerechte Gehorsamsübungen in die Kurse integriert werden, in denen der Hund auf spielerische Weise lernt, das Kind als Führungspersönlichkeit zu akzeptieren, sind ein solider Grundgehorsam sowie ein angemessenes Sozialverhalten i. d. R. Voraussetzung für die Teilnahme. Um eine individuelle Betreuung zu gewährleisten, sollte die Kursgröße eine Anzahl von 5 bis 6 Kind-Hund-Teams vergleichbarer Alters- bzw. Ausbildungsstufen nicht überschreiten.

GEMEINSAME BESCHÄFTIGUNG

Die gemeinsame Beschäftigung von Mensch und Hund fördert nicht nur die Bindung und das Vertrauen, sie hilft auch, den Hund besser kennen und verstehen zu lernen sowie einschätzen zu können. Zudem stärkt sie die Bereitschaft zur Zusammenarbeit und wirkt sich damit positiv auf die Erziehung aus. Und nicht zuletzt macht es großen Spaß, gemeinsam verschiedene Herausforderungen zu meistern und zu einem Team zusammenzuwachsen!

IDEEN FÜR DEN ALLTAG

Der Labrador ist ein bewegungs- und lernfreudiger Hund. Neben ausreichend Auslauf sollte er auch mental beschäftigt werden. Dies bedeutet jedoch nicht, dass ihm täglich ein umfassendes Animationsprogramm geboten werden muss. Im Gegenteil! Mit wenig Aufwand lassen sich kleine Übungen, die Abwechslung bieten und ihn mental auslasten, auch in den Alltag integrieren.

TIPPS FÜR DRAUSSEN

Im Wald finden sich viele natürliche Gegebenheiten und Hindernisse, die sich im Sinne eines Natur-Agility-Parcours nutzen lassen und dabei sowohl die Zusammenarbeit und das Vertrauen zwischen Mensch und Hund stärken, als auch die Aufmerksamkeit, Lernfähigkeit und die Geschicklichkeit des Hundes fördern. Die Palette reicht vom Balancieren auf bzw. Überspringen von Baumstämmen über das Sitzen auf Baumstümpfen, dem unter einer Bank oder einem umgefallenen Baum Hindurchkriechen bis hin zum Slalomlaufen durch eng stehende Bäume. Einfache Tricks, die sich leicht umsetzen lassen und der ganzen Familie Spaß machen.
Auch kleine Suchspiele nach verlorenen Gegenständen erfreuen sich (draußen und drinnen!) größter Beliebtheit. Im ersten Schritt sollte der Hund beim Fallenlassen oder Verstecken des Gegenstandes zusehen, bevor er z. B. aus kurzer Distanz auf der Laufspur zurückgeschickt oder mit einem Signal zum Suchen aufgefordert wird.

Wald-Agility macht Spaß. Doch die Sicherheit darf nicht zu kurz kommen.

TIPPS FÜR ZU HAUSE

Zuhause bieten sich neben kleinen Hilfstätigkeiten im Haushalt, wie z. B. dem Hereintragen der Einkäufe oder dem Bringen verschiedener Alltagsgegenstände, auch kleine Suchspiele an. Dies kann sowohl die Suche nach einzelnen versteckten Leckerchen, als auch nach bestimmten Gegenständen sein, die nach dem Finden apportiert werden sollen. Bei den ersten Übungen sollte der Hund noch Gelegenheit haben, zu beobachten, wie potenzielle Verstecke aufgesucht werden und dabei so getan wird, als ob dort etwas abgelegt würde. Wird er anschließend mit einem „Such"-Signal geschickt, animiert ihn dies, die beobachteten Stellen abzusuchen. Auf diese Weise lernt er schnell, das „Such"-Signal mit dem Prinzip der Suche zu verknüpfen.

Die meisten Labradors lieben Intelligenzspiele. In verschiedenen Schwierigkeitsstufen fördern sie die Konzentration und das Problemlösungsverhalten. Da sie entweder mit einem Leckerchen als Bestärker oder Gegenständen arbeiten, die apportiert werden können, sind sie meist mit Feuereifer dabei und lernen schnell, wie sie durch Ziehen, Schieben und Drücken mit Fang oder Pfote an die Belohnung kommen.

Viele der Spielideen für Hunde, wie z. B. das klassische „Hütchen-Spiel", lassen sich ebenso wie ein kleiner Hindernisparcours im Garten mit etwas Fantasie und Geschick selbst bauen.

01

02

01 Qualitativ hochwertige Intelligenzspiele sind hundegerecht zu bedienen und robust genug, um auch kräftigen Pfoten Stand zu halten.

02 Über die gemeinsame Beschäftigung fördern sie die Bindung ebenso wie Konzentration, Geduld und Problemlösungsverhalten.

HUNDESPORT MIT DEM LABRADOR

Das boomende Hundeausbildungswesen hält viele Angebote bereit, die von „Spiel & Spaß mit dem Hund“ bis hin zu sportlich ambitionierten Beschäftigungsmöglichkeiten reichen, sodass für jedes Talent und jeden Geschmack etwas Passendes gefunden werden kann. Anlagegemäß bietet sich beim Labrador neben der Dummy- vor allem Nasenarbeit in allen Facetten an.

Wichtig! Bei der Wahl des passenden Hundesports spielen nicht nur das eigene Engagement, sondern auch der Gesundheitszustand, die Körperlichkeit und die Kondition des Hundes eine entscheidende Rolle.

AGILITY

Anforderungen Das Mensch-Hund-Team meistert auf einer Streckenlänge von 100 bis 200 Metern einen aus bis zu 20 verschiedenen Hindernissen bestehenden Parcours möglichst schnell und fehlerfrei. Der Hund wird dabei nur mit der Stimme und über Handzeichen gelenkt.

Voraussetzungen BH-VTSK, Vereinsmitgliedschaft, Agilität (angepasste Statur und vernünftiges Gewicht), gute Kondition

Mehr unter https:www.dvg-hundesport.de

CANICROSS

Anforderungen CaniCross ist ein Geländelauf über unterschiedliche Streckenlängen, bei dem der Hundeführer mit einem oder zwei Hunden durch eine elastische Zugleine verbunden ist. Der Hund läuft mit einem speziellen Zuggeschirr in leichtem Zug vor dem Menschen. Alternativ zum Joggen, können Hundeführer und Hund die Strecke auch walken.

Voraussetzungen Mindestalter 15 Monate, lauffreudiger Hund

Mehr unter www.dvg-hundesport.de

DOGDANCE

Anforderungen Beim Dogdance vereinen sich Elemente des Obedience mit speziell eingeübten Tricks zu einer genau auf die musikalische Untermalung abgestimmten Choreographie. Die Figuren werden sowohl im engen Zusammenspiel, als auch auf Distanz ausgeübt, wobei der Hund nur

mit leisen verbalen Signalen oder feinsten Körpersignalen gelenkt wird.
Es gibt zwei eigenständige Sparten: Dogdance Freestyle (FS) und Dogdance Heelwork to Music (HTM). Beim FS stellt das Team eine Choreographie aus allen bekannten Tricks und Fußpositionen zusammen. Beim HTM steht der enge Kontakt zum Hund im Vordergrund, weshalb er sich größtenteils in einer der 18 vorgegebenen Fußpositionen befinden muss.
Voraussetzungen Grundgehorsam, Harmonie zwischen Hund und Mensch
Mehr unter www.dogdance.info

DUMMY-ARBEIT

Anforderungen Dummy-Prüfungen und Working-Tests werden i. d. R. in drei Leistungsklassen (Anfänger, Fortgeschrittene und Offene Klasse) angeboten. Die Aufgabenstellungen, die bei Dummy-Prüfungen vorgegeben sind und bei Working-Tests von den Richtern frei kombiniert werden, orientieren sich an den typischen Disziplinen eines Retrievers: Markieren, Einweisen und Suchen.
Voraussetzung FCI-anerkannte Ahnentafel
Mehr unter www.drc.de und www.labrador.de

FÄHRTENHUNDE-ARBEIT

Anforderungen Das Verfolgen einer Menschenfährte ist eine anspruchsvolle Aufgabe. Die einzelnen Leistungsstufen unterscheiden sich bezüglich Länge, Liegezeit, Verlauf, Gelände und Intensität der Ablenkungsreize. Zusätzlich müssen vom Fährtenleger auf der Strecke deponierte Gegenstände gefunden und verwiesen werden.
Voraussetzung BH-VTSK
Mehr unter www.vdh.de/hundesport/faehrtenhundpruefung/

K9-SPORT-TRAILING

Anforderungen Mantrailing bezeichnet die Suche nach dem Individualgeruch eines Menschen. Beim Sport-Trailing wird in 3 Sparten gesucht: Im Stadtgebiet, in der freien Natur und in Gebäuden (engl. street, cross and indoor). Es gibt ein Prüfungssystem mit verschiedenen Leistungsklassen, die sich nach Liegezeit, Verlauf und Intensität der Ablenkungsreize unterscheiden.
Voraussetzungen Erfolgreiches Absolvieren der K9-Grundstufe (Weiß bis Grün), Bereitschaft, den Fähigkeiten des Hundes zu vertrauen und ihm die „Führung" zu überlassen
Mehr unter www.suchhundezentrum.de

MOBILITY

Anforderungen Beim Mobility steht weniger die Geschwindigkeit, sondern die korrekte Ausführung der Übungen im Mittelpunkt. Das Schweizer Mobility-Reglement umfasst 18 Übungen. Die Hindernisse des Geschicklichkeitsparcours sind detailliert festgelegt.
Voraussetzungen Grundgehorsam, guter Gesundheitszustand
Mehr unter www.tkamo.ch

OBEDIENCE

Anforderungen Die „Hohe Schule der Unterordnung" beruht auf dem perfekten Zusammenspiel zwischen Mensch und Hund ohne psychischen oder physischen Druck. Im Mittelpunkt steht die harmonische, schnelle und exakte Ausführung. Besonders wichtig ist die Kontrolle auf Distanz. Dabei lenkt der Hundeführer seinen Hund nur über Hör- oder Handzeichen aus größerer Entfernung. Neben den geläufigen Gehorsamsübungen gehören auch der Richtungsapport und das Apportieren unterschiedlicher Materialien sowie die Geruchsidentifikation eines vom Hundeführer berührten Objekts zu den Prüfungselementen des Obedience.
Voraussetzungen BH-VT/SK, Spaß an exaktem, geduldigem Training
Mehr unter www.obedience-infos.de

ZOS – ZIEL-OBJEKT-SUCHE NACH BAUMANN

Anforderungen Systematische, anspruchsvolle Suche nach bestimmten vom Menschen ausgelegten kleinen Objekten, die gefunden und angezeigt werden müssen. Die Ziel-Objekt-Suche kann sowohl zur Beschäftigung im Alltag dienen, als auch auf Wettkampfebene durchgeführt werden.
Voraussetzungen Grundgehorsam und Freude an der Nasenarbeit
Mehr unter www.zos-zielobjektsuche.de

AUSLASTUNG — *und Beschäftigung*

Der Labrador Retriever muss und will ausgelastet werden. Unstrittig ist jedoch auch, dass sowohl eine Unterforderung als auch eine Überbeschäftigung zu Verhaltensauffälligkeiten bis hin zu körperlichen Problematiken führen können.

Oberstes Ziel sollte sein, die richtige Balance zwischen Beschäftigung und Entspannung zu finden!

In Anbetracht des boomenden Hundeausbildungswesens haben wir es heute meist mit einer gut gemeinten Überbeschäftigung vieler Hunde zu tun.

DOCH WAS IST ZU VIEL UND WAS IST ZU WENIG?

Das ist in erster Linie eine Frage des einzelnen Individuums. Denn auch innerhalb einer Rasse gibt es deutliche Unterschiede. Es lässt sich kein pauschales Bewegungs- und Beschäftigungsmodell erstellen. Jeder Besitzer muss das richtige Maß für sich und seinen Hund finden.

WAS HEISST AUSLASTUNG?

Unter Auslastung versteht man in erster Linie die körperliche Bewegung und die kognitive Beschäftigung.

Körperlich anspruchsvolle Aufgaben sind z. B. das Joggen oder Radfahren mit dem Hund, Zughundesportarten (wie z. B. Canicross) und der Turnierhundesport.

Zur kognitiven Beschäftigung zählen insbesondere die Kopf- und Nasenarbeit. Manche Hundesportarten wie die Dummy-Arbeit, Agility und Obedience verlangen eine Kombination aus beidem. Hier zählt nicht nur die reine Bewegung, sondern auch die Zusammenarbeit, Konzentration und Nasenleistung.

Auslastung durch den Alltag Beim Thema Auslastung dürfen auch diejenigen Erfordernisse nicht übersehen werden, die die Anpassung an unseren Alltag mit sich bringt. Die gesellschaftlichen Ansprüche an unsere Hunde sind in den letzten Jahren stark gestiegen. Der daraus resultierende tägliche Erziehungs- und Impulskontrollanspruch verbraucht ebenfalls die Energie unserer Hunde.

RUHE UND ENTSPANNUNG

Ruhe und Entspannungszeiten sind zur Regenerierung des Körpers und des Geistes wichtig. Hunde brauchen ca. 15 bis 20 Stunden Ruhe pro Tag. Spaziergänge, auf denen der Schützling einfach mal Hund sein darf, gehen oft in Training und Auslastung unter.

WAS PASSIERT BEI ZU VIEL BESCHÄFTIGUNG UND AUSLASTUNG?

Der Hund gerät unter Stress! Durch die Ausschüttung von Stresshormonen (Adrenalin, Noradrenalin und Dopamin) kommt der Körper in einen Ausnahmezustand. Stress hat nicht nur Auswirkungen auf das Immunsystem, Magen-Darm-Trakt, Nieren, Kreislauf und Herz, er blockiert auch das Lernen, führt zu einer veränderten Wahrnehmung und steigert die Reizbarkeit. Im Verhalten des Hundes kann es zu erhöhter Aggressionsbereitschaft, beim Labrador jedoch häufiger zu Hyperaktivität kommen.

BALANCE FÜR DEN EIGENEN HUND FINDEN

Art und Umfang der Auslastung sollte dem Hund Spaß machen sowie seinem Temperament und seiner Körperlichkeit entsprechen! Dauerbeschäftigung, zu viel Druck in der Ausbildung, zu hohe Erwartungen des Besitzers und sich ständig kontrollieren zu müssen, führen unweigerlich zu Stressreaktionen.
Es ist deshalb unsere Aufgabe, den eigenen Hund richtig einzuschätzen, um eine gute Balance zwischen Ruhe und Auslastung zu finden.
Katja Knechtel, Zertifizierte Hundetrainerin und Labrador-Besitzerin

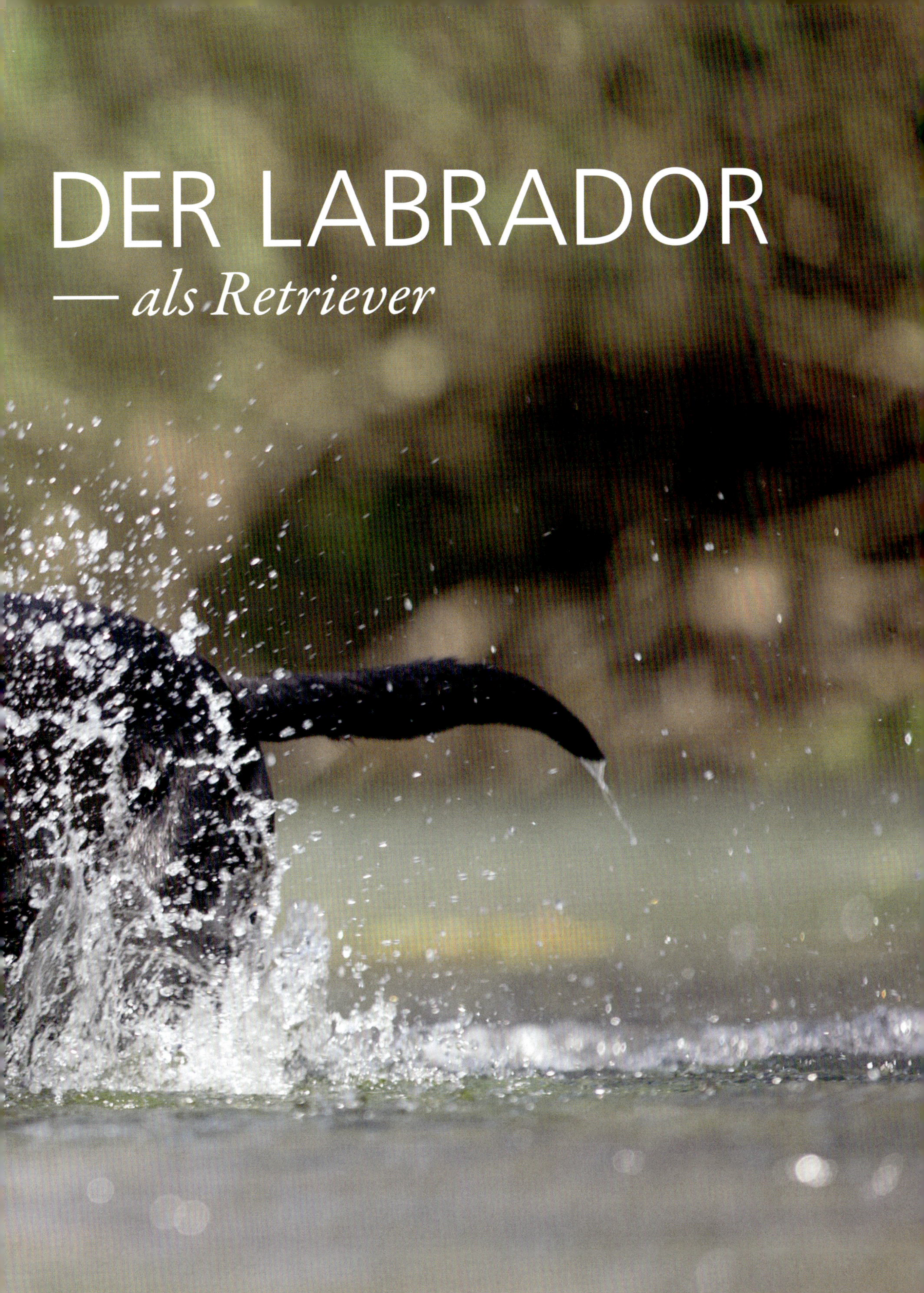

DER LABRADOR

— *als Retriever*

DIE BESONDEREN JAGDLICHEN QUALITÄTEN DES LABRADORS

Als Spezialist für die Arbeit nach dem Schuss findet der Labrador seinen Einsatz bei Jagden auf Niederwild.

STANDRUHE

Für die Arbeit nach dem Schuss ist die Standruhe (engl. steadiness) des Labradors von besonderer Bedeutung. Sie ermöglicht dem Schützen bzw. Hundeführer, sich auf das Jagdgeschehen zu konzentrieren und erfolgreich zu jagen bzw. nachzusuchen. Die Standruhe umfasst nicht nur das ruhige, konzentrierte Verharren des Hundes neben dem Hundeführer, sondern auch eine allgemeine Nervenfestigkeit, die jegliche Ungeduld wie Winseln oder Bellen während des Wartens ausschließt.

Die Standruhe ist für den Labrador von zentraler Bedeutung.

MARKIERFÄHIGKEIT

Die Markierfähigkeit (engl. marking ability) ist eine besondere Anlage des Labradors. Sie ermöglicht ihm, die Flugbahn eines oder mehrerer beschossener Vögel visuell zu verfolgen sowie sich die Stellen, an denen sie niedergehen, hinsichtlich Richtung und Distanz über einen längeren Zeitraum zu merken. Auf ein Richtungssignal hin kann er direkt in den jeweiligen Fallbereich geschickt werden. Diese Arbeitsweise ist bei sichtig gefallenen Stücken äußerst effektiv. Da er seine Nase erst im Fallbereich einsetzt, entfällt eine zeitaufwendige, weiträumige und zugleich geländebeunruhigende Suche.
Die Markierfähigkeit ist weitestgehend angeboren, kann aber mit Hilfe eines systematischen Aufbautrainings gefördert und durch zunehmende Erfahrung stetig verbessert werden.

DIE NATÜRLICHE FÄHIGKEIT, WILD ZU FINDEN

Die natürliche Fähigkeit, Wild zu finden (engl. natural game finding ability), ist angeboren und gilt als wichtigstes Kriterium bei der Arbeit eines Retrievers. Sie verfeinert sich mit zunehmender Jagderfahrung, wobei sowohl die Nasenqualität als auch der Jagdverstand, der ihn das natürliche Verhalten eines verwundeten Stück Wildes nachvollziehen lässt, eine Rolle spielen.
Das Riechepithel des Labradors umfasst eine Oberfläche von 200 cm^2 mit 225 Mio. Riechzellen. Er gehört damit zur Spitzengruppe der Hunderassen mit dem höchsten Riechvermögen.

Die typische Arbeit eines Labradors anlässlich einer schottischen Vogeljagd

APPORTIEREN UND WEICHMÄULIGKEIT

Das Apportieren setzt sich aus mehreren Teilschritten zusammen: Der Hund soll mit Initiative und Tempo direkt zum Stück laufen, jegliche Art von Wild schnell und korrekt aufnehmen, im selben Tempo auf geradem Weg zurückkehren und das Stück mit erhobenem Kopf ruhig in die Hand des Hundeführers abgeben.
Die Weichmäuligkeit (engl. soft mouth) ist ausdrücklich im Rassestandard niedergelegt. Sie äußert sich darin, dass er jegliches Apportiergut – angefangen bei den verschiedensten Wildarten bis hin zum buchstäblich rohen Ei – locker im Fang trägt und unversehrt bringt.

LEICHTFÜHRIGKEIT, WILL TO PLEASE UND EINWEISEN

Die Leichtführigkeit beruht auf seinem angeborenen Willen zu gefallen (engl. will to please). Er arbeitet gern mit seinem Hundeführer zusammen, ist bemüht, Kontakt zu halten, ohne jedoch abhängig, zu sein und lässt sich auch auf große Distanzen gut lenken. Dies bildet die Grundlage für eine weitere spezielle Disziplin der Retriever, das Einweisen (engl. directions). Der Hund wird mit Hilfe von Hand- und Hörzeichen auf möglichst direktem Weg in den Bereich eines nicht sichtig gefallenen Stücks geschickt und dort zur selbstständigen, kleinräumigen Suche aufgefordert. Die hohe Schule des Einweisens besteht in der perfekten Balance zwischen der erwünschten Lenkbarkeit und der im Suchenbereich erforderlichen Selbstständigkeit.

WASSERFREUDE

Die Wasserfreude des Labradors basiert auf seiner Entstehungsgeschichte und gilt als typisches, im Standard verankertes Rassemerkmal. Seine Anatomie ist ganz darauf ausgerichtet, ihn zu einem kraftvollen, ausdauernden Schwimmer zu machen. Die kräftige Otterrute dient ihm als Ruder, sein leicht öliges Fell nimmt nur wenig Wasser auf und die dichte Unterwolle wirkt auch bei eisigen Temperaturen isolierend.

FIELD TRIALS IN ENGLAND

Anlässlich eines Field Trials (dt. Jagdprüfung im Felde) wird die jagdliche Arbeit eines Retrievers während eines praktischen Jagdtages auf natürlich vorkommendes Feder- und Haarnutzwild beurteilt. Sie werden im Rahmen von Treib- und Streifjagden abgehalten.
Beim Standtreiben (engl. drive) werden die Hunde mit ihren Führern von den Richtern so platziert, dass sie das Jagdgeschehen verfolgen und die Fallstellen beschossenen Federwildes gut markieren können. In der Regel werden die Hunde erst nach Beendigung des Treibens zum Apportieren geschickt. Sollte ein Stück jedoch nur angeschossen worden sein, wird aus Gründen der Waidgerechtigkeit auch bereits während des noch laufenden Treibens nachgesucht.

Im Walk Up anlässlich einer Open Stake in Schottland

Bei der Streifjagd (engl. walk up) gehen die aufgerufenen Hundeführer mit ihren Hunden frei bei Fuß in einer Linie mit den Richtern, Schützen und Treibern. Die Linie bewegt sich so lange vorwärts bis Wild aufsteht und beschossen wird. Auf Anweisung des Richters wird ein Hund zum Apportieren geschickt.

Field Trials verlaufen in Runden. In der ersten Runde apportiert jeder Hund zwei Stücke, in der Zweiten eines. Danach entscheiden die Richter in Abhängigkeit von der Wilddichte und dem Fortgang des Trials von Runde zu Runde, welche Hunde weiterhin die Chance bekommen sollen, ihr Können unter Beweis zu stellen, und ob in der jeweiligen Runde ein oder zwei Retrieves gearbeitet werden. Bei einem Field Trial entscheidet jede einzelne Arbeit über das weitere Fortkommen eines Teams, wobei die Tagesbesten i. d. R. zwischen fünf und acht Stücke Wild apportieren.

GESCHICHTE DER FIELD TRIALS

Das erste Retriever Field Trial wurde im Oktober 1900 von der Retriever Society, einem Zweig der International Gundog League, veranstaltet. Einige der damals aufgestellten Regeln erwiesen sich als so effizient, dass sie bis heute Bestand haben. So wurde u. a. mit dem ersten Walk Up in der Geschichte der Retriever ein Vorbild geschaffen, das sich bis zum heutigen Tag kaum verändert hat.

MR. ARCHIBALD E. BUTTER C.M.G.

1909 trat ein Mann in Erscheinung, der die Ausbildung und das Handling der Retriever revolutionierte und die weitere Entwicklung der Arbeits-

Historische Field-Trial-Szene

linien maßgeblich beeinflusste. Mehr als jeder andere Ausbilder seiner Zeit verstand Archie Butter, die besondere natürliche Trainierbarkeit des Labradors zu schätzen und zu nutzen. Aus seiner Sicht bot ein auf größere Distanzen lenkbarer Hund – nicht zuletzt aus jagdethischer Sicht – große Vorteile. Je schneller der Hund in den Fallbereich des beschossenen Stückes kam, desto schneller konnte er finden. Eine großräumige Suche entfiel, was sich in jeder Hinsicht positiv auf den Fortgang der Jagd auswirkte. Das Gelände und sich darin drückendes Wild wurde nicht unnötig beunruhigt und der Hund war schneller wieder einsetzbar.

Um sein Ziel zu erreichen, übernahm Archie Butter verschiedene Elemente der Hütehunde-Ausbildung und begann, seine Hunde mittels Hand- und Pfeif-Signalen zu lenken. Doch seine Ideen fanden nicht überall Anklang. Während einige bekannte Hundeführer wie Charles Alington sie erfolgreich übernahmen, bezeichneten andere sie abfällig als Sheep-Dogging. Was seine Zweifler v. a. aufbrachte, war die Vorstellung, dass die natürlichen jagdlichen Anlagen des Labradors durch eine übertriebene Abrichtung in den Hintergrund gedrängt werden könnten.

DIE WEITERE ENTWICKLUNG

Das erste Field Trial des LRC fand im Oktober 1920 statt. Unter seinen Mitgliedern befanden sich zu jener Zeit v. a. hochrangige Adlige und Angehörige einflussreicher Familien, die den Labrador als Jagdhund schätzten und bereit waren, ihre Eigenjagden zur Verfügung zu stellen.

Während zunächst der Flat Coated Retriever die Field-Trial-Szene dominierte, stand 1907 erstmals ein Labrador auf dem Siegerpodest: Mr. Portals schwarzer Rüde GB FTCh. Flapper.

Teilnehmer einer Qualifying Open Stake

Mit dem Wirtschaftsaufschwung der 1950er Jahre fanden die klassischen Country Sports über alle Gesellschaftsschichten hinweg bis in die Städte hinein immer mehr Anklang. Um die Retriever-Ausbildung zu vereinfachen, boten Gundog Clubs immer häufiger Trainingskurse mit Dummys (dt. Attrappen) an. 1947 veranstaltete der United Retriever Club den ersten Working Test.
Um den Ausbildungsstand der Hunde zu überprüfen, wurden typische Jagdsituationen, in denen Retriever klassischerweise zum Einsatz kommen, mit Hilfe von Dummys nachgestellt. Schnell erfreuten sie sich wachsender Beliebtheit und viele der Teilnehmer entwickelten darüber hinaus auch ein Interesse an Field Trials.
Während in dieser Zeit noch rund 100 Field Trials pro Saison stattfanden, stieg ihre Zahl zur Jahrhundertwende bereits auf über 700. Dies war nur möglich, indem neben privaten Reviergebern auch zunehmend Konsortien und kommerziell betriebene Jagdreviere auf den Plan traten. Doch noch immer überstieg die Nachfrage das Angebot an Startplätzen, sodass per Los über eine mögliche Teilnahme entschieden wird.

ENGLISCHE FIELD TRIALS HEUTE

Field Trials werden vom englischen Kennel Club lizenziert und von zahlreichen Field Trial Societies und Gundog Clubs im Einklang mit dessen **Field Trial J-Regulations** organisiert.
Das englische Richtersystem unterscheidet nonpanel-, B-panel- und A-panel-Richter. Der Werdegang der Richter ist vom Kennel Club genau festgelegt. Er bedarf sowohl des erfolgreichen Führens als auch des Richtens an der Seite erfahrener A-panel-Richter.
Normalerweise werden Retriever Trials im **Four Judge System** gerichtet, wobei sich die vier Richter in zwei Paare aufteilen. Sobald ein Richter-Paar alle ihnen in der ersten Runde zugeteilten Startnummern arbeiten gesehen hat, bekommen sie für die zweite Runde die noch verbliebenen Startnummern der anderen Gruppe zugeteilt. Auf diese Weise wird jeder Hund zumindest einmal von jedem Richter beurteilt.
Retriever, die sich an Field Trials behaupten wollen, müssen einerseits ruhig und aufmerksam

warten, bis sie an der Reihe sind, und andererseits gut markieren, sich Fallstellen über längere Zeit merken, auch bei starken Verleitungen lenkbar und im Gehorsam bleiben sowie in schwierigstem Gelände ausdauernd suchen und bringen. Gestartet wird in unterschiedlichen Klassen.
An einer **novice stake** können Retriever jeglichen Alters teilnehmen, die zuvor weder an einer open stake platziert wurden noch eine **all-aged** oder **novice stake** gewonnen haben. Der geringeren Erfahrung der Hunde wird i. d. R. dadurch Rechnung getragen, dass die Arbeitsentfernungen kürzer gehalten und hinsichtlich der zu erwartenden Führigkeit Zugeständnisse gemacht werden. Meist werden die Schützen auch von den Richtern angehalten, nicht weiter zu jagen, während ein Hund arbeitet. An **all-aged stakes** können Hunde jeglichen Alters teilnehmen. Mit dem Sieg an einer **24-dog open stake** erhält ein Retriever eine Anwartschaft auf den Titel des Field Trial Champions und qualifiziert sich für die Teilnahme an der IGL Retriever Championship.

WAS WOLLEN DIE RICHTER SEHEN?

Aufgabe der Richter ist es, diejenigen Hunde herauszustellen, die am Prüfungstag aus jagdlicher Sicht am überzeugendsten arbeiten. Wichtigstes Kriterium für die Bewertung der Arbeit eines Retrievers ist die natürliche Veranlagung, Wild zu finden. Hunde mit einer ausgeprägten **game finding ability** benötigen nur wenig Handling. Sie scheinen ein instinktives Gefühl für das Verhalten von verwundetem Wild zu haben, und lassen einen schwierigen Retrieve leicht aussehen.

Pluspunkte in der Bewertung

- **Markierfähigkeit** Gutes Markieren ist für einen Retriever im Hinblick auf eine möglichst geringe Beunruhigung des Geländes unentbehrlich. Die Richter wollen einen Hund sehen, der direkt in den Fallbereich läuft und von dort aus selbstständig weiterarbeitet.
- **Sauberes, schnelles Apportieren und eine gute Abgabe** Ein unabhängig von der Wildart zügiges Aufnehmen ist ebenso Bestandteil eines guten Apports wie das schnelle und direkte Zurückkommen. Während ein Nachfassen zur Verbesserung des Griffs toleriert wird, setzt ein nachlässiges Apportieren die Leistung ebenso herab wie eine unwillige Abgabe.
- **Kontrolle** Die Kontrolle zeigt sich nicht nur beim Einweisen, sondern spiegelt sich auch in der Steadiness wider. Die Richter erwarten, dass die Hunde beim Anblick von aufgestöbertem oder fallendem Wild ruhig und gelassen bleiben.
- **Systematische Suche** Ein Hund, der den angegebenen Suchbereich hält und ihn im angepassten Tempo mit Enthusiasmus und Style systematisch absucht, zieht schnell die Aufmerksamkeit der Richter auf sich.
- **Ruhiges, angepasstes Handling** So wenig wie möglich, so viel wie nötig! Ein Hund, der mit geringfügigem, effektivem Handling findet, zeigt, dass er mit seinem Hundeführer harmoniert.
- **Arbeitsstil** (engl. style) Der **style** ist nur schwer in Worte zu fassen und doch erkennt ihn jeder Laie, sobald er einen stilvoll arbeitenden Labrador beobachtet. Er ist Ausdruck seiner Arbeitsfreude und zeigt sich sowohl in den begeisterten Rutenbewegungen (engl. tail action), als auch in der Art, wie er ein Gelände annimmt, es absucht und auf Witterung reagiert.
- **Drive & Pace** Der **drive** entspricht dem Willen und Eifer zu finden. Er äußert sich darin, dass der Hund seine Arbeit ohne Rücksicht auf Erschwernisse freudig und zielgerichtet ausführt. Der **pace** drückt sich in der Arbeitsgeschwindigkeit und der Wendigkeit des Labradors aus, der in seinem Bewegungsablauf eher einem Wiesel als einem galoppierenden Rennpferd ähnelt.

AUSSCHLIESSENDE UND SCHWERE FEHLER

Bei Field Trials gibt es eine Reihe von Ausscheidungsfehlern (engl. eliminating faults), wie Hartmäuligkeit, Winseln oder Bellen, Einspringen und Hetzen, außer Kontrolle geraten, Tauschen, Nichtapportieren oder die Verweigerung, Wasser anzunehmen. Auch schwere Fehler (engl. major faults), wie das Nichtfinden von Wild, ein **eye wipe** oder **first dog down**, schlechte Fußarbeit, die Beunruhigung von noch nicht bejagtem Gelände, nachlässiges Apportieren, übermäßige und laute Signale des Führers oder schlechte Kontrolle über den Hund, bedeuten das Ende des Trials für den Hund.

— **Hartmäuligkeit** (engl. hard mouth) Jedes Stück Wild, das an einem Field Trial apportiert wird, wird nach der Abgabe von den Richtern auf vom Hund verursachte Verletzungen untersucht. Dies erfordert viel Erfahrung, denn die Richter müssen zu 100 Prozent ausschließen können, dass es sich nicht um Schäden aufgrund der Schussverletzung oder des Aufpralls des Vogels auf dem Boden handelt.
— **Eye wipe** Der Begriff beschreibt die Situation, dass ein Hund das angegebene Stück Wild nicht findet, während der nachfolgende und unter den gleichen Bedingungen arbeitende Hund erfolgreich ist. Gleiches gilt, wenn das Stück von den Richtern gefunden wird.
— **First dog down** Der Begriff umschreibt die nicht genutzte Chance, ein vermutlich verwundetes Stück Wild zu finden, das der Hund markieren konnte und auf das er unverzüglich geschickt wurde. Auch wenn das betreffende Stück anschließend weder von einem nachfolgenden Hund noch von den Richtern gefunden wird, gilt das Nichtfinden für den ersten Hund, der die beste Chance hatte, als schwerer Fehler.

FIELD TRIAL AWARDS

Ein **award** (dt. Auszeichnung) ist eine Platzierung bei einem Field Trial. Daneben können die Richter nach eigenem Ermessen im Rahmen der IGL Retriever Championship auch ein **diploma of merit (DoM)** oder im Rahmen anderer Field Trials ein **certificate of merit (CoM)** vergeben. Es handelt sich dabei um eine Auszeichnung, die an Hunde vergeben werden kann, die fehlerfrei gearbeitet haben, aber nicht auf besondere Weise herausstechen konnten.

INTERNATIONAL GUNDOG LEAGUE, RETRIEVER SOCIETY UND RETRIEVER CHAMPIONSHIP

Im Jahr 1900 beschlossen die Retriever Society, die Pointer und Setter Society sowie die Sporting Spaniel Society, ihre Interessen in der International Gundog League (IGL) zusammenzufassen. Neun Jahre später veranstaltete die IGL Retriever Society die erste IGL Retriever Championship. Sie findet seitdem, von wenigen Ausnahmen abgesehen, jährlich statt und stellt auch heute noch den **Höhepunkt in der Arbeitswelt der Retriever** dar. Während sie zunächst als eintägiger Field Trial geplant war, wurde sie aufgrund zunehmender Teilnehmerzahlen von 1910 bis 1995 über zwei Tage und ab 1996 über drei Tage ausgetragen.

☞ DER ENGLISCHE FIELD TRIAL CHAMPION (GB FTCH.)

VERGABEBEDINGUNGEN FÜR DEN TITEL

1. Platz an der IGL Retriever Championship
ODER
2 × 1. Platz an einer 24-dog open stake (mit mind. 20 Teilnehmern) unter 3 verschiedenen A-panel-Richtern
ODER
1 × 1. Platz an einer 24-dog open stake (mit mind. 20 Teilnehmern) und 1. Platz an einer 12-dog open stake (mit mind. 10 Teilnehmern) unter 3 verschiedenen A-panel-Richtern
ODER
3 × 1. Platz an einer 12-dog open stake (mit mind. 10 Teilnehmern) unter 3 verschiedenen A-panel-Richtern

PLUS water and drive certificate

Nachweis, dass der Hund zumindest einmal anlässlich eines Treibens geprüft UND entweder an der IGL Retriever Championship, an einem Field Trial oder an einem speziellen Wassertest von zwei A-panel-Richtern im tiefen Wasser geprüft wurde.

Historische Gewinner – THE THREE TIMES WINNERS

Lorna, Gräfin Howes schwarzer Labrador-Rüde **GB FTCh. Balmuto Jock** gewann die Retriever Championship 1926, 1928 und 1929 und wurde 1924, 1925 und 1927 Dritter. Insgesamt qualifizierte sie sich 24 Mal für die Teilnahme und ihre Hunde erhielten 19 awards.
John Halsteads schwarzer Labrador-Rüde **GB FTCh. Breeze of Drakeshead** hält bis heute einen besonderen Rekord. Als bisher einzigem Hund gelang es ihm, die Retriever Championship in drei aufeinanderfolgenden Jahren zu gewinnen (1985 – 1987). John Halstead qualifizierte sich zwischen 1976 und 2007 39 Mal mit 21 verschiedenen Labradors und bekam 13 awards.

John Halstead mit GB FTCh. Greenbriar Thunder at Drakeshead 2015

Qualifikationskriterien

Die Qualifikationskriterien wurden über die Jahre hinweg mehrmals angepasst, bevor 1972 ein formales Buchstabensystem (A-, B- und C-Qualifikationen) eingeführt wurde. Ab 1984 gab es nur noch A- und B-Qualifikationen und seit 1989 wurden nur noch Resultate aus Open Stakes anerkannt. Bereits damals konnten sich Hunde über eine A-Qualifikation oder drei B-Qualifikationen qualifizieren. Allerdings änderte sich die Qualität der anerkannten B-Qualifikationen im Lauf der Zeit. Grundsätzlich qualifiziert sind der letztjährige Gewinner sowie der Gewinner der Irischen Retriever Championship.

Kriterien für 2017

- **1 × A-Qualifikation** 1. Platz bei einer zweitägigen open qualifying stake mit mindestens 20 Teilnehmern
- **3 × B-Qualifikationen** 2. Platz bei einer zweitägigen open qualifying stake mit mindestens 20 Teilnehmern oder 1. Platz bei einer eintägigen open qualifying stake mit mindestens 10 Teilnehmern

Die IGL Retriever Championship heute

Im Durchschnitt qualifizieren sich mehr als 50 Teilnehmer. Für einen dreitägigen Field Trial in dieser Größenordnung kommen i. d. R. nur große, kommerzielle Jagden oder weiträumige, wildreiche Eigenjagden in Betracht. Neben der aufwändigen Organisation des Trials selbst gilt es, noch weitere Herausforderungen zu meistern, da sich häufig bis zu 500 Zuschauer aus aller Welt einfinden, um das Top-Event für FT- und Retriever-Enthusiasten aus nächster Nähe zu beobachten.

WORKING GUNDOG CERTIFICATE (WGC)

Vorbild für das WGC war das vereinsinterne **Shooting Dog Certificate** der Flat Coated Retriever Society. Es soll v. a. Hundeführer ansprechen, die kein Interesse an Field Trials oder Working Tests haben. Ziel ist es, festzustellen, ob der Ausbildungsstand des Hundes den allgemeinen Anforderungen im praktischen Jagdbetrieb entspricht. Die Beurteilung wird von KC Field-Trial-Richtern oder vom KC-qualifizierten Personen vorgenommen und kann entweder an einem speziell organisierten WGC-Tag, an einem Working Test (GWT) oder einem Jagdtag erfolgen. Das vom Kennel Club herausgegebene Handbuch informiert über die Minimalkriterien, die zum Bestehen erforderlich sind. Das WGC enthält nur die Bewertung „Bestanden“ oder „Nicht bestanden“. Die Teilnahme steht allen im KC registrierten Jagdhunderassen offen.

INTERVIEW
— *mit Declan Boyle 2018 (IE)*

IKC A-Panel Field Trial Richter,
KC B-Panel Field Trial Richter, Labrador-Züchter.

Declan, Dein Name ist heute in der Irischen Field-Trial-Szene sehr bekannt und das nicht nur, weil Du 2017 die Irischen Retriever Championships gewonnen hast, sondern auch weil Du ein sehr bekannter Field-Trial-Richter und Trainer bist. Wenn Du an Deine Anfänge zurückdenkst. Wie hat sich die Szene seitdem verändert?

Seit ich mit dem Trialling begonnen habe, gab es ein paar Veränderungen in der Field-Trial-Szene in Irland. Heutzutage werden mehr Walk-Up-Trials durchgeführt und sie werden effizienter gestaltet. Es gibt viel mehr kleinere Jagden, die Field Trials anbieten, was ausgezeichnet ist. In Driven Trials müssen die Hunde nicht mehr so lange unangeleint in der Linie warten wie früher.

Ein Manko ist die Umsetzung der First-Dog-down-Regel in Walk-Up-Trials. Einige Richter tendieren dazu, diese Regel in nahezu allen Situationen anzuwenden, ohne sich Gedanken über die Bedingungen des jeweiligen Retrieves zu machen, selbst dann, wenn es für den Hund nie eine Möglichkeit gegeben hat, den Vogel zu bringen. Abgesehen von diesen paar kleinen Änderungen denke ich, dass die meisten Dinge gleich geblieben sind.

Declan Boyle gewann mit Int. FTCh. Miller McDuff 2019 sowohl die IGL Retriever Championships, als auch nochmals die Irischen Championships.

Gibt es Veränderungen in der Art von Hundeführern oder Hunden, die heutzutage an irischen Field Trials erfolgreich sind?

Zugleich gab es, seit ich begonnen habe, Hunde für Field Trials zu trainieren, große Veränderungen in der Art der Hundeführer und der Hunde. Ich glaube, dass sie heutzutage wesentlich besser geworden sind. Es gibt viel mehr Trainingsgelände und Möglichkeiten, mit großartigen Hundetrainern zu trainieren, außerdem tolle Bücher und DVDs. Trotzdem müssen Hundeführer beim Schicken ihres Hundes noch genauer werden. Retriever müssen in der Lage sein, in direkter Linie vom Hundeführer aus in den Bereich der Beute zu gelangen, ohne anderes Gelände zu beunruhigen. Die Hunde müssen bei Bedarf in engeren Bereichen suchen. Insbesondere bei Driven Trials wird heute über weite Distanzen gearbeitet. Die Hunde benötigen keinen massiven Drive und Style mehr, ein Hund mit weniger Drive ist häufig besser, da er in der Regel gehorsamer ist und einfacher gehandelt werden kann.

Die Voraussetzungen für den Titel des Irischen Field Trial Champions unterscheiden sich von denen des Englischen Kennel Clubs. Wie funktioniert das „Green-Star"-System?

Das irische System unterscheidet sich ganz erheblich vom englischen. In Irland verwenden wir ein Punktesystem (Green Stars). Für den Titel des Field Trial Champions braucht man 12 Punkte.

— **1. Platz** in einem Open Trial mit der Qualifikation Vorzüglich = 4 Punkte
— **2. Platz** in einem Open Trial mit der Qualifikation Vorzüglich = 3 Punkte
— **3. Platz** in einem Open Trial mit der Qualifikation Vorzüglich = 2 Punkte

Es muss mindestens einmal der erste Platz mit der Qualifikation Vorzüglich erreicht worden sein.

In der Regel werden neben dem einen erforderlichen Sieg noch mindestens zwei oder drei zweite Plätze mit der Qualifikation Vorzüglich gebraucht. Außerdem müssen wir im Irischen Kennel Club zumindest einen Punkt (Green Star) anlässlich einer Ausstellung bekommen. Meine persönliche Meinung zu diesem Thema ist, dass der Field-Trial-Champion-Titel nur an Hunde vergeben werden sollte, die drei Open Trials gewonnen haben. So lässt sich das Niveau innerhalb der Rasse hoch halten und es wird vermieden, dass auch „schwächere" Hunde den Titel eines Field-Trial-Champions erlangen.

Wie qualifiziert man sich für die Irischen Retriever Championships? Hat sich die durchschnittliche Zahl der qualifizierten Gespanne in den letzten 20 Jahren verändert?

Um sich für die Irischen Championships zu qualifizieren, muss der Hund auf der irischen Insel einen Open Trial gewonnen oder zwei zweite Plätze erreicht haben. Da es mittlerweile erheblich mehr Möglichkeiten gibt, an Field Trials zu starten, qualifizieren sich heutzutage 30 bis 35 Hunde, während es früher nur rund 20 Teilnehmer waren. Die meisten qualifizierten Hunde haben einen Open Trial gewonnen. Nur einige wenige qualifizieren sich über zwei zweite Plätze.

Gibt es nennenswerte Unterschiede zwischen irischen und englischen Field Trials oder Hunden?

Ich bin in den letzten Jahren gegen eine ganze Anzahl von englischen, schottischen oder walisischen Hunden gestartet und glaube, dass es keine Unterschiede zwischen den Hunden gibt. Vielleicht geringe Unterschiede in der Art, wie sie trainiert werden, und irische Hunde werden trainiert, um dem Terrain zu entsprechen, in dem wir hauptsächlich Field Trials abhalten.

Welche Qualitäten sind Dir bei Deinen eigenen Hunden wichtig?

Ich bevorzuge sensible und ehrliche Hunde. Sie sollten ein liebenswürdiges Temperament haben und freundlich sein. Ich achte auf eine gute Nase, eine gute Game Finding Ability und ein gutes Marking. Wenn ein Hund diese Eigenschaften besitzt, kann er zu einem sehr hohen Standard trainiert werden – es kommt nur darauf an, wie er trainiert wird.

Worauf beruht Dein Fokus im Training im ersten Lebensjahr?

Im ersten Jahr versuche ich, den Hund Hund sein zu lassen, und baue keinen Druck im Training auf. Ich gebe Vertrauen und möchte, dass wir zusammen Spaß haben. Was ich mache ist: ein wenig Sitz und Bleib, an der Leine laufen, ein wenig Steadiness (nicht viel!), einfache Memorys im Wald, bei denen der Hund immer zum Erfolg kommt. Ich kann manchmal ein langweiliger Trainer sein, aber was ich tue, hat sich bei den meisten meiner Hunde bewährt.

Welches sind Deine nächsten Ziele nach dem Sieg bei den Irischen Championships 2017 mit Int. FTCh. Miller McDuff?

Mein Ziel ist, nun auch die IGL Retriever Championships zu gewinnen. Gerne würde ich auch die Irischen Championships nochmals gewinnen und für Irland bei Internationalen Ereignissen starten. Es ist ein großartiger Sport.

FIELD TRIALS AUF DEM KONTINENT

Auch in vielen kontinentaleuropäischen Mitgliedsländern der FCI wie Belgien, Dänemark, Finnland, Frankreich, Italien, Österreich, Schweden, Spanien, der Tschechischen Republik und Ungarn finden während der Jagdsaison nationale und internationale Field Trials nach englischem Vorbild statt.

NATIONALE FIELD TRIALS

Die Prüfungsordnungen für nationale Field Trials und die Vergabebedingungen der nationalen Arbeitstitel sind von Land zu Land sehr unterschiedlich. Nur in vergleichsweise wenigen Ländern gibt es noch Novice Trials, meist werden nur Open Trials angeboten.

INTERNATIONALE FIELD TRIALS

Internationale Field Trials, auch CACIT-Trials genannt, sind Open Trials, **die nach dem Internationalen Reglement für Arbeitsprüfungen im Felde / Field Trials für Hunde der Retriever-Rassen (nach englischer Art)** der FCI abgehalten werden. Zugelassen sind Retriever, die am Prüfungstag mindestens 18 Monate und einen Tag alt sind. Das CACIT kann ausschließlich an Prüfungen auf lebendes Wild vergeben werden, das am Tag des Trials in keiner Art und Weise manipuliert und in Anwesenheit der Hunde bejagt wurde. Um es zu erhalten, muss der Hund mindestens fünf Stücke Wild apportiert und eine über den ganzen Tag hinweg herausragende Leistung gezeigt haben. Gleiches gilt für die Vergabe des Reserve-CACIT an den Zweitplatzierten. Dieses gewinnt wie im Ausstellungswesen nur an Bedeutung, wenn der Erstplatzierte den internationalen Arbeitschampion-Titel bereits trägt.
CACIT-Trials dürfen nur von offiziell von der FCI anerkannten Field-Trial-Leistungsrichtern gerichtet werden. In Anlehnung an das englische Four Judge System wird in Paaren gerichtet, wobei die Richter während der ersten beiden Runden, z. B. während eines Drives, auch einzeln richten können. Der Trial kann durch ein Finale (run-off) beendet werden, zu dem alle Hunde aufgerufen werden, die noch die Qualifikation vorzüglich erhalten können.
Die dort gezeigten Arbeiten beeinflussen das Ergebnis in gleicher Weise wie die vorangegangenen Runden. Am Ende des Trials erhalten alle Hunde, die bestanden haben, eine ihren Leistungen entsprechende Qualifikation (vorzüglich, sehr gut und gut). Laut FCI-Reglement kann jedoch kein Hund klassiert werden, der nicht am Prüfungstag erfolgreich aus tiefem Wasser apportiert hat oder einen offiziellen Nachweis darüber erbringen kann.

CACT UND CACIT

Das CACT (Certificat d'Aptitude au Championnat de Travail) ist eine Anwartschaft auf den nationalen Arbeitschampiontitel.
Das CACIT (Certificat d'Aptitude au Championnat International de Travail) ist eine Anwartschaft auf den Internationalen Arbeitschampiontitel der FCI.

UNTERSCHIEDE ZWISCHEN FCI-REGLEMENT UND DEN KENNEL CLUB RULES

Das FCI-Reglement unterscheidet sich von den Field Trial J-Regulations des Kennel Clubs durch die Vergabe von Qualifikationen (vorzüglich, sehr gut und gut) und in der Behandlung der Fehler. Auch wenn ein schwerer Fehler in beiden Regelwerken grundsätzlich das Ende des Trials für einen Hund bedeutet, differenziert das FCI-Reglement über die Vergabe von Qualifikationen nach den bis dahin erbrachten Leistungen. Geschieht der schwere Fehler, nachdem der Hund zuvor zumindest drei Apporte überzeugend gearbeitet hat, kann er am Ende immer noch die Bewertung gut oder sogar sehr gut erhalten. Hunde mit weniger als drei guten Apporten erhalten die Bewertung nicht klassiert (NC).

DIE FCI-EUROPAMEISTERSCHAFTEN FÜR RETRIEVER

Von 1992–2015 fanden im zweijährigen Turnus die Mannschafts-Europameisterschaften der FCI (Coupe d' Europe – CdE) statt. Jedes teilnehmende europäische FCI-Mitgliedsland wurde durch eine Mannschaft vertreten, die entsprechend der Möglichkeiten des organisierenden Landes aus zwei bis vier Hunden bestand. Zur Ermittlung des Europameisters wurden die während dreier aufeinanderfolgender CACIT-Trials (zwei Semifinale und ein Finale) errungenen Einzelqualifikationen in eine Teamwertung überführt. Aufgrund des großen Interesses an Field Trials wurden wenige Jahre später die Individual-Europameisterschaften der FCI (ICC) initiiert, die fortan in den CdE-freien Jahren abgehalten wurden. Als sich die Durchführung von Meisterschaften in der Größenordnung des CdE aufgrund der sich europaweit ändernden Jagdbedingungen als zunehmend schwierig erwies, wurde der ICC von 2016 bis 2018 zunächst jährlich abgehalten, bis 2019 schließlich die European Championships (EC) ins Leben gerufen wurden, die seitdem jährlich als zweitägiges CACIT-Trial abgehalten werden.

INTERNATIONALER ARBEITS-CHAMPION (C.I.T.) DER FCI

- Zwei CACIT an einem Field Trial unter dem Patronat der FCI unter zwei verschiedenen Richtern in einem oder mehreren Ländern
- Mindestens die Qualifikation „sehr gut“ in der Gebrauchshundeklasse, Zwischenklasse oder Offenen Klasse an einer internationalen FCI-Ausstellung

Auf einem Field Trial werden die Hunde …

… anlässlich einer praktischen Jagd geprüft.

VOM APPORTIERSPEZIALISTEN ZUM JAGDLICHEN ALLROUNDER

Der Labrador wurde als Spezialist für die Arbeit nach dem Schuss gezüchtet. In diesem Zusammenhang ist für Jäger wissenswert, dass seine angeborene Weichmäuligkeit auch bedingt, dass er angeschossenes Wild lebend bringt. Wenngleich nicht in allen Zuchtlinien eine ausreichende Wild- und Raubwildschärfe vorhanden ist, eignet sich der Labrador aufgrund seiner ruhigen, konzentrierten Arbeitsweise doch vorzüglich für die in der Jagdpraxis überwiegend anfallenden Totsuchen. Während ihm Spur- und Sichtlaut i. A. fehlen, lässt er sich vergleichsweise einfach zu einem verlässlichen Bringsel-Verweiser ausbilden. Aufgrund seiner guten Lenkbarkeit wird er auch als Buschierer geschätzt.
Der für Gesellschaftsjagden gezüchtete Labrador ist ein unkomplizierter Jagdbegleiter, der sowohl durch seine Leistungen, als auch seine Verträglichkeit gegenüber Artgenossen und Mitjägern überzeugt. Mannschärfe oder Schutzverhalten sind ihm fremd.

JAGDLICHES INTERESSE IM WELPENALTER WECKEN

Es macht durchaus Sinn, die Anlagen des jagdlich geführten Labradors früh zu fördern. Das gezielte Arbeiten mit Wild sollte jedoch erst dann beginnen, wenn der Grundgehorsam gefestigt ist und der Hund Dummys, auch unter erschwerten Bedingungen, sicher und zuverlässig apportiert.

Wichtig! Zuerst Dummys und dann Wild!
Erst wenn der Hund Dummys sicher und zuverlässig apportiert, kann mit Wild gearbeitet werden.

VON DER WELPEN-FUTTERSCHLEPPE ZUR SCHWEISSARBEIT

Ein wesentlicher Bestandteil der Arbeit des zukünftigen Verlorenbringers ist das Verfolgen einer Spur. Der erste Schritt dahin ist die Futterschleppe. Um dem Welpen von Anfang an zu vermitteln, dass sich das langsame Vorwärtsarbeiten auf der Spur lohnt, muss sie so reizvoll und interessant wie möglich gestaltet werden. Für den Trainingsaufbau gilt deshalb: Der Weg ist das Ziel – die Belohnung am Ende der Spur ist nur das Tüpfelchen auf dem i.
Die Altersangaben im nachfolgenden Übungsplan (S. 182) können nur einen groben Anhalt bieten. Jegliches Vorgehen muss dem Entwicklungsstand, der Veranlagung und dem Temperament des Welpen angepasst werden, wobei auch die jeweilige Tagesform zu berücksichtigen ist.

Das Legen der Schleppe

Zum Schleppenlegen eignet sich ein Stück Pansen oder Reh-Lunge, das an einer Schnur gezogen wird. Zu Beginn markiert der Schleppenleger den Anfangspunkt (Anschuss), indem er mit dem Schuh den Boden aufraut, das Schleppgut darin wälzt und kleine Stücke davon auslegt.
Mit dem gezogenen Pansen bzw. der Lunge kann je nach Übungsstand eine durchgehende oder durch zeitweiliges Anheben auch eine teilweise unterbrochene Spur hergestellt werden. Die auf der Spur ausgelegten Pansen- bzw. Lungenstückchen (Verweiserbrocken) bestätigen und motivieren den Welpen, ihr eng zu folgen. Jede Schleppe muss genau markiert werden (max. 2 m Abstand) und sollte in einem neuen, altersgerecht schwieriger werdenden Gelände gelegt werden.

Das Arbeiten auf der Schleppe

Zu einfach angelegte Spuren verleiten ebenso wie zu schwere zu einem unkonzentrierten und großräumigen Suchverhalten. Um das langsame Ausarbeiten mit tiefer Nase (Buchstabieren) zu fördern, sollte die Schleppe deshalb immer so anspruchsvoll gestaltet werden, wie der Welpe sie – auch mit Unterstützung des Hundeführers – noch bewältigen kann. Er wird dabei weder am Schweißriemen geführt, noch beim Abkommen korrigiert oder gar zurückgehalten, sondern darf sich frei auf der Spur bewegen. Er soll Vertrauen in seine Nase entwickeln und erfahren, dass es sich lohnt, ihr eng zu folgen. Das gemeinsame Erarbeiten der Spur und die Freude am Erfolg stärken die Bindung auf besondere Weise.

Erst wenn der Welpe körperlich weit genug entwickelt ist, um ein Schweißgeschirr bzw. eine Schweißhalsung zu tragen, kann er am Riemen geführt werden.

Typisch Retriever! Ruhig und aufmerksam beobachten die beiden Hündinnen das Jagdgeschehen, bis sie später zum Apportieren geschickt werden.

01 a

01 b

02 a

02 b

03

04

Von der Futterschleppe zur Lungen-Tupf-Fährte

Arbeitet der Welpe bzw. Junghund die Lungen-Futterschleppe auch in schwierigerem Gelände und bei längerer Stehzeit sicher und mit tiefer Nase aus, kann im Alter von ca. 4 Monaten zur Lungen-Tupf-Fährte übergegangen werden. Wichtig ist auch hier, in einem ersten Gang zunächst den Fährtenverlauf genauestens und eng zu markieren. Der Abstand zwischen den Markierungen sollte nicht mehr als 2 m betragen. Anschließend wird in einem zweiten Gang mit Hilfe eines an den Tupf-Stock gebundenen Lungenstücks die Fährte hergestellt. Zu Beginn des Trainings wird der Tupf-Stock alle 20 cm aufgesetzt. Durch die doppelte Trittspur wird die Bodenverwundung, an der der Hund sich hauptsächlich orientiert, verstärkt.

Mit fortschreitendem Training kann der Tupf-Abstand bis auf Schrittlänge verlängert werden. In schwierigen Passagen und auf den Haken wird, um das genaue Ausarbeiten zu fördern, immer deutlich enger getupft. Zusätzlich werden auf den Tupf-Stellen auch weiterhin Lungenstückchen ausgelegt. Anfänglich auf jedem Tupf, später variabel. Das Anlegen erster Wundbetten nach Vorbild des Anschusses ermöglicht sowohl das Erlernen und Bestätigen des Verweisens, als auch das Einführen eines Pausen-Managements.

Verlässt der junge Hund die Fährte, wird er durch konsequentes Stehenbleiben mit angehaltenem Riemen korrigiert. Nimmt er die Fährte wieder an, wird er verbal gelobt und durch Weitergehen bestätigt.

05

06

07

Welpen-Futterschleppe

01 a, b Anfangspunkt (Anschuss)

02 a, b Verweiserbrocken auf der Spur

03 Am Ende der Spur

04 Erkunden des Anschusses

05 Auf der Spur

06 Über Äste hinweg

07 Geschafft!

☞ TRAININGSPLAN FUTTERSCHLEPPE/LUNGEN-TUPF

SCHRITTE	AB WELCHEM ALTER?	WIE?	WO?	WIE LANGE?	STEHZEIT	LERNZIELE
01	Ca. 8.–12. Woche Schleppe für Einsteiger	1 Anfangs ein Stück Pansen bzw. Reh-Lunge ohne Kurven und Haken ziehen 2 Um Interesse zu wecken: Die ersten ein, zwei Male das Schleppgut nach 2 m aus dem Blickfeld verschwinden lassen	Offener Waldboden mit wenig Unterwuchs	Beginnend mit ca. 10 m Länge	0–20 Minuten	1 Interesse an der Spurarbeit wecken 2 Fördern des Nasengebrauchs
02	Ca. 12.–16. Woche Leicht erhöhter Schwierigkeitsgrad	1 Länge und Spurverlauf erst durch Kurven und später durch Haken zunehmend variieren 2 Durch ausgelegte Verweiserbrocken zum langsamen Arbeiten animieren 3 Eng ausgelegte Verweiserbrocken auf den Haken	Zunehmend altersgerecht schwieriger werdendes Gelände (kleine Hindernisse, liegende Äste, kreuzende Wege, unterschiedlicher Bewuchs)	Länge (30–100 m) in Abhängigkeit der Schwierigkeit der Spur langsam steigern	30–120 Minuten	1 Folgen der Spur mit tiefer Nase 2 Langsames, buchstabierendes Ausarbeiten 3 Allmähliches Umstellen auf die Arbeit am Riemen
03	Ab 16.–20. Woche Lungenschleppe auf Lungen-Tupf umstellen	1 Fährtenverlauf markieren 2 Fährte anlegen, anfangs alle 20 cm tupfen 3 Auf schwierigen Passagen und auf den Haken enger tupfen 4 Durch Verweiserbrocken weiterhin zum langsamen, sorgsamen Arbeiten animieren 4 Anlegen erster Wundbetten	Unterschiedliche Waldböden, ansonsten wie 02	Grundsatz: Lieber schwer und kurz, als lang und leicht. Pausen nicht vergessen!	120–240 Minuten	1 Umgang mit unterbrochener Witterung 2 Langsames Arbeiten 3 Erlernen eines Pausenmanagements (z. B. Ablegen auf dem Wundbett)

GEWÖHNUNG AN WILD

Da Hunde in ihrem Riechzentrum Duft-Datenbanken aufbauen, sollte der jagdlich geführte Labrador-Welpe schon früh Gelegenheit bekommen, verschiedene Wildarten kennenzulernen. Dabei geht es ausschließlich um einen positiven Erstkontakt mit der spezifischen Witterung, nicht jedoch um die Notwendigkeit des Apportierens! Zeigt sich der Welpe uninteressiert oder ausweichend, kann sein Jagdverhalten durch das Bewegen der Beute spielerisch geweckt werden.

GEWÖHNUNG ANS WASSER

Die meisten Labrador-Welpen fühlen sich vom ersten Moment an vom Wasser angezogen. Es gibt aber auch Welpen, die Zeit brauchen, um das nasse Element für sich zu entdecken. Für erste Wasserkontakte und Schwimmversuche eignet sich ein möglichst strömungsarmes Gewässer mit sanft abfallendem Uferbereich und einem leichten Wassereinstieg. Im Wasser stehend, kann der Hundeführer den Welpen über das Beuteverhalten spielerisch dazu animieren, die erste Scheu zu überwinden. Ein auf der Wasseroberfläche hin und her bewegtes Dummy reicht dazu oft schon aus.
Sobald der Welpe beginnt, den Bewegungen zu folgen, wird es losgelassen, sodass er es noch watend erreichen kann. Wenn dies gut klappt, kann das Dummy immer ein paar Zentimeter weiter ins tiefere Wasser geworfen werden, bis es schließlich nur noch schwimmend zu erreichen ist. Bleiben alle Bemühungen erfolglos, hilft u. U. die Anwesenheit eines schwimmbegeisterten erwachsenen Hundes, der mit guten Beispiel vorangeht. Alternativ kann der Hundeführer auch versuchen, den Welpen mit Hilfe eines Motivationsgegenstandes zu sich in tiefere Wasser zu locken.

Wichtig! Früher oder später schwimmt jeder Labrador. Jeglicher Druck verursacht meist vermeidbare Probleme.

01

02

01 Ein auf der Wasseroberfläche hin und her bewegtes Dummy reicht meist aus, um die Scheu mit Hilfe des Beuteverhaltens zu überwinden.

02 Der richtige Schwimmstil ist schnell gelernt.

Idealerweise befindet sich der Junghund bei den ersten Schussabgaben im ausgelassenen Spiel.

GEWÖHNUNG AN DEN SCHUSS

Allen jagdlichen Prüfungen gemein ist die Feststellung der Schussfestigkeit. Da die meisten Probleme im Zusammenhang mit dem Schussgeräusch „hausgemacht" sind, sollte der Junghund nicht zu früh und mit aller Umsicht damit vertraut gemacht werden. Um eine positive Verknüpfung zu erreichen, ist ein schrittweiser Aufbau nötig. Die ersten Schüsse werden aus einer Distanz von ca. 150 – 200 m mit einem 6-mm-Schreckschuss-Revolver abgegeben. Dabei sind sowohl die Windrichtung als auch die Geländegegebenheiten zu beachten – beide können den Schussknall unnötig verstärken. Idealerweise befindet sich der Hund während der Schussabgabe im Freilauf oder im Spiel. Reagiert er gelassen, wird er ohne Unterbrechung durch Weiterspielen oder Futter bestätigt. Die Schussdistanz kann dann schrittweise verkürzt und die Gewöhnungssituation durch verschiedene Apportierspiele variiert werden. Zeigt der Hund weiterhin keinerlei Vorbehalte, kann nach dem gleichen Schema die Gewöhnung an den Flintenschuss beginnen.
Bei geringsten Anzeichen einer Empfindlichkeit muss die Übungssituation so umgestaltet werden, dass jegliches Unbehagen durch eine gezielte Gewöhnung (Habituation) abgebaut wird. Dazu bieten sich v. a. Ablenkungssituationen an, in denen das Jagd-, Spiel- oder Fressverhalten des Labradors gezielt genutzt wird, um die Reaktion auf den Schuss positiv zu überspielen. Lernen über Gewöhnung erfordert Geduld und einen sinnvollen, kleinschrittigen Aufbau – deshalb macht es Sinn, von Anfang an langsam und umsichtig vorzugehen!

JAGDPRÜFUNGEN FÜR RETRIEVER

Die Verbandsgebrauchsprüfungen des JGHV (Jagdgebrauchshundeverband) orientieren sich seit jeher am Vollgebrauchshund, der im Sinne eines Allrounders für alle im Revier anfallenden Arbeiten eingesetzt werden kann. Für den Labrador als Apportierspezialisten bedeutet dies, dass die für ihn relevanten Verbandsgebrauchsprüfungen, wie z. B. die Verbandsprüfung nach dem Schuss (VPS), im Wesentlichen diejenigen Anlagen und Eigenschaften abprüfen, die einen sicheren Verloren-Bringer auszeichnen.

Dazu gehören neben den Apportieranlagen auch ein ausgeprägter Spur-, Finder- und Durchhaltewille, eine gute Nase sowie eine allgemeine Wesensfestigkeit. Um die speziellen jagdlichen Anlagen des Labradors auf Dauer besser sichten, fördern und erhalten zu können, entstanden unter Federführung der rassebetreuenden VDH-Zuchtvereine nach und nach verschiedene an die Gebrauchsprüfungen des JGHV angelehnte Jagdprüfungen für Retriever unterschiedlicher Leistungsstufen.

Grundvoraussetzung für Teilnahme an Jagdprüfungen der Rassezuchtvereine ist das Vorliegen einer VDH- bzw. FCI-anerkannten Ahnentafel sowie die Mitgliedschaft des Eigentümers in einem JGHV-angeschlossenen Verein. Gleiches gilt für die Teilnahme an Prüfungen bzw. den Erwerb von Leistungsabzeichen des JGHV.

NEUE WEGE IN DER SICHTUNG JAGDLICHER ANLAGEN: DIE JAS / R (DRC)

Seit 2017 geht der DRC mit der JAS / R neue Wege in der Sichtung natürlicher jagdlicher Anlagen junger Retriever (zwischen 8 und 18 Monaten). Die einzelnen Aufgaben, eine Verloren-Suche im Wald und im Feld, die Arbeit auf einer Schleppspur sowie je eine Markierung an Land und über Wasser, dienen ausschließlich dazu, dem Hund Gelegenheit zu geben, bestimmte Anlagen zu zeigen. Typische Anlagen im Sinne der JAS / R sind: Arbeitseifer, Finderwille, Selbstständigkeit, Nasengebrauch, Arbeitsruhe, Führigkeit, körperliche Härte, Spurwille, Wasserfreude, Konzentration und das Einschätzen von Entfernungen.

Wann immer sie sich während der Sichtung zeigen, werden sie auf einer Skala von 7 – 13 von ‚kaum erkennbar' über ‚ausgewogen' bis hin zu ‚zu ausgeprägt' beschrieben. Weiterhin wird vermerkt, ob der Hund Feder- und Haarwild trägt bzw. zuträgt und sich vor und während der Arbeit ruhig verhält. Daneben werden verschiedene Wesens- und Verhaltensfeststellungen getroffen, die das Temperament, die Selbstsicherheit und die Verträglichkeit betreffen sowie die Schussfestigkeit überprüft.

Am Ende der Übung lockt der Schütze den Junghund …

… freundlich zu sich und lässt ihn die Waffe beriechen.

HIERARCHIE UND ANFORDERUNGEN DER WICHTIGSTEN JAGDPRÜFUNGEN

	STAND-RUHE	MAR-KIEREN	EIN-WEISEN	TREIBEN	WALK UP	SUCHE	SCHLEPPE	SCHWEISS	WASSER	GEHOR-SAM
SRP	X	X	X	X	X	X	X		X	X
PNS	X	X	X			X	X	X	X	X
SWP / O. RB.								X		
R / SWP								X		
HP / R BZW. SPJGP / R	X	X	X	X		X	X		X	X
RGP BZW. JGP / R	X	X	X	X		X	X	X	X	X
BLP / R	X	X	X	X	X	X	X		X	X

DRC-RETRIEVERGEBRAUCHSPRÜFUNG/ LCD-JAGDGEBRAUCHSPRÜFUNG

Die RGP bzw. die JGP / R sind an die Verbandsgebrauchsprüfung (VGP) bzw. die Verbandsprüfung nach dem Schuss (VPS) des JGHV angelehnte Leistungsprüfungen, bei denen zwei Fächer retrieverspezifisch modifiziert wurden. Anstelle des Stöberns im Wald ist eine freie Verloren-Suche auf drei Stücke Nutzwild und anstelle der Verloren-Suche im Feld das Einweisen auf zwei Stücke Federwild getreten. Als Meisterprüfungen kennzeichnen sie den Abschluss der Ausbildung des für den vielseitigen Jagdeinsatz brauchbaren Retrievers.

DIE VEREINS-SCHWEISSPRÜFUNGEN DER RASSEZUCHTVEREINE

Da die Verbandsschweißprüfung (VSwP) des JGHV einen Lautnachweis voraussetzt, für den der Labrador i. d. R. nicht veranlagt ist, haben die Rassezuchtvereine entsprechende Vereins-Schweißprüfungen initiiert, die hinsichtlich Länge, Verlauf, Herstellung und Steh-Zeiten mit deren Vorgaben übereinstimmen. Bei der Schweißprüfung ohne Richterbegleitung (SwP / o. Rb.) des DRC muss die Fährtentreue des Hundes durch die auf der Fährte gefundenen, speziell gekennzeichneten Verweiser-Blätter nachgewiesen werden. Schweißprüfungen dieser Art stellen die Krone der Arbeit auf der künstlichen Fährte dar, da sie am ehesten den Bedingungen einer realen Nachsuche entsprechen.

VEREINSPRÜFUNG NACH DEM SCHUSS (PNS) DES DRC

Die PnS ist eine eigenständige Prüfung, die sich aus einzelnen Fächern der Verbandsgebrauchsprüfung (VGP), der Retrievergebrauchsprüfung (RGP), der Dr.-Heraeus-Gedächtnis-Prüfung (HP / R), der Bringtreueprüfung (Btr) sowie einer verkürzten Schweißprüfung ohne Richterbegleitung (SwP / o. Rb.) zusammensetzt. Sie zeichnet den Retriever in besonderer Weise als jagdlichen Allrounder aus.

ST.-JOHN'S-RETRIEVERPRÜFUNG (SRP) DES DRC

Die SRP folgt keiner starren Prüfungsordnung mit vorgegebenen Fächern, sondern orientiert sich an den Vorgaben des Internationalen Reglements für Arbeitsprüfungen im Felde / Field Trials für Hunde der Retriever-Rassen der FCI. Damit gibt sie den Richtern die Möglichkeit, die Gegebenheiten des jeweiligen Reviers zu nutzen, um ein Prüfungsgeschehen zu entwickeln, das einer typischen Niederwildjagd entspricht. Auf diese Weise können die wichtigsten Eigenschaften, die einen Retriever für die Arbeit nach dem Schuss auszeichnen, wie Standruhe (Steadiness), Markier- und Merkfähigkeit, Lenkbarkeit, Such- und Bringfreude und die Arbeit in tiefem oder über tiefes Wasser, in unterschiedlichen Variationen jagdnah abgeprüft werden. Idealerweise werden die Hunde sowohl während eines Standtreibens (engl. Drive), als auch während einer Streifjagd (engl. Walk up) geprüft.

DEUTSCHER JAGD-CHAMPION (DT.-JAGD-CH.)

- Zwei CACT erworben bei einer Retrievergebrauchsprüfung (RGP), Dr. Heraeus-Gedächtnis-Prüfung für Retriever (HP/R), Prüfung nach dem Schuss (PnS) oder St.-Johns-Retrieverprüfung (SRP)
- Mindestens die Qualifikation „sehr gut“ auf einer deutschen Ausstellung

Die Jagdprüfungen der Rassezuchtvereine legen besonderen Wert auf die speziellen Fähigkeiten der Retriever.

DER LABRADOR
— in der Dummy-Arbeit

TRAININGSAUSRÜSTUNG

Die Dummy-Arbeit entstand Mitte des 20. Jahrhunderts in England. Gerade für Nichtjäger bietet sie ideale Möglichkeiten zur rassegerechten Beschäftigung eines Labradors. Aber auch für den jagdlich geführten Retriever eignet sie sich hervorragend für das Heranführen an die Apportierarbeit und das Erhalten des Leistungsstandes eines ausgebildeten Hundes außerhalb der Jagdsaison. Mittlerweile erfreut sie sich als Hundesportdisziplin mit umfangreichem Prüfungswesen europaweit größter Beliebtheit.

SINNVOLLE TRAININGS-GEGENSTÄNDE

MOXONLEINE

Die in der Dummy-Arbeit gebräuchlichste Leine ist die Moxonleine. Da Halsband und Leine aus einem Stück bestehen, lässt sie sich während des Arbeitens gut in der Jackentasche verstauen.

Dummys gibt es in vielen Farben, Größen und Varianten.

Wichtig!

- Eine Moxonleine sollte frühestens ab dem 6. Lebensmonat verwendet werden.
- Nur ein ausreichend starkes Modell mit Zugbegrenzung entspricht den tierschutzrechtlichen Anforderungen.
- Das A & O ist das richtige Anlegen der Moxonleine. Das Ende mit der Öse führt unterhalb des Halses vom Hundeführer weg, das Stück mit der Zugbegrenzung läuft oberhalb des Halses auf ihn zu. Unter nachlassendem Zug muss sich die Leine sofort wieder selbstständig öffnen.

PFEIFE & PFEIFENBAND

Zu empfehlen sind englische ACME®-Pfeifen aus Kunststoff. Sie sind in vielen Farben erhältlich und zeichnen sich durch ihre genormten Tonlagen (210 ½, 211 ½ und 212) und ihre Wetterbeständigkeit aus. Um die Pfeife jederzeit parat zu haben, wird sie an einem Pfeifenband um den Hals getragen.

DUMMYS

Als Grundausstattung bietet sich ein Starter-Set aus 10 grünen Standard-Dummys (500 g) und 3 – 4 orangefarbenen Suchen-Dummys (80 g) an. Je nach Einstiegsalter und Trainingsschwerpunkt kann das Set durch verschiedene Spezial-Dummys beliebig erweitert werden.

Wichtig!

- Dummys gibt es mittlerweile in vielen Größen und Farben. Auch wenn das auf Prüfungen verwendete Standard-Dummy i. d. R. grün ist und 500 g wiegt, macht es Sinn, den Hund im Training an unterschiedliche Dummys (Form, Struktur, Füllung, Gewicht) verschiedener Fabrikate zu gewöhnen.

Nur wenn die Moxonleine richtig angelegt ist, öffnet sie sich unter nachlassendem Zug wieder.

— Hunde besitzen ein anderes Farbsehen als Menschen. Dies spielt nicht nur beim Markieren eine Rolle, sondern auch bei den Suchen-Dummys. So kann der Hund z. B. Orange und Grün nicht voneinander unterscheiden.

DUMMY-TASCHE ODER -WESTE

Ein äußerst wichtiges Trainingsutensil ist eine ausreichend große Dummy-Tasche oder bequem zu tragende Trainingsweste.

Wichtig!

— Ein vom Hund gebrachtes Dummy darf nicht achtlos auf den Boden geworfen, sondern muss immer in einer Tasche bzw. Weste verstaut werden.

— Bei Rückenproblemen ist aufgrund der gleichmäßigeren Gewichtsbelastung eine Trainingsweste zu empfehlen.

6-MM-REVOLVER

Um mit Schuss trainieren zu können, bietet sich ein 6-mm-Schreckschussrevolver an, dessen Munition sowohl billiger, als auch erheblich leiser ist als die eines 9-mm-Kaliber-Modells. Es gilt dabei jedoch zu beachten: Zum Führen einer Schreckschusswaffe wird nicht nur ein **Kleiner Waffenschein** des Ordnungsamtes benötigt, sondern auch die Erlaubnis des zuständigen Jagdpächters.

Die ideale Aufbewahrung für große und kleine Trainingsutensilien

SINNVOLLE SIGNALE UND HANDZEICHEN

Vor Trainingsbeginn muss sich der Hundeführer zunächst über die Signale, die er für die unterschiedlichen Aktionen verwenden will, klar werden. Sie sollten kurz, prägnant und eindeutig voneinander zu unterscheiden sein.

SIGNALE FÜR MARKS UND BLINDS

Viele Hundeführer benützen für Markierungen („Apport") und Blinds („Voran") unterschiedliche Signale.

— Beim Arbeiten einer **Markierung** soll der Hund mit dem Signal „Apport" Folgendes verknüpfen: selbstständiges Beobachten der Flugbahn, Markieren der Fallstelle, Finden und Bringen des Dummys.

— Beim Arbeiten eines **Blinds** soll der Hund mit dem Signal „Voran" Folgendes verknüpfen: In gerader Linie in die angezeigte Richtung laufen, bis entweder Witterung vom Dummy oder ein weiteres Signal folgt.

Der Nachteil unterschiedlicher Signale offenbart sich u. a. dann, wenn der Hund z. B. unbemerkt nicht markiert hat. Da ihm in diesem Fall die wesentlichen Merkmale fehlen, die er mit dem Signal „Apport" verknüpft hat, wird er verunsichert reagieren. Nimmt der Hundeführer hingegen fälschlicherweise an, der Hund hätte nicht markiert, und schickt ihn deshalb mit „Voran", signalisiert er ihm damit, dass das markierte Dummy nicht dasjenige ist, das er holen soll. Insoweit können unterschiedliche Signale eine eindeutige Kommunikation erschweren.

Eine klare Körpersprache und eindeutige Signale sind das A und O!

☞ HÄUFIG VERWENDETE SIGNALE

	AKTION	VERBALES SIGNAL (DT.)	VERBALES SIGNAL (ENGL.)	PFEIF-SIGNAL	HANDZEICHEN
01	Apportieren	Apport!	Fetch!	—	—
02	Stoppen = Sitz-Pfiff	—	—	Kurzer Einzelpfiff	Nach oben ausgestreckter Arm mit zum Hund zeigender Handfläche
03	Gerade voranschicken	Voran!	Get on!	—	Ausgestreckter, auf den Zielpunkt zeigender Arm
04	Über Kopf zurückschicken	Zurück!	Back!	—	Der senkrecht nach oben gestreckte Arm wird im Ellenbogen abgeknickt und zeitgleich mit dem verbalen Signal wieder gestreckt.
05	Rechts- oder Linksschicken	Rüber!	Out!	—	Waagrecht nach rechts oder links ausgestreckter, in Richtung des Ziels zeigender Arm
06	Kleine Suche	Such, such!	There! Steady!	Kurze, schnell aufeinanderfolgende Sequenz von Einzelpfiffen	Die in Oberschenkelhöhe nach unten gedrehte Handfläche deutet in die Richtung, in die der Hund suchen soll.
07	Freie Verloren-Suche	Such verloren!	Hi lost!	—	—
08	Hindernis überspringen	Hopp! Sprung!	Get over!	—	—
09	Sich schütteln	Schüttele dich!	Shake!	—	Die zum Hund gedrehte Handfläche fährt mit schnellen „Wischbewegungen" hin und her.
ZUSÄTZLICHE SIGNALE	Halten des Dummys	Halte fest!	Hold!	—	—
	Kurzzeitiges Ignorieren eines Dummys	Später!	Leave it!	—	Das Signal kann mit einem kurzen Fingerzeig in Richtung des zu ignorierenden Dummys verbunden werden.
	Abbruchsignal	Nein!	No!	—	—

DIE DREI T'S IM DUMMY-TRAINING

1 TRAININGSPLAN

Basisvoraussetzung für ein zielgerichtetes, erfolgreiches Dummy-Training ist ein bereits gefestigter Grundgehorsam!

Die Altersangaben im nachfolgenden Trainingsplan können nur Anhaltspunkte geben. Sie spiegeln jedoch wider, in welcher Reihenfolge welche Elemente trainiert werden. Der tatsächliche Trainingsbeginn der einzelnen Elemente kann, ebenso wie der Ausbildungsfortschritt, je nach Erfahrung und Geschick des Hundeführers, Veranlagung, Temperament, Charakter und individuellem Reifegrad des Hundes variieren. So können z. B. Hunde mit einer hohen Apportierbereitschaft viel früher mit dem Steadiness-Training beginnen, als Hunde, die nur wenig interessiert sind und gefördert werden müssen.

2 TRAININGSAUFBAU

Ein gut durchdachter, systematischer Aufbau ähnelt einem Puzzlespiel. Jedes Trainingselement besteht aus verschiedenen Trainingsschritten. Für jeden Trainingsschritt wird ein Trainingsziel definiert, das je nach Komplexität in weitere Teilschritte zerlegt wird. Erst wenn jeder Teilschritt für sich klappt, können sie zu einem Ganzen zusammengesetzt werden.

VORGEHEN ANHAND EINES BEISPIELS

Trainingsziel Aufbau einer Einzelmarkierung über einen Graben

Geländewahl Um die Schwierigkeiten eines Geländes richtig zu beurteilen, macht es Sinn, sich auf Augenhöhe des Hundes zu begeben. Dabei zeigt sich ein ganz anderes Bild als aus Perspektive des Menschen. Das wesentlich eingeschränktere, binokulare Gesichtsfeld erschwert ihm zudem die dreidimensionale Geländeübersicht und beeinträchtigt sowohl die Tiefenwahrnehmung, als auch das Einschätzen von Entfernungen.
Für den Hund erschließt sich die Struktur eines Geländes über optische Linien und Auffälligkeiten. Dies können sowohl leicht erkennbare Geländeübergänge oder -hindernisse, als auch eher unscheinbare Höhenversätze oder Bewuchswechsel sein. Das Queren dieser Linien kann für ihn eine Schwierigkeit bedeuten, die bei der Wahl des Geländes und der Unterteilung der Trainingsschritte berücksichtigt werden muss.
Auch Art und Höhe des Bewuchses kann die Schwierigkeit eines Geländes und vor allem die Witterungsbedingungen stark beeinflussen. Pflanzen mit starkem Eigengeruch (z. B. Raps) können das Wahrnehmen von Witterung ebenso erschweren wie Pflanzen mit einer hohen Wuchsdichte (z. B. Klee). Sehr großblättrige Pflanzen (z. B. Zuckerrüben) können die Witterung regelrecht unter sich einschließen, sodass der Hund mit tiefer Nase in den Bewuchs eintauchen muss.
Für die ersten Trainingsschritte bietet sich ein offenes Gelände mit nicht zu hohem Bewuchs und einem gut sichtbaren Graben an, den der Hund entweder überspringen oder leicht durchqueren kann. Das Dummy sollte im Fallbereich verdeckt liegen, aber einfach zu finden sein.

Wind- bzw. Witterungsbedingungen Da die Windverhältnisse bei der Ausbreitung einer Witterung eine zentrale Rolle spielen und die Arbeitsweise des Hundes wesentlich beeinflussen, müssen sie vor dem Aufbau der Übung geprüft werden. Dabei gibt es Folgendes zu bedenken: In Bodennähe bzw. auf Höhe der Hundenase herr-

☞ TRAININGSPLAN VOM 8. MONAT BIS ZUM 2. LEBENSJAHR

TRAININGSELEMENTE	8 MONATE	10 MONATE	12 MONATE	14 MONATE	16 MONATE	18 MONATE	2 JAHRE
STEADINESS							
… mit Dummys		■	■	■	■	■	■
… in der Gruppe						■	■
… im Drive (Treiben)						■	■
FUSSARBEIT							
… an der Leine	■	■	■	■	■	■	■
… in der Freifolge			■	■	■	■	■
… im Walk Up						■	■
APPORTIEREN							
Korrektes Halten und Tragen	■	■	■	■	■	■	■
Korrektes Abgeben			■	■	■	■	■
MARKIEREN							
Einzelmarkierung							
Memory							
Doppelmarkierung							
EINWEISEN							
Kleine Suche im Fallbereich							
Voranschicken auf Memorys							
Zurückschicken auf Memorys							
Rechts- / Linksschicken auf Memorys							
Stopp- bzw. Sitz-Pfiff							
Kombinationen							
Halbblind							
Vollblind							

schen häufig andere Windbedingungen als auf Kopfhöhe des Menschen. Innerhalb weniger Meter können sie sich durch Gelände- und Bewuchsgegebenheiten oder Temperaturunterschiede (z. B. in Sonnen- und Schattenbereichen) ändern. Arbeitet der Hund mit Rückenwind, muss er das Dummy überlaufen, um Witterung zu bekommen. Gegenwind veranlasst ihn instinktiv zum Revieren. Er arbeitet sich im Zickzackkurs in Richtung Witterung vor. Bei Seitenwind bekommt er nur dann Witterung, wenn er das Dummy auf der richtigen Seite passiert.

☞ TRAININGSPLAN MARKIERUNG ÜBER EINEN GRABEN

	TRAININGSSCHRITTE	WICHTIG!
01	Hundeführer und Hund gehen vom Startpunkt aus in gerader Linie auf den geplanten Fallbereich des Dummys zu. Sie überqueren den Graben im rechten Winkel und bleiben in kurzer Distanz vor dem Fallbereich stehen. Der Werfer wirft eine Markierung, auf die der Hund sofort geschickt wird.	Der Fallbereich des Dummys sollte in der gleichen Distanz zum Graben liegen, wie der Startpunkt zum Graben. Der Hund lernt so, seine Lauflinie auch nach Überwinden eines Geländehindernisses beizubehalten.
02	Hundeführer und Hund gehen in gerader Linie über den Graben zurück in Richtung Startpunkt. Kurz nach Passieren des Grabens drehen sich beide wieder dem Fallbereich zu. Der Werfer wirft eine Markierung in den bekannten Bereich.	Der Hund muss nach dem Drehen wieder exakt in Richtung des Fallbereichs ausgerichtet werden. Die kurze Distanz zum Graben und das vorangegangene gemeinsame Überwinden unterstützen den Hund, die direkte Linie anzunehmen.
03	Hundeführer und Hund gehen in gerader Linie bis zum Startpunkt zurück. Der Hund wird nun aus der vollen Distanz auf die Markierung geschickt.	Durch den schrittweisen Aufbau behält der Hund auch aus größerer Entfernung die direkte Linie über den Graben bei und kommt nicht in Versuchung, am Grabenrand zu rändeln.

Zu Beginn führt der direkte Weg im rechten Winkel über den Graben.

Ansonsten muss er sich aktiv Wind holen, indem er in die Witterung dreht. Dafür benötigt er jedoch bereits etwas Erfahrung und eine gute Tiefeneinschätzung.

Position des Werfers Erste Trainingsschritte erfolgen mit Seitenwind, wobei der Helfer so positioniert wird, dass er in den Wind wirft. Orientiert sich der Hund nach dem Überspringen des Grabens an ihm, läuft er unweigerlich in den Wind des Dummys und wird so durch einen schnellen Erfolg in seiner Wahrnehmung bestätigt.

Sinnvolle Trainingsschritte (s. o.) Trainingsziel ist das direkte Überqueren des Grabens auf dem Hin- und Rückweg zur bzw. von der Markierung. Da Hunde naturgemäß die kürzeste Strecke wählen, um ein Hindernis zu überwinden, wird die Übung zunächst so aufgebaut, dass die Ideallinie im rechten Winkel über den Graben führt. Wird der Winkel im weiteren Aufbau verkleinert, muss dies nach dem gleichen Aufbau geschehen.

Liegt der Fallbereich in einiger Entfernung hinter dem Graben, lernt der Hund die Richtung auch nach dem Überqueren beizubehalten.

WIE GEHE ICH VOR, WENN ES NICHT KLAPPT?

Typische Fehlerquellen sind ein zu schnelles Vorgehen oder eine Fehleinschätzung der Geländeschwierigkeiten. Der Trainingsaufbau muss deshalb unter Berücksichtigung der aufgetretenen Probleme nochmals reflektiert werden. Meist hilft es, zurückzugehen und kleinschrittiger aufzubauen. Im Beispiel sind noch zwei weitere Zwischenschritte im Trainingsaufbau denkbar:

1. Der Hund wird direkt vom Grabenrand aus, noch auf der Seite der Markierung, geschickt. Der Vorteil dieses Zwischenschritts liegt darin, dass sich dem Hund von dieser Stelle aus exakt dasselbe Bild auf den Fallbereich bietet, wie dasjenige, das er später unmittelbar nach dem Überqueren des Grabens hat.
2. Der Hund wird von einer Position auf halber Strecke zwischen Graben und geplantem Startpunkt aus geschickt. Dadurch wird die direkte Linie zum und über den Graben nochmals aus einer etwas kürzeren Distanz gefestigt.

Wichtig! Eine Trainingseinheit darf erst dann beendet werden, wenn sie mit einer erfolgreichen Übung (bei Bedarf auch mit einer einfacheren Variante!) abgeschlossen und der Hund positiv bestätigt werden kann.

3 TRAININGSELEMENTE

Die Inhalte orientieren sich an der typischen Arbeitsweise eines Retrievers:

- Standruhe (engl. Steadiness)
- Fußarbeit (engl. Heelwork)
- Apportieren
- Markieren
- Einweisen

Auch wenn die Elemente am Ende puzzlegleich zusammengesetzt werden, müssen sie einzeln aufgebaut und trainiert werden. Dabei gilt: Erst wenn der aktuelle Trainingsschritt zuverlässig beherrscht wird, folgt der nächste Schritt.

STANDRUHE (ENGL. STEADINESS)

Ein für die Arbeit nach dem Schuss prädestinierter Hund muss in der Lage sein, sich unabhängig von der Situation so lange ruhig und gelassen zu verhalten, bis er zum Arbeiten aufgefordert wird. Er darf weder winseln noch bellen, sich unruhig hin und her bewegen oder gar ohne Signal seinen Platz verlassen (= Einspringen). Verhaltensweisen dieser Art führen zum Ausschluss aus jeder retrievertypischen Prüfung.
Steadiness-Probleme resultieren i. d. R. aus einer übersteigerten Erwartungshaltung. Überschreitet die innere Spannungssituation eine bestimmte Schwelle, entlädt sie sich über verschiedene Kompensationshandlungen wie z. B. hektisches Schwanzwedeln, Gähnen, Zähneklappern, Hecheln oder auch Knautschen, Einspringen, Startlautgeben, Fiepen oder Bellen. Jede für sich ist ein Anzeichen für negativen Stress.

Steadiness in Alltagssituationen

Ursächlich für eine zu hohe Erwartungshaltung ist häufig, dass ein bestimmtes Verhalten nicht nur mit einem bestimmten Signal verknüpft wurde, sondern zugleich auch situationsbezogene, „versteckte“ Assoziationen (Ursache → Wirkung) stattgefunden haben.

Typisches Beispiel Der Hund hat gelernt, dass mit dem Abnehmen der Hundeleine vom Haken ein angenehmes Ereignis bevorsteht. Reagiert er mit aufgeregtem Hin- und Herrennen, In-die-Leine-Beißen oder verschiedenen Lautäußerungen, ist das bereits ein deutliches Anzeichen für eine zu hohe Erwartungshaltung. Findet der Spaziergang nun wie geplant statt, wird der Hund in dieser Erwartungshaltung bestätigt.

STEADINESS IM ALLTAG

Das Steadiness-Training beginnt deshalb bereits im Alltag. Es gibt eine Vielzahl von Situationen, in denen das geduldige Warten trainiert werden kann, wie z. B. vor dem Futternapf, vor dem Spaziergang, vor dem Herausspringen aus dem Auto oder vor dem Passieren der Haustür.
Eine unerwünscht hohe Erwartungshaltung kann nur wieder abgebaut werden, indem die nicht beabsichtigte Assoziation nicht weiter bestätigt wird. Das bedeutet im Beispiel: Gebärdet sich der Hund bereits beim Abnehmen der Leine vom Haken aufgeregt, darf nun nicht mehr der Spaziergang folgen. Stattdessen wird die Leine weggesteckt oder umgehängt, während zunächst andere Aktivitäten nachfolgen. Ziel ist es, typische Gewohnheitsmuster zu unterbrechen und Abläufe zu variieren. Je unvorhersehbarer das Vorgehen

für den Hund ist, umso schwieriger wird es für ihn, zu antizipieren! Sobald er sich ruhig verhält, kann der Spaziergang beginnen.
Das Ausüben von Druck wirkt hingegen eher kontraproduktiv, da es i. d. R. zu einem Konflikt zwischen der gesteigerten Erwartungshaltung und der Angst vor einer Korrektur führt.

Wichtig! Die Erregung des Hundes darf nicht bestärkt werden. Er muss lernen, sich zu beherrschen – das gilt für den Alltag gleichermaßen wie für das Dummy-Training.

Den Reiz langsam steigern: erst legen, …

… dann werfen.

STEADINESS IN DER DUMMY-ARBEIT

In der Dummy-Arbeit spielt die Balance zwischen erwünschter und übermäßiger Spannung eine große Rolle. Einerseits soll der Hund ambitioniert arbeiten, andererseits keine zu hohe Erwartungshaltung aufbauen. Eine zu hohe Erwartungshaltung beruht meist auf einem zu frühen und/oder falsch aufgebauten Training. Eine der häufigsten Kompensationshandlungen, die bei der Arbeit mit dem Dummy zum Tragen kommen, ist das Winseln. Ein weiterer nicht zu unterschätzender Auslöser ist in diesem Zusammenhang auch das zu frühe Arbeiten mit jungen Hunden in Trainingsgruppen.

TRAININGSSCHWERPUNKTE BEI JUNGEN HUNDEN

Grundgehorsam und Warten Meist ist weniger mehr und auch ein Labrador muss nicht jeden Tag apportieren! Sobald er gezeigt hat, dass er freudig apportiert, sollte der Trainingsschwerpunkt des jungen Hundes auf den **Grundgehorsam** und das **Wartenlernen** verlagert werden. Erst wenn beides auch unter Ablenkungen gefestigt ist, kann der Apportieranteil während des Trainings langsam gesteigert werden.
Um ein vernünftiges Stressmanagement zu entwickeln, bedarf es einer gewissen mentalen Reife und eines individuell angepassten Trainingsaufbaus.

Direkte Markierungen vs. Steadiness Direkte Markierungen sollten – in Abhängigkeit des Temperaments des Hundes – nur sehr dosiert gearbeitet werden. Durch die Dynamik des Wurfes und das schnelle Schicken entwickelt sich über die **Verknüpfung „fliegendes Dummy = Apportieren"** sehr schnell eine hohe Erwartungshaltung. Beim zusätzlichen Einfordern von Steadiness entlädt sich die innere Spannung häufig über die genannten Kompensationsmechanismen.
Je nach Temperament ist es deshalb vernünftiger, Markierungen überwiegend als Memorys zu arbeiten und jeweils eine andere Arbeit vorzuschalten. Dies kann eine kleine Suche, eine Unterordnungsübung oder auch ein weiteres Memory sein. Ein Vorgehen dieser Art hat mehrere Vorteile. Zum einen bietet es die Möglichkeit, das Signal „Später!" zu etablieren, bei dem der Hund lernt, sich von einem markierten Dummy wegzudrehen. Andererseits fördert es die Steadiness und die Merkfähigkeit sowie die Konzentration auf den Hundeführer.

☞ TRAININGSPLAN STEADINESS-AUFBAU

TRAININGS-SCHRITTE	ZWISCHEN-SCHRITTE	TRAININGSVORSCHLÄGE	WICHTIG!
STEADINESS IN VERBINDUNG MIT SITZ	01	Der Hund sitzt in kurzer Distanz vor dem Hundeführer, der ein Dummy in die Luft wirft und wieder auffängt.	— Bleibt der Hund ruhig sitzen, geht der Hundeführer zu ihm und bestätigt ihn für das Sitzenbleiben, bevor er das Dummy / die Dummys einsammelt. — Der Hund darf die Dummys markieren, er soll aber nicht seine Position verändern. Ansonsten muss er ruhig, aber bestimmt korrigiert und die Übung wiederholt werden. — Die Anforderungen dürfen erst erhöht werden, wenn der vorherige Trainingsschritt zu 100 % sitzt.
	02	Der Hundeführer wirft ein oder mehrere Dummys **hinter sich**.	
	03	Der Hundeführer wirft ein oder mehrere Dummys **seitlich neben den Hund**.	
	04	Der Hundeführer wirft ein oder mehrere Dummys **über den Hund**.	
STEADINESS IN VERBINDUNG MIT FUSSLAUFEN	01	Der Hund sitzt frei bei Fuß in der Grundposition. Der Hundeführer wirft ein Dummy, gibt ihm das Signal "Später!" und dreht sich mit dem Hund vom Dummy weg. Er geht ein paar Schritte bei Fuß, bevor er zurückkehrt und den Ablauf mehrfach wiederholt.	— Der Hund soll während des Wurfs ruhig und gelassen sitzenbleiben. — Er soll markieren, aber seine Konzentration auf das Signal "Später!" hin wieder auf den Hundeführer richten.
	02	Hundeführer und Hund gehen frei bei Fuß zwischen mehreren sichtig ausgelegten Dummys. Durch ein kurzes, gerades Anlaufen richtet er den Hund auf eines der Dummys aus und lässt ihn fokussieren. Der Hund darf erst auf das verbale Signal hin apportieren.	**Variieren!** Anlaufen, stehenbleiben, den Hund ausrichten, aber nicht schicken, anschließend ein anderes Dummy anlaufen und arbeiten lassen oder den Hund sitzen lassen und das Dummy selbst holen etc.
STEADINESS IN VERBINDUNG MIT MARKIERUNGEN BZW. MEMORYS	01	Der Hund sitzt ohne Leine in der Grundposition. Der Hundeführer wirft ein Dummy, gibt dem Hund das Signal „Später!", dreht sich um 180° und beide entfernen sich in gerader Linie. Der Hundeführer richtet den Hund aus, lässt ihn fokussieren und wartet noch einige Sekunden, bevor er ihn schickt.	— An verschiedenen Orten ausgelegte Dummys bieten aus Hundesicht mehrere Optionen. Dies hilft, die Erwartungshaltung niedrig und die Konzentration hoch zu halten. — Beginnt der Hund zu antizipieren, müssen die Übungen so gestaltet werden, dass immer mehrere Möglichkeiten für den nächsten Retrieve offenstehen. — Der Winkel darf erst verkleinert werden, wenn die Steadiness und das „Später!"-Signal gefestigt sind.
	02	Ein Helfer wirft eine Markierung. Der Hundeführer gibt das Signal "Später!" und beide drehen sich um 180°. Anschließend arbeitet der Hund z. B. zuerst eine kleine Suche, bevor der Hundeführer ihn wieder auf die zuerst geworfene Markierung ausrichtet, ihn fokussieren lässt und schickt.	

FUSSARBEIT (ENGL. HEELWORK)

Das korrekte Fußlaufen ist die Basis jeglicher Dummy-Arbeit. Ziel ist der ruhige Begleiter, der, ohne die Aufmerksamkeit des Hundeführers zu beanspruchen, zuverlässig an dessen Seite bleibt. Der Hund soll dem Hundeführer eng folgen, sich ohne weitere Signale an dessen Richtung und Geschwindigkeit anpassen und jederzeit in der Lage sein, aus der Bewegung heraus zu markieren. Um die Konzentration des Hundes während des Fußlaufens zu fördern und aufrechtzuerhalten, ist es hilfreich, es in Verbindung mit Dummys zu trainieren.

Kurze, sich wiederholende Übungssequenzen eignen sich zum **Einfordern von Aufmerksamkeit** und als **Konzentrationsphase** vor dem Apportieren. Konsequenterweise muss deshalb jeglicher Kontaktabbruch während des Laufens, wie z. B. durch das Schnuppern am Boden, korrigiert werden.

Das korrekte Fußlaufen spielt eine zentrale Rolle beim **Einüben von Startsituationen**. Nur wenn der Hund in der richtigen Position läuft, sitzt er nach dem Stehenbleiben auch in der Position, von der aus er ohne weitere Richtungskorrekturen geschickt werden kann.

Sitzt er hingegen nicht optimal, d. h. nicht parallel zum Hundeführer, sollte er im Training nicht geschickt, sondern zuerst durch ein **erneutes Angehen des Startpunktes** korrigiert werden.

WICHTIG! Die wichtigsten Trainingsziele beim Fußlaufen sind das jederzeitige und selbstständige Beibehalten der Fußposition sowie die beiden Verknüpfungen, die es dem Hund ermöglichen, während des Trainings an- und abzuschalten:

- **Laufen ohne Leine = Training**
- **Laufen an der Leine = Auszeit**

Fußlaufen als Konzentrationsphase

APPORTIEREN

Idealerweise läuft ein Labrador mit Initiative und Tempo zum Dummy, nimmt es bereitwillig auf, kehrt im selben Tempo auf direktem Weg zurück und bietet es dem Hundeführer an. Der Apportiervorgang umfasst somit vier Elemente: das Losgehen, das Aufnehmen, das Zurückkommen und das Abgeben des Dummys.
Wichtigster Grundsatz im Training ist ein an das Temperament des Hundes angepasster Aufbau. Auf diese Weise kann bei einem Hund mit einer ausgeprägten Apportierbereitschaft eine unerwünschte Erwartungshaltung vermieden werden, während ein Hund mit einer weniger ausgeprägten Apportierbereitschaft in seinem Verhalten gezielt gefördert werden kann.

BASISÜBUNG

DAS RUHIGE HALTEN, TRAGEN UND ABGEBEN DES DUMMYS

Auch wenn der Hund das Dummy im Allgemeinen gut hält und trägt, macht es Sinn, es abgekoppelt von der Apportiersituation weiter zu festigen. Das Einfordern des Aufnehmens, Haltens und Ausgebens unterstreicht nicht nur die Stellung des Hundeführers, für viele Hunde bedeutet es auch eine milde Form von Stress. Es bietet also insoweit eine gute Möglichkeit, das für einen Retriever wichtige Stressmanagement sanft zu fördern.

01

02

03

☞ TRAININGSPLAN HALTEN – TRAGEN – ABGEBEN

	TRAININGSSCHRITTE
01	Der Hund sitzt in Grundposition neben dem Hundeführer, der das Dummy in der rechten Hand hält. Begleitet vom Signal „Apport" zieht er mit dem Daumen und Zeigefinger der linken Hand vorsichtig die Lefzen des Hundes hoch und schiebt ihm das Dummy sanft in den Fang. Sobald der Hund es nimmt, folgt das Signal „Halte fest". Die rechte Hand des Hundeführers hält nun sanft unterstützend den Unterkiefer. Sobald der Hund das Dummy für eine Sekunde toleriert, wird die Übung mit dem Signal „Aus" beendet und der Hund bestätigt.
02	Die Haltezeit wird je nach Lernfortschritt langsam ausgedehnt und das Halten durch das Berühren des Kopfes oder der Brust des Hundes sowie das Tippen mit dem Finger auf das Dummy gefestigt.
03	Im nächsten Schritt wird das Halten während des Fußlaufens geübt.
04	Der Hund sitzt, der Hundeführer gibt ihm das Dummy mit dem Signal „Apport" in Fang, entfernt sich vom sitzenden Hund und ruft ihn dann zu sich.
05	Der Hundeführer wirft eine kurze Markierung und schickt den Hund. Bevor er das Dummy mit dem Signal „Aus" abnimmt, lässt er es ihn noch kurz halten.

WICHTIG!

— Der Hund darf das Dummy erst auf das verbale Signal „Aus" hin loslassen. Das richtige Timing ist das A & O für die Verknüpfung des Haltens und des Abgebens!
— Jedes unruhige oder nachlässige Halten bzw. Tragen muss freundlich konsequent korrigiert werden!
— Alle Übungsschritte werden nacheinander mit verschieden großen und schweren Apportiergegenständen gefestigt: Vom Standard-Dummy über das Suchen-Dummy bis hin zum Tennisball.
— Während des Halte-Trainings sollten keine weiteren Apportierübungen gemacht werden.

04

01 Sobald der Hund das Dummy nimmt, folgt das Signal „Halte fest!".

02 Die unter den Unterkiefer gehaltene rechte Hand unterstützt das Halten, ...

03 ... während die auf dem Oberkopf liegende linke Hand ein Ausweichen verhindert.

04 In dem Moment, in dem der Hund das Dummy für einen kurzen Moment toleriert, folgt das Signal „Aus".

DAS LOSGEHEN

Der Hund läuft mit Initiative und Tempo zielstrebig zum Dummy.

Tipps für Hunde mit einer hohen Apportierbereitschaft

— Um die Erwartungshaltung niedrig zu halten, sollten Dummys ausgelegt anstatt geworfen werden.

— Durch das Arbeiten in einem schwierigeren Gelände lernt der Hund, sein Tempo den Gelände- und Witterungsverhältnissen anzupassen.

Tipps für Hunde, die in ihrer Apportierbereitschaft gefördert werden müssen

— Direkte Markierungen wirken hier meist eher positiv motivierend, als dass sie eine unerwünschte Erwartungshaltung nach sich ziehen.

— Je nach Temperament kann versucht werden, mehr Spannung durch verschiedene Apportieralternativen, ein verzögertes Schicken oder beim Arbeiten in der Gruppe aufzubauen.

— Auch attraktivere Apportiergegenstände, wie z. B. ein Futter- oder Fell-Dummy, eine Ballschleuder für Tennisbälle o. Ä., können helfen, die Apportierfreude zu wecken und zu steigern.

DAS AUFNEHMEN

Der Hund nimmt das Dummy, ohne zu zögern, mit sicherem Griff auf.

Trainingstipps fürs Aufnehmen

— Wichtig ist, dass ein schnelles Aufnehmen sofort bestätigt wird! Deshalb sollte es zunächst aus kurzer Distanz (ca. 3 Meter) geübt werden.

— Falls der Hund das Dummy nicht sofort aufnimmt, kann versucht werden, es durch Bewegung interessanter zu machen.

— Alternativ kann der Hundeführer auch mit dem angeleinten Hund mehrmals an dem am Boden liegenden Dummy vorbeilaufen, bevor er ihn im Vorübergehen zum schnellen Aufnehmen ermuntert.

— Klappt das Aufnehmen auf kurze Distanz, kann sie Schritt für Schritt verlängert werden. Rückt der Hundeführer zunächst unmittelbar nach dem Schicken ruhigen Schrittes nach, ist er näher am Hund und kann besser auf dessen Verhalten reagieren.

DAS ZURÜCKKOMMEN

Der Hund kehrt mit dem Dummy in flottem Tempo und auf dem direkten Weg zurück.

Für einen weniger ambitionierten Hund …

… kann ein Fell- oder Futter-Dummy hilfreich sein.

Das schnelle, zielstrebige Losgehen gehört ebenso zu einem gelungenen Retrieve …

Trainingstipps zum Zurückkommen

- Eine positive Körperhaltung wirkt freundlich und einladend.
- Der Hundeführer setzt den Hund mit dem Dummy im Fang in einiger Entfernung ab und ruft ihn zu sich.

  Alternativ: Der Hundeführer setzt den Hund in einiger Entfernung ab, entfernt sich von ihm, legt das Dummy auf halber Strecke ab und ruft ihn dann zu sich. **Vorteil:** Das Dummy liegt bereits auf dem Rückweg des Hundes.
- Beim geringsten Zweifel am direkten und schnellen Zurückkommen sollte der Hund im Training immer mit einem Komm-Pfiff unterstützt bzw. verbal ermuntert werden. Eine weitere Möglichkeit ist, dass der Hundeführer sich umdreht und entfernt, sobald der Hund aufgenommen hat. Erreicht der Hund den Hundeführer, kann er sich ihm entweder zuwenden und ihn für das Kommen bestätigen oder ihn mit dem Signal „Fuß" in die Fußposition nehmen und während des Weiterlaufens bestätigen.
- Bei jeglichen Problemen mit dem Zurückkommen, ist es sinnvoll, die Distanz zum Hund sofort nach dem Schicken ruhigen Schrittes zu verkürzen, um besser auf ihn einwirken zu können. Außerdem sollte die Übungsumgebung ein Ausweichen des Hundes weitestgehend unmöglich machen. Übergangsweise kann auch mit einer Schleppleine gearbeitet werden.

… wie das direkte, flotte Zurückkommen!

DIE ABGABE

Der Hund bietet das Dummy mit erhobenem Kopf an und gibt es auf ein Signal hin in die Hand ab.

Trainingstipps zur Abgabe

- In der Dummy-Arbeit spielt es keine Rolle, ob der Hund bei der Abgabe sitzt oder steht.
- Die Abgabe wird zunächst getrennt von der Apportiersituation und nur in Verbindung mit dem Halten trainiert.
- Um das Anbieten des Dummys zu fördern, streicht der Hundeführer dem Hund mit beiden Händen von der Kehle zum Fang und nimmt dabei seinen Kopf sanft hoch, bevor er das Dummy mit dem Signal „Aus" abnimmt.

Wichtig! Die richtige Verknüpfung des Abgabesignals bedingt, dass der Hund das Dummy erst auf das verbale Signal hin, nicht aber bereits aufgrund des Greifens in dessen Richtung loslässt!

Bereitwillig bietet die Hündin das Dummy an.

- Die Abgabe ist erst beendet, wenn der Hund sich wieder in der Fußposition befindet. Nachdem er für das Abgeben des Dummys bestätigt wurde, bekommt er im Aufbau deshalb das Signal „Fuß". Sobald er sich wieder in der korrekten Fußposition befindet, wird er angeleint und das Dummy wird weggesteckt.
- Versucht der Hund, mit dem Dummy am Hundeführer vorbeizulaufen, passst ihn dieser nicht ab, sondern macht einen Schritt in die entgegengesetzte Richtung und ermuntert den Hund, zu ihm zu kommen.

Mögliche Probleme bei der Abgabe

Unwillige Abgabe Eine unwillige Abgabe äußert sich meist darin, dass der Hund nicht ganz mit dem Dummy herankommt, kurz vor der Abgabe den Kopf wegdreht oder das Dummy auf das Signal „Aus" hin nicht loslässt.
Gerade sensiblere Hunde reagieren dabei häufig auf die Körpersprache des Hundeführers. Wichtig ist in diesen Fällen eine betont neutrale bzw. positive Körperhaltung. Auch ein erzwungenes und im Dummy-Bereich nicht erforderliches Vorsitzen kann für einen sensiblen Hund schon zu viel Druck bedeuten.
Damit im Zusammenhang mit der Beute keine Verlustängste entstehen, sollte der Hund im Training immer zuerst mit dem Dummy im Fang für sein Kommen bestätigt und gelobt werden!
Erst auf das Signal „Aus" hin wird er anschließend für die korrekte Abgabe bestätigt. Bekommt er das Dummy noch ein, zwei Mal zurück, bevor es in der Dummy-Tasche oder -Weste verschwindet, lernt er schnell, dass das Abgeben nicht den unmittelbaren Verlust der Beute bedeutet.

Hält der Hund das Dummy fest und verweigert die Abgabe, kann der Hundeführer versuchen, ihm auf die Nase oder ins Ohr zu pusten. Bei vielen Hunden reicht dies bereits aus, um sie zu veranlassen, den Fang zu öffnen. Wichtig ist, den Hund in dem Moment, in dem er beginnt, den Fang zu öffnen, nochmals das Signal „Aus" zu geben und ihn bereits während des Ausgebens positiv zu bestätigen. Nur so kann er beides miteinander verknüpfen. Funktioniert dies nicht, kann auch ein leichter Druck gegen die Lefzen helfen.

Das Hochspringen birgt aus jagdlicher Sicht Gefahren und ist deshalb auch im Dummy-Bereich unerwünscht.

Dabei liegt eine Hand locker unter dem Kiefer, während ein oder zwei Finger zwischen den Zahnreihen leicht gegen die Lefzen drücken. Sobald er loslässt, erfolgt das Signal „Aus" und er wird für die Abgabe bestätigt.

Ablegen des Dummys Legt der Hund das Dummy vor dem Hundeführer ab, tritt dieser ein, zwei Meter zurück und fordert den Hund mit dem Signal „Apport" auf, es nochmals selbstständig aufzunehmen. Danach lockt er ihn zu sich, ermuntert ihn, den Kopf hochzunehmen, und nimmt ihm das Dummy mit dem Signal „Aus" ab. Erst dann wird er für eine korrekte Abgabe bestätigt. Hebt der Hundeführer das Dummy hingegen selbst auf, bestätigt er damit das Ablegen.

Hoch- bzw. Nachspringen Aus jagdpraktischer Sicht birgt das Hoch- bzw. Nachspringen ein hohes Gefahrenpotential und gilt deshalb als schwerer Fehler. Springt der Hund unkontrolliert gegen die Flinte des Hundeführers, kann sich versehentlich ein Schuss lösen.

Bei ungeübten Hunden handelt es sich häufig um einen Unterordnungs- bzw. Trainingsmangel. Demnach muss wieder gezielt an der Abgabe gearbeitet werden. Bei fortgeschrittenen Hunden liegt meist eine Unachtsamkeit des Hundeführers zugrunde. Die Konzentration auf den Hund muss so lange aufrechterhalten werden, bis er wieder in der Fußposition sitzt. Erst dann kann sie auf das Anleinen bzw. Wegstecken des Dummys gerichtet werden.

MARKIEREN

Unter Markieren ist das Beobachten der Flugbahn eines oder mehrerer sichtig geworfener Dummys sowie das Merken der Fallstellen zu verstehen. Es ist eine der **Spezial-Disziplinen** des Retrievers. Deshalb wird ihm auf Prüfungen auch besonderer Wert beigemessen.

Gutes Markieren zeichnet sich vor allem durch Effektivität aus. Es bedeutet für den Hund: Flugbahn beobachten – Fallstelle merken – auf direktem Weg dorthin laufen – Fallbereich eng absuchen – Dummy finden – im gleichen Tempo und auf direktem Weg mit dem Dummy zurückkommen. Hat der Hund eine genaue Vorstellung von der Fallstelle, entfällt eine aufwändige, großräumige Suche und die damit verbundene – aus jagdlicher Sicht zu vermeidende – unnötige Beunruhigung des Geländes.

Ein „Flagman"-Dummy fördert die Aufmarksamkeit.

Zum Markieren gehört sowohl das **Beobachten der Flugbahn und Merken der Fallstelle**, als auch das **Einschätzen der Entfernung**. Alle drei Fähigkeiten sind beim Labrador genetisch veranlagt. Durch systematisches Training entwickelt er zunehmend Vertrauen in seine Markierfähigkeit, lernt das Gelände und den Wind zu nutzen und Entfernungen besser einzuschätzen.

MARKIERUNG

Eine Markierung ist ein geworfenes Dummy, dessen Flugbahn der Hund ganz oder teilweise beobachten kann. Dem Wurf des Dummys geht i. d. R. ein Schuss voraus, der die Aufmerksamkeit des Hundes erregt.

Die Schwierigkeit einer Markierung hängt von verschiedenen Faktoren ab. Wichtige Rolle spielen das Gelände, der Bewuchs, die Windverhältnisse, der Hintergrund, vor dem das Dummy geworfen wird, die Sichtbarkeit der Flugbahn und der Standort des Werfers bzw. des Schützen.

Je nach Trainingsstand bzw. Prüfungsniveau können sowohl **Einzel- als auch Doppel- bzw. Mehrfachmarkierungen** gearbeitet werden. Eine Markierung, auf die der Hund nicht sofort geschickt wird, wird als **Memory Mark** bezeichnet.

EINZELMARKIERUNG

Auf eine Einzelmarkierung bzw. direkte Markierung wird der Hund sofort geschickt.

Der Trainingsaufbau muss so gestaltet werden, dass der Hund die größtmögliche Chance hat, die Markierung exakt zu arbeiten. Für unerfahrene Hunde ist dabei besonders wichtig, den geplanten Fallbereich klar zu definieren, sodass sie nicht zu einer großräumigen Suche verleitet werden. Dies

☞ TRAININGSPLAN EINZELMARKIERUNG

	TRAININGSSCHRITTE	WICHTIG!
01	**Gleichbleibender Fallbereich, der Werfer verbleibt am Standort.** ***Zwischenschritt 1: Anlegen einer Memory-Stelle*** Der Hundeführer geht mit dem Hund zur geplanten Fallstelle und setzt ihn davor ab. Anschließend tritt er entweder den Bewuchs auf einer 1 – 2 qm großen Fläche leicht nieder oder er schleppt ein Dummy kreisförmig um den geplanten Fallbereich und legt darin ein Dummy als Memory aus. Danach geht er mit dem Hund zum Ansatzpunkt zurück und lässt ihn das Memory arbeiten. Im nächsten Schritt wirft ein Helfer eine Markierung auf die Memory-Stelle. ***Zwischenschritt 2: Distanz vergrößern*** Um das Entfernungsschätzen des Hundes weiter zu fördern, wird die Entfernung zum Fallbereich mit steigender Markierleistung schrittweise vergrößert. ***Zwischenschritt 3: Winkel zur Fallstelle verändern*** Bewegen sich Hundeführer und Hund kreisförmig um die Fallbereich, muss sich der Hund immer wieder auf eine neue Perspektive, Lauf- und Windrichtung einstellen. ***Zwischenschritt 4: Fallbereich variieren*** Der Werfer verbleibt am ursprünglichen Standort, variiert aber den Fallbereich. Der Hund lernt, alte von neuen Fallstellen zu unterscheiden und sich nicht ausschließlich am Werfer zu orientieren.	— Zu Beginn einen nicht zu hohen Bewuchs wählen, der das liegende Dummy zwar verdeckt, den Hund im Bereich aber schnell finden lässt und ihn dadurch in seiner Wahrnehmung bestätigt. — Erste Aufbauschritte erfolgen mit Seitenwind. Wirft der Helfer in den Wind, läuft der Hund – solange er sich an ihm orientiert – unweigerlich in die Witterung des Dummys. — **Achtung!** Zu viele direkt gearbeitete Markierungen führen schnell zu einer hohen Erwartungshaltung!
02	**Der Werfer verändert seinen Standort** Bewegt sich der Werfer kreisförmig in gleichbleibender Entfernung um den Ansatzpunkt, lernt der Hund, dem Geschehen zu folgen und sich immer wieder auf neue Markierbedingungen einzustellen.	— Mit jeder Erhöhung des Schwierigkeitsgrads (Winkel, Gelände, Bewuchs, Hindernisse, Verleitung) muss die Distanz zunächst wieder verkürzt werden, um den Erfolg zu gewährleisten und dem Hund Sicherheit zu geben. — Beim Training mit Hindernissen hat die Sicherheit des Hundes höchste Priorität. Der Hund muss deshalb vorab mit dem Hindernis vertraut gemacht werden! — Verleitungen Beim geringsten Zweifel am direkten Zurückkommen das „Komm"-Signal geben! Das Verleitungs-Dummy sollte anfangs in Reichweite des Werfers fallen, damit er es notfalls aufheben kann. Indem der Hund anschließend auch das Verleitungs-Dummy apportieren darf, lernt er, den Ablauf zu assoziieren.
03	**Gelände- bzw. Bewuchs-Wechsel, Hindernisse** Je näher der Hund am Gelände- bzw. Bewuchs-Wechsel oder Hindernis ist, desto leichter kann er ihn bzw. es überwinden. Deshalb in kurzer Entfernung davor beginnen und zugleich den Fallbereich in einiger Entfernung dahinter wählen, damit der Hund lernt, die Laufrichtung danach weiter beizubehalten. **Hindernisse anfangs im rechten Winkel einbauen, später den Winkel langsam spitzer werden lassen.**	
04	**Markierung mit Verleitung** Der Hund soll ein auf seinem Rückweg geworfenes Verleitungs-Dummy markieren, es darf ihn aber nicht am direkten Zurückkommen hindern. ***Zwischenschritt 1:*** Eine Verleitung wird hinter den Hundeführer geworfen. ***Zwischenschritt 2:*** Die Schwierigkeit schrittweise steigern, indem sie immer näher in Richtung des Hundes geworfen wird. ***Zwischenschritt 3:*** Reagiert der Hund souverän, kann die Verleitung im fortgeschrittenen Training auch schon geworfen werden, während er noch auf dem Hinweg zur Markierung ist.	

Aufmerksam beobachtet die Hündin die Einzelmarkierung.

geht am einfachsten über das gezielte Setzen von Witterung. Der Fallbereich kann z. B. mit Hilfe eines im Kreis geschleppten Dummys, durch ein leichtes Niedertreten des Bewuchses oder das Anbringen zusätzlicher Dummy-Witterung eingegrenzt werden. Der Radius ist abhängig vom Trainingsstand, dem Gelände, dem Bewuchs, den Witterungsbedingungen und der Distanz, aus der gearbeitet wird. Als Anhaltspunkt kann ein Durchmesser von etwa 10 % der Arbeitsentfernung gelten.

WIE WIRD AUF EINE EINZELMARKIERUNG GESCHICKT?

Der Hund sitzt in korrekter Fußposition neben dem Hundeführer. Dieser steht gerade mit gespannter Körperhaltung, Becken und Blick auf die Markierung ausgerichtet. Bei Einzelmarkierungen wird i. d. R. ohne Handzeichen und nur mit dem verbalen Signal geschickt. Damit wird vermieden, dass der Hund durch eine Bewegung der Hand in seiner Konzentration gestört wird.

MEMORY MARK

Das Memory Mark ist eine Markierung, die entweder zeitlich verzögert oder von einem anderen Standort aus gearbeitet wird als demjenigen, von dem aus der Hund die Flugbahn und die Fallstelle beobachten konnte. Es entspricht insoweit der Situation nach einem Treiben (engl. Drive). Da der Hund sich eine oder mehrere Fallstellen über einen längeren Zeitraum merken muss, sind die Ansprüche an die Markier- und Merkfähigkeit hier deutlich höher als bei einer direkt gearbeiteten Markierung.

WIE WIRD AUF EIN MEMORY GESCHICKT?

Da Memorys als Vorbereitung für Doppelmarkierungen und v. a. für das Einweisen dienen, wird der Hund mit denselben Signalen und der gleichen Körperhaltung geschickt. Unabhängig vom Schwierigkeitsgrad des Memorys wird er im Fallbereich zur kleinräumigen Suche aufgefordert.

Um ihre Konzentration und ihren Fokus nicht zu unterbrechen, wird sie nur mit einem verbalen Signal geschickt.

☞ AUFBAU DES ERINNERUNGSVERMÖGENS

	TRAININGSSCHRITTE
01	Der Hundeführer wirft eine Markierung an einen markanten Ort im Gelände, sodass der Hund die Fallstelle gut sehen und markieren kann. Auf das Signal „Später!" drehen sich beide von der Markierung weg und entfernen sich einige Meter in gerader Linie nach hinten. Anschließend kehren sie zu der Stelle, von der aus der Hund markieren konnte, zurück. Durch die Zeitverzögerung wurde die Markierung zum Memory, auf das der Hund nun geschickt wird.
02	Der Hundeführer wirft die Markierung an dieselbe Stelle, schickt den Hund aber von einem anderen Punkt aus (z. B. aus größerer Entfernung, in einem anderen Winkel).
03	Der Hundeführer wirft die Markierung an dieselbe Stelle, lässt sie nun aber längere Zeit liegen, bevor er sie den Hund arbeiten lässt.
04	Im 90 – 180°-Winkel wird eine neue Memory-Stelle nach dem gleichen Schema aufgebaut. Mit zunehmender Sicherheit wird der Winkel über die Entfernung verkleinert.
05	Zeigt der Hund bereits ein gutes Erinnerungsvermögen, können die Memorys auch mit anderen Trainingselementen kombiniert werden.

WICHTIG!

— Das Memory Mark fördert die Markier- und Gedächtnisleistung des Hundes und hält die Erwartungshaltung niedrig.

— Im Trainingsaufbau kann das Wegdrehen vom geworfenen Dummy mit dem Signal „Später!" unterstützt und konditioniert werden.

DOPPELMARKIERUNG

Bei einer Doppelmarkierung fallen nacheinander zwei Markierungen, die der Hund in der vom Hundeführer vorgegebenen Reihenfolge apportieren soll. Ist der Winkel zwischen den Markierungen kleiner als 90°, kann der Hund beide durch ein Drehen des Kopfes sehen, ohne seine Sitzposition zu verändern. Ist der Winkel hingegen so groß, dass er dies nicht kann, muss er zwischen den beiden Markierung umgesetzt werden, um sie verfolgen zu können.

BASISÜBUNG – DREHEN AM BEIN

Um den Hund durch das Umsetzen so wenig wie möglich in seiner Konzentration zu stören, muss er gelernt haben, sich auf der Stelle am Bein des Hundeführers mitzudrehen.

Aus der korrekten Fußposition heraus dreht sich …

… die Hundeführerin, auf dem rechten Bein …

… stehend, um 180° nach rechts, …

… bis die korrekte Fußposition wieder erreicht ist.

Drehen nach rechts

Der angeleinte Hund sitzt in der korrekten Fußposition. Der Hundeführer hält die Leine kurz, gibt das Signal „Fuß“ und führt den Hund eng mit sich, während er das rechte Bein nach hinten nimmt und beginnt, sich auf dem rechten Bein stehend um 180° nach rechts zu drehen. Sitzt der Hund am Ende der Drehung wieder in der korrekten Fußposition, erhält er das Signal „Sitz“.

Drehen nach links

Der angeleinte Hund sitzt in der korrekten Fußposition. Der Hundeführer hält die Leine kurz, stellt das rechte Bein schräg vor den Hund, gibt ihm das Signal „Fuß“ und dreht sich dann mit dem linken Bein weiter um den Hund herum. Sitzt der Hund am Ende der Drehung wieder in der korrekten Fußposition, erhält er das Signal „Sitz“.

Aus der korrekten Fußposition heraus nimmt ...

... die Hundeführerin das rechte Bein vor den Hund ...

... und dreht sich um 180° nach links, ...

... bis die korrekte Fußposition wieder erreicht ist.

☞ TRAININGSPLAN DOPPELMARKIERUNG

	TRAININGSSCHRITTE	WICHTIG!
01	**Kurze Distanz, stumpfer Winkel >90°** Zwei Helfer werfen jeweils eine Einzelmarkierung, die einzeln nacheinander gearbeitet werden. Um dem Hund die Orientierung zu erleichtern, bietet sich an, in die Nähe optisch markanter Punkte (Baum, Strauch, Mast o. Ä.) zu werfen. **Kurze Distanz, einfaches Gelände, Doppelmarkierung, Winkel >90°** Die beiden Markierungen werden nun direkt hintereinander als Doppelmarkierung geworfen. Der zweite Wurf erfolgt erst, wenn der Hundeführer den Hund umgesetzt hat. Das **zuletzt** geworfene Dummy wird zuerst gearbeitet. **Arbeitsreihenfolge ändern** Das **zuerst** geworfene Dummy zuerst arbeiten. **Langsames Steigern der Schwierigkeiten** Distanzen schrittweise vergrößern, Gelände, Winkel und Arbeitsreihenfolge variieren, Flugbahn nur teilweise oder Fallstelle nicht sichtig, Werfer verdeckt, Geländeschwierigkeiten einbauen etc. Dabei zunächst die zuerst geworfene und zuerst zu holende Markierung schwieriger gestalten und die zuletzt geworfene auf kurzer Distanz in einfachem Gelände belassen.	— Ist der Winkel zwischen den beiden Markierbereichen zu groß, als dass der Hund sie nur durch Kopfdrehen wahrnehmen kann, **muss** er umgesetzt werden. — Der Hund soll lernen, sich nacheinander in verschiedene Richtungen zu orientieren. — Im Trainingsaufbau kann das Wegdrehen vom ersten Dummy mit dem Signal „Später!" unterstützt und konditioniert werden. — Ist der Hund zu sehr auf die erste Markierung fixiert, muss ihn der zweite Werfer z. B. mittels eines Geräuschs auf sich aufmerksam machen.
02	**Kurze Distanz, spitzer Winkel <90°** Gleicher Aufbau wie oben, jedoch muss der Hundeführer noch vor dem Werfen entscheiden, wie er den Hund ausrichtet. ***Die rechts geworfene Markierung wird zuerst geholt*** Der Hund wird in Richtung der rechten Markierung ausgerichtet. Da er links vom Hundeführer sitzt, kann er aus dieser Position das links geworfene Dummy ebenfalls gut markieren. ***Die links geworfene Markierung wird zuerst geholt*** Der Hund wird mittig zwischen den beiden Markierungen ausgerichtet. Würde er auf die linke Markierung ausgerichtet, würde der Hundeführer seine Sicht nach rechts behindern.	— Kann der Hund beide Markierbereiche durch Kopfdrehen wahrnehmen, wird er **nicht** umgesetzt. — Voraussetzung: Doppelmarkierungen in einem größeren Winkel werden bereits zuverlässig gearbeitet!

WIE WIRD AUF EINE DOPPELMARKIERUNG GESCHICKT?

Da es zwei Alternativen gibt, muss die Körpersprache des Hundeführers eindeutig sein. Er steht mit gespannter Körperhaltung, Becken und Blick auf die jeweilige Markierung ausgerichtet. Der Hund sitzt in der korrekten Fußposition. Die rechte Hand des Hundeführers zeigt deutlich in Richtung der Markierung, die der Hund arbeiten soll. Sobald der Hund diese fokussiert, wird er mit dem verbalen Signal geschickt. **Der Hund muss bei beiden Markierungen das verbale Signal abwarten und darf nicht bereits aufgrund des Handzeichens starten. Der erste Apport muss erst vollkommen abgeschlossen sein, d.h. der Hund sitzt wieder korrekt in der Fußposition, bevor er mit einem deutlichen Handzeichen in Richtung der zweiten Markierung ausgerichtet und mit dem verbalen Signal geschickt wird.** Da Hunde Bewegungsseher sind, darf die richtungsweisende Hand beim Schicken nicht bewegt werden.

Vor dem Schicken wird der Hund auf den Fallbereich ausgerichtet …

… und mit einem eindeutigen Handzeichen in die jeweilige Richtung konzentriert.

EINWEISEN

Eine weitere **Spezialdisziplin des Retrievers** ist das Einweisen. Der Hundeführer lenkt den Hund mit Hilfe von Stimme, Pfeif-Signalen und Handzeichen in den Bereich eines nicht sichtig gefallenen bzw. ausgelegten Dummys (engl. blind).
Auf ein Such-Signal hin soll er dort mit einer engen, selbstständigen Suche beginnen.

Das Einweisen setzt sich aus 4 Bausteinen zusammen:

— dem Voranschicken,
— dem Zurückschicken,
— dem Rechts- bzw. Linksschicken und
— der kleinen Suche.

Verbunden werden die einzelnen Bausteine mit dem Stopp- bzw. Sitz-Pfiff.

Wichtig! Alle Bausteine müssen einzeln aufgebaut und trainiert werden. Um den Stopp- bzw. Sitzpfiff als Bindeglied zu konditionieren, muss er im Training auch immer dann vor einer Richtungsangabe gegeben werden, wenn der Hund bereits in der entsprechenden Ausgangsposition abgesetzt wurde.

Voraussetzung für ein erfolgreiches Einweise-Training sind die Bereitschaft und das Vertrauen des Hundes, mit dem Führer zusammenzuarbei-

Ausrichten

Fokussieren und Spannung aufbauen

ten, sowie ein klar strukturierter Aufbau. Nur über eine optimale Kommunikation, d. h. eine eindeutige Körperhaltung, klare Signale, korrekt ausgeführte Sichtzeichen und das richtige Timing ist der Hund in der Lage, zu verknüpfen, was von ihm verlangt wird!

VORANSCHICKEN – „VORAN!"

Der Labrador ist im Hinblick auf das Apportieren **primär motiviert**, was bedeutet, dass es i. d. R. keiner weiteren Motivation bedarf, um ein Apportierverhalten auszulösen. Während ein sichtig geworfenes Dummy die Eigenmotivation des Hundes verstärkt, entfällt dieser auslösende Reiz beim Arbeiten eines Blinds. Hier muss die notwendige Motivation und Spannung über den Hundeführer aufgebaut werden. Dies geschieht **über eine ritualisierte Körperhaltung**, mit der der Hund in eine – in diesem Fall – **positive Erwartungshaltung** versetzt wird.

KÖRPERHALTUNG BEIM VORANSCHICKEN

Die spezielle Körperhaltung beim Einweisen verfolgt zwei Ziele: **Sie stimmt den Hund auf die bevorstehende Aufgabe ein und gibt ihm eine eindeutige Richtung vor.** Es gibt verschiedene Möglichkeiten, eine entsprechende Körperhaltung individuell umzusetzen. Wichtig ist, dass der Hundeführer gut mit ihr zurechtkommt und der Hund sich nicht bedrängt fühlt.

Um eine eindeutige Richtung vorzugeben, muss die Körperhaltung auf das Blind ausgerichtet sein. Dies bedeutet, dass das Becken, die Fußspitzen und der Blick des Hundeführers in Richtung des Blinds zeigen. Die Beine stehen entweder

Schicken

parallel nebeneinander oder ein Bein wird in Schrittstellung leicht nach vorn genommen. Die Knie sind etwas angewinkelt und der Oberkörper ist leicht nach vorn gebeugt. Der Arm deutet in Richtung des Blinds, wobei die Hand sich leicht seitlich und ca. 20 cm vor dem Hundekopf befindet. Der Blick des Hundeführers ist beim Schicken auf das Blind konzentriert.
Um die Körperhaltung zu ritualisieren und das verbale Signal „Voran“ mit der erwünschten Aktion zu verknüpfen, muss der Hund immer mit derselben Haltung und auf dieselbe Art geschickt werden.

SCHICKEN MIT RECHTS ODER LINKS?

Abgesehen von persönlichen Vorlieben gibt es nur wenige Argumente, die für die eine oder andere Seite sprechen. Das Schicken mit der rechten Hand gibt dem Hundeführer die Möglichkeit, aus den Augenwinkeln heraus zu beobachten, ob der Hund korrekt sitzt, die Richtung fokussiert und Spannung aufbaut. Beim Schicken mit der linken Hand, kann er dies nur bedingt sehen. Viele Hundeführer lehnen sich deshalb unbewusst über ihre linke Schulter, um den Hund besser beobachten zu können. Gerade sensiblere Hunde quittieren dies häufig mit einer Ausweichreaktion, infolge derer sie nicht mehr optimal ausgerichtet sind. In diesem Fall muss der Hundeführer seine Körperhaltung überprüfen und gegebenenfalls an das Naturell des Hundes anpassen.
Schickt der Hundeführer bei Doppelmarkierungen mit derselben Hand, kann er den Hund durch ein kurzes zusätzliches Signal auf die nun erwartete Arbeit einstimmen. Dies kann ein leiser Stopp- bzw. Sitz-Pfiff, ein verbales Signal (z. B. „Blind“) oder auch ein in der Hand gehaltenes weißes Taschentuch sein.

POSITION DES HUNDES

Da der Hund in die Richtung läuft, in die er ausgerichtet ist, muss er beim Schicken unbedingt gerade neben dem Hundeführer sitzen oder stehen. Seine Rückenlinie zeigt exakt in die Richtung, die er später annehmen soll. Ist dies nicht der Fall, muss er vor dem Schicken korrigiert werden. Dies geschieht im Training am besten durch ein nochmaliges Angehen des Startpunktes.

Sobald der Hund in die angezeigte Richtung fokussiert und sichtbar Körperspannung aufbaut, wird er mit dem Signal „Voran“ geschickt. Arm und Hand bleiben während und auch noch kurz nach dem Schicken ruhig stehen, um den Hund nicht durch eine Bewegung abzulenken.
Der Hund muss das verbale Signal abwarten und darf nicht bereits während des Ausrichtens starten.

TRAININGSZIEL

Auf das Signal „Voran" hin soll der Hund aus der Fußposition heraus so lange in einer geraden Linie in die angezeigte Richtung laufen, bis er Witterung vom Dummy oder ein neues Signal vom Hundeführer bekommt.
Das Ritualisieren der Körperhaltung und die Verknüpfung des Signals „Voran“ mit der gewünschten Aktion lassen sich am einfachsten mit Hilfe von Memorys trainieren. Das Arbeiten mit Memorys gewährleistet den Erfolg und gibt dem Hundeführer die Möglichkeit zur positiven Bestätigung. Dies stärkt das Selbstvertrauen des Hundes und ermöglicht ein schnelles Lernverständnis.

In einem einfachen Trainingsquadrat (S. 220 ff.) mit niedrigem Bewuchs (Seitenlänge 80 – 100 m) lässt sich das gesamte Basis-Einweise-Training aufbauen und festigen. Pylone, Markierstäbe oder -fähnchen helfen beim Einhalten gerader Linien und rechtwinkeliger Ecken. Sie sollen jedoch nur als Orientierungshilfe dienen, nicht als Zielpunkte. Deshalb dürfen die Dummys auch nicht in ihrem unmittelbaren Umfeld ausgelegt werden.
Am Anfang wird jedes Memory gemeinsam mit dem Hund ausgelegt. Dabei gehen beide dieselben Wege, die der Hund später laufen soll. Ist er mit den Memory-Bereichen vertraut, kann er auch abgesetzt werden, während der Hundeführer die Dummys alleine auslegt. Liegen an einer Stelle mehrere Dummys, muss auf einen angemessenen Abstand von 2 – 3 m geachtet werden, um den Hund nicht zum Tauschen zu verleiten.
Sobald der Hund die Trainingsschritte 1 – 6 zuverlässig arbeitet, können sie zur weiteren Festigung variiert und kombiniert werden.

Markierfähnchen können im Aufbau als Orientierungshilfe dienen.

TRAINING IM QUADRAT – BASISTRAINING „VORAN"

TRAININGSSCHRITT 1: KENNENLERNEN DER VIER MEMORY-BEREICHE

Der Hundeführer startet mit dem Hund bei **B**, setzt ihn kurz vor **A** ab und legt dort ein Memory aus. Mit dem Signal „Später!" drehen sich beide um 180 Grad und gehen zurück zu **B**. Dort richtet er den Hund aus und schickt ihn, sobald er fokussiert und Spannung aufbaut, mit der entsprechenden Körperhaltung und dem Signal „Voran!" auf das Memory.

Danach legt er das Dummy bei **B** aus, geht mit dem Hund zu **C** und schickt ihn von dort aus zum Memory. Er wiederholt die Übung bis der Hund einmal in jeder Ecke war. Während der nächsten Einheiten variiert er die Übung, indem er z. B. von einem anderen Punkt aus beginnt oder gegen den Uhrzeigersinn läuft.

Wichtig!

- **Unabhängig vom Schwierigkeitsgrad des Memorys wird der Hund IMMER wie auf ein Blind geschickt!**
- **Im ersten Schritt werden alle Memorys zusammen mit dem Hund ausgelegt! Der Hund muss dabei mit Blickrichtung auf das Memory sitzen, damit er ein entsprechendes Erinnerungsbild aufbauen kann!**
- **Der Hund darf IMMER erst auf das verbale Signal „Voran" starten!**

TRAININGSSCHRITT 2: VORANSCHICKEN IN ZWEI MEMORY-BEREICHE IM 90°-WINKEL

Der Hundeführer geht mit dem Hund von **A** zu **B** und anschließend über **A** zu **D**, bevor er zu **A** zurückkehrt. Auf seinem Weg legt er sowohl bei **B**, als auch bei **D** ein Dummy aus. Von **A** aus richtet er den Hund zunächst auf den Memory-Bereich **B** aus, lässt ihn die Richtung fokussieren und schickt ihn, sobald er Spannung aufbaut, mit dem Signal „Voran!" auf das Memory. Anschließend richtet er ihn in gleicher Weise auf den Memory-Bereich **D** aus und lässt ihn dieses Dummy arbeiten. Später wiederholt er die Übung von den anderen Ecken aus.

Jeder Retrieve muss für sich komplett beendet sein, bevor der Hundeführer den Hund in eine neue Richtung ausrichtet!

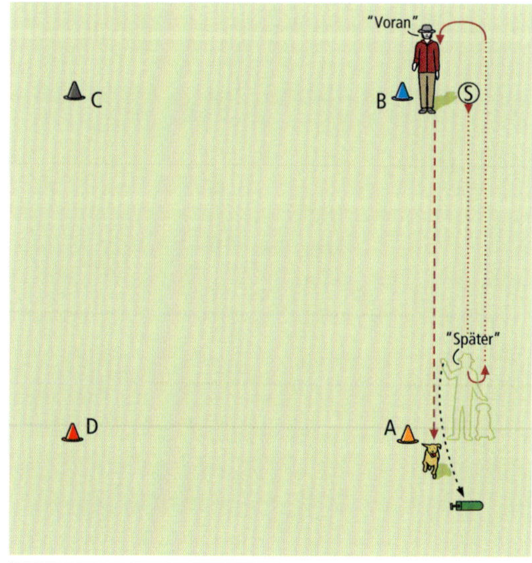

Trainingsschritt 1:
Kennenlernen der Memory-Bereiche

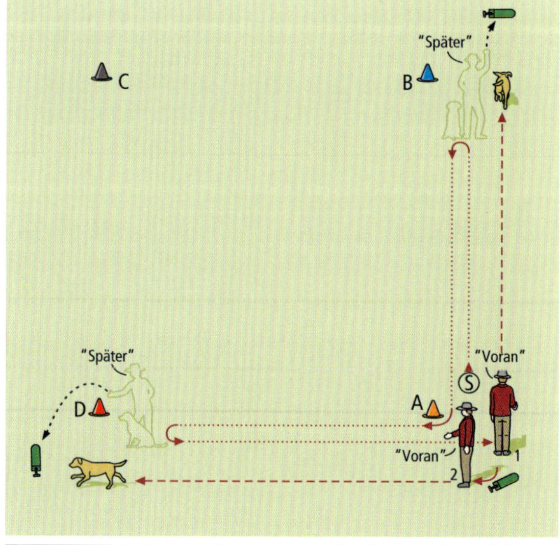

Trainingsschritt 2:
Voranschicken in zwei Memory-Bereiche

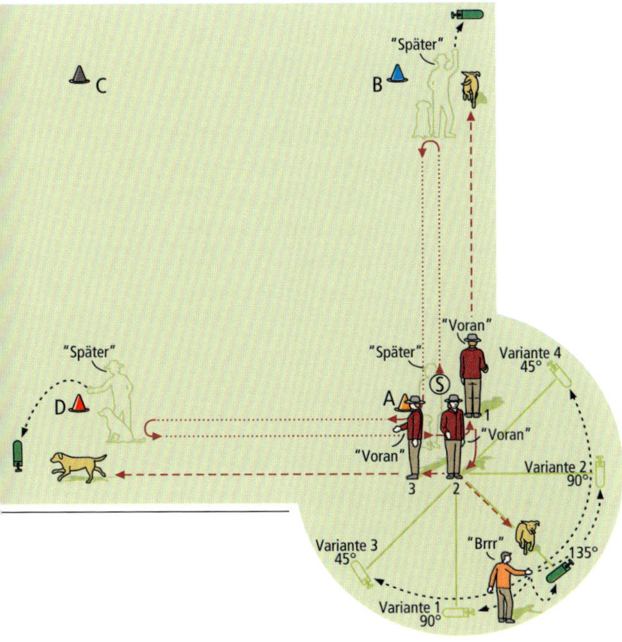

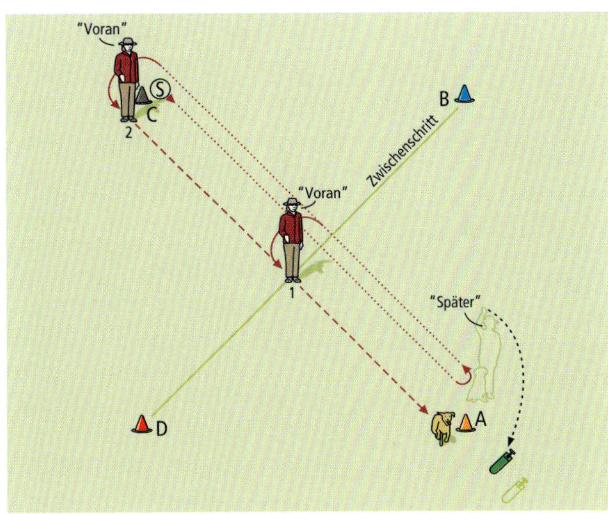

Links Trainingsschritt 3: Voranschicken mit Verleitung
Rechts Trainingsschritt 4: Voranschicken auf der Diagonalen

TRAININGSSCHRITT 3: VORANSCHICKEN AUF ZWEI MEMORYS IM 90°-WINKEL MIT VERLEITUNG

Der Hundeführer legt zusammen mit dem Hund jeweils ein Memory bei **B** und **D** aus, bevor beide in den Bereich **A** zurückkehren. Dabei nehmen sie dieselben Wege, die später auch der Hund gehen soll. Von **A** aus wirft der Hundeführer oder ein Helfer eine Markierung mit Geräusch in einem Winkel von ca. 135° zur **A**-**B**- bzw. **A**-**D**-Linie. Der Hundeführer positioniert den Hund vor dem Wurf so, dass er gut markieren kann. Danach wendet er sich mit dem Signal „Später!" wieder dem Memory-Bereich **B** zu. Er richtet den Hund sorgsam aus und schickt ihn mit dem Signal „Voran!" auf das Memory bei **B**. Anschließend richtet er ihn auf das Memory Mark aus und lässt es ihn holen. Zuletzt wird das Memory bei **D** gearbeitet. Die Übung wird später aus jeder Ecke heraus wiederholt.

Mit zunehmender Sicherheit kann sowohl der Winkel, in dem die Markierung geworfen wird, als auch die Reihenfolge, in der die Dummys gearbeitet werden, variiert werden. Je näher die Markierung an die Lauflinie zu den Memory-Bereichen B und D fällt, desto schwerer wird die Übung.

TRAININGSSCHRITT 4: VORANSCHICKEN AUF DER DIAGONALEN

Der Hundeführer geht mit dem Hund auf der Diagonalen von **C** nach **A**, wo er ein Memory auslegt. Anschließend gehen beide denselben Weg zurück nach **C**. Dort richtet er den Hund auf den Memory-Bereich **A** aus und schickt ihn, sobald er Spannung aufbaut, mit dem Signal „Voran!" auf das Memory (2). Danach legt er das Memory bei **C** aus, geht mit dem Hund zurück zu **A** und schickt ihn von dort aus. Später macht er den Hund auf die gleiche Weise mit der Diagonalen zwischen **B** und **D** vertraut.

Zeigt sich der Hund durch die zuvor bei B und D gearbeiteten Memorys verunsichert, bietet sich ein Zwischenschritt an. Dabei legt der Hundeführer zunächst nur den halben Weg in Richtung C zurück und schickt den Hund von einer Position auf Höhe der gedachten Verbindungslinie zwischen B und D aus in den Memory-Bereich bei A (1). Anschließend ersetzt er das Memory dort und geht dann erst zusammen mit dem Hund weiter auf der Diagonalen zurück bis zu C. Dort richtet er ihn erneut sorgsam auf den Memory-Bereich A aus. Sobald er fokussiert und Spannung aufbaut, schickt er ihn nun mit dem Signal „Voran!" über die ganze Distanz (2).

TRAININGSSCHRITT 5: KOMBINATION MIT ZWEI BIS DREI MEMORY-STELLEN

Läuft der Hund die Linien der **Trainingsschritte 1–4** sicher und zuverlässig, können Kombinationen aus zwei und später aus drei Retrieves zusammengesetzt werden.

Der Winkel zwischen den Linien muss für den Hund eindeutig sein. Zudem muss bei engen Winkeln IMMER die Windrichtung beachtet werden!

TRAININGSSCHRITT 6: FREIE LINIEN

Hat der Hund gelernt, in einer geraden Linie in die angezeigte Richtung zu laufen, kann der Hundeführer dazu übergehen, ihn auf freien d. h. zuvor noch nicht gelaufenen Linien in die bekannten Memory-Bereiche zu schicken. Er kann dabei sowohl verschiedene neue Startpositionen innerhalb als auch außerhalb des Quadrats wählen. Die „freien Linien" geben dem Hundeführer die Möglichkeit, zu überprüfen, ob seine Körperhaltung eindeutig genug ist und der Hund bereits ausreichend Vertrauen aufgebaut hat, um der angezeigten Richtung in gerader Linie zu folgen.

TRAINING IM GELÄNDE – AUFBAUTRAINING

Beim Übergang vom Trainingsquadrat ins freie Gelände wird das Voranschicken zunächst mit Hilfe von natürlichen Leitlinien, wie Wegen, Zäunen, Hecken, Gelände- oder Bewuchskanten, weiter gefestigt. Im nächsten Schritt können zwei bis drei Memory-Bereiche **an markanten Geländeauffälligkeiten**, wie beispielsweise freistehenden Bäumen, Büschen, Felsen, Hochsitzen oder Strommasten, aufgebaut werden.

Zu Beginn legt der Hundeführer die Dummys zusammen mit dem Hund aus, wobei beide auf dem Hin- und Rückweg die exakt gerade Verbindungslinie zwischen Startpunkt und Memory-Bereich wählen. Mit fortschreitendem Training legt der Hundeführer die Memorys alleine aus und umschlägt dabei das Gelände, um zu vermeiden, dass der Hund seiner Trittspur folgt.

Je schwieriger sich die direkte Linie aufgrund der Geländegegebenheiten gestaltet, desto kleinschrittiger muss die Distanz aufgebaut werden!

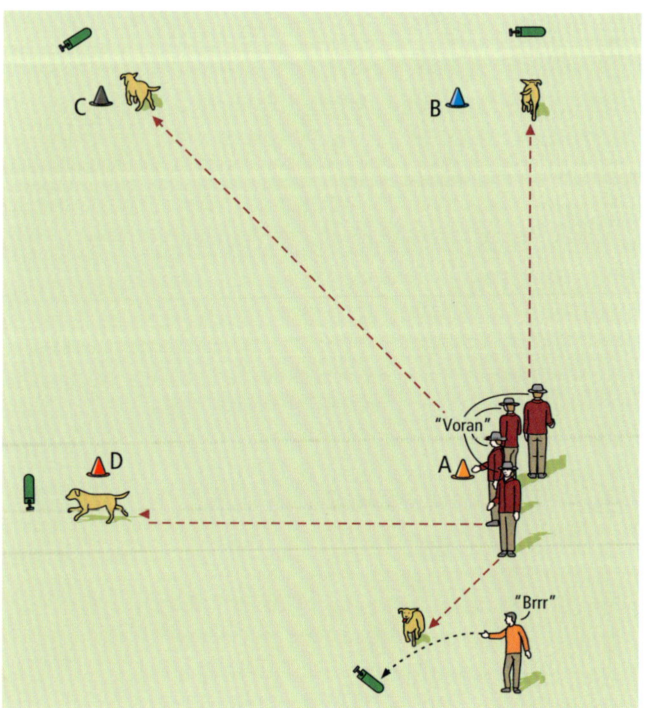

Trainingsschritt 5: Kombinierte Memory-Bereiche

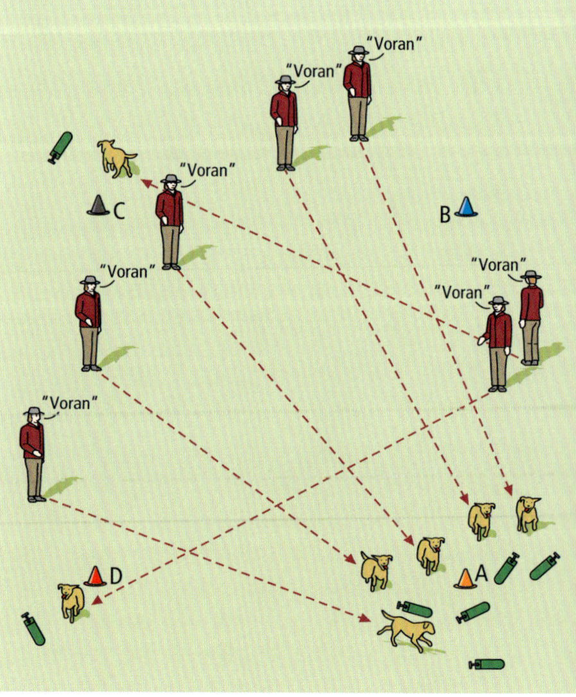

Trainingsschritt 6: Voranschicken auf freien Linien

☞ TRAININGSPLAN „VORAN“ IM GELÄNDE

TRAININGSSCHRITTE

01

Memorys an Leitlinien
Trainingsstufe I
Der Hundeführer setzt den Hund auf einem Weg ab und legt in einiger Entfernung ein gut sichtiges Dummy aus. Anschließend geht er zum Hund zurück und beide entfernen sich weiter in gerader Linie, bevor er den Hund ausrichtet und mit dem Signal „Voran!“ zum Memory schickt.
Trainingsstufe II
Sobald der Hund die Linie auf einige Entfernung sicher läuft, kann ein weiteres Memory hinzukommen. Dabei im 180°-Winkel beginnen und die Linien schrittweise bis auf 90° annähern. In der Reihenfolge des Schickens variieren.

02

Memorys an markanten Punkten
Trainingsstufe I
Mit einer Memory-Stelle beginnen und die Entfernung in gerader Linie langsam ausbauen. Später die Distanz wieder verkürzen und zunächst den Winkel zum Memory-Bereich verändern. Entfernung schrittweise vergrößern.
Trainingsstufe II
Schwierigkeit erhöhen, Bewuchs-und Geländeübergänge, Hindernisse sowie Ablenkungen einbauen.
Trainingsstufe III
Weitere Memory-Stellen aufbauen und miteinander kombinieren.

03

Halbblindes „Voran“
Trainingsstufe I
Ein Helfer wirft eine Markierung an einen markanten Punkt, die der Hund sofort arbeitet. Während der Hund zurückkommt, legt er unbemerkt ein Dummy im selben Bereich nach. Der Hundeführer richtet den Hund sorgsam auf den Memory-Bereich aus und schickt ihn mit „Voran!“.
Trainingsstufe II
Der Hundeführer legt vom Hund unbemerkt mehrere Dummys in einem bekannten Memory-Bereich aus. Er umschlägt dabei das Gelände, damit der Hund sich nicht an seiner Trittspur orientiert. Die Memorys werden aus verschiedenen Distanzen und Winkeln gearbeitet.
Trainingsstufe III
Der Startpunkt wird so gewählt, dass die ersten 30 m der angezeigten Linie durch für den Hund unbekanntes Terrain führen. Nimmt er die Linie an, wird er nach kurzer Zeit durch das Wahrnehmen des Memory-Bereichs bestätigt.

04

Vollblind mit und ohne Schuss bzw. Geräusch
Geht der Hund auf halbblinde Dummys sicher voran, kann er auf einfachem Gelände mit niedrigem Bewuchs auf kurze Distanz und unter Nutzung einer Leitlinie das erste Vollblind arbeiten. Sobald er die Linie annimmt, muss er zeitnah durch das Finden des Dummys bestätigt werden. Deshalb ist es sinnvoll, weiße und blaue Dummys zu verwenden. Geht er sicher voran, kann zunächst die Entfernung vergrößert und später das Gelände variiert werden.

WICHTIG!

— **TRAININGSZIEL: Eine gerade Linie über weitere Strecken unter Einbeziehung von Geländeübergängen**

— **Richtiges Einschätzen der Geländegegebenheiten und Windverhältnisse**

— **Beim Auslegen der Memorys exakte Linien laufen! Geländeübergänge / Hindernisse nicht umlaufen, sondern übersteigen!**

— **Da Hunde die kürzeste Strecke wählen, um Geländeübergänge / Hindernisse zu überwinden, führt die direkte Linie zu Beginn im rechten Winkel darüber hinweg.**

— **Trifft der Hund im spitzen Winkel auf Geländeübergänge / Hindernisse, besteht die Gefahr, dass er seine Linie dem Verlauf des Übergangs /Hindernisses anpasst. Deshalb müssen diese Linien auf kurze Distanz kleinschrittig aufgebaut werden.**

— **TRAININGSVORAUSSETZUNG: Der Hund reagiert bereits zuverlässig auf alle Richtungssignale. Vertrauen baut sich über Erfolg auf!**

MEMORYS AN EINEM MARKANTEN PUNKT

Der Hundeführer schickt den Hund aus verschiedenen Winkeln unter Einbeziehung unterschiedlicher Geländeschwierigkeiten und Windrichtungen zu einer bekannten Memory-Stelle.

Im Schema führt die gerade Linie

1 durch einen schmalen Sichtkorridor,
2 durch eine Hecke,
3 entlang eines Gewässers,
4 über einen Zaun,
5 über Steine/Felsen,
6 diagonal durch ein Gewässer,
7 entlang einer Hecke,
8 über zwei Gewässer.

TYPISCHE PROBLEME UND KORREKTURMÖGLICHKEITEN

Da das Vorangehen in einer geraden Linie nicht dem natürlichen Bewegungsverhalten des Hundes entspricht, kann es nur über einen guten Trainingsaufbau und kontinuierliche Wiederholungen in unterschiedlichstem Gelände und

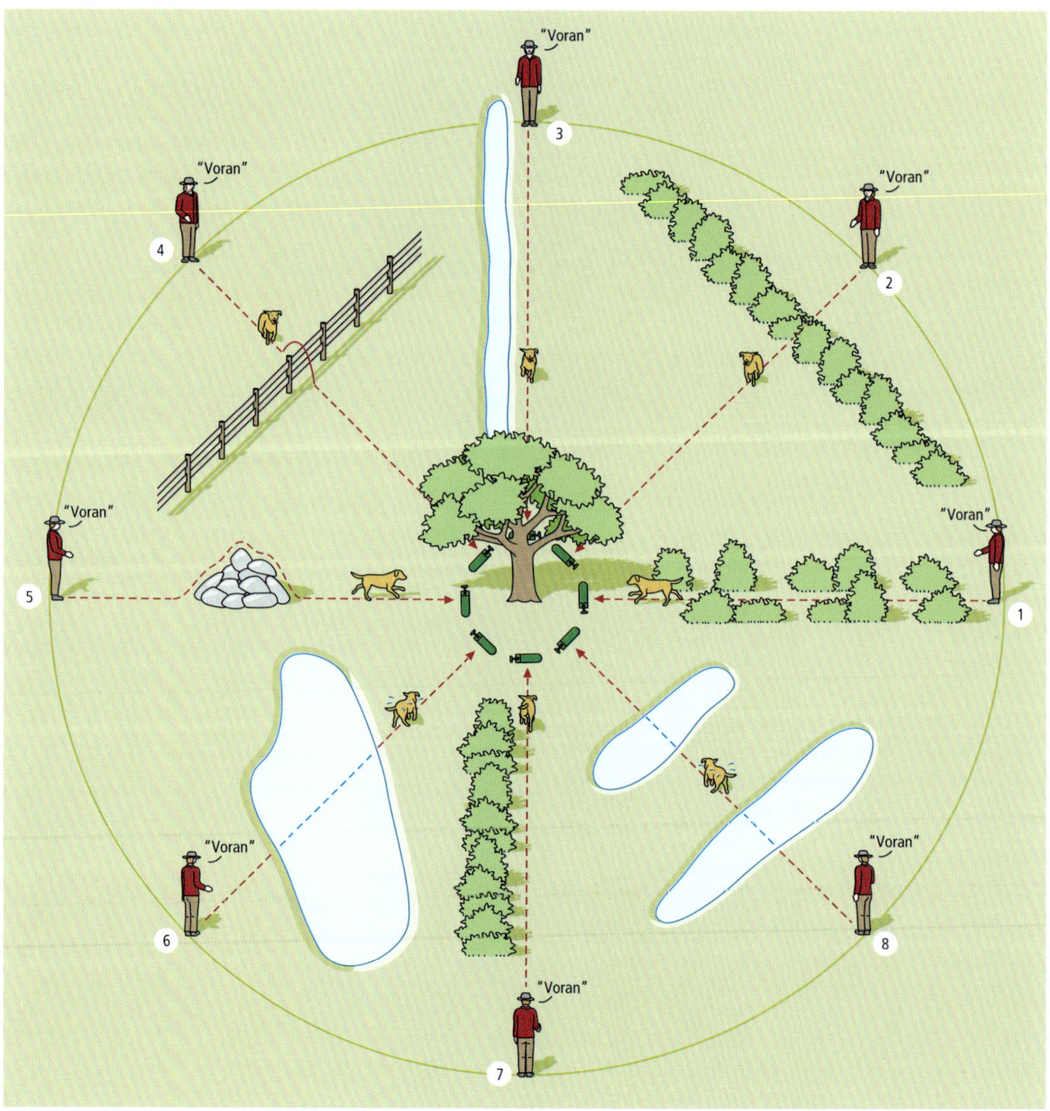

Das schrittweise aufgebaute Voranschicken wird durch ein variantenreiches Training gefestigt und abgesichert.

Bewuchs konditioniert und gefestigt werden. **Wann immer der Hund Schwierigkeiten hat, eine Richtung anzunehmen, sollte er deshalb anschließend nochmals in denselben Bereich geschickt werden.** Ein durchdachter Aufbau beginnt bereits mit dem Auslegen der Memorys. **Nur wenn Hundeführer und Hund in einer exakt geraden Linie zum Memory-Bereich gehen, kann der Hund diese als Orientierung nutzen und sie mit dem Einweise-Ritual verknüpfen!** Dies bedeutet auch, dass auf der Ideallinie befindliche Geländeübergänge und -hindernisse nicht umlaufen, sondern überquert werden müssen!

Problemkreis I: Unsauberes Schicken

Der Hundeführer schickt den Hund zu „lässig". Er achtet nicht auf seine Körperhaltung, richtet ihn nicht richtig aus oder wartet nicht, bis er die Richtung fokussiert und Spannung aufbaut, bevor er ihn schickt.

Um die typische Körperhaltung zu ritualisieren und mit der gewünschten Aktion zu verknüpfen, muss der Hund, unabhängig davon, ob es sich um ein einfaches Memory oder ein schwieriges Blind handelt, vom Hundeführer immer auf dieselbe Art und mit derselben Ernsthaftigkeit geschickt werden.

Problemkreis II: Der Hund startet zu früh

Der Hund wartet das verbale Signal nicht ab, sondern startet, sobald sich der Arm des Hundeführers nach vorne bewegt.

Ist der Hund weder korrekt ausgerichtet, noch auf die Richtung konzentriert, ist ein zielgerichtetes, kontrolliertes Voranschicken kaum möglich. Um ihm zu verdeutlichen, dass er das verbale Signal abwarten muss, kann der Hundeführer ihn mit der Moxonleine absichern. Er hält dabei beide Enden in der Hand und legt ihm die so entstehende Schlaufe locker um den Hals. Durch das Fallenlassen eines der Enden kann er ihn kontrolliert freigeben.

Problemkreis III: Der Hund fokussiert nicht

Zeigt der Hund Probleme beim Fokussieren der Richtung oder beginnt er, zu früh zu suchen, kann ein aufgestelltes weißes Dummy oder ein Markierstab einen optischen Anreiz schaffen.

Problemkreis IV: Der Hund weicht von der Ideallinie ab

Unter dem Aspekt, dass Memorys die Vorstufe zu Blinds bilden, müssen die Linien so perfekt wie möglich trainiert werden.

Weicht der Hund zu weit von der Ideallinie ab, muss der Hundeführer ihn zurückholen. Dabei ist unbedingt auf das Timing zu achten! Für den Hund bedeutet ein Abruf, bevor er zum Erfolg gekommen ist, eine Korrektur. Erfolgt sie zu früh, d. h. während der Hund sich noch in Anlehnung zur Ideallinie befindet, besteht die Gefahr, dass er das Zurückholen auf negative Weise mit dem Vorangehen verknüpft.

Der Rückruf sollte verbal erfolgen, da der Komm-Pfiff für den Hund ausschließlich positiv verknüpft sein sollte. Der Hund darf – je nach Temperament – nicht mehr als zwei- bis dreimal abgerufen werden, bevor der Hundeführer ihm hilft, sich richtig zu verhalten. Dazu kann er alleine oder mit dem Hund vom Startpunkt aus auf den Memory-Bereich zugehen, um ihm die Richtung in Erinnerung zu rufen oder ihm das Dummy sogar nochmals zu zeigen, bevor er ihn erneut schickt.

Beruht das Abweichen auf einer Unsicherheit, muss die Distanz verkürzt und evtl. ein optischer Anreiz im Memory-Bereich geschaffen werden, wie aufgestellte Dummys oder ein Markierstab.

Problemkreis V: Der Hund blockiert bzw. zögert beim Losgehen

Beides sind typische Anzeichen dafür, dass der Hund noch nicht genügend Vertrauen und Sicherheit aufgebaut hat. Die Ursachen können im Trainingsaufbau liegen, wie einem zu schnellen Vorgehen, zu großen Entfernungen, zu schwierigem Gelände oder zu starken Ablenkungen, aber auch im Verhalten bzw. der Körperhaltung des Hundeführers begründet sein.

Vertrauen entsteht über Erfolg! Die Übungen müssen so klar gestaltet sein, dass der Hund im Bereich schnell zum Erfolg kommt. Um eine aktuelle Blockade aufzuheben, muss der Hundeführer dem Hund über diesen Punkt hinweghelfen. Dazu verkürzt er zunächst die Distanz. Dann setzt er den Hund ab, während er selbst in den Bereich geht und die Erinnerung des Hundes

Stoppt der Hund von sich aus auf dem Weg zum Memory, darf er in seinem Zurückfragen nicht durch ein weiteres „Voran"-Signal bestätigt werden.

durch ein Geräusch („Brrr!") auffrischt und das Dummy aufstellt. Hilft das nicht, kann er auch zuerst eine Markierung in den Bereich werfen, um den Hund aufzulockern, bevor er ihn nochmals auf das Memory schickt.

Korrektur auf halbblinde Dummys Blockiert der Hund beim Arbeiten von halbblinden Dummys oder Blinds, muss die Hilfe vom Ausleger kommen, der die Aufmerksamkeit des Hundes mittels eines Geräuschs bzw. Schusses auf den Memory-Bereich zieht.

Problemkreis VI: Der Hund fragt auf dem Weg zum Memory

Das Zurückfragen bedeutet meist entweder, dass der Hund aktuell unsicher und überfordert ist, oder dass das Fragen durch häufiges Pushen (S. 246) bereits so oft bestätigt wurde, dass es unbewusst konditioniert wurde. In diesem Fall bleibt dem Hundeführer nur, einige Trainingsschritte zurückzugehen, die Distanzen zu verkürzen und erneut Schritt für Schritt Vertrauen und Sicherheit in das Signal „Voran" aufzubauen.

Problemkreis VII: Der Hund ist nicht konzentriert

Das Einweise-Training macht nur mit einem konzentrierten Hund Sinn. Ist er abgelenkt, kann der Hundeführer versuchen, seine Aufmerksamkeit und Konzentration mit Hilfe von kurzen Unterordnungsübungen zurückzugewinnen. Fehlt es an Motivation, können aufgestellte Dummys helfen, einen optischen Anreiz zu schaffen. Die Übungen müssen generell kurz gestaltet und der Hund sollte zwischendurch z. B. durch eine direkte Markierung aufgelockert werden

Problemkreis VIII: Richtungskorrektur auf dem Weg zu einem Vollblind

Kommt der Hund bereits auf den ersten Metern von der Linie ab, sollte der Hundeführer ihn zurücknehmen, neu ausrichten und konzentrieren, bevor er ihn nochmals schickt.

Fällt der Hund nach 2 / 3 Drittel der Strecke von der Ideallinie ab, ist es besser, ihn zu stoppen und den Ausleger zu bitten, den Hund durch ein kurzes Geräusch („Brrr!") aufmerksam zu machen. Auf diese Weise ist sichergestellt, dass der Hund durch ein kurzes Handling sicher zum Erfolg kommt. Wichtig ist, die Übung anschließend nochmals zu wiederholen.

Ist der Hund bereits firm im Einweisen, kommt aber z. B. aufgrund der schwierigen Geländegegebenheiten von der Ideallinie ab, sollte er sofort gestoppt werden. Der Hundeführer muss dann entscheiden, ob und auf welche Weise er ihn von dort weiter zum Dummy handelt. In schwierigem Gelände ist die sicherste Variante, ihn nach dem

Stoppen auf die Ideallinie zurückzulenken, erneut zu stoppen und mit dem Signal „Back!" weiter zurückzuschicken. In Anbetracht des Trainingsziels sollten nicht mehr als zwei bis drei Signale benötigt werden, bis er am Dummy ist. Anschließend wird die Übung nochmals wiederholt.

ZURÜCKSCHICKEN – „BACK"

Im Training wird vor jedem Zurückschicken, auch wenn der Hund zuvor an der betreffenden Stelle abgesetzt wurde, immer zuerst das „Stopp"-Signal gegeben, da dies genau die Konstellation ist, aus der heraus der Hund später das „Back"-Signal ausführen soll. **Der „Stopp"-Pfiff macht den Hund aufmerksam und konditioniert ihn darauf, dass eine neue Richtungsangabe folgt.** Das verbale Signal wird begleitet vom Handzeichen. Der Hundeführer knickt den senkrecht nach oben gestreckten Arm im Ellbogen leicht ein, die Handfläche zeigt weiterhin zum Hund, bevor er den Arm mit dem Signal „Back!" wieder senkrecht nach oben ausstreckt.

TRAININGSZIELE

Auf das Signal „Back" in Verbindung mit dem entsprechenden Handzeichen hin soll sich der Hund um 180° drehen und in gerader Linie vom Hundeführer entfernen, bis er entweder Witterung vom Dummy oder aber ein neues Signal bekommt. Zusätzlich sollte das „Back"-Schicken auch ohne Handzeichen, d. h. nur mittels des verbalen Signals trainiert werden. Dafür gibt es im Wesentlichen zwei Gründe. Zum einen reagieren Hunde sehr fein auf die Körpersprache des Hundeführers. Dies kann dazu führen, dass sich der Hund auf ein nicht perfekt ausgeführtes Handzeichen nicht um 180° dreht, sondern je nach Neigung des Armes nur um 170° oder 175°. Dadurch verwässert sich das exakte „Back" immer mehr und wird zu einem „schräg nach hinten". Wenn der Hundeführer später im fortgeschrittenen Training damit beginnt, den Hund auch diagonal nach hinten zu schicken (im 135°- bzw. 225°-Winkel), hilft das gerade „Back" ohne Handsignal, Verwechslungen zu vermeiden. Es ist ferner immer dann hilfreich, wenn der Hund den Hundeführer nicht sehen kann. Dies ist z. B. der Fall, wenn der Hund auf dem Weg zum Dummy in einem höheren Bewuchs-Streifen hängenbleibt, den er eigentlich durchqueren sollte. Hat er das „Back" ohne Handzeichen gelernt, weiß er, dass er sich in gerader Linie von der Stimme des Hundeführers entfernen muss.

Zuletzt soll der Hund beim Zurückschicken auch lernen, sich, je nachdem, mit welchen Arm der Hundeführer das Handzeichen ausführt, **über die rechte oder linke Schulter zu drehen.**

Das Handzeichen beim „Back!": Der leicht im Ellbogen abgeknickte Arm …

… wird zeitgleich mit dem verbalen Signal senkrecht nach oben gestreckt.

VORÜBUNG: DREHEN ÜBER DIE RECHTE ODER LINKE SCHULTER

Das kontrollierte Drehen des Hundes wird einzeln aufgebaut. Der Hundeführer legt oder wirft dazu ein Dummy auf kurze Distanz direkt hinter den Hund oder ganz leicht nach rechts bzw. links versetzt. **Wichtig ist, dass er ihn beim Auslegen an derjenigen Seite passiert bzw. das Dummy vorbeiwirft, in die er sich später drehen soll.** Der Hundeführer kann das Drehen über die gewünschte Seite zusätzlich mit einem kleinen Schritt nach schräg vorne in die jeweilige Richtung unterstützen. Im fortgeschrittenen Training dient das kontrollierte Drehen sowohl dem bewussten Wegdrehen von einer Verleitung als auch dem diagonalen „Back"-Schicken.

TRAINING IM QUADRAT – BASISTRAINING „BACK"

Jeder Trainingsschritt kann in verschiedene Zwischenschritte unterteilt werden, in denen die Distanz zwischen Hund und Dummy schrittweise vergrößert wird, bis der Hundeführer ihn von den jeweils gegenüberliegenden Ecken schicken kann. Alle Trainingsschritte sollten sowohl mit als auch ohne Handzeichen trainiert werden. Sobald mit zwei Memory-Stellen gearbeitet wird, wird deutlich, wie hilfreich das kontrollierte Drehen des Hundes ist.

TRAININGSSCHRITT 1: DREHEN UM 180° MIT UND OHNE HANDZEICHEN

Der Hundeführer steht nahe am Hund

Der Hundeführer startet bei **A** und legt zusammen mit dem Hund bei **B** ein Memory aus. Danach entfernen sich beide einige Meter in Richtung **A**, ehe er den Hund mit Blickrichtung auf **A** absetzt. Der Hundeführer stellt sich ca. 2 m vor ihn und gibt zuerst den Stopp-Pfiff, bevor er ihn mit dem rechten Arm und dem verbalen Signal „Back" zu **B** zurückschickt. Durch eine leichte Vorwärtsbewegung nach rechts vorne, kann er das Drehen des Hundes in die gewünschte Richtung unterstützen. Über das Verwenden des rechten Arms dreht er ihn bewusst von den bekannten Memory-Stellen bei **C** und **D** weg.
Dreht sich der Hund auf das „Back"-Signal hin zuverlässig und läuft in gerader Linie in den Memory-Bereich **B**, verlängert der Hundeführer schrittweise die Distanz, in der er den Hund absetzt, bis er ihn von **A** aus über die gesamte Strecke zurückschicken kann.
Die Übung wird von den anderen Memory-Stellen aus in gleicher Weise wiederholt.

TRAININGSSCHRITT 2: DREHEN UM 180° MIT UND OHNE HANDZEICHEN

Der Hundeführer steht entfernt vom Hund

Dreht der Hund zuverlässig, vergrößert der Hundeführer seine Distanz zum Hund schrittweise in gerader Linie nach hinten.

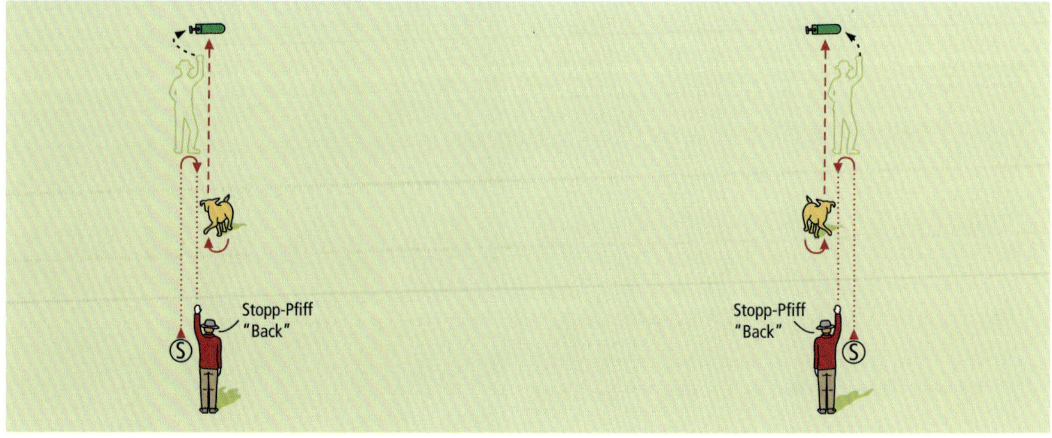

Sobald mit Kombinationen bzw. Ablenkungen gearbeitet wird, dient das kontrollierte Drehen der eindeutigen Kommunikation.

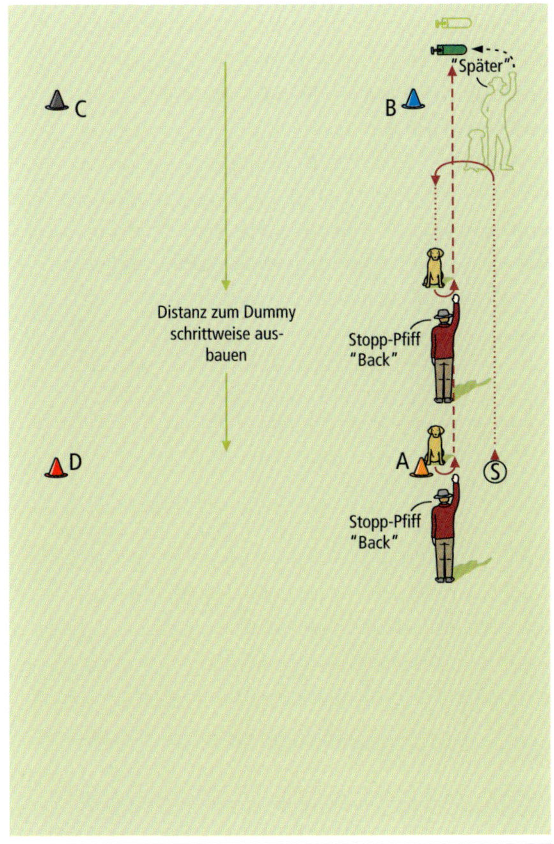

Trainingsschritt 1: Drehen um 180°

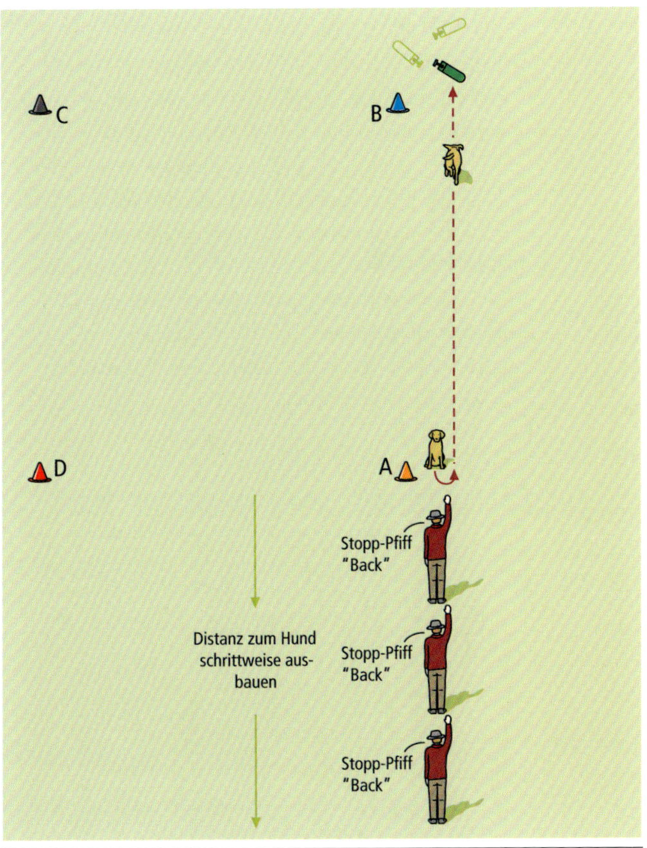

Trainingsschritt 2: Der Hundeführer steht vom Hund entfernt.

TRAININGSSCHRITT 3: KONTROLLIERTES DREHEN NACH RECHTS UND LINKS MIT HANDZEICHEN

Der Hundeführer startet bei **A** und legt zusammen mit dem Hund bei **B** und **D** ein Memory aus, bevor beide zu **A** zurückkehren. Dort setzt er ihn mit dem Rücken zum zuletzt ausgelegten Memory bei **D** ab. Er stellt sich vor den Hund und gibt zuerst das Stopp-Signal, bevor er ihn **mit dem linken Arm** und dem verbalen Signal „Back" zum Memory bei **D** zurückschickt. Zu Beginn kann er das Drehen des Hundes über die rechte Schulter durch eine leichte Vorwärtsbewegung nach links vorne unterstützen. Über das Verwenden des linken Arms dreht er den Hund bewusst vom Memory-Bereich **B** weg. Anschließend schickt er den Hund auf die gleiche Weise, aber **mit dem rechten Arm**, zurück zu **B**. Über das Verwenden des rechten Arms dreht er den Hund nun bewusst vom Memory-Bereich bei **D**, in dem der Hund kurz zu-

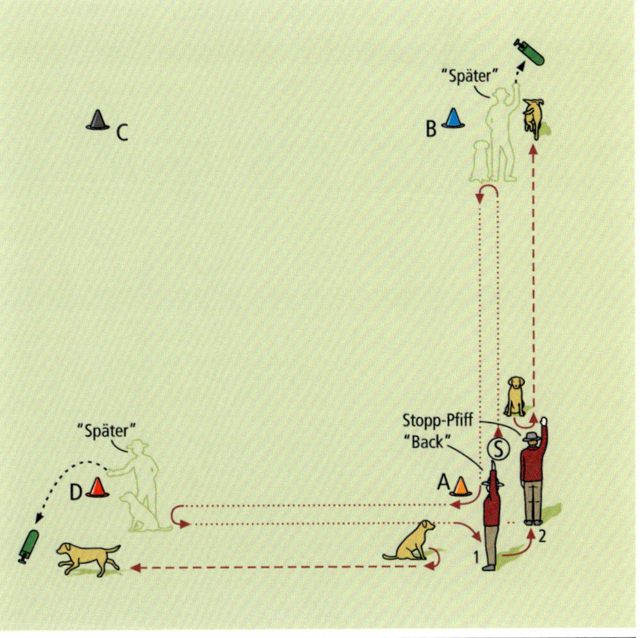

Trainingsschritt 3: Kontrolliertes Drehen

vor war, weg. Die Übung wird von den anderen Ecken des Quadrats aus wiederholt, wobei die Reihenfolge, in der die Dummys geholt werden, variieren kann.

TRAININGSSCHRITT 4: KONTROLLIERTES DREHEN MIT HANDZEICHEN UND VERLEITUNG

Der Hundeführer legt zusammen mit dem Hund bei **B** mehrere Memorys aus. Danach gehen beide zu **A** zurück, wo er den Hund mit dem Rücken zu den Memorys absetzt und sich einige Meter in gerader Linie nach hinten entfernt. Anschließend wirft er oder ein Helfer in einem Winkel von ca. 180° eine Verleitmarkierung mit Geräusch. Der Hundeführer gibt zuerst den Stopp-Pfiff und schickt ihn dann mit dem rechten Arm „Back".

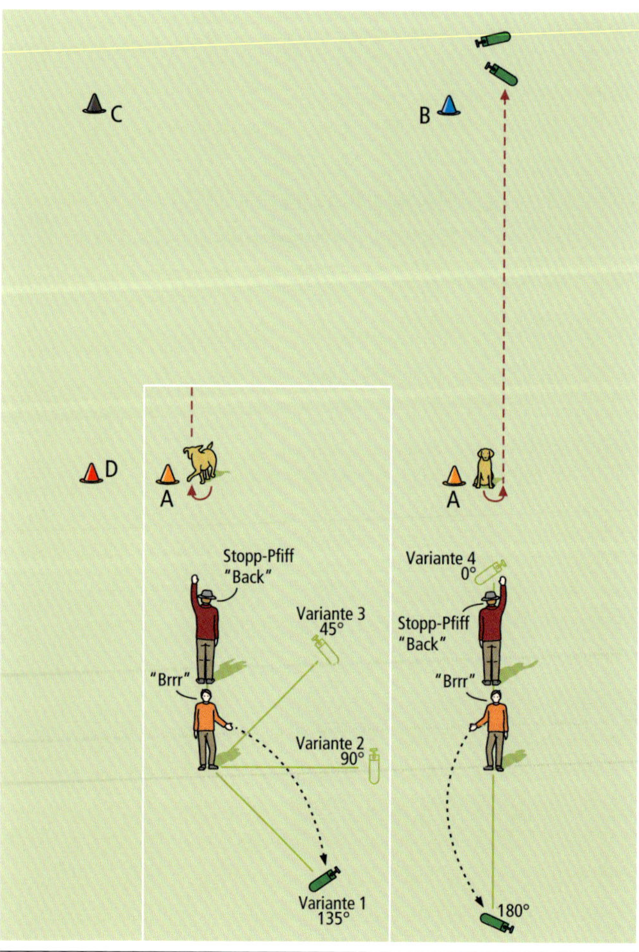

Trainingsschritt 4: Kontrolliertes Drehen mit Verleitung

Mit zunehmender Sicherheit des Hundes kann der Winkel, in dem die Verleitung geworfen wird, schrittweise verkleinert werden, bis sie schließlich auf den Hund zu geworfen wird (Variante 4). Sobald sich die Verleitung seitlich vom Hund befindet, macht es Sinn, ihn mit dem linken Arm über die rechte Schulter – also von der aktuellen Verleitung weg – drehen zu lassen (Variante 1 – 3).

TRAININGSSCHRITT 5: „BACK" IN DER DIAGONALEN MIT ODER OHNE HANDZEICHEN IN ZWEI SCHRITTEN

Der Hundeführer startet bei **A** und legt zusammen mit dem Hund bei **C** zwei Memorys aus. Danach gehen beide bis auf Höhe der gedachten Verbindungslinie zwischen **B** und **D** zurück. Die Memory-Stellen bei **B** und **D** befinden sich nun jeweils im 90°-Winkel zu den Memorys bei **C**. Der Hundeführer setzt den Hund ab und entfernt sich einige Meter in gerader Linie in Richtung **A**. Er gibt das Stopp-Signal und schickt den Hund dann mit dem Signal „Back" (mit oder ohne Handzeichen) zu **C** zurück. Anschließend gehen beide weiter zu **A**, wo er den Hund erneut absetzt, sich einige Meter nach hinten entfernt und ihn über die ganze Distanz zu **C** zurückschickt. Die Übung anschließend in gleicher Weise auf der Diagonalen von **B** zu **D** aufbauen.

Vorsicht! Je näher der Hund von A aus startet, desto kleiner wird der Winkel zu B bzw. D. Zugleich wird damit auch die Verleitung größer, von der geraden Linie nach C in Richtung B oder D abzudriften.

TRAINING IM GELÄNDE – AUFBAUTRAINING

Auch beim weiteren Aufbau des „Back" bieten sich natürliche Leitlinien, wie z. B. Wege, an. Um das kontrollierte Drehen zu unterstützen, legt der Hundeführer das Memory auf die rechte oder linke Wegseite und setzt den Hund dann einige Meter entfernt auf der jeweils gegenüberliegenden Seite des Weges ab. Danach geht er ein paar Meter weiter und stellt sich auf dieselbe Seite des Weges, auf der sich auch das Memory befindet. Er

Natürliche Leitlinien wie diese Rückegasse bieten sich an, um das „Back" weiter aufzubauen und zu festigen.

gibt das Stopp-Signal, bevor er ihn mit demjenigen Arm, auf dessen Seite das Memory liegt, und dem Signal „Back" zurückschickt.
Dreht sich der Hund zuverlässig um 180°, vergrößert der Hundeführer zuerst die Distanz zwischen Hund und Dummy. Anschließend baut er seine eigene Entfernung zum Hund weiter aus. Je weiter er vom Hund entfernt steht, desto anspruchsvoller wird die Übung.
Mit zunehmender Sicherheit kann schrittweise ein schwierigeres Gelände gewählt sowie Geländeübergänge und Verleitungen miteinbezogen werden. Je nachdem, in welchem Winkel sich die Verleitung in Bezug auf den Hund befindet, muss der Hundeführer entscheiden, in welche Richtung er ihn drehen lässt.
Das weitere Aufbautraining folgt dem Vorgehen beim Voranschicken. Beides kann gut miteinander kombiniert werden. Für das Zurück-schicken wird er auf der Ideallinie in einiger Entfernung zu einer bekannten Memory-Stelle abgesetzt. Der Hundeführer entfernt sich in gerader Linie und gibt zunächst das Stopp-Signal, bevor er ihn mit oder ohne Handzeichen und dem Sig-nal „Back" zurückschickt.

TYPISCHE PROBLEMKREISE UND KORREKTURMÖGLICHKEITEN

Problemkreis I: Der Hund bleibt sitzen

Versteht der Hund nicht, was von ihm erwartet wird, ist eine zuvor in den Memory-Bereich geworfene Markierung, die der Hund sofort holen darf, hilfreich. Anschließend wird er auf der Ideallinie abgesetzt und nochmals in den Bereich zurückgeschickt. Desgleichen kann auch ein dort positionierter Helfer die Aufmerksamkeit des Hundes erregen bzw. sichtig ein Dummy fallen lassen.

Problemkreis II: Der Hund geht zu früh

Startet der Hund ohne das verbale „Back"-Signal abzuwarten, muss der Hundeführer an der Steadiness und seinem Timing arbeiten. Zugleich muss ein Helfer durch ein rechtzeitiges Aufheben des Dummys verhindern, dass der Hund auf diese Weise zum Erfolg kommt.

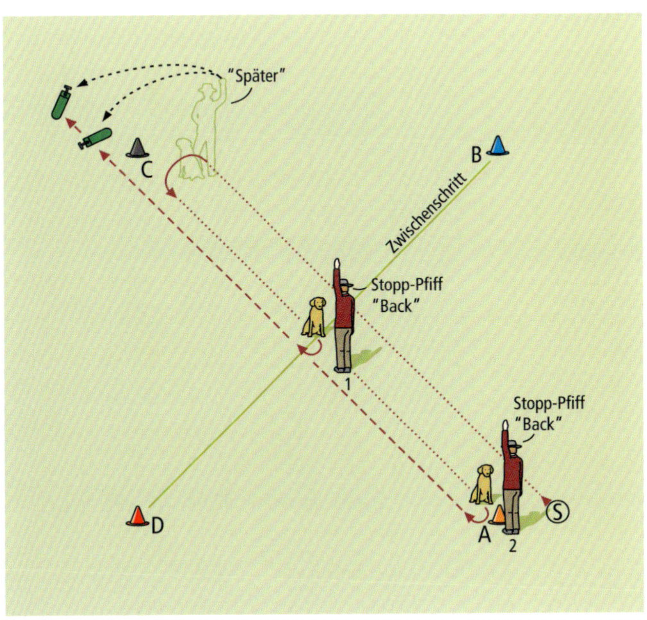

Trainingsschritt 5: „Back" in der Diagonalen

01

Problemkreis III: Der Hund dreht über die falsche Seite

Sobald der Hund die Bedeutung des Signals „Back!“ und des Handzeichens gelernt hat, aber trotzdem über die falsche Seite dreht, muss er vom Hundeführer verbal korrigiert, zum Ausgangspunkt zurückgebracht und die Übung wiederholt werden.

DAS RECHTS- UND LINKS-SCHICKEN – „GET OUT!“

Arbeitet der Hund das „Voran“ und das „Back“ zuverlässig, kann mit dem Rechts- und Linksschicken begonnen werden.

Wie beim Training des „Back“ gibt der Hundeführer auch hier immer zuerst das „Stopp“-Signal, bevor er mit einer weiteren Richtungsangabe fortfährt. Dazu nimmt er die senkrecht nach oben gestreckte Hand zurück in die neutrale Position auf Schulterhöhe, bevor er den Arm waagrecht in die Richtung ausstreckt, die der Hund annehmen soll.

02

03

Auf diese Weise zeigt er dem Hund zunächst die Richtung an, bevor er den Arm nochmals leicht im Ellbogen einknickt und zeitgleich mit dem erneuten Ausstrecken das verbale Signal „Get out!“ gibt. Die offene Handfläche zeigt dabei zum Hund. Der Arm bleibt so lange ausgestreckt, bis der Hund am Dummy ist. Durch eine zu frühzeitige, weitere Bewegung innerhalb seines Gesichtsfeldes kann er ansonsten abgelenkt werden.

Wichtig! Der Hund wird erst geschickt, wenn er Augenkontakt zum Hundeführer aufnimmt!

TRAININGSZIEL

Auf das verbale Signal **„Get out!" in Verbindung mit dem richtungsweisenden Handzeichen** soll sich der Hund nach dem Stoppen um 90° drehen und in einem annähernd rechten Winkel in die angezeigte Richtung laufen.

TRAINING IM QUADRAT – BASIS-TRAINING RECHTS- BZW. LINKSSCHICKEN

TRAININGSSCHRITT 1: „GET OUT!" MIT HANDZEICHEN RECHTS

Der Hundeführer setzt den Hund zwischen **B** und **C** ab. Je nach Temperament des Hundes geht er entweder von dort aus auf der direkten Linie zu **B** und legt dort ein Dummy aus, oder er stellt sich wenige Meter vor den Hund und wirft es von dort aus. Anschließend stellt er sich vor den Hund und gibt ihm **mit dem rechten Arm das Stopp-Signal.**

01/04 Nach dem Stopp-Signal knickt der senkrecht nach oben gestreckte Arm langsam ein, ...

02/05 ... bis sich die Hand in neutraler Position auf Schulterhöhe befindet. Danach wird der Arm ...

03/06 ... waagrecht in die gewünschte Position gestreckt und verbleibt dort, bis der Hund am Dummy ist.

04

05

06

Sobald der Hund ihn aufmerksam ansieht, zieht er die Hand zurück in die neutrale Position auf Schulterhöhe, **bevor er den Arm waagrecht nach rechts ausstreckt**. Er knickt ihn nochmals leicht im Ellbogen ab und schickt den Hund **mit dem erneuten Ausstrecken und dem verbalen Signal „Get out!" nach rechts.**
Hat der Hund das Dummy aufgenommen, macht der Hundeführer ein paar Schritte nach vorne und nimmt ihm das Dummy an dessen Startposition ab. Auf diese Weise läuft der Hund auf dem Hin- und Rückweg jeweils die gleiche Linie.
Der Hundeführer kann die Richtungsangabe anfänglich unterstützen, indem er einen leichten Ausfallschritt in die jeweilige Richtung macht. Die Übung wird mehrmals wiederholt.

TRAININGSSCHRITT 2: „GET OUT!" MIT HANDZEICHEN LINKS

Der Hundeführer legt oder wirft nun ein Dummy zu **C**. Mit dem gleichen Ablauf wie bei Trainingsschritt 1 schickt der Hundeführer den Hund nach links zu **C** und wiederholt auch diese Übung einige Male.

TRAININGSSCHRITT 3: KOMBINATION RECHTS – LINKSSCHICKEN

Der Hundeführer setzt den Hund mittig auf der Verbindungslinie zwischen **B** und **C** ab und legt bzw. wirft zuerst ein Dummy zu **B** und danach zu **C**. Anschließend stellt er sich wenige Meter vor den Hund, gibt ihm **mit dem linken Arm das Stopp-Signal** und schickt ihn, sobald er Sichtkontakt aufnimmt, **mit einem deutlichen Handzeichen und dem Signal „Get out!" nach links auf das zuletzt ausgelegte bzw. geworfene Dummy.** Sobald der Hund das Dummy aufgenommen hat, tritt der Hundeführer ein paar Schritte nach vorne und nimmt ihm das Dummy an der Position ab, an der der Hund gestartet ist. Er setzt ihn dort erneut ab und ersetzt das Dummy bei **C. Danach gibt er mit dem rechten Arm das Stopp-Signal, bevor er ihn mit einem deutlichen Handzeichen und dem Signal „Get out!" nach rechts auf das erste Memory schickt.** Er nimmt ihm das Dummy wieder an der Startposition ab. Die Übung wird mehrmals in wechselnder Reihenfolge wiederholt. **Das zuletzt geworfene Dummy stellt für den Hund die einfachere Variante, aber auch den**

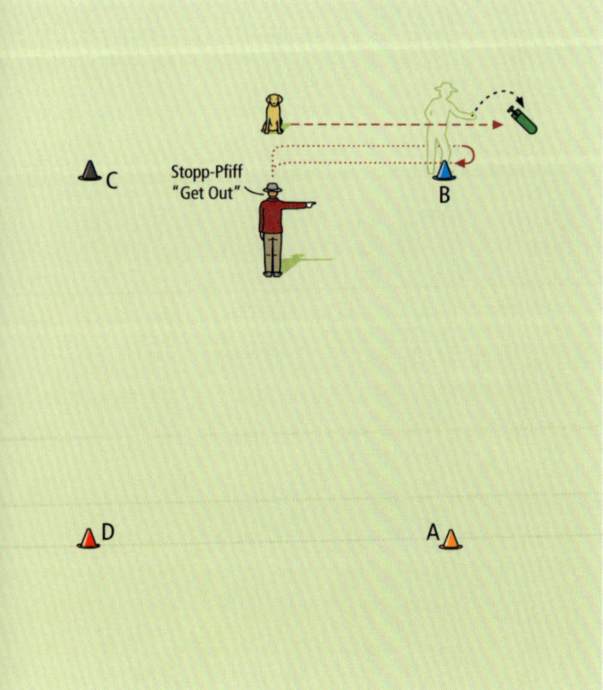

Trainingsschritt 1: „Get out" nach rechts

Trainingsschritt 2: „Get out" nach links

größeren Reiz dar. Mit Hilfe des Stopp-Pfiffs soll seine Aufmerksamkeit auf den Hundeführer gelenkt werden. Um die richtige Verknüpfung zu erstellen, darf er deshalb erst dann geschickt werden, wenn er Blickkontakt hält!

TRAININGSSCHRITT 4: DISTANZ ZWISCHEN HUNDEFÜHRER UND HUND AUSBAUEN

Nimmt der Hund beide Richtungen zuverlässig an, kann der Hundeführer beginnen, die eigene Entfernung zum Hund zu vergrößern. Er variiert dabei die Richtungen, in die er den Hund schickt, und bringt ihn nach jeder Abgabe wieder zur Startposition zurück. Die Entfernung des Hundes zu den Dummys bleibt zunächst gleich.

TRAININGSSCHRITT 5: DISTANZ ZWISCHEN HUND UND DUMMY AUSBAUEN

Sobald der Hund die Richtungsangaben aus größerer Entfernung sicher annimmt, kann der Hundeführer beginnen, die Distanz zwischen Hund und Dummy in mehreren Zwischenschritten zu vergrößern. Er nutzt dabei die bekannten Memory-Stellen und verkürzt zunächst seine eigene Entfernung zum Hund wieder. Erst wenn dieser die gesamte Strecke in allen Richtungen von Ecke zu Ecke sicher durchläuft, kann der Hundeführer dazu übergehen, Schritt für Schritt wieder mehr

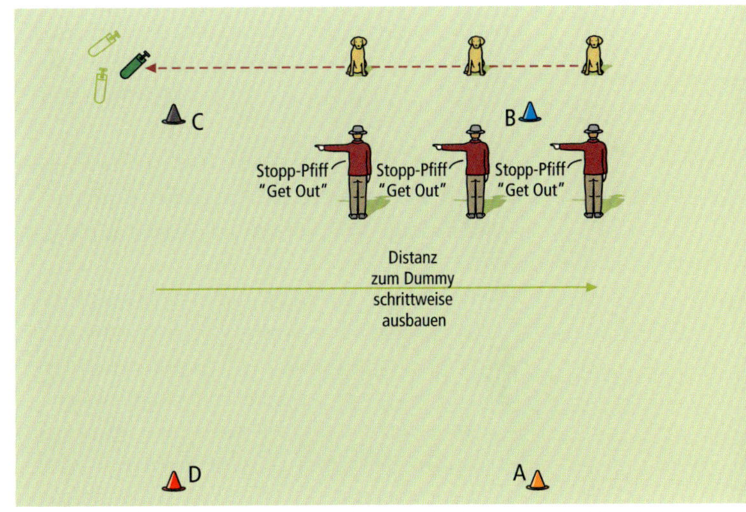

Trainingsschritt 5: Distanz zwischen Hund und Dummy ausbauen

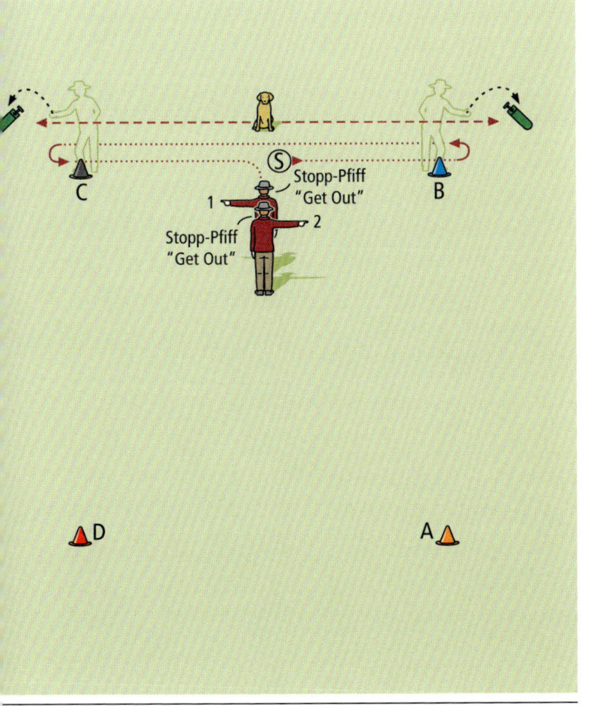

Trainingsschritt 3: Kombination Rechts-Link-Sschicken

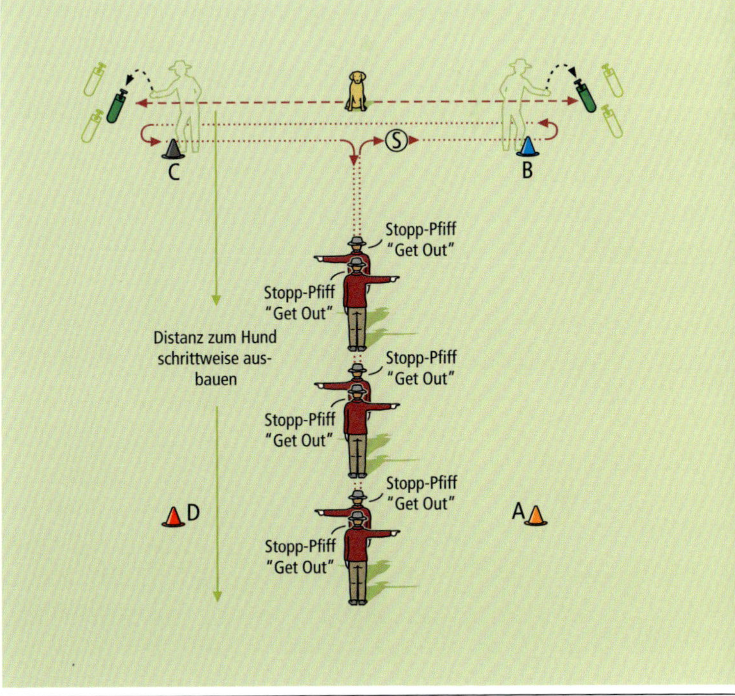

Trainingsschritt 4: Distanz zwischen Hundeführer und Hund ausbauen

Distanz zum Hund aufzubauen. Am Ende des Trainingsschritts sollte er in der Lage sein, den Hund von der gegenüberliegenden Ecke über die gesamte Länge nach rechts bzw. links zu schicken.

TRAININGSSCHRITT 6: RECHTS – LINKSSCHICKEN MIT VERLEITUNG

Nimmt der Hund die Richtungsangaben über größere Entfernungen an und hält die angezeigte Richtung über eine längere Strecke bei, kann der Hundeführer beginnen, sie unter Verleitungen abzusichern.

Dazu legt er bei **C** mehrere Memorys aus und setzt den Hund bei **B** ab. Anschließend wirft er oder ein Helfer von **A** aus eine Markierung in einem Winkel von ca. 90°.

Da das Memory **links liegt**, gibt der Hundeführer das Stopp-Signal mit dem linken, **nach oben ausgestreckten Arm**. Sobald der Hund ihn aufmerksam ansieht, schickt er ihn mit dem **linken Arm und dem Signal „Get out!" nach links.** Nach der Abgabe des Dummys kann der Hundeführer entscheiden, ob er ihn auch die Markierung holen lässt oder sie selbst holt.

Folgt der Hund den Richtungsangaben sicher, kann die Verleitung schrittweise näher an ihn herangeworfen werden (Variante 1, 2)

TRAININGSSCHRITT 7: KOMBINATION VON „BACK!", RECHTS UND LINKS

Eine Kombination aus Zurück-, Rechts- und Linksschicken sollte erst trainiert werden, wenn der Hund einen **soliden Ausbildungsstand** hat. Um ein **Antizipieren** (= Vorwegnehmen der Richtung) zu vermeiden, darf der Hund nicht in die Richtung geschickt werden, die er augenscheinlich favorisiert. Um ihn in einer Dreier-Kombination nicht zu verwirren, bietet sich das **„Back!" ohne Handzeichen** an.

Nach jeder Abgabe bringt der Hundeführer den Hund zurück zur Startposition. Mehrere in den bekannten Memory-Bereichen ausgelegte Dummys bieten die Möglichkeit, die Übung bei etwaigen Problemen nochmals zu wiederholen.

TRAINING IM GELÄNDE – AUFBAUTRAINING

Auch für das weitere Training des Links- und Rechtsschickens bietet sich das Arbeiten entlang natürlicher Leitlinien, wie z. B. Wegen, Hecken oder Zäunen, an. Wichtig ist, dass die gedachte Verbindungslinie zwischen Hundeführer, Hund und Dummy einen annähernd rechten Winkel

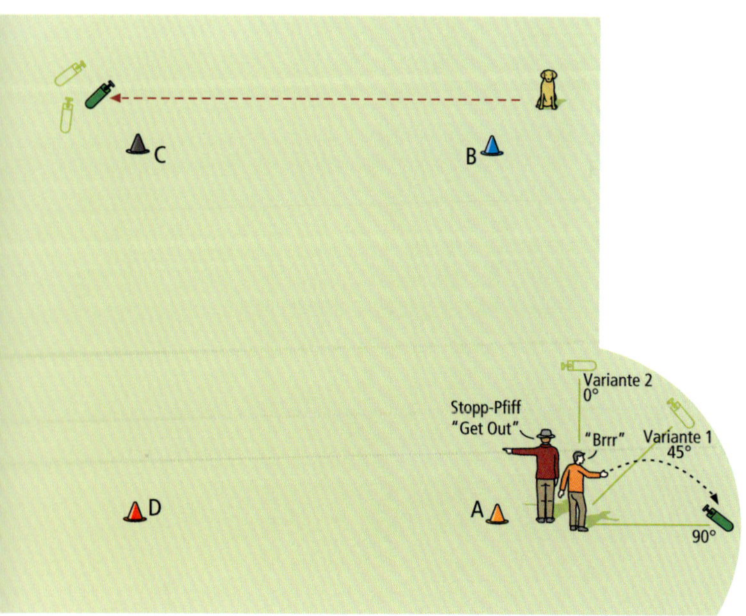

Trainingsschritt 6: Rechts-Links-Schicken mit Verleitung

Trainingsschritt 7: Kombination Back-Rechts-Links

beschreibt. Im weiteren Verlauf kann wie beim Voran- bzw. Zurückschicken vorgegangen werden. Der Hund wird auf der Ideallinie zum bekannten Memory-Bereich abgesetzt. Der Hundeführer entfernt sich im rechten Winkel, gibt das Stopp-Signal und schickt ihn dann mit dem entsprechenden Handzeichen nach rechts oder links.
Im Anschluss vergrößert er zunächst seine Distanz zum Hund, bevor er die Entfernung des Hundes zum Dummy erweitert.
Mit zunehmendem Ausbildungsstand können Geländeübergänge, Hindernisse und Verleitungen eingebaut werden.

TYPISCHE PROBLEMKREISE UND KORREKTURMÖGLICHKEITEN

Weder der Stopp- bzw. Sitz-Pfiff noch das Komm-Signal dürfen dazu eingesetzt werden, den Hund zu korrigieren! Sollte er nicht in die gewünschte Richtung gehen, muss er mit einem verbalen Abbruchsignal gestoppt und zur Startposition zurückgebracht werden.

Problemkreis I: Der Hund bleibt nach erfolgter Richtungsangabe sitzen

Zögert der Hund, kann der Hundeführer ihn entweder durch eine übertriebene Körpersprache ermuntern oder er geht nochmals in den Memory-Bereich und macht ihn durch ein Geräusch bzw. das erneute Zeigen oder Aufstellen des Dummys auf den Bereich aufmerksam.

Problem II: Der Hund geht in die falsche Richtung

Nimmt der Hund die Richtungsangabe nicht an, sollte er sofort verbal korrigiert werden. Der Hundeführer bringt ihn daraufhin zur Startposition zurück, geht selbst in den Memory-Bereich und macht ihn mit einem Geräusch aufmerksam. Gegebenenfalls stellt er das Dummy auf, um sicherzustellen, dass der Hund beim Annehmen der Richtungsangabe schnell zum Erfolg kommt. Beim nachfolgenden Schicken achtet er auf eine überdeutliche Körpersprache. Um den Hund beim Ignorieren des Signals nicht an anderer Stelle zum Erfolg kommen zu lassen, muss mit einem Helfer gearbeitet werden.

Problemkreis III: Der Hund startet, sobald sich die Hand bewegt

Geht der Hund los, ohne das verbale Signal abzuwarten, muss der Hundeführer an der Steadiness und v. a. an seinem Timing arbeiten. Der Hund darf erst auf das verbale Signal hin starten! Hält der Hund nicht lange genug Blickkontakt, muss dieser gefördert werden. Grundsätzlich darf er erst dann geschickt werden, wenn seine Aufmerksamkeit vollkommen auf den Hundeführer gerichtet ist. Der Blickkontakt kann im Einzelfall z. B. durch einen weiteren, leisen Stopp-Pfiff wiederhergestellt werden. Um den Hund bei einem Frühstart nicht zum Erfolg kommen zu lassen, muss mit einem Helfer gearbeitet werden.

Problemkreis IV: Der Hund läuft nicht seitlich, sondern auf den Hundeführer zu

Meist ist dies ein Zeichen dafür, dass der Hund entweder die Richtungsangabe nicht richtig verknüpft oder der Hundeführer zu schnell Distanz zum Hund aufgebaut hat. Im ersten Fall muss das Vertrauen und die Sicherheit des Hundes mit Hilfe der bekannten Memory-Bereiche des Trainingsquadrats Schritt für Schritt nochmals aufgebaut werden. Im zweiten Fall muss der Hundeführer seine Distanz zum Hund wieder verkürzen und erst die gewünschte Linie weiter festigen, bevor er mit zunehmender Sicherheit des Hundes wieder Distanz aufbaut. Der Hundeführer bringt den Hund zur ursprünglichen Position zurück, geht in den Memory-Bereich und macht ihn mit einem Geräusch aufmerksam. Um sicherzustellen, dass der Hund beim Annehmen der Richtungsangabe schnell bestätigt wird, kann er das Dummy auch senkrecht stellen.

DIE KLEINE SUCHE

Nachdem der Hund in den Bereich eines für ihn nicht sichtig gefallenen oder ausgelegten Dummys eingewiesen wurde, soll er dort auf ein Signal des Hundeführers hin mit einer kleinräumigen Suche beginnen. Beim Trainingsaufbau sollte am Anfang immer dasselbe Gelände verwendet werden. Ideal ist ein abgegrenzter Bereich mit höherem Bewuchs, wie eine natürliche Bewuchs-Insel oder eine Feld-Ecke. Der Bewuchs sollte hoch und dicht genug sein, um das Suchen-Dummy bzw. den Tennisball zu verdecken, aber nicht zu hoch, um die Suche unnötig zu erschweren. Er sollte den Hund zum Suchen einladen und darf deshalb weder einen zu starken Eigengeruch besitzen, noch von Brennnesseln oder Dornengewächsen durchsetzt sein.

UNTERSCHEIDUNG KLEINE SUCHE/ FREIE VERLOREN-SUCHE

Bei der kleinen Suche sucht der Hund ein sehr kleines Gebiet in unmittelbarer Nähe mit tiefer Nase intensiv ab. Bei der Frei Verloren-Suche sucht er mit hoher Nase und unter Ausnutzen des Windes systematisch einen großen Bereich ab.

TRAININGSZIEL

Ziel ist, dass der Hund das Such-Signal mit dem erwünschten Suchverhalten verknüpft und einen kleinen Bereich in unmittelbarer Nähe im gemäßigten Tempo mit tiefer Nase intensiv und systematisch absucht. **Dazu muss er – ausgehend von der späteren Situation beim Einweisen, in der er zunächst vorangeschickt wird, um dann auf ein Signal hin in eine kleinräumige Suche überzugehen – lernen, vom „Renn-Modus" in den „Such-Modus" umzuschalten.**

Das typische Handzeichen für die kleine Suche.

DAS SUCH-SIGNAL

Es kann entweder ein verbales Signal, wie „Such, such!" „There!" oder „Steady", oder ein Pfeif-Signal verwendet werden. **Letzteres muss sich von anderen Pfeif-Signalen klar unterscheiden und sollte dem Rhythmus der Aufgabe entsprechen.** Das akustische Signal kann mit einem Handzeichen verbunden werden. Die auf Hüfthöhe gehaltene, nach unten gedrehte Handfläche deutet in die Richtung, in die der Hund suchen soll.

Wann wird das Such-Signal gegeben?

Das Such-Signal soll das Suchverhalten starten, es aber nicht kontinuierlich begleiten! Wird es dauerhaft gegeben, besteht die Gefahr, dass der Hund verknüpft, nur dann zu suchen, wenn und solange es ertönt.
Grundsätzlich soll das Signal ihm vermitteln, dass er sich im unmittelbaren Bereich des Dummys befindet. Deshalb gibt es der Hundeführer zu Trainingsbeginn immer dann, wenn der Hund nahe am Dummy ist bzw. bereits Witterung anzeigt. Auf diese Weise lernt er, das Signal mit der Witterung und dem Finden in Verbindung zu bringen. Ein Hund, der das Such-Signal beherrscht, nimmt, sobald er es hört, die Nase herunter und dreht in unmittelbarer Nähe buchstäblich jeden Grashalm um, bis er Erfolg hat.

Wird der Hund vor dem Such-Signal gestoppt?

Es kommt darauf an! Auf Memorys und Blinds sollte der Hundeführer dem Hund immer mitteilen, dass er im Bereich angekommen ist und dort suchen soll. **Ob er dazu gestoppt werden muss oder nicht, hängt von der Situation, der Arbeitsweise und dem Temperament des Hundes ab.** Registriert der Hundeführer, dass der Hund auf der falschen Windseite im Bereich ankommt, macht es Sinn, ihn zu stoppen und ihm anzuzeigen, in welche Richtung er suchen soll.
Auch bei einem schnellen, selbstbewussten Hund ist es meist von Vorteil, ihn im Bereich zu stoppen, um ihn auf die neue Aufgabe, die ein langsameres und sorgfältigeres Arbeiten erfordert, einzustellen. Langsamere, sehr gehorsame Hunde verlieren durch das Stoppen hingegen häufig an Initiative, weshalb es besser ist, ihnen das Such-Signal zu geben, während sie noch in Bewegung sind.

☞ TRAININGSPLAN KLEINE SUCHE

	TRAININGSSCHRITTE	WICHTIG!
01	**Der Hundeführer steht direkt vor dem Hund** Der Hundeführer setzt den Hund nahe am Such-Bereich ab und lässt ihn beobachten, wie er den Bereich umkreist und mit einem Geräusch („Brrr!") mehrere kleine Suchen-Dummys oder Tennisbälle verdeckt auslegt. Indem er sie zuvor über den Boden bzw. am Bewuchs entlangstreicht, bringt er zusätzliche Geruchsmarkierungen an, die den Hund dazu animieren, im Bereich zu bleiben. Anschließend setzt er den Hund mitten im Bereich ab, tritt ein paar Schritte zurück, gibt ihm erst das Stopp- und danach das Such-Signal. Sobald der Hund zu suchen beginnt, bekommt er nochmals das Such-Signal und unmittelbar nach dem Aufnehmen ein Komm-Signal, um zu verhindern, dass er mit Dummy oder Ball im Fang weitersucht. Die Suche wird noch 2–3 Mal in gleicher Weise wiederholt.	**— Da Hunde naturgemäß zum weiträumigen Suchen neigen, muss die kleine Suche regelmäßig trainiert werden.** **— Das Such-Signal soll dem Hund vermitteln: Da wo du bist, ist auch das Dummy! Deshalb darf es erst dann erfolgen, wenn der Hund sich tatsächlich in unmittelbarer Nähe des Dummys befindet.** **— Mit zunehmenden Ausbildungsfortschritten können immer weniger Dummys bzw. Bälle ausgelegt werden, damit der Hund seine Suche immer mehr intensivieren muss.**
02	**Der Hundeführer steht entfernt vom Hund** Gleicher Übungsaufbau wie bei Trainingsschritt 1. Der Hundeführer setzt den Hund im Bereich ab und entfernt sich dann einige Meter. Wie zuvor gibt er ihm erst das Stopp- und dann das Such-Signal.	
03	**Der Hundeführer schickt den Hund aus der Distanz** Gleicher Übungsaufbau wie bei Trainingsschritt 1. Nach dem Auslegen wenden sich Hundeführer und Hund vom Bereich ab („Später!") und entfernen sich in gerader Linie. Anschließend schickt er ihn mit der entsprechenden Körperhaltung und dem Signal „Voran" in den Such-Bereich, stoppt ihn ggf. dort (S. 238) und gibt ihm das Such-Signal.	
04	**Nicht sichtig ausgelegte Dummys im vertrauten Bereich** Gleicher Übungsaufbau wie bei Trainingsschritt 3, jedoch lässt der Hundeführer den Hund beim Auslegen nicht zusehen. Er schickt ihn mit dem Signal „Voran" in den Such-Bereich, (stoppt ihn dort) und gibt ihm das Such-Signal.	**Je nach Temperament hilft das Stopp-Signal beim Umschalten vom „Renn- in den Such-Modus".**
05	**Absichern mit Verleitung** Der Hundeführer legt die Dummys ohne Hund im vertrauten Such-Bereich aus. Danach setzt er ihn dort ab und entfernt sich. Von der vorherigen Startposition aus wirft er in einem Winkel von ca. 90° eine Verleitung mit Geräusch nach rechts. Er gibt dem Hund mit dem linken Arm das Stopp- und - sobald dieser ihn aufmerksam ansieht - das Such-Signal. Beginnt der Hund unvermittelt zu suchen, kann der Hundeführer entscheiden, ob er ihn später auch die Markierung holen lässt oder er sie selbst holt. Mit zunehmender Sicherheit kann die Verleitung näher an den Hund herangeworfen werden.	**Reagiert der Hund auf die Verleitung, wird er mit einem verbalen Abbruchsignal gestoppt und zurück in den Such-Bereich gebracht, bevor die Übung wiederholt wird. Um den Erfolg sicherzustellen, kann der Hundeführer ihn nochmals auf den Bereich aufmerksam machen.**

Wann darf der Hund nicht gestoppt werden? Immer dann, wenn er bereits deutlich Witterung anzeigt! Hat der Hund das Dummy im Moment des Stoppens bereits gefunden, bleiben ihm zwei Reaktionsmöglichkeiten: Entweder er ignoriert den Stopp-Pfiff oder er ist so gehorsam, dass er ihn trotzdem ausführt. Wiederholt sich dieser Vorgang mehrfach, verliert er auf Dauer entweder den Stopp-Gehorsam oder er wird unbewusst darauf konditioniert, nach dem Finden zuerst Kontakt aufzunehmen und ein weiteres Signal abzuwarten. Dies ist unbedingt zu vermeiden, da das „nicht sofortige Aufnehmen" bei Prüfungen zum Ausschluss führt. Fällt das Stoppen und Wahrnehmen zufällig zusammen, sollte der Hundeführer sofort reagieren und das Such-Signal nachfolgen lassen, um eine Fehlverknüpfung zu vermeiden.

TYPISCHE PROBLEMKREISE UND KORREKTURMÖGLICHKEITEN

Problemkreis I: Der Hund bleibt sitzen

Reagiert der Hund nicht auf das Such-Signal und bleibt sitzen, hat er entweder noch nicht verstanden, was von ihm erwartet wird, oder es fehlt ihm an Motivation. Der Hundeführer kann deshalb versuchen, den Bereich mit Hilfe einiger Suchgesten und Geräusche interessant zu machen, oder mit dem Hund gemeinsam in den Wind suchen, sodass er Witterung bekommt und durch das Finden bestätigt wird. Eine weitere Möglichkeit ist, den Hund zusehen zu lassen, wie ein weiteres Suchen-Dummy in den Bereich geworfen wird, ihm aber, kurz bevor es landet, die Augen zuzuhalten.

Problemkreis II: Der Hund verlässt den Such-Bereich

Verlässt der Hund den Bereich nur kurz und kehrt selbstständig zurück, lobt ihn der Hundeführer und gibt ihm erneut das Such-Signal. In diesem Fall ist es wichtig, dass er nun über ein schnelles Finden bestätigt wird. Der Hundeführer kann dies unterstützen, indem er unbemerkt ein zusätzliches Dummy einwirft.

Kehrt der Hund nicht selbstständig in den Bereich zurück, hat der Hundeführer je nach Ausbildungsstand und Temperament des Hundes zwei Möglichkeiten. Er kann den Hund verbal zurück in den Such-Bereich rufen und ihm erneut das Such-Signal geben, oder er kann abwarten, bis der Hund durch die erfolglose Suche außerhalb des Bereichs entmutigt ist und von sich aus Kontakt aufnimmt. Ruft der Hundeführer ihn dann in den Bereich zurück und er findet dort, lernt er, dass es sich lohnt, in dem zugewiesenen Gebiet zu suchen.

Der Hundeführer sollte nicht öfter als ein- bis zweimal versuchen, den Hund verbal in den Bereich zurückzurufen, und ihn stattdessen an der Leine in dessen Mitte zurückführen. Danach kehrt er zu seiner ursprünglichen Position zurück und gibt von dort aus wieder das Stopp-Signal. Sobald der Hund ihn konzentriert ansieht, folgt das Such-Signal. Beginnt er nun wieder, kleinräumig zu suchen, bestätigt ihn der Hundeführer verbal.

Bei einem unerfahrenen Hund kann der Hundeführer den Bereich nochmals interessant machen, indem er ihn suchend abgeht und dabei Geräusche macht („Brrr!") oder in die Hände klatscht. Bei einem erfahrenen Hund ist es hingegen hilfreich, zuerst den Fokus auf den Hundeführer durch eine kurze Unterordnungssequenz wieder herzustellen, bevor die Such-Übung wiederholt wird.

Problemkreis III: Der Hund bricht die Suche ab und fragt

Bei einem unerfahrenen Hund ist dies i. d. R. ein Zeichen für Unsicherheit. Deshalb muss der Hundeführer sicherstellen, dass sich genügend Dummys im Bereich befinden, die den Hund in einer seinem Ausbildungsstand angemessenen Zeitspanne zum Erfolg kommen lassen, oder er muss notfalls unauffällig ein Dummy nachlegen. Er kann, während der Hund sucht, auch ab und zu das Such-Signal wiederholen, um ihm das Feedback zu geben, dass er es richtig macht.

Bei einem erfahrenen Hund reicht es meist aus, die Kontaktaufnahme zu ignorieren und sich gegebenenfalls wegzudrehen, um ihn zum Weitersuchen zu veranlassen. Reicht dies nicht, kann der Hundeführer aus der abgewandten Position heraus auch nochmals ein Such-Signal geben.

Die Hündin reagiert sofort auf den Stopp-Pfiff.

Sie wird jedoch erst weiter geschickt, nachdem sie vollständig sitzt.

Um die Verknüpfung **Weitersuchen = Erfolg** herzustellen, muss der Hund anschließend schnell finden.

DER STOPP-PFIFF

Der Stopp-Pfiff verbindet die einzelnen Elemente des Einweisens miteinander. Seine Aufgabe ist es, den Hund auf den Hundeführer und ein neues, nachfolgendes Signal zu konzentrieren. **Das Pfeifsignal sollte in seiner Art der erwarteten Aktion entsprechen – dem sofortigen, schnellen Stopp!** Zu Beginn des Trainings muss der Hundeführer darauf achten, dass sich der Hund auf das Stopp-Signal hin auch wirklich setzt. Stoppt er später zuverlässig auf größere Distanzen und unter starken Ablenkungen bzw. Verleitungen, kann auch das Stehenbleiben toleriert werden.

Wichtig! Der Stopp-Pfiff sollte für den Hund ebenso positiv belegt sein, wie das Komm-Signal! Aus diesem Grund dürfen beide NICHT zu Korrekturzwecken eingesetzt werden. Ein Fehlverhalten sollte mit einem neutralen Abbruchsignal, wie z. B. „Nein!", unterbrochen werden.

TRAININGSZIEL

Ziel ist, dass der Hund an der Stelle, an der er den Stopp-Pfiff vernimmt, unvermittelt stoppt, sich zum Hundeführer dreht und ihn konzentriert und aufmerksam ansieht. **Um den Stopp-Pfiff positiv zu konditionieren, muss er vom Hund als Erfolg versprechendes Signal wahrgenommen werden: Je schneller er reagiert, desto schneller kommt er mit Hilfe des Hundeführers zum Erfolg!**

Die Art der Übungen und die Übungsintensität müssen dem Wesen und Temperament des Hundes angepasst sein. Für einen Hund mit ausgeprägtem Apportierverhalten können schon wenige Wiederholungen mit einem Belohnungsapport zu vermehrter Unruhe und zum Antizipieren führen, d. h. er verharrt nur noch kurz auf den Pfiff und schießt auf die kleinste Bewegung hin wieder los. Hier ist es wichtig, immer mehrere Alternativen zu haben, um das Training möglichst unvorhersehbar und variabel gestalten zu können. Hunde mit einem weniger ausgeprägten Apportierverhalten und sehr gehorsame Hunde können hingegen durch zu viel Kontrolle und zu häufige Stopp-Übungen schnell an Motivation, Selbstständigkeit und Sicherheit verlieren.

TRAININGSPLAN STOPP-PFIFF

	TRAININGSSCHRITTE	WICHTIG!
01	**Stopp in Alltagssituationen** Der Stopp-Pfiff kann überall dort, wo ein kurzes Warten gefordert wird, geübt werden: beim Warten vor dem Futternapf, beim Anziehen vor dem Spaziergang, vor der Haustür, vor dem Ein- oder Aussteigen ins bzw. aus dem Auto.	**Auch in Alltagssituationen muss das Signal im Anschluss wieder aufgelöst werden!**
02	**Stopp während der Fußarbeit** Der Hund läuft bei Fuß an der Leine. Sobald der Hundeführer stehenbleibt, gibt er dem Hund einen Stopp-Pfiff mit dem Handzeichen und im Anschluss das zuvor erlernte verbale Signal.	**Ziel ist, dass der Hund sich immer, wenn der Hundeführer stehenbleibt, selbstständig und schnell setzt.**
03	**Stopp im Freilauf** Der Hund läuft frei und der Hundeführer stoppt ihn, während er auf ihn zuläuft. Stoppt er sofort und setzt sich, geht der Hundeführer zu ihm und bestätigt ihn. Stoppt er nicht an der Stelle, an der der Pfiff erfolgt ist, wird er angeleint und zurückgebracht. Danach begibt sich der Hundeführer wieder zu seinem ursprünglichen Standort, gibt dem Hund nochmals einen Stopp-Pfiff, lobt ihn kurz, geht zu ihm und bestätigt ihn.	**Der Hund lernt auf diese Weise, ohne in eine gesteigerte Erwartungshaltung zu geraten, dass sich das Stoppen für ihn lohnt.**
04	**Stopp mit Belohnungsapport** 1 Der Hundeführer lässt den Hund vor sich suchen. Kurz bevor er das Vertrauen verliert, gibt er ihm das Stopp-Signal und wirft ihm in dem Moment, in dem er sich dreht, einen Ball zu. 2 Der Hund läuft frei und wird gestoppt, während er sich vom Hundeführer entfernt. Stoppt er und nimmt Kontakt auf, wirft der Hundeführer ein Dummy in gerader Linie auf ihn zu, wartet 3 Sekunden und ruft den Hund dann zu sich. Das Stoppen wird durch das auf dem Rückweg zu apportierende Dummy belohnt.	**Beide Varianten lassen den Stopp-Pfiff zu einem positiven Erlebnis-Auftakt werden und fördern eine schnelle Reaktion. Sie steigern aber auch die Erwartungshaltung. Zudem bergen sie die Gefahr einer unsauberen bzw. unvollständigen Ausführung des Signals und des zögerlichen Zurückkommens! Deshalb dürfen sie nur wenige Male und immer abwechselnd mit einer erfolgreichen Suche bzw. dem direkten Zurückkommen trainiert werden.**

Die suchende Hündin wird für ihre unmittelbare Reaktion …

… auf den Stopp-Pfiff mit dem Ball bestätigt.

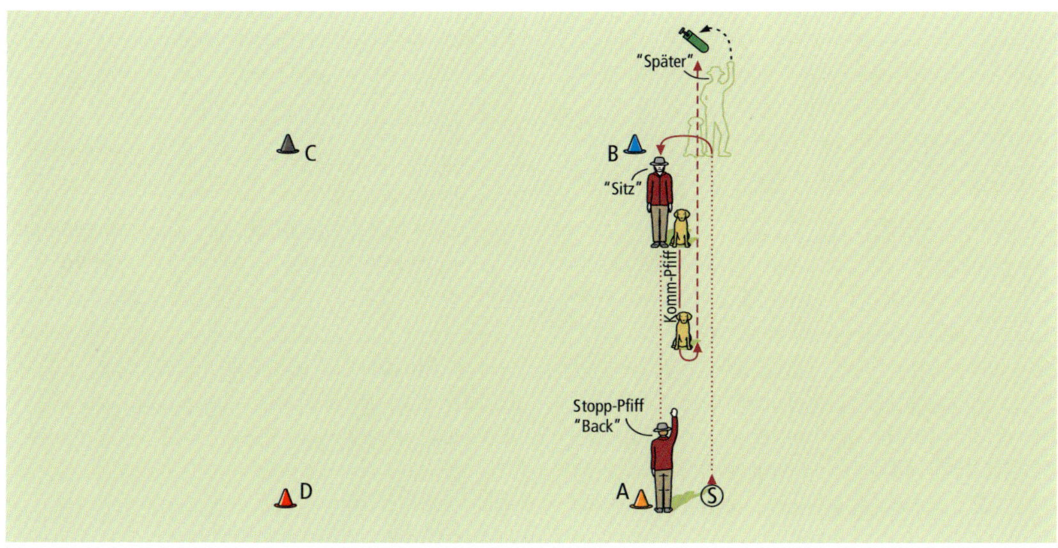

Trainingsvariante 1: Stoppen beim Herankommen

AUFBAU STOPP-PFIFF IM NAHBEREICH

Am einfachsten lässt sich der Stopp-Pfiff im Nahbereich bzw. am Fuß des Hundeführers konditionieren. Sobald der Hund das verbale Signal „Sitz“ beherrscht, kann das Handzeichen und Pfeifsignal hinzugenommen werden. **Dabei wird immer zuerst das neue Pfeifsignal zusammen mit dem Handzeichen und im Anschluss daran das zuvor erlernte verbale Signal gegeben.**

Auf diese Weise lernt der Hund schnell, den Pfiff mit der gewünschten Handlung zu verknüpfen. Am Anfang bestätigt der Hundeführer jedes Setzen des Hundes. Hat der Hund das Signal verknüpft, bestätigt er nur das schnelle Setzen und zuletzt nur noch das schnelle Setzen mit Blickkontakt.

WEITERE AUFBAU-VARIANTEN AN BEKANNTEN MEMORY-STELLEN

Die Stopp-Distanzen sollten nur langsam erweitert und der Hund für jedes Stoppen bestätigt werden. Ziel aller Trainingsvarianten ist, dass der Hund die Erfahrung macht, dass es sich für ihn lohnt, wenn er stoppt und die Hilfe des Hundeführers annimmt!

Da vermieden werden muss, dass er trotz des Überlaufens des Stopp-Signals zum Erfolg kommt, muss mit einem Helfer gearbeitet werden, der das Dummy rechtzeitig aufheben kann.

Vorsicht! Alle Stopp-Übungen müssen wohldurchdacht und abwechslungsreich trainiert werden, um weder eine zu hohe Erwartungshaltung, noch ein Antizipieren oder gar den Verlust jeglicher Initiative zu riskieren. Das bedeutet insbesondere, dass sie in einem ausgewogenen Verhältnis zu denjenigen Übungen stehen müssen, in denen der Hund ohne ein weiteres Handling durchläuft und in seinem Verhalten über den Erfolg bestätigt wird.

Wird der Hund in der Suche, auf dem Weg zu einem Memory oder einer Markierung zu häufig gestoppt, besteht die Gefahr, dass er die Initiative verliert. Dies gilt auch für das Stoppen auf dem Rückweg zum Hundeführer, das schon nach wenigen Wiederholungen zu einem langsameren, zögerlichen Zurückkommen führen kann.

Variante 1: Stoppen beim Herankommen

Der Hundeführer startet bei **A** und legt zusammen mit dem Hund bei **B** ein Memory aus. Auf dem Rückweg setzt er ihn einige Meter entfernt von **B** mit Blickrichtung auf **A** ab. Anschließend ruft er den Hund von **A** aus zu sich, stoppt ihn nach ¾ der Strecke und schickt ihn, sobald er aufmerksam sitzt und Blickkontakt hält, mit „Back!“ zurück auf das Memory. Auch wenn der Hund anfangs nicht unvermittelt stoppt, sondern noch ein paar Meter weiter auf den Hundeführer zuläuft, wird er für das Stoppen gelobt. **Schon nach wenigen Wiederholungen hat er gelernt, dass sich das Stoppen für ihn lohnt – denn je eher er stoppt, desto eher bekommt er das Dummy!**

Variante 2: Stoppen in der Kleinen Suche

Der Hundeführer legt im vertrauten Such-Bereich 2 bis 3 Suchen-Dummys bzw. Tennisbälle aus und schickt den Hund aus kurzer Distanz in die kleine Suche. Nach dem Finden und Bringen der Dummys wird er ein weiteres Mal geschickt. **Nun ist das Timing des Hundeführers gefragt!** Er lässt den Hund eine seinem Temperament und Ausbildungsstand angemessene Zeit suchen und stoppt, ihn kurz bevor er unsicher wird und von selbst abbricht. Sobald er stoppt, bestätigt ihn der Hundeführer verbal und wirft dann ein Dummy nach rechts, links oder hinter den Hund (schwierigste Variante). Nach einem erneuten Stopp-Signal gibt er ihm das entsprechende Richtungssignal und lässt ihn das Dummy holen.

Variante 3: Stoppen im Memory-Bereich

Der Hundeführer legt bei **B** und **C** jeweils ein Dummy aus. Er schickt den Hund zuerst mit „Voran!"zu **B**. Nach der Abgabe richtet er ihn erneut in Richtung **B** aus und schickt ihn nochmals. Er lässt ihn bei **B** kurz suchen, bevor er ihn stoppt und mit dem linken Arm sowie dem Signal „Get out!" nach links zu **C** schickt.
Mit Hilfe der bekannten Memory-Stellen des Trainingsquadrats lässt sich diese Variante in alle Richtungen umsetzen und kann zusätzlich mit dem direkten Voranschicken kombiniert werden.

Variante 4: Stoppen auf dem Weg zu einem Memory oder einer Markierung

Der Hundeführer schickt den Hund mit „Voran!" zu **B** und stoppt ihn auf halber Strecke. Stoppt er an Ort und Stelle, lobt er ihn, wartet ein paar Sekunden, gibt nochmals ein Stopp-Signal und schickt ihn dann mit „Back!"weiter. Stoppt er nicht und geht zum Dummy durch,

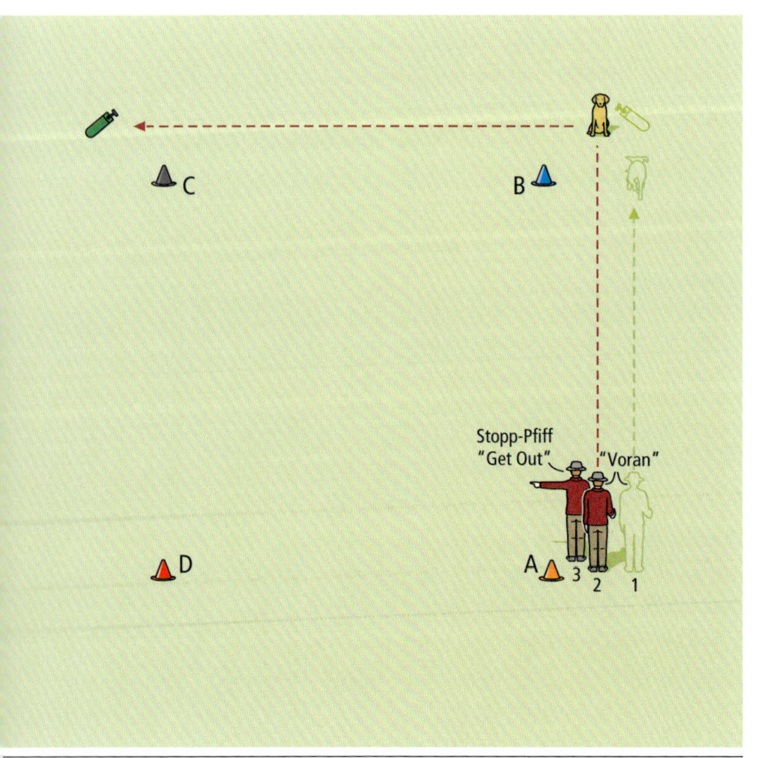

Trainingsvariante 3: Stoppen im bekannten Memory-Bereich

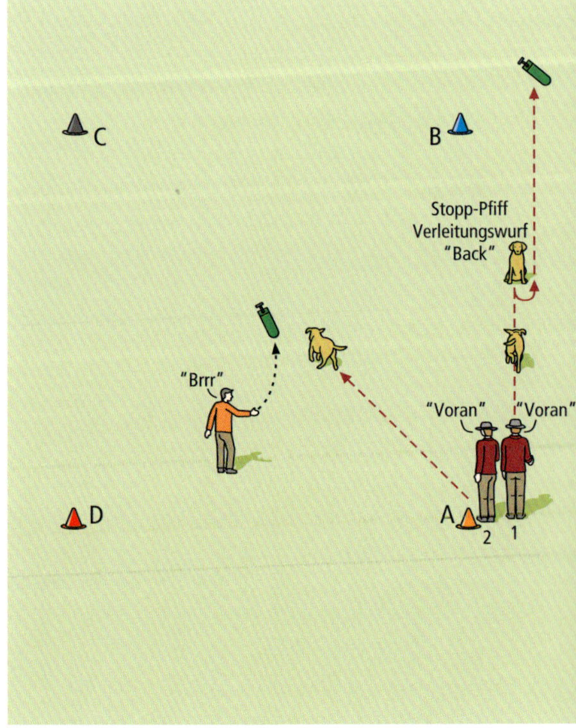

Trainingsvariante 4 / 2: Stoppen auf dem Weg zu einem Memory oder einer Markierung mit Verleitung

bringt der Hundeführer ihn an der Leine zum anvisierten Stopp-Punkt zurück und legt das Dummy zurück zu **B**. Anschließend geht er zu **A** und gibt erneut das Stopp-Signal, bevor er ihn mit dem Komm-Pfiff zurückruft.
Kurz bevor er bei ihm ankommt, stoppt er ihn erneut, lobt ihn für das Stoppen und schickt ihn dann mit „Back!" zurück zu **B**.

Abwandlung 1 Der Hundeführer schickt den Hund zu **B** und stoppt ihn auf halber Strecke. Sobald er sitzt, wirft er eine Markierung seitlich neben ihn, die er ihn auch arbeiten lässt. Danach richtet er den Hund wieder auf **B** aus und lässt ihn zum Memory durchlaufen.

Abwandlung 2 Der Hundeführer stoppt den Hund auf halber Strecke zu **B** und schickt ihn, nachdem er die Markierung geworfen hat, zuerst mit dem rechten Arm und „Back!" weiter zurück zu **B**, bevor er ihn von **A** aus die Markierung holen lässt.

TYPISCHE PROBLEMKREISE UND KORREKTURMÖGLICHKEITEN

Problemkreis I: Der Hund stoppt, dreht sich aber nicht dem Hundeführer zu

Zu einem ordnungsgemäß ausgeführten Stopp-Signal gehört, dass der Hund unvermittelt stoppt, sich zum Hundeführer dreht und Blickkontakt aufnimmt. Nimmt der Hund von sich aus keinen Kontakt zum Hundeführer auf, kann dieser entweder so lange warten, bis der Hund unsicher wird und sich ihm letztlich doch zuwendet, oder er kann versuchen, die Aufmerksamkeit des Hundes durch ein Geräusch („Brrr!") auf sich zu ziehen. Gelingt dies, bestätigt er ihn zunächst verbal für die Aufnahme des Blickkontakts, bevor er nochmals das Stopp-Signal gibt und anschließend ein Belohnungs-Dummy zwischen sich und den Hund wirft, das dieser auf Aufforderung des Hundeführers als Bestätigung apportieren darf.

Problemkreis II: Der Hund läuft nach dem Stopp-Signal auf den Hundeführer zu

Dieses Verhalten kann im Wesentlichen zwei Ursachen haben: Entweder ist der Hund generell noch unsicher, was von ihm verlangt wird, oder er

Die Hündin stoppt zwar, ihre Aufmerksamkeit gilt aber nicht der Hundeführerin.

hat unbemerkt eine situationsgebundene Nebenverknüpfung gemacht. Diese kann z. B. darauf beruhen, dass er bei der Verknüpfungskette „Stopp-Pfiff = Stoppen, Drehen, Sitzen und Blickkontakt aufnehmen" die Situation des Fußlaufens miteinbezogen hat. Aus diesem Grund kehrt er auf den Stopp-Pfiff hin zunächst zum Hundeführer zurück, um sich neben ihn zu setzen, anstatt das Signal an Ort und Stelle auszuführen.
In beiden Fällen gilt: Beginnt der Hund, nach dem Stopp-Signal auf den Hundeführer zuzulaufen, geht dieser ihm ruhig entgegen, leint ihn an, führt ihn zu der Stelle zurück, an der er stoppen sollte, und wiederholt das Signal. Anschließend geht er zu seiner ursprünglichen Position zurück, gibt ihm erneut ein Stopp-Signal und bestätigt ihn kurz verbal, bevor er wieder zu ihm geht und ihn nochmals vor Ort bestätigt. Wichtig ist, dass der Hund zunächst nicht mehr aus der Sitz-Position abgerufen wird, sondern dass der Hundeführer zu ihm geht, um ihn zu bestätigen.

Problemkreis III: Der Hund stoppt, wartet aber das weiterführende Signal nicht ab

Meist beruht dieses Verhalten auf einer durch zu viele Belohnungsapporte ausgelösten, zu hohen Erwartungshaltung. Wartet der Hund das Signal des Hundeführers nicht ab, sondern startet sofort in Richtung Dummy durch, muss ein Helfer es rechtzeitig aufheben. Der Hundeführer sollte den Hund anschließend ruhig erfolglos nach dem Dummy suchen lassen und ihn erst zurückrufen,

Nach dem Pushen über eine alte Fallstelle wird die Hündin über ein sichtiges, aufgestelltes Dummy bestätigt.

wenn er von sich aus aufgibt und Kontakt aufnimmt. Danach bringt er ihn an die ursprüngliche Stelle zurück und gibt erneut das Stopp-Signal. Bleibt der Hund nun, während der Hundeführer das Handzeichen ausführt, ruhig sitzen, zählt dieser leise bis fünf, bevor er das verbale Richtungssignal nachfolgen lässt. So lernt der Hund schnell, dass er nur über die Zusammenarbeit mit dem Hundeführer zum Erfolg kommt.

Problemkreis IV: Der Hund überhört den Stopp-Pfiff

Beherrscht der Hund das Stopp-Signal, ignoriert es aber, ist er schlichtweg ungehorsam. Der Hundeführer sollte deshalb nicht versuchen, ihn durch weitere Signale zu überzeugen, sondern bereits nach dem ersten überhörten Pfiff ruhig auf den Hund zugehen, ihn anleinen und zu der Stelle zurückbringen, an der er das Signal gegeben hat. Nachdem er ihn dort abgesetzt hat, gibt er nochmals das Stopp-Signal, ehe er zu seiner ursprünglichen Position zurückkehrt und den Hund heranruft. Kurz bevor er zurück ist, wird er erneut gestoppt und anschließend von dieser Position aus weiter zum Dummy gehandelt.

DAS PUSHEN

Ein Pushen ist immer dann sinnvoll, wenn der Hund während des Vorangehens langsamer wird bzw. dazu ansetzt, in die Suche überzugehen, bevor er im Zielbereich angekommen ist. Am häufigsten geschieht dies beim Arbeiten über alte Fallstellen. Soll der Hund über diesen Bereich hinaus die gerade Linie weiter beibehalten, kann das beim Losschicken gegebene „Voran!" durch **eine einmalige, gezielt eingesetzte Wiederholung** verstärkt werden.
Das verstärkende Signal darf weder zu früh – vor Erreichen des Bereichs – noch zu spät – wenn der Hund bereits in die Suche übergegangen ist – gegeben werden. Um die richtige Verknüpfung herzustellen, muss das Timing perfekt sein! Das Pushen darf nur als ein gezielter Schubs über eine schwierige Stelle hinweg verstanden werden, nicht aber als eine dauerhafte Bestätigung des Vorangehens!

AUFBAU DES „PUSH"-SIGNALS

Die Übung muss so gestaltet werden, dass der Hund, sobald seine Körpersprache deutlich macht, dass ein Pushen notwendig wird, in seinem Weitergehen unmittelbar bestätigt wird. Dies kann z. B. durch ein für den Hund gut sichtiges, aufgestelltes Dummy oder durch einen Helfer, der im Anschluss an das verstärkende Signal im dahinter liegenden Zielbereich ein Geräusch macht, unterstützt werden.

Beispiel: Der Hundeführer nutzt die bekannten Memory-Bereiche des Trainingsquadrats. Er stellt ein Dummy aufrecht zu **B** und legt ein weiteres bei **A** aus. Danach entfernen sich beide weitere 20 m in gerader Linie nach hinten. Von dort aus arbeitet der Hund zunächst das Dummy bei **A**, bevor er auf das Memory bei **B** geschickt wird. Zeigt der Hund beim zweiten Schicken im Bereich **A** typische Anzeichen dafür, dass er zur Suche ansetzt, wie z. B. das Verlangsamen des Tempos, das Herunternehmen der Nase und eine verstärkte Tail Action, ist dies der optimale Zeitpunkt für ein verstärkendes „Voran!“. Nimmt er das Signal an, wird er durch das bei **B** aufgestellte Dummy unmittelbar bestätigt.

KOMBINATIONEN

Über Kombinationsübungen lassen sich die Richtungssignale und damit auch die Kontrolle über den Hund weiter festigen und ausbauen. Trainingsintensität und -umfang müssen jedoch in einem ausgewogenen Verhältnis zu den Trainingselementen stehen, die auf die Eigeninitiative und Selbstständigkeit des Retrievers abzielen, wie die Suche und das Markieren. Wie sich dieses Verhältnis im Einzelfall gestaltet, ist eine Frage des individuellen Wesens und Temperaments.

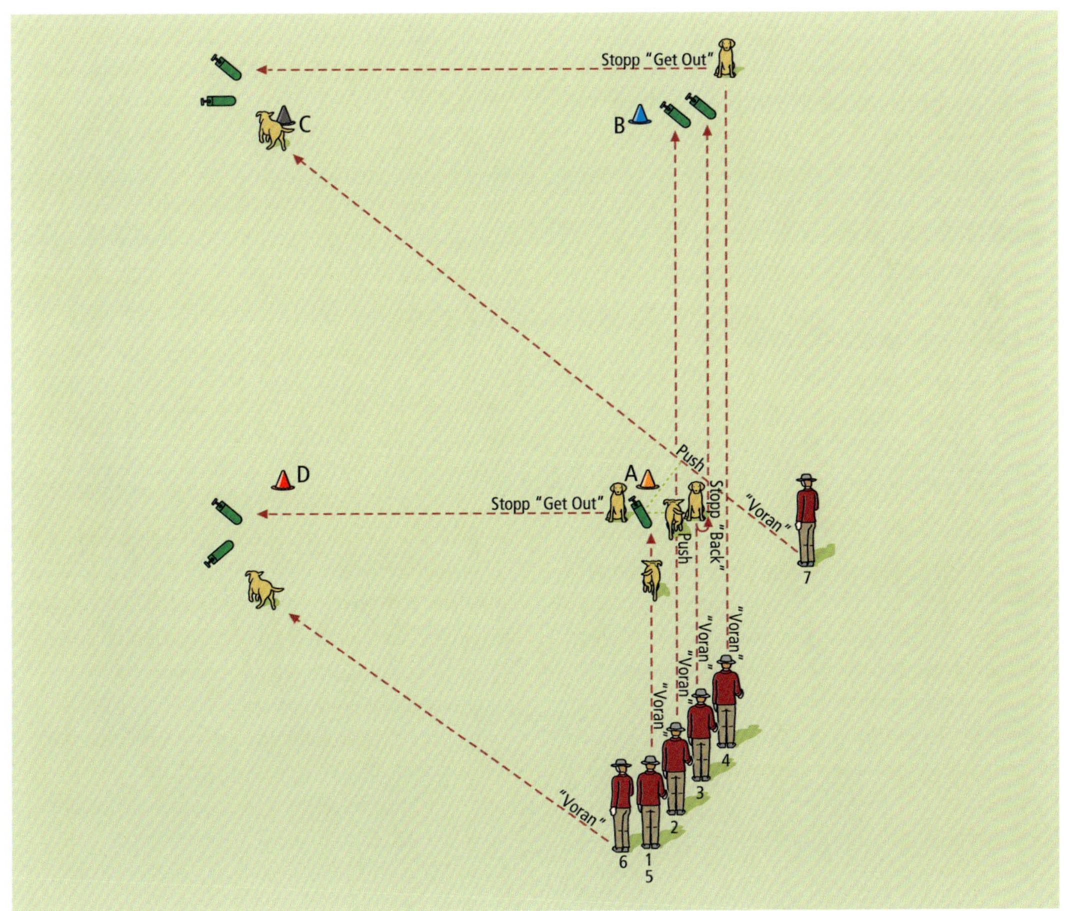

Sobald der Hund die einzelnen Bausteine des Einweisens beherrscht, lassen sie sich vielfältig kombinieren.

WASSERARBEIT

Da die Einwirkungsmöglichkeiten beschränkt sind, sollte mit der Wasserarbeit erst dann begonnen werden, **wenn der Hund die Basiselemente an Land bereits sicher beherrscht und unter allen Bedingungen zuverlässig apportiert.** Der Trainingsaufbau muss dem Entwicklungsstand und dem Temperament des Hundes angepasst sein.

STEADINESS UND RUHIGES VERHALTEN AM WASSER

Da die meisten Labradors sehr wasserbegeistert sind, stellt häufig schon das pure Vorhandensein von Wasser einen starken Reiz für sie dar. Ist dies der Fall, sollte der Trainingsschwerpunkt zunächst darin liegen, **die Anwesenheit von Wasser zu tolerieren, ohne dass es in das Training miteinbezogen wird.**

Um die Aufmerksamkeit und Konzentration des Hundes zu fördern, bieten sich im Vorfeld kurze Unterordnungsintervalle in Ufernähe an, in deren Verlauf verschiedene Memory-Bereiche aufgebaut werden. Der erste Bereich sollte in angemessener Entfernung im 90°-Winkel zur Uferkante liegen.

Arbeitet der Hund diese Memorys aus unterschiedlichen Entfernungen, ohne sich vom Wasser ablenken zu lassen, wird ein weiterer Memory-Bereich im 45°-Winkel zur Uferkante aufgebaut. Bereiten beide Bereiche dem Hund keinerlei Probleme, kann letztlich ein dritter Bereich hinzukommen, der parallel zur Uferkante in unmittelbarer Nähe zum Wasser liegt. Die Memorys dort sollten anfangs nur auf sehr kurze Distanz und in Kombination mit Memorys aus einem der anderen Bereiche gearbeitet werden. Die Distanz wird erst vergrößert, wenn der Hund sich vollkommen ruhig verhält und keinerlei Anstalten macht, zum Wasser hin auszubrechen.

Arbeitet er Memorys aus allen drei Bereichen aus etwa gleicher Distanz zuverlässig, kann ein erster Wasser-Apport hinzukommen. Um das aufreizende Platsch-Geräusch zu vermeiden, kann der Hundeführer in Abwesenheit des Hundes ein Dummy gut sichtbar auf der Wasseroberfläche platzieren. Vom geplanten Startplatz aus richtet er den Hund zunächst auf das Wasser aus und lässt ihn kurz fokussieren, bevor er ihn mit dem Signal „Später!“ in Richtung einer der Memory-Bereiche an Land dreht, ihn ausrichtet und mit dem Signal „Voran!“ schickt.

Anschließend richtet er ihn wieder auf das Dummy im Wasser aus. Verhält der Hund sich ruhig, lässt er es ihn arbeiten und schickt ihn danach noch auf ein weiteres Land-Memory. Zeigt er Anzeichen von Unruhe, dreht er ihn entweder nochmals mit dem Signal „Später!“ weg und schickt ihn auf ein weiteres Land-Memory, oder er unterbricht die aufgebaute Spannung durch eine unvorhersehbare Aktion, wie eine kleine Suche oder kurzes Fußlaufen, bevor er die Übung nochmals startet.

ÜBER-WASSER-ARBEITEN

Im weiteren Aufbau sollte so bald wie möglich damit begonnen werden, über Wasser zu arbeiten. Es ist viel schwieriger, einen Hund, der die Erfahrung gemacht hat, dass das Dummy immer im Wasser ist, dazu zu bringen eine Wasserfläche zu überqueren, als einen Hund, der gelernt hat, dass das Dummy immer auf der gegenüberliegenden Seite liegt, im Wasser zu stoppen.

Fällt das Dummy nicht direkt an, sondern ein ganzes Stück hinter der Gegenuferkante, lernt der Hund nicht nur, das Gewässer zu überqueren, sondern auch noch danach die Lauflinie an Land weiter beizubehalten.

Mit einem sinnvoll aufgebauten Training ist die Steadiness am Wasser …

… kein Wunderwerk. Eine zügige, direkte Wasserannahme ist wünschenswert, Sprünge sind jedoch nicht ungefährlich.

Sobald der Hund sicher aus dem Wasser apportiert, sollte er vorzugsweise über Wasser arbeiten.

01

02

03

DER DIREKTE WASSEREINSTIEG

Nicht ganz so wasserbegeisterte oder etwas unsichere Hunde neigen dazu, sich einen vermeintlich leichteren Einstieg zu suchen, anstatt den direkten Weg ins Wasser zu nehmen. Das Auf- und Ablaufen (Rändeln) sollte schon im Ansatz unterbunden werden. Zeigt der Hund eine Tendenz dazu, muss der Hundeführer mit ihm zur Uferkante gehen und ihn konsequent dazu ermuntern, das Wasser an der entsprechenden Stelle anzunehmen.

DER DIREKTE WEG – HIN UND ZURÜCK!

Der Hund sollte von Anfang an nicht die Erfahrung machen, dass er ein Gewässer umlaufen kann. Was wie ein scheinbar intelligentes und effizientes Verhalten wirkt, bedeutet aus Ausbildungssicht, dass er nach dem Aufnehmen nicht auf direktem Weg zum Hundeführer zurückkehrt.

Der direkte Hin- und Rückweg kann am einfachsten an einem schmalen Bach, Fluss, Kanal oder einem Gewässer mit einer kleinen Insel trainiert werden. Wichtig ist in allen Fällen, dass ein Umlaufen tatsächlich unmöglich ist. Sobald der Hund das Dummy aufgenommen hat, sollte er mit dem Komm-Signal ermuntert werden, das Wasser wieder direkt anzunehmen. Hilfreich kann dabei auch das Trainieren von Land-Wasser-Land-Kombinationen sein, die in Erwartung eines weiteren Apports, das direkte und schnelle Zurückkommen aus dem Wasser fördern.

SCHÜTTELN UND ABLEGEN DES DUMMYS

Ein weit verbreitetes Problem ist das Schütteln bzw. das Ablegen des Dummys vor der Abgabe. Mit vier einfachen Trainingsschritten lernt der Hund ganz schnell, was von ihm erwartet wird.

01 *Ziel des Wassertrainings ist sowohl ein ambitionierter und direkter Wassereinstieg, ...*

02 *... als auch das zügige Zurückkommen, ohne sich vor der Abgabe zu schütteln.*

03 *Nach der Abgabe wird der Hund mittels eines konditionierten Signals zum Schütteln aufgefordert.*

☞ TRAININGSPLAN SCHÜTTELN AUF SIGNAL

TRAININGSSCHRITTE

01 Der Hundeführer stellt sich in Ufernähe ins Wasser. Er nimmt dem Hund das Dummy bereits dort ab und bestätigt ihn für das In-die-Hand-Abgeben. Die wenigsten Hunde versuchen, sich im Wasser stehend zu schütteln.

02 Nach der Abgabe geht der Hundeführer mit dem Hund zurück an Land und animiert ihn dort zum Schütteln bzw. bestätigt ihn, wenn er es von sich aus tut. In dem Moment, in dem er zum Schütteln ansetzt, gibt er ihm das verbale Signal „Schüttele dich!" und unterstützt dies mit einem Handzeichen. Die zum Hund gedrehte Handfläche fährt dabei mit schnellen „Wischbewegungen" hin und her. Anschließend bestätigt er ihn für das Schütteln.

03 Nach dem Schütteln gibt der Hundeführer dem Hund das Dummy erneut in den Fang. Er setzt ihn ab, entfernt sich ein Stück, ruft ihn zu sich und nimmt ihm das Dummy ab. Er bestätigt ihn für die Abgabe und animiert ihn danach nochmals mit den entsprechenden Signalen zum Schütteln. Auf diese Weise wird vermieden, dass der Hund die Erfahrung macht, sich auch mit Dummy im Fang schütteln zu können.

04 Hat der Hund das Signal zum Schütteln gut verknüpft, kann der Hundeführer ihm das Dummy in einem nächsten Schritt zunächst am Uferrand abnehmen, bevor er die Entfernung zum Ufer Stück für Stück weiter ausbaut.

PRÜFUNGEN MIT DUMMYS

In ganz Europa erfreut sich die Dummy-Arbeit größter Beliebtheit. Allein 2015 veranstaltete der Deutsche Retriever Club e. V. deutschlandweit 58 Working Tests mit knapp 4 000 Teilnehmern. Voraussetzung für die Teilnahme sind eine FCI-anerkannte Ahnentafel, sowie eine bestandene Arbeitsprüfung mit Dummys für Retriever in der Anfängerklasse (APD / A).

ARBEITSPRÜFUNGEN MIT DUMMYS (APD/R)

Bei der APD / R sind die Aufgaben aller drei Leistungsklassen (Anfänger-, Fortgeschrittenen- und Offene Klasse) genau definiert. Die Arbeitsentfernungen entsprechen unter Berücksichtigung des Geländes und der Witterungsverhältnisse dem

ARBEITSPRÜFUNGEN MIT DUMMYS (APD/R)

SCHWERPUNKTE	ANFÄNGERKLASSE	FORTGESCHRITTENEN-KLASSE	OFFENE KLASSE
Entfernungen	< 50 m	< 80 m	–
Steadiness	X	X	X
Markierfähigkeit	X	X	X
Merkfähigkeit	X	X	X
Kleine Suche	X	–	X
Freie Verlorensuche	–	X	X
Einweisen	–	X	X
Wasserarbeit	X	X	–
Walk up	(X)	X	X
Drive	–	–	X

Sobald der Richter dem Teilnehmer die Aufgabe erklärt hat, signalisiert er den Helfern, dass es losgehen kann.

anzustrebenden Ausbildungsstand der jeweiligen Klasse. Jede Aufgabe kann max. mit 20 Punkten bewertet werden. Die Gesamtpunktzahl wird am Ende der Prüfung den Prädikaten „vorzüglich", „sehr gut", „gut" und „bestanden" bzw. „nicht bestanden" zugeordnet.
Mit dem Bestehen einer Dummy-Prüfung beweist ein Hund-Hundeführer-Gespann, dass es die Mindestanforderungen der jeweiligen Leistungsklasse beherrscht.

WORKING TESTS (WT)

Bei Working Tests werden jagdähnliche Einzelsituationen mit Hilfe von Dummys nachgestellt. Im Unterschied zur APD / R sind die zu erwartenden Aufgaben nicht in einer Prüfungsordnung festgelegt, sondern werden vor Beginn der Prüfung von den Richtern erarbeitet. Sie setzen sich aus den typischen Arbeitselementen zusammen und sind frei gestalt- bzw. kombinierbar.
Der Schwierigkeitsgrad der Leistungsklassen orientiert sich an den Erfordernissen der jeweiligen Klasse bei der APD / R. Insbesondere auf Fortgeschrittenen und Offenem Niveau können die Aufgaben jedoch durch erhöhte Anforderungen an die Steadiness, ein anspruchsvolleres Gelände, größere Distanzen oder Verleitungen erschwert werden.

Working Tests werden sowohl als Einzel- als auch als Teamwettbewerbe mit i. A. drei Hund-Hundeführer-Gespannen durchgeführt.
Einen Sonderstatus genießen Working-Tests der Schnupper- und Veteranenklasse. Erstere wurden vor allem für unerfahrene Hundeführer und junge Hunde konzipiert. Bei ihnen tritt der Leistungsgedanke zugunsten erster gemeinsamer Erfahrungen bezüglich des Ablaufs, des Richtens und möglicher Aufgabenstellungen in den Hintergrund. Das offene Richten erleichtert den Einstieg und gibt Anregungen für das weitere Training. Working Tests für Veteranen stehen Hunden ab 8 Jahren offen. Das Prüfungsniveau entspricht in etwa dem der Fortgeschrittenenklasse. Meist gibt es einen Alters-Bonus-Schlüssel, der in die Bewertung miteinfließt.

INFO

Vergabebedingungen für den Titel des DRC-Arbeits-Champions (DRC-Arbeits-Ch.):
3 x 1. Platz mit mind. Prädikat „Sehr gut" bei einem vom DRC ausgeschriebenen Working Test in der Offenen Klasse, wobei mind. bei einem dieser Working Tests auch ein Wasser-Apport geprüft worden sein muss.

Jagdähnliche Aufgaben – was bedeutet das?
Bei einem Working Test sollen die jagdlichen Arbeitsqualitäten eines Retrievers im Hinblick auf seinen ursprünglichen Verwendungszweck geprüft werden. Deshalb müssen die Aufgaben so gestellt werden, dass sie typischen Einzelsituationen, wie sie auf einer Niederwildjagd vorkommen, nahekommen.
Da die Markierfähigkeit für einen Retriever eine besondere Rolle spielt, muss er auch die bestmögliche Chance bekommen, sie unter Beweis zu stellen. Laut FCI Working Test Reglement sollten deshalb Arbeitsentfernungen von 150 m nicht überschritten werden. Jedem Dummy-Wurf muss ein Schuss vorausgehen, wobei eine übliche Schrotschussentfernung von ca. 35 m zu beachten ist. Das Einweisen auf ein weißes Bändchen am Baum entspricht ebenso wenig einer jagdnahen Gestaltung, wie Dummys, deren Witterung vom Hund passiert werden muss. Im Gegenteil: Das Überlaufen oder gar Ignorieren von Witterung (Blinken) führt in Prüfungen zum Ausschluss!

Bewertung
Idealbild ist ein nervenfester, schnell und effizient arbeitender Retriever, der jedes Gelände annimmt und gerne mit seinem Hundeführer zusammenarbeitet, ohne von ihm abhängig zu sein. Gemäß der Prüfungsordnung für Internationale Working Tests für Retriever der FCI werden für jedes Dummy, auf das innerhalb einer Aufgabe geschickt wird – je nach Übereinkunft der Richter –, entweder max. 10 oder 20 Punkte vergeben. Wenn während einer Aufgabe mehr als ein Dummy apportiert werden muss, wird ein nicht geholtes mit einer Null bewertet. Der Hund wird dann in der Gesamtbewertung mit „nicht platziert" (NC) klassiert. Die erarbeitete Gesamtpunktzahl wird den Prädikaten „vorzüglich", „sehr gut", „gut" und „bestanden" zugeordnet.

☞ WIE LÄUFT EIN WORKING TEST AB?

TERMINE & ANMELDUNG	— Teilnahmevoraussetzung: FCI-anerkannte Ahnentafel — Anmeldung online auf den Homepages der Rassezuchtvereine — Überweisung des Meldegelds — Evtl. Mitgliedschaft
BETEILIGTE PERSONEN	— Sonderleiter, verantwortlich für die Organisation — Richter — Stewards, unterstützen den Richter beim reibungslosen Ablauf — Werfer und Schützen
ABGABE DER PAPIERE	— Kopie der Ahnentafel — Leistungsheft — Impfpass mit gültiger Tollwutimpfung — Versicherungsnachweis
BEGRÜSSUNG	— Startnummernvergabe — Gruppeneinteilung — 4 bis 6 Aufgaben
IM WARTEBEREICH VOR DER AUFGABE	— Aufruf durch den Richter oder den Steward
IN DER AUFGABE	— Erklären der Aufgabe durch den Richter — Freigabe durch Nennen der Startnummer oder durch Antippen — Standard-Dummys (evtl. Dummy-Launcher) — Schussabgabe mit Revolver, Pistole oder Flinte (6/9 mm)

☞ PLUSPUNKTE UND FEHLER

PLUSPUNKTE	Positive Eigenschaften, die einen Labrador auszeichnen	— Steadiness, Führigkeit, Kontrolle — Markier- und Merkfähigkeit — Initiative, Arbeitsfreude, gute Nase — Effizientes Apportieren, saubere Abgabe — Schöner Arbeitsstil, ruhiges Führen
SCHWERE FEHLER	Erheblicher Punktabzug	— Unruhiges Verhalten, lautes Einwirken — Schlechte Markier- und Merkfähigkeit — Wenig Initiative und Arbeitsfreude — Schlechte Lenkbarkeit und Kontrolle — Unnötige Beunruhigung des Geländes — Nachlässiges Apportieren — Nichtausgeben in die Hand — Nicht sofortiges Zurückkehren mit Dummy — Zu große Abhängigkeit vom Hundeführer
FEHLER, DIE MIT NULL PUNKTEN BEWERTET WERDEN	Gesamtwertung: Nicht platziert Weitere Aufgaben können absolviert werden.	— Einspringen, Winseln, Bellen — Nichtfinden, Nichtapportieren, Tauschen — Weitersuchen mit Dummy — Verweigerung Wasser anzunehmen — Außer Kontrolle geraten, Hetzen von Wild — Schuss-Scheue
AUSSCHEIDUNGSFEHLER	Prüfungssauschluss	— Aggressives Verhalten — Durchlöchern eines Dummys — Physisches Einwirken auf den Hund

WORKING TEST HIGHLIGHTS

DRC Newcomer Trophy (NCT)

Die NCT ist ein eintägiger Working Test für Retriever bis zu einem Alter von 30 Monaten. Teilnahmevoraussetzung ist die Mitgliedschaft im DRC sowie ein bestandener DRC-Working Test in der Anfängerklasse mit dem Prädikat „sehr gut".

DRC German Cup (GC)

Der GC ist die vom DRC durchgeführte, offizielle deutsche Arbeitsmeisterschaft mit Dummys. Ziel ist die Ermittlung der besten Teams des Jahres, die sich damit auch für die Teilnahme am International Working Test (IWT) der FCI qualifizieren. Es handelt sich um einen zweitägigen Teamwettbewerb, bei dem jedes Team aus drei Hund-Hundeführer-Gespannen besteht.
Die Teilnahme steht allen Mitgliedern des Deutschen Retriever Clubs e. V. (DRC), des Labrador Clubs Deutschland e. V. (LCD) und des Golden Retriever Clubs e. V. (GRC) offen. Zugelassen sind Hunde, die einen Working Test des DRC in der Offenen Klasse oder eine in den offiziellen GC-Statuten aufgeführte Prüfung mit mindestens dem Prädikat „gut" bestanden haben.

DRC Working Test Finale

Das Finale des DRC bildet den alljährlichen Abschluss der Working-Test-Saison. Es handelt sich um einen zweitägigen Einzelwettbewerb, der in allen drei Klassen ausgetragen wird. Für die Teilnahme qualifizieren sich alle Teilnehmer, die im Verlauf der vorangegangenen Saison bei einem Working Test des DRC in der entsprechenden Klasse einen 1. – 3. Platz mit der Qualifikation „sehr gut" belegt oder an einem Mock Trial des DRC einen der ersten zwei Plätze mit der Qualifikation „vorzüglich" errungen haben. Ebenfalls qualifiziert sind die Gewinner des Vorjahres.

01

02

International Working Test (IWT) der FCI

In den knapp 30 Jahren seines Bestehens hat sich der International Working Test zum Höhepunkt kontinental-europäischer Retriever-Arbeit auf höchstem Niveau entwickelt. Er wird jedes Jahr von einem anderen europäischen FCI-Mitgliedsland veranstaltet und nimmt mittlerweile den Rang einer Retriever-Europameisterschaft mit Dummys ein. Es handelt sich um einen zweitägigen Teamwettbewerb, für den jedes Mitgliedsland drei bis vier offizielle nationale Teams entsenden kann. Freie Startplätze werden unter freien Teams verlost.

Qualifikation der deutschen Teams Je nach Ausschreibung des Veranstalters qualifizieren sich die ersten 3 bzw. 4 platzierten Teams des German Cups, deren Teammitglieder die deutsche Nationalität haben. Verzichtet ein offizielles Team auf den Start, rückt das nächstplatzierte Team nach.

MOCK TRIALS (MT)

Bei einem Mock Trial wird die jagdliche Situation während eines Field Trials mit Hilfe von Dummys so authentisch wie möglich nachempfunden. Im Unterschied zu Working Tests werden nicht nur Einzelsituationen, sondern der Gesamtablauf einer Jagd nachgestellt. Obwohl ausschließlich mit Dummys gearbeitet wird, werden alle anderen Umstände wie bei einem Field Trial gehandhabt. Die Durchführung und das Richten eines Mock Trials unterliegen dem Internationalen Reglement für Arbeitsprüfungen im Felde / Field Trials für Hunde der Retriever-Rassen der FCI.
Da eine tatsächliche Jagd simuliert wird, gleicht keine Situation der anderen und jeder Retrieve findet unter anderen Voraussetzungen statt. Bei Mock Trials wird in zwei Klassen, Novice und Open, gestartet. In der Novice sind die Arbeitsentfernungen i. d. R. kürzer und die Anforderungen weniger komplex.

01 Selbst im Mutterland des Labradors erweisen sich kontinental-europäische Hunde ...

02 als zunehmend konkurrenzfähig und geben auf englischen Working Tests ein gutes Bild ab.

☞ WO LIEGEN DIE UNTERSCHIEDE?

	APD/R	WT	MT
AUFGABEN	Die Aufgaben aller drei Klassen sind detailliert definiert.	Nachstellen typischer Einzelsituationen, in denen ein Retriever klassischerweise zum jagdlichen Einsatz kommt. Die Aufgaben werden VOR der Prüfung von den Richtern erarbeitet und sind für alle Teilnehmer einer Klasse gleich.	Nachstellen des Gesamtablaufs einer Niederwildjagd Jeder Retrieve kann sich in seiner Art und seinem Schwierigkeitsgrad unterscheiden.
KLASSEN	A / F / O	A / F / O	Novice / Open
VORAUS-SETZUNGEN	A: keine F, O: Ein „sehr gut" in der vorherigen Klasse Vergleichbare Prüfungen laut PO	A: Bestandene APD/A F, O: Ein „sehr gut" in der vorherigen Klasse bei der APD/R oder einem WT Vergleichbare Prüfungen laut PO	Mindestalter: 18 Monate
AUFGABEN	In jeder Klasse gibt es 4 bzw. 5 Aufgaben, die von einem Richter gerichtet werden.	I. d. R. gibt es in jeder Klasse 4–6 Aufgaben. Meist betreut und beurteilt jeder Richter jede Klasse nur in einer Aufgabe.	Ein MT verläuft in Runden. In der ersten Runde gibt es meist zwei Retrieves pro Hund, in der zweiten einen. Ob und wie viele Retrieves ein Hund insgesamt bekommt, hängt von seinem allgemeinen Verhalten und jeder einzelnen seiner gezeigten Arbeiten ab.
BEWERTUNG	Jede Aufgabe kann mit max. 20 Punkten bewertet werden. Jedes Dummy, auf das geschickt wird, wird aus 10 oder 20 Punkten gerichtet. Die Gesamtpunktzahl wird einem Prädikat zugeordnet. Null Punkte in einer Aufgabe führen zu der Bewertung „nicht bestanden" (NC).		Wie bei Field Trials wird jede Arbeit mit A, A- oder B beurteilt. Ein Hund mit einem A hat eine sehr gute Leistung gezeigt und bekommt auch weiterhin die Chance, die Richter von seinen Fähigkeiten zu überzeugen.
SCHWERE FEHLER	Ein schwerer Fehler bedeutet einen Punktabzug von mind. 4 von 10 bzw. 8 von 20 Punkten. Bei mehr als einem schwerem Fehler erhält der Hund nicht mehr als 2 aus 10 bzw. 4 aus 20 Punkten.		Ein schwerer Fehler bedeutet das Ende des Trials für den Hund. Je nachdem, wie viele gute Arbeiten er bis dahin gezeigt hat, kann er noch max. das Prädikat „sehr gut" bekommen.
ZIEL DER PRÜFUNG	Beherrschen der Mindestanforderungen für die Teilnahme an Working Tests in der jeweiligen Klasse	Überprüfen des Ausbildungsstandes, Trainingsmotivation und -anregungen, Erringen einer Anwartschaft für den Dummy-Arbeitstitel	Aufgabe der Richter ist es, diejenigen Hunde herauszustellen, die am Prüfungstag aus jagdlicher Sicht am überzeugendsten arbeiten.

RETTUNGSHUND

DER LABRADOR

— ein Hund mit vielen Fähigkeiten und Facetten

DER LABRADOR – EIN ECHTES MULTITALENT

Die Erfolgsgeschichte des Labradors begründet sich v. a. auf seiner Anpassungsfähigkeit, Intelligenz und Lernbereitschaft. Er erfreut sich heute längst nicht mehr nur als zuverlässiger Jagdgefährte, sondern in verschiedensten Lebensbereichen größter Beliebtheit.
Auch wenn er in Deutschland nicht als Diensthunderasse zugelassen ist, findet er international im Zolldienst- und Militärhundebereich als Spürhund für Rauschgift, Sprengstoff, Waffen, Munition, Tabak oder Bargeld immer mehr Beachtung.

It Ch. Loch Mor Welldone gewann auf der Crufts 2007 sowohl das Best of Breed als auch die Gundog Group.

DER LABRADOR ALS AUSSTELLUNGSHUND

Seit über 150 Jahren gibt es in vielen europäischen Ländern Hundeausstellungen. Sie dienen nicht nur der Ermittlung des typvollsten und schönsten Vertreters einer Rasse, sie bieten auch gute Möglichkeiten, sich umfassend über Rassen, Zuchtvereine und allgemeine Fragen der Hundehaltung zu informieren. Sie fördern Kontakte zwischen Züchtern, Ausstellern und interessierten Hundefreunden und bieten Hundesportgruppen, Rettungshundestaffeln und anderen Organisationen des Gebrauchshundewesens eine Plattform, um ihre Arbeit einem breiten Publikum vorzustellen.

GESCHICHTE DER HUNDEAUSSTELLUNGEN

Die erste historisch belegte Hundeausstellung fand 1859 in Newcastle-upon-Tyne in England statt. Mit Gründung des Kennel Clubs wurde 1873 eine ständige Einrichtung für die Koordination und Organisation von Hundeausstellungen geschaffen. Kurze Zeit später folgten als Vorläufer der späteren Rassestandards erste Richtlinien für Reinrassigkeit und ein erstes Ausstellungsreglement.
Heute gibt es in England eine Vielzahl von Hundeausstellungen. Die renommiertesten sind die **Crufts Dog Show** und die **Championship Shows** (Championats-Ausstellungen), anlässlich derer **Challenge Certificates (CC)**, Anwartschaften auf den Titel des Ausstellungschampions, verliehen werden können.

Die Crufts Dog Show

Die größte Hundeausstellung der Welt fand 1886 erstmals unter dem Namen „First Great Terrier Show“ statt. 1891 wurde sie nach ihrem Gründer

Sieger der Rüden-Klasse der VDH-Europasieger-Ausstellung in Dortmund

Charles Cruft umbenannt. Nach seinem Tod übernahm der Kennel Club 1948 die Schirmherrschaft. Seit 1991 findet die Crufts alljährlich im März im „National Exhibition Centre" (NEC) in Birmingham statt. Was 1886 mit rund 600 Besuchern begann, entwickelte sich zu einem heute viertägigen Event mit über 162 000 Besuchern und vielen zeitgleich durchgeführten Veranstaltungen, in deren Mittelpunkt die Zuchtschauen der Rassen stehen.
Auch kontinental-europäische Aussteller können sich für die Teilnahme qualifizieren. Voraussetzung ist eine Platzierung auf einer Championship Show in England, ein **crufts qualifier**, der z. B. auf der VDH-Bundessieger-Ausstellung erworben werden kann, oder ein Internationaler Schönheitschampion-Titel der FCI (C. I. B.).

Das deutsche Ausstellungswesen

Die erste deutsche Hundeausstellung fand 1863 in Hamburg statt. 1906 schlossen sich mehrere Rassehundevereine zum Kartell der stammbuchführenden Spezialclubs (später „Deutsches Kartell für das Hundewesen") zusammen, dessen Ziel u. a. das Erstellen einheitlicher Ausstellungsrichtlinien war.
1911 schloss das Kartell einen Gegenseitigkeitsvertrag mit der neu gegründeten weltweiten Dachorganisation im Hundewesen, der Fédération Cynologique Internationale (FCI). 1933 wurde es zum Reichsverband für das Deutsche Hundewesen und führte eine erste Richterordnung ein. Die in der Folge erstellten Ausstellungsrichtlinien wurden für ganz Deutschland verbindlich. Mit dem Austritt aus der FCI Ende 1941 brachen alle Verbindungen zum Ausland ab. Erst nach Gründung des Verbands für das Deutsche Hundewesen (VDH) 1949 schloss sich Deutschland 1951 wieder der FCI an. Im gleichen Jahr fand in Stuttgart die erste VDH-Bundessieger-Ausstellung statt, die heute ebenso wie die VDH-Europasieger-Ausstellung zu den alljährlichen Höhepunkten der Ausstellungssaison zählt.
Absolute Highlights in der deutschen Ausstellungsgeschichte waren bis heute die Welthundeausstellungen (World Dog Show) 1956, 1973, 1981, 1991 und 2003 in Dortmund sowie 2017 in Leipzig.

An den Clubschauen der Rassezuchtvereine werden sowohl Anwartschaften auf den Club- als auch den VDH-Champion-Titel vergeben.

AUSSTELLUNGSARTEN

Spezial-Rassehundeausstellungen

Vom Deutschen Retriever Club e. V. (DRC) oder Labrador Club Deutschland e. V. (LCD) in eigener Verantwortung ausgerichtete Ausstellungen, an denen nur die jeweils betreuten Retriever-Rassen teilnehmen können. Ist die Veranstaltung vom VDH terminlich geschützt, kann sowohl eine Anwartschaft auf den Schönheitstitel des jeweiligen Clubs als auch eine Anwartschaft auf den korrespondierenden VDH-Titel vergeben werden.

Nationale Rassehundeausstellungen

Von den Landesverbänden des VDH veranstaltete und allen Hunderassen offenstehende Ausstellungen. Im Unterschied zu Internationalen Rassehundeausstellungen können nur nationale Titelanwartschaften (CAC) vergeben werden.

Internationale Rassehundeausstellungen

In Deutschland finden jährlich rund 12 internationale Ausstellungen statt, die entweder von den VDH-Landesverbänden oder vom VDH selbst veranstaltet werden und allen Hunderassen offenstehen. Sie müssen von der FCI genehmigt und terminlich geschützt werden. Es können sowohl internationale (CACIB) als auch nationale Titelanwartschaften (CAC) sowie verschiedene Siegertitel, wie z. B. VDH-Europasieger, German Winner oder VDH Bundessieger, vergeben werden.

CACIB & CAC

Das CACIB (= Certificat d'Aptitude au Championnat International de Beauté) ist eine Anwartschaft auf den internationalen und das CAC (= Certificat d'Aptitude au Championat de Beauté) eine Anwartschaft auf den nationalen Schönheitschampion-Titel.

VOR DER AUSSTELLUNG

Informationen, wann und wo Ausstellungen für Labradors stattfinden, finden sich in den Internetauftritten und Clubmagazinen der Rassezuchtvereine Deutscher Retriever Club e. V. (DRC) und Labrador Club Deutschland e. V. (LCD) sowie in diversen Hundezeitschriften.

Anmeldung

Grundsätzlich können an Ausstellungen, die unter Terminschutz des VDH stehen, nur Hunde teilnehmen, die eine Ahnentafel eines dem VDH angeschlossenen Rassezuchtvereins oder eines von der FCI-anerkannten Mitgliedsvereins vorweisen können. Beides lässt sich mit einem Blick in die Ahnentafel leicht feststellen. Befinden sich dort die Vermerke Mitglied im VDH oder der FCI angeschlossen sowie deren Siegel, ist die erste Hürde genommen. Anerkannt werden ferner Ahnentafeln des englischen Kennel Clubs (KC) und des Amerikanischen Kennel Clubs (AKC).
Der Anmeldung und dem Eingang der Meldegebühr folgt eine Meldebestätigung, die zugleich als Eintrittskarte gilt. Spätestens jetzt lohnt sich auch ein Blick in die Schaurichtlinien (www.vdh.de).

☞ KLASSENEINTEILUNG

KLASSE	ALTER	ZULASSUNGS-VORAUSSETZUNGEN
JÜNGSTENKLASSE	6–9 Monate	**Keine**
JUGENDKLASSE	9–18 Monate	
ZWISCHENKLASSE	15–24 Monate	
OFFENE KLASSE	Ab 15 Monate	
GEBRAUCHSHUNDEKLASSE	Ab 15 Monate	**FCI Bestätigungsformular** über eine erfolgreich abgelegte BLP / R, RGP, JGP / R, SpJGP / R, PnS, HZP, VGP, VPS oder VSwP
CHAMPIONKLASSE	Ab 15 Monate	**Bestätigter Titel** — **Internationaler Champion FCI** — **Nationaler Champion** — **Clubsieger m. Arbeitsprüfung** (nur auf Spezial-Rassehundeausstellungen des jeweiligen Zuchtvereins) — **Deutscher Champion** (Club oder VDH) — **Div. Siegertitel** (in Verbindung mit einer weiteren Anwartschaft auf einen Champion-Titel auf einer anderen Rassehundeausstellung)
VETERANENKLASSE	Ab dem vollendeten 8. Lebensjahr	— Keine Formwertnote, nur Platzierung — Der Erstplatzierte läuft um den „Besten Hund der Rasse" (BOB).
ZUCHTGRUPPE		— Mind. drei Hunde mit gleichem Zwingernamen — Mind. Formwertnote „gut" in der Einzelbewertung bzw. Vorstellung in der Ehren- oder Veteranenklasse am Ausstellungstag — Bewertet wird die Ähnlichkeit im Erscheinungsbild.
NACHZUCHTGRUPPE		— Mind. fünf Nachkommen eines Rüden oder einer Hündin aus zwei Würfen — Mind. Formwertnote „gut" (zwei der vorgestellten Hunde wurden am gleichen Tag ausgestellt) — Bewertet werden die phänotypische Übereinstimmung mit dem Elterntier und die Qualität der Nachkommen.
PAARKLASSE		— Rüde und Hündin im Eigentum eines Ausstellers — Mind. Formwertnote „gut" in der Einzelbewertung bzw. Vorstellung in der Ehren- oder Veteranenklasse am Ausstellungstag — Gesucht wird das idealtypische Paar.

WIE PRÄSENTIERE ICH MEINEN LABRADOR?

Der Erfolg bei Ausstellungen hängt nicht nur vom rassetypischen Erscheinungsbild des Hundes, sondern auch von seiner Präsentation ab. Das gekonnte Vorführen muss genauso trainiert werden, wie andere Ausbildungsinhalte auch. Um individuelle Tipps und mehr Praxis zu bekommen, bieten sich Ringtrainings an. Diese werden von engagierten Ausstellern und Züchtern der Rassezuchtvereine angeboten.

Beim Ringtraining lernt der Hund, …

— sich fröhlich wedelnd im Stand zu präsentieren.
— schwungvoll und doch ruhig an der linken Seite des Ausstellers zu traben.
— ruhig und gelassen zu bleiben, während eine fremde Person ihn abtastet, sein Gebiss und gegebenenfalls seine Hoden kontrolliert.

Beim Ringtraining lernt der angehende Aussteller, …

— den Hund zu motivieren, sich frei und fröhlich zu präsentieren.
— in welchem Tempo der Hund das schönste Gangwerk zeigt.
— die Geometrie des Showrings kennen und die vom Richter vorgegebenen Lauffiguren am vorteilhaftesten zu meistern.

Wichtig! Die Ausstellungsleine sollte immer locker um den Hals liegen, damit sie weder die Proportionen verzerrt, noch den Gesamteindruck stört.

DRC Clubschau 2018: Eine perfekte Präsentation im Stand

Zur Gewöhnung an den Ausstellungstrubel bieten sich kleinere Spezial-Rassehundeausstellungen oder inoffizielle Pfostenschauen an. Pfostenschauen sind lokale Veranstaltungen, die meist im Freien stattfinden und an denen eine eher familiäre Atmosphäre herrscht.

DIE PRÄSENTATION IM STAND

Ein Labrador wird frei stehend vorgeführt. Idealerweise sollte sowohl das Signal „Steh" als auch das „Zähne zeigen" vom Welpenalter an geübt werden. Da der Richter nicht nur die Gebissstellung, sondern auch dessen Vollständigkeit kontrolliert, muss er den Fang des Hundes öffnen. Ein wenig Honig oder Sirup am Finger hilft, das Üben angenehmer zu gestalten und es allmählich zur Normalität werden zu lassen.

SCHRITT FÜR SCHRITT ZUM GELUNGENEN STAND

Schritt 1

Im Welpenalter kann sowohl jedes zufällige Stehen, als auch das gezielt mit einem Leckerchen herbeigeführte Stehen bestätigt werden.

Timing

- Sobald der Welpe steht, darf er am Leckerchen knabbern und wird sanft am Kinn gekrault, während das Signal „Steh" wiederholt wird.
- Solange er steht, wird das Signal wiederholt und er weiter mit dem Kraulen bestätigt.
- Bleibt er für einige Momente ruhig stehen, kann das Signal aufgelöst und der Welpe ausgiebig gelobt werden.
- Löst er das „Steh" selbstständig auf, muss er nochmals dazu ermuntert und die Übung im Moment der korrekten Ausführung beendet werden.

Tipp

- Um den Welpen zum Stehen zu animieren, muss das Leckerchen horizontal von ihm wegbewegt bzw. vor ihm gehalten werden, weil er sich ansonsten unweigerlich setzt.
- Den Oberkörper nicht über den Welpen lehnen – je nach Temperament kann dies als Spielaufforderung interpretiert werden oder ihn zurückweichen lassen.

PFLEGE DES AUSSTELLUNGSHUNDES

Für die Vorstellung im Ring muss sich der Hund in einem ausgezeichneten Pflegezustand befinden, der sich in klaren, glänzenden Augen und einem dichten, schimmernden Fell widerspiegelt. Ein Labrador sollte vor einer Ausstellung nicht gebadet werden. Getrimmt wird nur – wenn überhaupt – der Haarwirbel an der Rutenspitze. Die Otterrute ist das besondere Merkmal der Rasse. Sie verjüngt sich zum Ende hin und darf keinesfalls gerade abgeschnitten werden! Falls nötig, kann die Rutenspitze etwa Daumenbreit über dem Ende mit Hilfe einer Effilierschere leicht spitz zulaufend modelliert werden.

Ein sauberes Gebiss sollte am Ausstellungstag ebenso selbstverständlich sein, wie gereinigte Außenohren. Zu lange Krallen müssen gekürzt werden, um die Rundung der Pfoten zu unterstreichen. Es muss auch auf das Idealgewicht geachtet werden: Der Hund sollte gut bemuskelt und weder zu dick noch zu dünn wirken.

Schritt 2

Die Dauer des Stehens wird nun schrittweise ausgedehnt.

Timing

Auf den richtigen Moment für das Auflösen des Signals achten!

Schritt 3

Sobald der Welpe das Signal „Steh" verknüpft hat, kann die unterstützende, kraulende Hand durch die Aussicht auf einen Leckerbissen ersetzt werden.

Timing

- Steht er schön, wird er mit dem Signal unterstützt und mit dem Leckerchen bestätigt.
- Später wird der Zeitraum bis zur nächsten Bestätigung immer weiter ausgedehnt.

Tipp

Werden die Leckerchen in einer kleinen Plastiktüte in der Tasche aufbewahrt, versetzt ihn später allein das Rascheln der Tüte in eine freudige Erwartungshaltung und er präsentiert sich aufmerksam wedelnd.

DIE PRÄSENTATION IN DER BEWEGUNG

Der Richter möchte den Hund im Ring in einem gleichmäßigen Trab sehen. Die typischen Lauffiguren sind so ausgelegt, dass der links neben dem Aussteller laufende Hund immer dem Richter zugewandt ist.
Auch wenn ein gewisses Maß an Leinenführigkeit benötigt wird, bevor mit dem Lauftraining begonnen werden kann, sollte der Hund im Ring weder am Bein kleben noch ständig nach oben schauen. Um deutlich zwischen den normalen Unterordnungsübungen und dem Ringtraining zu unterscheiden, benutzen viele Aussteller von Anfang an eine spezielle Ausstellungsleine.

DIE WICHTIGSTEN LAUFFIGUREN

Die wichtigsten Lauffiguren im Ring sind der Kreis, das Dreieck und die gerade Linie.

Kreis

Beim Kreislauf umrunden alle Hunde den in der Ringmitte stehenden Richter. Er verschafft sich auf diese Weise einen ersten Überblick und Eindruck über die anwesenden Hunde.

Wichtig! Der Kreis verläuft immer gegen den Uhrzeigersinn, denn nur so hat der Richter freie Sicht auf die Hunde. Die Laufgeschwindigkeit entspricht der des vorauslaufenden Teilnehmers, die Abstände sollten eingehalten werden.

Dreieck

Der Aussteller läuft in gerader Linie zur rechts gegenüberliegenden Ecke, dann parallel zum Richter am Rand des Rings entlang nach links und von der linken Ecke aus wieder in gerader Linie auf den Richter zu.

KLEIDUNG FÜR DEN RING

Die meisten Richter schätzen es, wenn die Aussteller nicht allzu leger im Ring erscheinen. Eine dunkle Hose ist zwar wenig schmutzempfindlich, lässt aber in der Bewegung die Körperkonturen eines schwarzen Labradors „verschwimmen“, während ein moderater Kontrast sie hervorhebt.

Wichtig! Die Laufrichtung muss so gewählt werden, dass sich der links neben dem Aussteller laufende Hund auf der dem Richter zugewandten Seite befindet.

Gerade Linie

Der Aussteller entfernt sich in gerader Linie vom Richter, macht am Ende des Rings eine 180°-Drehung nach links und läuft wieder in gerader Linie auf den Richter zu.

Wichtig! Auf beiden Strecken sollte sich der Hund auf einer Linie mit dem Richter bewegen. Drehungen erfolgen immer nach links, damit der Richter den Hund auch in der Drehbewegung sehen kann!

AM AUSSTELLUNGSTAG

Rechtzeitiges Erscheinen gibt dem Hund die Möglichkeit, sich in Ruhe auf die Ausstellungsatmosphäre einzustellen. Am Eingang überprüft ein Tierarzt den Impfpass bzw. EU-Ausweis. Voraussetzung für den Einlass ist eine gültige Tollwutimpfung.
Gegen Vorlage der Meldebestätigung bekommt der Aussteller einen Ausstellungskatalog, in dem er das Tagesprogramm sowie eine Übersicht der Ausstellungsringe findet. Bei der Ankunft am Ring meldet er sich beim Ringpersonal und bekommt seine Startnummer.

Ablauf im Ring

Bei internationalen und nationalen Rassehundeausstellungen werden die Klassen in folgender Reihenfolge gerichtet: Veteranen-, Jüngsten-, Jugend-, Zwischen-, Champion-, Gebrauchshundeklasse und Offene Klasse. Dabei werden zunächst alle Rüden- und im Anschluss alle Hündinnen-Klassen bewertet. Anschließend folgen die Gruppenbewertungen.
Jede Klasse wird vom Ringsteward einzeln in den Ring gerufen. Die aufgerufenen Aussteller stellen sich in Reihenfolge ihrer Startnummern auf. Sobald der Richter in die Mitte des Rings tritt, werden die Hunde in die Standposition gebracht. Nachdem er sich einen ersten Überblick über die Klasse verschafft hat, fordert er die Gruppe auf, im Kreis zu laufen, um die Hunde in der Bewe-

DRC Clubschau 2018: In der Bewegung muss der Hund so präsentiert werden, dass er immer dem Richter zugewandt läuft.

gung zu sehen. Danach ruft er den Aussteller mit der niedrigsten Startnummer auf, zu ihm zu kommen, und beginnt mit der Einzelbewertung.
Die Konzentration des Richters gehört nun ganz dem jeweiligen Hund. Normalerweise begutachtet er zunächst den Körper des Hundes. Er tastet dabei Brustkorb, Schultern und Rücken ab, überprüft die Länge der Rute und bei Rüden das Vorhandensein beider Hoden. Bei der Kontrolle des Gebisses kann der Aussteller diskret helfen, indem er ein Bein hinter den Hund stellt, um zu verhindern, dass er zurückweicht. Anschließend tritt der Richter vor den Hund und spricht ihn an, um seinen Kopf, die Augen, den Ansatz der Ohren und den Ausdruck beurteilen zu können. Danach möchte er den Hund in der Bewegung sehen.
Meist verlangt er dabei das Laufen eines Dreiecks, da er so das Gangwerk des Hundes von hinten, seitlich und von vorn sehen kann.
Hat er sich ein abschließendes Bild über die Qualitäten des Hundes gemacht, begibt er sich an den Richtertisch, um seine Bewertung zu diktieren. Da er dabei immer wieder einen Blick auf den Hund wirft, sollte dieser nun perfekt und nicht zu nahe am Richtertisch stehen! Der Richter sollte den Hund auch im Sitzen noch gut sehen können. Ein zu steiler Blickwinkel auf den Hund verschiebt dessen Proportionen!

Sobald der Richter seine Bewertung abgeschlossen hat, entlässt er den Hund, der sich daraufhin wieder ans Ende der Reihe der noch zu beurteilenden Hunde begibt. Zugleich rückt der Hund mit der nächsten Startnummer zum Richtertisch nach.

Meist ist mit dem Ende der Einzelbewertungen auch schon eine erste Entscheidung gefallen. Nach einer weiteren gemeinsamen Laufrunde verbleiben nur noch diejenigen Hunde im Ring, die vom Richter mit der Formwertnote „vorzüglich" bewertet wurden, während alle anderen verabschiedet werden.

In der Endausscheidung präsentieren sich die Hunde ein letztes Mal im Stand und in der Bewegung, bevor die Platzierungstafeln von 1 bis 4 aufgestellt werden und der Richter seine endgültige Entscheidung bekannt gibt.

BEWERTUNGEN

Der Ausstellungsrichter ist in seinem Urteil ausschließlich dem Rassestandard verpflichtet. Dieser umschreibt das Idealbild einer Rasse (S. 28), lässt jedoch auch Raum für Interpretationen und Vorlieben. Die Bewertungen erfolgen in Formwertnoten.

Die Tages-Titel Beste Zuchtgruppe, Beste Nachzuchtgruppe sowie Bestes Paar können nur vergeben werden, wenn die teilnehmenden Hunde zuvor in den Einzelbewertungen zumindest die Formwertnote „sehr gut" erhalten haben. In die Bewertung der Besten Nachzuchtgruppe fließen sowohl die individuelle Qualität als auch die phänotypische Übereinstimmung mit dem vorgestellten Elterntier mit ein. Beim Besten Paar steht das idealtypische Erscheinungsbild beider Geschlechter im Vordergrund.

Dt.Ch. (DRC), VDH-Ch. Bysterstorff's Employee of the month

☞ FORMWERTNOTEN AUF EINEN BLICK

KLASSE	FORMWERTNOTE	INTERPRETATION
JÜNGSTENKLASSE	Vielversprechend (Vv)	
	Versprechend (Vsp)	
	Wenig versprechend (Wv)	
JUGENDKLASSE, ZWISCHENKLASSE, OFFENE KLASSE, GEBRAUCHSHUNDE- UND CHAMPIONKLASSE	Vorzüglich (V)	Ein herausragender Hund, dessen Erscheinungsbild und Wesen dem Idealbild der Rasse sehr nahekommt.
	Sehr Gut (SG)	Ein Klassehund mit ausgeglichenen Proportionen und den typischen Rasse-Merkmalen
	Gut (G)	Die Hauptmerkmale der Rasse sind vorhanden, aber auch Fehler.
	Genügend (Ggd)	Der Rasse-Typ ist in genügender Weise erkennbar, jedoch fehlen die allgemein bekannten Eigenschaften.
	Disqualifiziert (Disq)	Der Hund entspricht nicht dem im Standard beschriebenen Rasse-Typ, zeigt nicht standardgemäßes Verhalten oder weist z. B. Gebissstellungs-, Zahn- oder Farbfehler auf.
	Ohne Bewertung	Eine Bewertung ist nicht möglich, weil sich z. B. das Gangwerk nicht beurteilen lässt oder eine Gebisskontrolle unmöglich ist.

PLATZIERUNGEN

Die Platzierung erfolgt am Ende der Einzelbewertungen in jeder Klasse. Platziert werden die besten vier Hunde, sofern sie mindestens die Formwertnote „sehr gut" erhalten haben. Sollte in einer Klasse nur ein Hund vorgeführt und mit der Formwertnote „vorzüglich" oder „sehr gut" bewertet werden, wird ihm der erste Platz zuerkannt.

BOB und BOS nach der 2er-BOB-Regelung

Nach dem Richten aller Klassen treten die Erstplatzierten und mit „vorzüglich" bewerteten Rüden und Hündinnen der Jugend-, Zwischen-, Champion-, Gebrauchshunde- und Offenen Klasse sowie die Erstplatzierten der Veteranenklasse gegeneinander an, um den besten Rüden und die beste Hündin zu küren. Danach prämiert der Richter aus diesen beiden den **Besten Hund der Rasse** (BOB = Best of Breed) sowie den Unterlegenen als den **Besten Hund des anderen Geschlechts** (BOS = Best of Opposite Sex).

BOB und BOS nach der 6er-BOB-Regelung

Auf internationalen Ausstellungen kommt heute immer häufiger die 6er-BOB-Regelung zum Tragen. Dabei werden zunächst alle Rüden gerichtet und anschließend wird das CACIB an den besten Rüden vergeben. Danach geschieht das Gleiche bei den Hündinnen.
Zur Vergabe des BOB werden dann sechs Hunde in den Ring geholt: Der Rüde und die Hündin, die das CACIB erhalten haben, sowie die erstplatzierten Rüden und Hündinnen der Jugend- und Veteranenklasse. Sobald der Richter aus diesen den BOB gewählt hat, verlassen die beiden anderen Hunde des gleichen Geschlechts den Ring, während der Richter aus den verbliebenen drei Hunden des anderen Geschlechts den BOS wählt.

DRC Clubschau 2018: Clubsieger und BOB Devonshires The Real McCoy

BIS

Am Ende des Ausstellungstages wird im Ehrenring aus allen BOBs der gezeigten Rassen der **beste Hund der Schau** (BIS = Best in Show) gewählt.

Gruppenwettbewerbe

Alle **Besten Hunde der Rasse** nehmen zusätzlich am **Gruppenwettbewerb** teil. Beim Labrador ist dies die FCI-Gruppe 8, in der sämtliche Apportier-, Stöber- und Wasserhunde zusammengefasst sind. In jeder FCI-Gruppe werden die ersten drei Hunde platziert und ein Gruppensieger ermittelt.

ANWARTSCHAFTEN

Die Vergabe aller Anwartschaften liegt im Ermessen des Richters. Sie können nur einem Hund zuerkannt werden, der auch Champion-Qualitäten besitzt. Um das CACIB konkurrieren die mit „vorzüglich" bewerteten Erstplatzierten der Zwischen-, Gebrauchshunde-, Champion- und Offenen Klasse, während ein CAC auch in der Jugend- (Jugend-CAC) und Veteranenklasse (Veteranen-CAC) vergeben werden kann.

Zusätzlich können Reserve-Anwartschaften (Res.-CACIB oder Res.-CAC) vergeben werden. Diese werden vor allem dann relevant, wenn der Erstplatzierte den entsprechenden Titel bereits führt oder eine der geforderten Voraussetzungen nicht erfüllt. Während das Reserve-CAC an die mit „vorzüglich" bewerteten Zweitplatzierten der jeweiligen Klasse vergeben werden kann, gestaltet sich die Vergabe des Reserve-CACIB aufwendiger. Es treten dafür nicht nur die mit „vorzüglich" bewerteten Erstplatzierten der anderen Klassen an, sondern auch der mit „vorzüglich" Zweitplatzierte derjenigen Klasse, aus der der Gewinner des CACIB stammt.

Anwartschaften auf internationalen Rassehundeausstellungen

- Internationaler Schönheitschampion (CACIB)
- Deutscher Champion (VDH)
- Deutscher Jugendchampion (VDH)
- Deutscher Veteranenchampion (VDH) sowie bei angegliederter Sonderschau zusätzlich die korrespondierenden Anwartschaften der Rassezuchtvereine

Anwartschaften auf nationalen Rassehundeausstellungen

- Deutscher Champion (VDH)
- Deutscher Jugendchampion (VDH)
- Deutscher Veteranenchampion (VDH) sowie bei angegliederter Sonderschau zusätzlich die korrespondierenden Anwartschaften der Rassezuchtvereine

Anwartschaften auf Spezial-Rassehundeausstellungen

- Deutscher Jugendchampion (VDH & Rassezuchtverein)
- Deutscher Veteranenchampion (VDH & Rassezuchtverein)
- Deutscher Champion (VDH & Rassezuchtverein)

☞ AUSSTELLUNGSTITEL FÜR DEN LABRADOR

Titel		Voraussetzungen
INTERNATIONALER SCHÖNHEITSCHAMPION DER FCI (C.I.B.)		— 2 CACIB unter 2 verschiedenen Richtern in 2 verschiedenen Ländern — Arbeitsprüfung (BLP / R, RGP, JGP / R, SpJGP / R, PnS, HZP, VGP, VPS, VSwP) — Zeitlicher Abstand zwischen der ersten und der letzten Anwartschaft mind. 12 Monate und 1 Tag
INTERNATIONALER AUSSTELLUNGSCHAMPION DER FCI (C.I.E.)		— 4 CACIB unter 3 verschiedenen Richtern in 3 verschiedenen Ländern — Keine Arbeitsprüfung — Zeitlicher Abstand zwischen der ersten und der letzten Anwartschaft mind. 12 Monate und 1 Tag
DEUTSCHER CHAMPION DT. CH.	**VDH**	— 5 CAC auf mind. 3 internationalen bzw. nationalen Rassehundeausstellungen und max. 2 Spezial-Rassehundeausstellungen unter 3 verschiedenen Richtern — Anwartschaften auf der Bundessieger-Ausstellung, auf der VDH-Europasieger-Ausstellung und auf der German Winner Show zählen doppelt. — Zeitlicher Abstand zwischen der ersten und der letzten Anwartschaft mind. 12 Monate und 1 Tag
	CLUB	— 4 CAC auf mind. 2 Spezial-Rassehundeausstellungen des jeweiligen Rassezuchtvereins unter 3 verschiedenen Richtern — Zeitlicher Abstand zwischen der ersten und der letzten Anwartschaft mind. 12 Monate und 1 Tag
DEUTSCHER JUGENDCHAMPION DT. JUG.-CH.	**VDH**	3 Jugend-CAC auf mind. 2 internationalen bzw. nationalen Rassehundeausstellungen unter 2 verschiedenen Richtern
	CLUB	3 Jugend-CAC auf Spezial-Rassehundeausstellungen des jeweiligen Rassezuchtvereins und/oder nationalen bzw. internationalen Rassehundeausstellungen mit angegliederten Sonderschauen unter 3 verschiedenen Richtern
DEUTSCHER VETERANENCHAMPION DT. VET.-CH.	**VDH**	3 Veteranen-CAC auf mind. 2 internationalen bzw. nationalen Rassehundeausstellungen unter 2 verschiedenen Richtern
	CLUB	3 Veteranen-CAC auf Spezial-Rassehundeausstellungen des jeweiligen Rassezuchtvereins und/oder nationalen bzw. internationalen Rassehundeausstellungen mit angegliederten Sonderschauen unter 3 verschiedenen Richtern

DER LABRADOR ALS RETTUNGSHUND

GESCHICHTE DER RETTUNGSHUNDE-ARBEIT

Die Vorgänger der heutigen Flächen- und Trümmersuchhunde kamen bereits während der Weltkriege zum Einsatz. Nach Ende des 2. Weltkriegs entwickelte sich das Rettungshundewesen weiter und der Bundesluftschutzverband (später Bundesverband für den Selbstschutz – BVS) begann 1954, Rettungshunde im staatlichen Auftrag auszubilden. Mit der Entwicklung der Technischen Ortung wurden die Bemühungen 1974 trotz überzeugender Leistungen auf Grundlage des erweiterten Katastrophenschutzgesetzes eingestellt. Die bisher im BVS tätigen Hundeführer gründeten daraufhin private regionale Staffeln, die sich 1976 im Verband für das Rettungshundewesen Baden-Württemberg zusammenschlossen. 1981 wurde dieser zum Bundesverband für das Rettungshundewesen (heute Bundesverband Rettungshunde e. V.). Seit 1983 bildet er Flächen- und Trümmersuchhunde aus.

Mittlerweile gibt es in Deutschland viele Hilfsorganisationen, wie der Arbeiter-Samariter-Bund (ASB), das Deutsche Rote Kreuz, die Johanniter-Unfall-Hilfe e. V. (JUH), der Malteser Hilfsdienst e. V., der Bundesverband zertifizierter Rettungshundestaffeln e. V. (BZRH) und der Deutsche Rettungshundeverein e. V. (DRV), die Rettungshunde ausbilden. Nur über eine ausreichende Anzahl geprüfter Hunde kann ein flächendeckendes System gewährleistet werden.

2018 stellte der BRH e. V. deutschlandweit 724 geprüfte Rettungshunde für Einsätze zur Verfügung.

Ein effektiv arbeitender Rettungshund muss sich auf jedes Terrain einstellen können.

Anlässlich des 5. Internationalen Rettungshundesymposiums 1993 in Schweden wurde die Internationale Rettungshunde Organisation (IRO) gegründet. Sie dient weltweit als Dachverband nationaler Rettungshunde-Organisationen. Seit 1995 finden jährlich FCI-Weltmeisterschaften für Rettungshundemannschaften statt.

SUCHBEREICHE IM EINSATZ

Im Durchschnitt wird es etwa 20 Mal im Jahr Ernst für die Staffeln der Hilfsorganisationen. Die Alarmierung des Staffelzugführers erfolgt i. d. R. über eine Leitstelle der Polizei, Feuerwehr oder anderer Hilfsorganisationen. Er stellt daraufhin Suchteams zusammen, die aus je einem Hundeführer und einem Einsatzhelfer bestehen. Letzterer ist v. a. für die Orientierung im Gelände und den Funkkontakt zuständig.

Die Flächensuche

Bei der Flächensuche arbeiten die Suchteams mit Hilfe topografischer Karten und GPS ein ihnen zugewiesenes Gebiet selbstständig ab. Der Hundeführer lässt seinen Hund das Gelände systematisch und unter Berücksichtigung der Windrichtung auf menschliche Witterung hin durchstöbern. Auf diese Weise lassen sich größere Wald- oder Freiflächen, Grünanlagen, Uferbereiche, Steinbrüche oder Gebiete entlang von Wanderwegen äußerst effektiv und zeitsparend absuchen. Typische Einsätze sind die Suche nach vermissten Kindern, älteren Personen, Spaziergängern, Wanderern, Unfallbeteiligten oder selbstmordgefährdeten Menschen.

Eines der Haupteinsatzgebiete ist die Suche nach vermissten Personen.

INFO

Bei nur ca. 2 % der vom BRH e. V. durchgeführten Maßnahmen handelt es sich um Einsätze in Trümmern. Den Hauptanteil von 98 % bilden Suchen nach vermissten Personen in der Fläche.

Die Trümmersuche stellt …

… höchste Ansprüche an den Hund.

Die Trümmersuche

Die Arbeit als Trümmersuchhund zählt zu den schwierigsten in der Rettungshundearbeit. Die Hunde werden darauf geschult, menschliche Witterung aus einer Vielzahl anderer Gerüche herauszufiltern und Vermisste zu finden, die unter meterdicken Trümmerschichten begraben sind. Aufgrund des auf vier Pfoten verteilten Gewichts, der Nasenleistung und des lichtunabhängigen Orientierungssinns sind sie in der Lage, Trümmerfelder und Hohlräume zu durchsuchen, die Rettungskräften nicht zugänglich sind. In der Regel zeigt der Trümmersuchhund seinen Fund durch Verbellen oder Scharren an. Da die Rettung von Verschütteten aus Trümmern einen großen Aufwand erfordert und eine Vielzahl von Bergehelfern bindet, wird jede Anzeige von einem weiteren Hund bestätigt.

Das Mantrailing

Mantrailer sind bei geeigneten Witterungsverhältnissen fähig, die individuelle Geruchsspur eines Menschen in jeglichem Gelände noch Tage, u. U. sogar Wochen, später zu verfolgen. Die Suche des Mantrailers beginnt am letzten gesicherten Aufenthaltsort. Dort wird ihm ein Geruchsgegenstand der vermissten Person angeboten, dessen Individualgeruch er aufnimmt und verfolgt.

Die Lawinensuche

Trotz des technischen Fortschritts durch Ortungssysteme sind Lawinensuchhunde immer noch die beste Möglichkeit, Verschüttete, die mit einer bis zu mehreren Metern starken Schneeschicht bedeckt sein können, schnellstmöglich zu finden.

ANFORDERUNGEN AN HUNDEFÜHRER UND HUND

Ein professionell ausgebildetes Rettungshundeteam sichert einen reibungslosen Einsatzablauf und ist im Ernstfall ein zuverlässiges Glied in der Rettungskette. Gemäß dem Motto des Bundesverbandes Rettungshunde e. V. „Hunde retten Menschenleben" ist das primäre Ziel eines jeden Rettungseinsatzes das Auffinden von vermissten oder verschütteten Personen.

Wichtig! Für jeden Rettungshundeführer sollten die Freude an sinnvoller und vielseitiger Beschäftigung mit dem Hund und die Bereitschaft zum ehrenamtlichen Hilfseinsatz im Mittelpunkt stehen.

Die Rettungshundearbeit erfordert vom Hundeführer Teamfähigkeit, Einsatzbereitschaft, Freude an der Arbeit mit dem Hund sowie eine gewisse körperliche und mentale Belastbarkeit. Im Einsatz arbeitet das Such-Team häufig unter Zeitdruck und wird mit der Sorge betroffener Angehöriger konfrontiert. Es besteht bei jedem Einsatz die Möglichkeit, dass vermisste Personen verletzt oder tot aufgefunden werden. Auch wenn das Stressmanagement im Einsatz bei der Ausbildung berücksichtigt wird, bedarf es bei aller professionellen Distanz einer gewissen psychischen Grundstabilität und des nötigen Einfühlungsvermögens, um auch schwierige zwischenmenschliche Situationen kurzzeitig überbrücken zu können.

Ein wesentlicher Faktor für die Eignung …

Schwerpunkte in der Ausbildung des Rettungshundeführers

- Grundwissen Kynologie, Ausdrucksverhalten Hund, allgemeine Ausbildungstheorie
- Sanitätsdienstausbildung, Erste Hilfe am Menschen und am Hund
- Orientierung im Gelände mit Karte, Kompass und GPS
- Suchtaktik im Gelände
- Lagebeurteilung, Organisation und Einsatztaktik, Sprechfunkverkehr
- Sicherheit im Einsatz, Statik, Trümmerkunde und Rettung

Die Eignung als Rettungshund

Unter der Voraussetzung, dass die körperliche Konstitution und Kondition einen mehrstündigen Sucheinsatz realistisch erscheinen lassen, eignet sich für die Rettungshundeausbildung zunächst jeder Hund, der sich mit Hilfe von Futter oder Beutespiel zur Zusammenarbeit mit dem Hundeführer motivieren lässt. Weitere Auswahlkriterien sind ein normal entwickeltes Sozialverhalten, eine überdurchschnittliche Bewegungs- und Suchfreude, eine hohe Sicherheit gegenüber belebter und unbelebter Umwelt sowie eine hohe Intensität in der Verfolgung von Zielen.

… ist eine hohe Umweltsicherheit.

Ein Labrador, insbesondere aus Field-Trial-Linien, erfüllt die gestellten Anforderungen in nahezu idealer Form. Er besitzt eine hohe körperliche Belastbarkeit und ist unempfindlich gegenüber Witterungseinflüssen. Sein Jagdhunderbe ermöglicht ihm das zielgerichtete Ausarbeiten schwieriger Witterungen unter Ausnutzung des Windes. Die ausgeprägte Suchfreude und hohe Bereitschaft zur Zusammenarbeit machen ihn zum optimalen Partner bei allen Aufgaben, die ein effektives Rettungshundeteam zu meistern hat. Die anlagebedingte Markier- und Merkfähigkeit des Labradors ermöglicht das Nutzen optischer Anhaltspunkte beim Aufbau einer weiträumigen, zielgerichteten Suche. Die darin innewohnende Fähigkeit zur Tiefeneinschätzung hilft ihm, eine Geländeübersicht zu entwickeln.

AUSBILDUNG UND PRÜFUNGEN

Der Flächen- und Trümmersuchhund

Mit dem Eintritt in die Rettungshundestaffel beginnt die Grundausbildung. Ein Eignungstest, der innerhalb der sechsmonatigen Probezeit durchgeführt wird, stellt die individuelle Eignung von Hundeführer und Hund fest. Auf dem Weg zum einsatzfähigen Rettungshundeteam müssen diverse Prüfungen abgelegt werden.

Das Anzeigeverhalten

Wird eine Person gefunden, zeigt der Hund dies durch ein speziell konditioniertes Verhalten an.

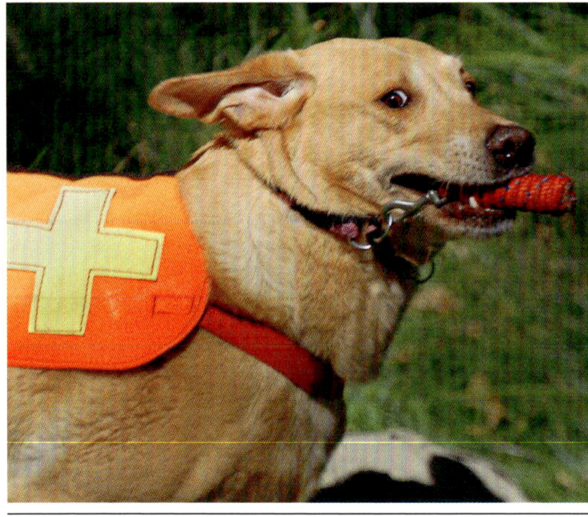

Das Bringselverweisen

- **Bringselverweisen** Das Bringsel ist ein kleiner Apportiergegenstand, der am Halsband des Hundes befestigt ist. Findet er eine Person, nimmt er das Bringsel in den Fang und zeigt dem Hundeführer auf diese Weise das Finden an. Anschließend führt er ihn zu der Person. Die Grundvoraussetzung für diese Anzeigeform ist das sichere Apportieren, weshalb es sich beim Labrador anbietet. Allerdings kann sein ausgeprägter Wille zu gefallen in unklaren Situationen auch zu Fehlanzeigen führen.
- **Freiverweisen** Beim Freiverweisen zeigt der Hund seinem Führer durch ein bestimmtes Verhalten an, dass er gefunden hat, und führt ihn dann entweder an der Leine oder indem er zwischen der Person und dem Hundeführer hin und her pendelt zum Fundort.
- **Verbellen** Beim Verbellen wird erwartet, dass der Hund bei der gefundenen Person verbleibt und dort so lange gleichmäßig, hochfrequent und gut hörbar bellt, bis der Hundeführer bei ihm ist.

Die Prüfung

Etwa zwei Jahre nach Ausbildungsbeginn kann sich das Team zur Hauptprüfung in den Sparten Trümmer und/oder Fläche anmelden. Je nach ausbildender Organisation sind der Hauptprüfung das Bestehen einer AZG- (Arbeitsgemeinschaft der Rassezuchtvereine und Gebrauchshundeverbände) anerkannten Begleithundeprüfung und/oder eine staffelinterne Vorprüfung vorgeschaltet. Allen Organisationen gemein ist eine Überprüfung der spartenspezifischen Suchleistung, des Gehorsams und der Geländegängigkeit. Um eine gleichbleibend gute Qualität der einsatzfähigen Suchteams zu gewährleisten, müssen die Prüfungen im jährlichen Abstand wiederholt werden. Neben den rein einsatzorientiert arbeitenden Organisationen bietet die Internationale Rettungshundeorganisation (IRO) auch die Möglichkeit, Prüfungen unter Wettkampfbedingungen abzulegen. Große internationale Wettkämpfe sind beispielsweise die Offenen Deutschen Meisterschaften für Rettungshunde, die Österreichischen Staatsmeisterschaften und die Rettungshunde-Weltmeisterschaften.

Das Verbellen

☞ DAS VIERSÄULENMODELL DER GRUNDAUSBILDUNG (NACH GEHNER UND GIES)

SUCHARBEIT

1. SÄULE „SPIELEN"	2. SÄULE „BELLEN"	3. SÄULE „RENNEN"	4. SÄULE „RIECHEN"
— Schaffen eines entspannten Umfelds — Etablieren eines Bestätigungsmodells — Fördern der Handlungsbereitschaft, Motivation zur RH-Arbeit	Schrittweiser Aufbau eines konditionierten Anzeigeverhaltens (Verbellen, Bringseln oder Freiverweisen)	— Gerichtetes Bewegen im Gelände — Fröhlicher Vorwärtsdrang — Lenken	Selbstständiges Aufsuchen der Versteckperson, intensives und genaues Ausarbeiten der Witterung, Aufbau der geführten Suche

GELÄNDEGÄNGIGKEIT

Begehen verschiedener Untergründe, Wechsel von Licht und Dunkel, selbstständige Problemlösungen im Gelände, wie z. B. Hindernisse zu unter- und überqueren, mit Kopf, Körper, Pfote beiseitezuschieben, zu umlaufen etc., bei gleichzeitiger Wahrung der Geländeübersicht

GEHORSAMSARBEIT

Das Basistraining besteht u. a. aus ordentlichem Bei-Fuß-Gehen mit und ohne Leine, dem „Steh", „Sitz" und „Platz" sowie dem Ablegen unter Ablenkung, dem zuverlässigen Heranrufen und Voraussenden. Weitere Elemente sind das Alleinewarten, das Ruhige-sich-tragen-Lassen sowie das routinierte Benutzen verschiedener Verkehrsmittel.

Der Mantrailer

Der Individualgeruch eines Menschen ist einmalig. Er setzt sich vornehmlich aus den ständig millionenfach abgestoßenen, von Bakterien besiedelten und zersetzten Hautschuppen und der aus dem Schweiß stammenden Buttersäure zusammen. Ein gut ausgebildeter Mantrailer kann den individuellen Geruch eines Menschen von jedem anderen Geruch differenzieren.

Mit seiner Hilfe lässt sich nicht nur eine Geruchsspur nachweisen und verfolgen, sondern gleichermaßen auch ausschließen, dass sich eine vermisste Person am angenommenen Ort aufgehalten hat. Neben der Erfüllung seiner eigentlichen Aufgabe steigert der Mantrailer in Zusammenarbeit mit den stöbernden Flächensuchhunden auch die Effektivität der konventionellen Einsatzgruppen. Sobald er durch die Aufnahme der Geruchsspur die Bewegungsrichtung der vermissten Person anzeigt, hat der Zugführer die Möglichkeit, die Suchgebiete für die Flächensuchhunde einzugrenzen. Auf diese Weise lässt sich die Wahrscheinlichkeit des Auffindens erheblich erhöhen.

Die Prüfung

In den letzten Jahren hat sich der Mantrailer als wichtiges Einsatzmittel etabliert, sodass mittlerweile nahezu alle ausbildenden Organisationen eine Prüfungsordnung vorhalten.

Im Bundesverband Rettungshunde e. V. (BRH) legt das Mantrailing-Team auf dem Weg zur Einsatzfähigkeit zunächst den Mantrail-Basis-Test (MTB) ab. Anschließend folgt eine zweiteilige Mantrail-Prüfung, die sich aus der MT Spur (einer Suche durch wechselndes Gelände) und dem MT Negativ (Signalisieren eines Spurendes bzw. Verweisen, dass die Person sich nicht im Gelände aufgehalten hat) zusammensetzt.

Der erste geprüfte Mantrailer des BRH war die Labradorhündin „River View Arwen", die 2007 mit ihrem Führer Jochen Bendig eine überzeugende Prüfungsleistung zeigte.

☞ UNTERSCHIEDLICHE SUCHLEISTUNGEN

Der Fährtensuchhund	Der Mantrailer oder spezifisch arbeitende Personensuchhund
... folgt der durch den Menschen verursachten Bodenverletzung.	... folgt der individuellen Geruchsspur eines bestimmten Menschen.

Der Lawinensuchhund

Lawinensuchhundeteams sind in Deutschland nicht in den Rettungshundestaffeln organisiert, sondern gehören i. d. R. der Bergwacht an.

Die Prüfungen

Lawinenhundeprüfungen beinhalten eine Grob- und eine Feinsuche.

Die Grobsuche Bei der Grobsuche soll der Hund auf einem natürlichen oder künstlich präparierten Lawinenfeld zwei verschüttete Personen suchen und anzeigen. Das Anlegen des Feldes folgt strengen Regeln: Die Vergrabe-Tiefe der Personen, die Anlage der Eingänge, die einzuhaltende Wartezeit und die maximale Suchzeit sind exakt vorgegeben. Der Hundeführer hat zunächst sein theoretisches Grundwissen unter Beweis zu stellen, bevor er durch das Lösen einer taktischen Aufgabe, die einer möglichen Unfallsituation nachempfunden ist, den primären Suchbereich seines Hundes selbst ermitteln muss. Die Bewertung der Arbeit richtet sich nach Ausführung und Erfolg. Bei der Ausführung werden das Verhalten und die Führigkeit des Hundes ebenso berücksichtigt, wie das Verhalten des Hundeführers und die Erfolgszeit. Es wird erwartet, dass sich der Hund gut vom Führer löst und trotzdem auf große Distanzen noch lenkbar bleibt. Die wichtigsten Aufgaben des Führers sind, sich entsprechend der gelösten taktischen Aufgabe möglichst logisch zu verhalten, dem Hund in angemessenem Abstand zu folgen und dessen Anzeigen durch Handzeichen zu melden. Die Verschütteten sind durch selbstständiges, intensives Scharren und Verharren so lange anzuzeigen, bis der Prüfer die Anzeige bestätigt und der Führer bei seinem Hund angelangt ist.

Die Feinsuche Die Feinsuche findet nach der Grobsuche auf einem getrennt angelegten Feld statt. Der Hund muss einen markierten Geländeabschnitt systematisch nach einem vergrabenen Gegenstand absuchen.
In der Bewertung der Feinsuche spielt v. a. die Systematik der Quersuche, die Führigkeit und der Arbeitseifer eine Rolle. Die Suchrichtung wird vom Prüfer vorgegeben. Der Hundeführer muss die Fläche auf einer markierten Mittellinie durchgehen. Die Anzeige erfolgt ebenso wie bei der Grobsuche.

Der Lawinensuchhund zeigt den Gegenstand bzw. Menschen durch intensives, ununterbrochenes Scharren korrekt an.

DER LABRADOR ALS ASSISTENZHUND

Der Labrador ist in vielen Bereichen, in denen die Fähigkeiten des Menschen aus medizinischen Gründen eingeschränkt sind, als Helfer nicht mehr wegzudenken. Als Assistenzhund genießt er weltweit hohes Ansehen. Assistenzhunde sind Hunde, die speziell auf die Bedürfnisse eines Menschen mit Handicap hin ausgebildet werden. Sie beherrschen i. d. R. mehr als 50 Signale, um ihren Partner zu unterstützen und unabhängiger zu machen. Neben der Ausbildung für spezielle Aufgaben müssen sie auch lernen, sich angemessen in der Öffentlichkeit zu verhalten.

Die wesentlichen Pluspunkte des Labradors bei der Ausbildung zum Assistenzhund liegen in seinem freundlichen, offenen Wesen und seiner Apportierleidenschaft. In der Regel ist er ein leicht trainierbarer, arbeitsfreudiger Hund mit einem gut ausgeprägten Spielverhalten. Er besitzt eine hohe Reizschwelle, ist sehr anpassungsfähig und kann sich schnell auf neue Situationen einstellen. Ein wesentliches Kriterium für den Assistenzhund ist sein ruhiges und gelassenes Verhalten gegenüber Mensch und Tier. Dem kann die ausgeprägte Menschenbezogenheit des Labradors in Einzelfällen entgegenstehen. Während seine vorzügliche Nase in einigen Assistenzhundebereichen von großem Vorteil ist, kann sie in anderen einen Ausbildungserfolg auch beeinträchtigen.

VOR- UND NACHTEILE INNERHALB DER ZUCHTLINIEN

Manche Vertreter aus Standardlinien verfügen über zu wenig will to please, um auch über einen längeren Zeitraum gern mit dem Menschen zusammenarbeiten zu wollen. Sie sind zwar sehr aktiv, gehen aber lieber ihre eigenen Wege und neigen zuweilen zur Sturheit. In Einzelfällen ist auch das Apportierverhalten zu wenig ausgeprägt.

Labradors aus Field-Trial-Linien sind die weltweit am häufigsten eingesetzten Assistenzhunde. Sie sind i. d. R. sehr menschenbezogen, leichtführig und ordnen sich gern unter. Sie besitzen eine große Arbeits- und Apportierfreude sowie einen ausgeprägten will to please, der sie gern und ausdauernd mit dem Menschen zusammenarbeiten lässt. Sie lernen schnell und stellen sich problemlos auf neue Situationen ein. In Einzelfällen können ihre höhere Sensibilität und ihre auf jagdliche Eigenschaften hin selektierten Anlagen jedoch einer Ausbildung zum Assistenzhund entgegenstehen.

DER BLINDENFÜHRHUND

In Deutschland leben ca. 155 000 blinde Menschen, wobei etwa jeder Hundertste mit einem Blindenführhund durchs Leben geht. Laut Sozialgesetzbuch gilt er als anerkanntes Hilfsmittel und kann demnach vom Arzt verschrieben werden. Ist eine Hundehaltung mit den Lebensumständen des zukünftigen Besitzers vereinbar, werden in diesem Fall sowohl die Anschaffungs-

DIE WICHIGSTEN ZIELE IN DER ASSISTENZHUNDEAUSBILDUNG

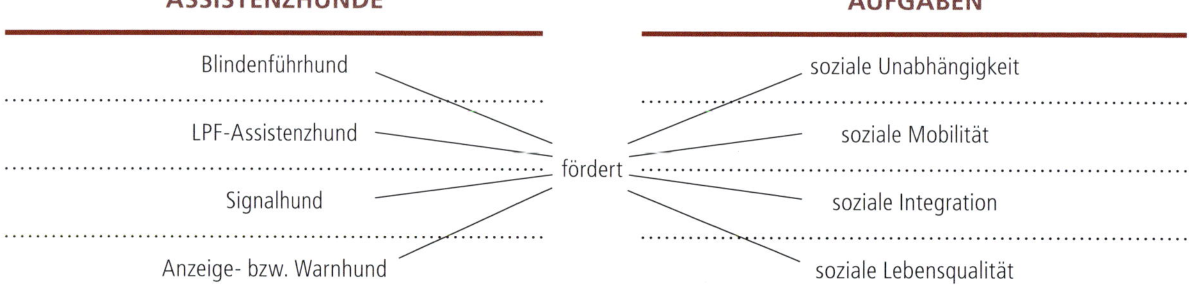

Ein Blindenführhund ermöglicht Sehbehinderten und blinden Menschen, sich unabhängig ...

... und sicher in einer zunehmend schwieriger zu bewältigenden Umwelt fortzubewegen.

kosten (rund 20 000.– €), als auch eine monatliche Versorgungspauschale von den Krankenkassen übernommen.

Grundsätzliches zur Ausbildung

Die Ausbildung eines Blindenführhundes gehört zu den komplexesten Aufgaben im Bereich der Hundeausbildung. Der Hund muss dabei Dienste leisten, die weder auf seinen genetischen Anlagen noch auf instinktivem Verhalten beruhen.

Ziel der Ausbildung zum Blindenführhund ist, die durch die Sehbehinderung eingeschränkte Unabhängigkeit und Mobilität weitestgehend zurückzugewinnen. Dazu muss der Führhund in der Lage sein, das Gespann sicher und ohne Gefährdung für sich selbst oder Dritte durch den allgemeinen Verkehr zu führen.

Um der hohen Verantwortung der ausbildenden Institutionen gerecht zu werden, beschlossen die Spitzenverbände der Krankenkassen bereits 1993 Qualitätskriterien zur Auswahl, Ausbildung und Kostenübernahme für Blindenführhunde. Diese Kriterien umfassen nicht nur grundsätzliche Ausbildungsfragen und die Notwendigkeit einer abschließenden standardisierten Gespann-Prüfung, sondern auch wichtige Regelungen über die Zusammenführung und Nachbetreuung des Gespanns. Trotz ihrer Rechtsverbindlichkeit wurden sie jedoch bisher nicht konsequent umgesetzt. Aus diesem Grund setzen sich viele Blinden- und Sehbehindertenorganisationen nach wie vor für ein einheitliches Ausbildungssystem und eine standardisierte Gespann-Prüfung ein.

Der Weg des Blindenführhundes

Eine gute Führhunde-Ausbildung setzt sowohl eine sorgfältige Auswahl und Sozialisierung des Welpen bzw. Junghundes als auch eine intensive und fachlich kompetente Ausbildung voraus.
Im Idealfall wächst der Welpe in von Führhundeschulen sorgfältig ausgewählten und betreuten Patenfamilien auf. Im ersten Lebensjahr stehen die umfassende, differenzierte Sozialisierung und Grunderziehung im Mittelpunkt.
Nach Absolvieren eines Wesenstests und diverser Gesundheitschecks beginnt die Grundausbildung. Dazu gehört u. a. das Erlernen von rund 30 verschiedenen Anweisungen für das tägliche Leben sowie das Anzeigen verschiedener Örtlichkeiten, wie Ein- und Ausgänge, Treppen, Ampeln, Briefkästen, Bushaltestellen, und von Hindernissen jeglicher Art und Position.

Im Anschluss an die Grundausbildung beginnt die gemeinsame Einarbeitungszeit in der Führhundeschule und im Lebensumfeld des neuen Besitzers. Bei der abschließenden Gespann-Prüfung beurteilt ein von den Krankenkassen anerkannter, unabhängiger Gespann-Prüfer das sichere Führen des Hundes und die Zusammenarbeit des Teams.
Der Blindenführhund muss in der Lage sein, selbstständig Gefahren zu erkennen und darauf zu reagieren, indem er z. B. vor dem Überqueren einer Straße stehenbleibt und das Hörzeichen zum Weitergehen abwartet. Sicheres Führen beinhaltet neben dem Umsetzen der erlernten Signale, auch die sog. **intelligente Gehorsamsverweigerung**, die den Hund bei Vorliegen einer Gefährdungslage veranlasst, sich einem Signal konkret zu widersetzen.

Wichtig! Voraussetzung für das reibungslose Zusammenspiel eines Gespanns ist nicht nur eine fachgerechte, sorgfältige Ausbildung, sondern auch die regelmäßige Nachbetreuung durch die ausbildende Organisation.

01

Der Labrador – Standard-Rasse der Blindenführhundeschulen

Der Labrador ist robust und pflegeleicht, besitzt eine gut zu handhabende Größe sowie eine gleichmäßige Schrittfolge. Durch seine Friedfertigkeit genießt er einen sehr guten Ruf in der Öffentlichkeit. Sein großer Erfolg als Blindenführhund beruht jedoch v. a. auf seiner Intelligenz, Leichtführigkeit, Arbeitsfreude und Anpassungsfähigkeit, die einen Wechsel vom Trainer zum neuen Besitzer erleichtert. Einem Ausbildungserfolg im Wege stehen können sein Jagdverhalten und seine sprichwörtliche Verfressenheit. Seriöse Blindenführhundeschulen greifen deshalb in ihren Zuchtprogrammen gezielt auf für die Führhundearbeit geeignete Hunde zurück.

02

DER ASSISTENZHUND FÜR LEBENSPRAKTISCHE FÄHIGKEITEN (LPF)

Der LPF-Assistenzhund hilft Menschen mit einem körperlichen Handicap in vielen Bereichen des täglichen Lebens. Er fördert damit ihre Unabhängigkeit und soziale Integration.

03

04

Im Gegensatz zum Blindenführhund bleibt der Hundeführer in jeder Situation für sich und seinen Hund verantwortlich. Der LPF-Assistenzhund führt nur Signale aus, die intelligente Gehorsamsverweigerung wird ihm nicht antrainiert. Seit 1998 gibt es in Deutschland verschiedene wohltätige Vereine und Stiftungen, wie die „Kynos-Stiftung – Hunde helfen Menschen" (1998) oder den Verein „Vita e. V." (2000), die sich intensiv um einen allgemein anerkannten europäischen Qualitätsstandard für die Ausbildung der Hunde und die Qualifikation der Trainer bemühen.

Aufgaben des LPF-Assistenzhundes

Die Aufgaben des Assistenz- oder Behindertenbegleithundes sind so vielfältig wie die Handicaps Betroffener. Aus diesem Grund erhält jeder Hund eine individuell auf die Bedürfnisse des neuen Besitzers abgestimmte Ausbildung. Neben konkreten Tätigkeiten, wie Hilfe beim An- und Ausziehen, Aufheben und Bringen von Gegenständen, Öffnen und Schließen von Türen und Schubladen, Betätigen von Schaltern und Türklingeln oder das Holen von Hilfe in Notfällen, spielt auch die unvoreingenommene Freund- und Partnerschaft des Hundes sowie das durch mehr Unabhängigkeit und Mobilität gestärkte Selbstwertgefühl und Selbstvertrauen des Besitzers eine große Rolle.

01 Die Hündin zeigt den Bordstein bzw. die Straße durch Stehenbleiben an.

02 Das Erkennen und Anzeigen von Gefahren gehört zur Grundausbildung des Führhundes.

03 Eine individuelle Ausbildung macht den LPF-Assistenzhund zum wichtigen Helfer im Alltag, …

04 … sein unvoreingenommenes Wesen jedoch macht ihn zum wertvollen Freund und Begleiter.

Helfer des Menschen zu sein, ist ein anstrengender Job! Jeder Assistenzhund benötigt deshalb …

Ausbildung

Die Ausbildung des LPF-Assistenzhundes beginnt im Welpen- oder frühen Erwachsenenalter. Beides bietet Vor- und Nachteile. Die Ausbildung im Welpenalter ähnelt der des Führhundewelpen. Neben einer umfassenden, differenzierten Sozialisierung und Grunderziehung bildet hier jedoch das Apportieren einen weiteren Förderschwerpunkt. Der Welpe sollte möglichst frühzeitig spielerisch an das Apportieren von Gegenständen verschiedenster Art, Größe und Beschaffenheit herangeführt werden. Die eigentliche Spezialausbildung beginnt nach weiteren Eignungs- und Gesundheitstests im Alter von etwa einem Jahr.

Der Labrador als LPF-Assistenzhund

Die angeborene Apportierfreude und der Wille zur Zusammenarbeit erleichtern die Ausbildung des Labradors ebenso wie dessen gut ausgeprägtes Spielverhalten. Seine Größe und Statur ermöglichen ihm sowohl das Erreichen höhergelegener Gegenstände als auch das Ziehen eines Rollstuhls oder das Tragen eines Hunderucksacks. Durch seine Anpassungsfähigkeit verläuft der Wechsel vom Trainer zum neuen Besitzer meist problemlos.

DER SIGNALHUND

Signalhunde sind Assistenzhunde, die ihren stark schwerhörigen oder gehörlosen Partner auf wichtige Geräusche in seiner Umgebung aufmerksam machen.

Aufgaben

Die Aufgaben eines Signalhundes werden individuell auf die Bedürfnisse eines Betroffenen abgestimmt. Zu ihnen gehören i. d. R. das Anzeigen der Türklingel, des Weckers, des Telefons, des Rauchmelders, das Weinen des Babys und vieles mehr. Der Hund weist zuverlässig auf das Geräusch hin, indem er die Aufmerksamkeit seines Besitzers auf sich lenkt und ihn dann zu der Geräuschquelle führt. Er zeigt auch an, wenn sein Besitzer mit Namen angesprochen wird oder ihm unbemerkt ein Gegenstand herunterfällt.
Eine besondere Rolle spielt der Signalhund in der Öffentlichkeit, wo sich unterschiedlichste Ge-

... ausreichend Ruhephasen, regelmäßigen Freilauf, Kontakte zu anderen Hunden sowie einen rassetypischen Ausgleich.

räuschquellen überlagern. Er kann wichtige Geräusche wie z. B. eine Fahrradklingel, ein herannahendes Auto oder ein Martinshorn problemlos herausfiltern und so vor gefährlichen Situation warnen.

Ausbildung

Einheitliche, anerkannte Ausbildungsstandards existieren weder in Deutschland noch in der Europäischen Union. Die Ausbildung von Signalhunden wird von verschiedenen Institutionen, Vereinen und Hundeschulen durchgeführt. Sie beginnt wie beim LFP-Assistenzhund im Welpen- oder frühen Erwachsenenalter. Neben einer umfassenden Sozialisierung spielt beim Signalhundewelpen auch die frühe Einführung von Klangzeichen eine große Rolle. Später lernt er, in bestimmter Weise auf bestimmte Geräusche zu reagieren. Das Anzeigen von Geräuschen erfolgt i. d. R. über ein Berühren mit der Pfote. Da verbale Signale ertaubten Menschen häufig schwerfallen, werden stattdessen meist Sichtzeichen eingesetzt, um den Hund aufzufordern, sie zur Geräuschquelle zu führen.

DER ANZEIGE- BZW. WARNHUND

Anzeige- bzw. Warnhunde sind Assistenzhunde, die je nach Spezialisierung auf bestimmte Situationen oder Gefahren hinweisen.

Der Schimmelspürhund

Seit über 15 Jahren werden in Deutschland Schimmelspürhunde zum Auffinden von Feuchtigkeitsschäden eingesetzt. In Gebäuden kommen bis zu 60 verschiedene, meist verdeckt wuchernde Schimmelpilzarten vor, die je nach Empfänglichkeit des Bewohners zu massiven gesundheitlichen Beeinträchtigungen führen können. Aus diesem Grund übernehmen z. B. die Krankenkassen in Nordrhein Westfalen mittlerweile die Kosten für eine Innenraumdiagnostik mit Hundebeteiligung.

Aufgaben

Schimmelspürhunde können beim Aufspüren versteckter Schimmelpilzschäden einen wichtigen Beitrag leisten. Durch ihren Einsatz müssen Bauteile nicht unnötig zerstört und Proben können gezielt an den angezeigten Stellen entnommen werden.

Ausbildung und Prüfung

Die Ausbildung ist vergleichbar mit der eines Drogen- oder Sprengstoffsuchhundes. Der Hund wird auf einen bestimmten Geruchsstoff hin sensibilisiert und lernt, diesen durch ein antrainiertes Verhalten anzuzeigen. Dafür muss er in der Lage sein, bestimmte Geruchsstoffe aus einem Gemenge herauszufiltern, im Gedächtnis zu speichern und sie später sicher wiederzuerkennen.
Es gibt derzeit keine verbindlichen Ausbildungsvorgaben, aber eine vom Bundesverband Schimmelpilzsanierung e. V. (BSS) in Zusammenarbeit mit dem Umweltbundesamt und erfahrenen Schimmelpilzspürhundeführer/Innen erarbeitete Richtlinie zur Prüfung von Schimmelspürhunden. Bei der Prüfung durchläuft das Team einen Gebäude-Parcours, in dem verschiedene Geruchsproben versteckt sind. Für deren Herstellung werden typische Innenausbaumaterialien wie Innenputz, Gipskarton, Holzwerkstoffe und Tapeten im Labor mit Mikroorganismen besiedelt.

Der Diabeteswarnhund

Diabetikerwarnhunde sind Assistenzhunde, die gefährliche Schwankungen des Blutzuckerspiegels bei Typ 1-Diabetikern im Vorfeld zuverlässig erkennen und anzeigen. Sie reagieren auf den mit der Schwankung einhergehenden veränderten Atem- und Schweißgeruch und machen durch ein antrainiertes Anzeigeverhalten darauf aufmerksam.

Aufgaben

Die Hauptaufgabe eines Diabetikerwarnhundes besteht darin, den sinkenden oder steigenden Blutzucker zu bemerken und anzuzeigen, bevor eine Unterzuckerung oder Überzuckerung eintritt. Er lernt, das Blutzuckermessgerät oder Kohlenhydrate zu bringen, sowie im Notfall Hilfe zu verständigen.

Ausbildung

Jeder Hund kann den Geruch einer Unterzuckerung wahrnehmen und anhand einer Probe erlernen, ihn anzuzeigen. Die Schwierigkeit in der Ausbildung besteht jedoch darin, dass ein Diabetikerwarnhund von sich aus agieren und selbstständig die Initiative ergreifen muss – mit anderen Worten: Er muss warnen wollen! Das zuverlässige Warnen im Vorfeld ist durch den Trainer oder Diabetiker kaum zu beeinflussen und hängt von verschiedenen Faktoren ab, wie der Fähigkeit des Hundes, der Bindung und der Reaktion des Diabetikers. In Deutschland wird die Ausbildung zum Diabetikerwarnhund seit 2007 angeboten, in den USA, Australien, Schweden, den Niederlanden und Großbritannien existiert sie bereits seit 2003. Es besteht jedoch nach wie vor keine einheitliche Zertifizierung.

Der Epilepsieanzeige- bzw. -warnhund

Der **Epilepsieanzeigehund** hilft seinem Partner während eines Anfalls, indem er die Notfalltaste drückt, Angehörige alarmiert, Notfallmedikamente bringt und Nähe spendet. Der **Epilepsiewarnhund** bemerkt einen Anfall im Vorfeld und zeigt ihn an, sodass das der Epileptiker sich in eine sichere Position bringen oder versuchen kann, ihn medikamentös abzuwenden.

Ausbildung

Die Ausbildung von Anfallsanzeige- und -warnhunden steht in Deutschland noch ganz am Anfang. Es gibt derzeit weder verbindliche Ausbildungskriterien noch ein einheitliches, unabhängiges Prüfungswesen.

TIERGESTÜTZTE INTERVENTION

Der Begriff der tiergestützten Intervention bezieht sich sowohl auf bestimmte Therapie- und Pädagogikbereiche, die ausschließlich Therapeuten anerkannter Heilberufe bzw. staatlich geprüften Pädagogen offenstehen, als auch auf Fördermaßnahmen, die anderen Personen zugänglich sind.

TIERGESTÜTZTE THERAPIE

In der tiergestützten Therapie wird der Hund von ausgebildeten Therapeuten anerkannter Heilberufe gezielt als **Co-Therapeut** eingesetzt, um ein gemäß Befund therapeutisch definiertes Ziel zu erreichen. Ein erster Schritt ist häufig, mit Hilfe des unvoreingenommenen Hundes Zugang zum Patienten zu finden. Der Kontakt zum Hund als

☞ TEILGEBIETE DER TIERGESTÜTZTEN INTERVENTION

TIERGESTÜTZTE INTERVENTION	**TIERGESTÜTZTE THERAPIE**
	TIERGESTÜTZTE PÄDAGOGIK
	TIERGESTÜTZTE FÖRDERMASSNAHMEN

Mittler fördert die Wahrnehmung und das Zulassen von Nähe, regt zur Kommunikation an, hilft, emotionale Spannungszustände ab- sowie Selbstvertrauen und Selbstwertgefühl aufzubauen. Die tiergestützte Therapie findet ihren Einsatz in Rehakliniken, Psychiatrischen Kliniken, Heimen und Förderzentren für Mehr- und Schwerstbehinderte aller Altersstufen und Sonderschulen.

TIERGESTÜTZTE PÄDAGOGIK

Pädagogen vermitteln Wissen, sie schulen und entwickeln Fähigkeiten von Kindern, Jugendlichen, Erwachsenen, Senioren oder beeinträchtigten Menschen. In diesem Sinne verfolgt auch die von staatlich anerkannten Pädagogen eingesetzte tiergestützte Pädagogik ein klar definiertes pädagogisches Ziel. Die Anwesenheit des Hundes wirkt sich nicht nur positiv auf die Kommunikation und Lernatmosphäre aus, sie steigert auch die Konzentration, die Lern- und Leistungsbereitschaft, die Merk- und Reaktionsfähigkeit sowie die Sozialkompetenz und das körperliche Wohlbefinden. Die tiergestützte Pädagogik findet u. a. Einsatz bei verhaltensauffälligen Kindern (z. B. bei Hyperaktivität oder autistischen Störungen), aber auch in Kindergärten, Schulen und Freizeiteinrichtungen, in Gruppen oder einzeln, sowie als pädagogische Fördermaßnahme.

TIERGESTÜTZTE FÖRDERMASSNAHMEN

Darunter fallen z. B. Tierbesuchsprogramme in Pflege- und Seniorenheimen, in Kindergärten und Schulen. Sie sorgen für Abwechslung, fördern die Kommunikation, steigern das körperliche, psychische und soziale Wohlbefinden und damit die Lebensqualität der Bewohner.

AUSBILDUNG UND PRÜFUNGEN

Im Hinblick auf das Wohlergehen von Mensch und Hund sind eine fundierte Ausbildung sowie Erfahrung und Kompetenz im Umgang mit dem Hund unabdingbare Voraussetzungen für ein verantwortungsvolles, tiergestütztes Arbeiten. Während es in Österreich und der Schweiz bereits gut strukturierte Organisationen gibt, fehlt es in Deutschland nach wie vor an einer übergeordneten Ebene. Es bestehen weder einheitliche Ausbildungs- noch Prüfungsrichtlinien. Die gebräuchlichen Fachbegriffe sind nicht geschützt.

Bei der Wahl der Ausbildungsstätte muss darauf geachtet werden, dass ein speziell auf den angestrebten Bereich zugeschnittenes Ausbildungskonzept von angemessener Dauer vorliegt. Eine solide Ausbildung benötigt Zeit und die Möglichkeit, unter fachkundiger Betreuung Erfahrungen zu sammeln.

Basisvoraussetzung für die Ausbildung ist ein vertrauensvolles Verhältnis und eine gute Bindung sowie eine solide Grunderziehung. Der Hund muss zu jeder Zeit unter Kontrolle sein. Übermütiges Verhalten, wie das Anspringen von Personen, ist hier fehl am Platz. Zugleich muss der Besitzer erkennen können, wann der Hund beginnt, sich situationsbedingt unbehaglich zu fühlen.

In England gilt der Labrador seit vielen Jahren als eine der populärsten Rassen in der tiergestützten Intervention. Er bietet sich insbesondere aufgrund seiner offenen und freundlichen Art sowie seiner allgemeinen Wesensfestigkeit und Umweltsicherheit für die Ausbildung an. Sein hoher Menschenbezug lässt ihn schnell Kontakte schließen, seine hohe Toleranz- und Reizschwelle ermöglichen ihm, auch in schwierigen Situationen gelassen zu bleiben.

DER LABRADOR
– als Schulhund

Erstmals wurde der Einsatz von Tieren im therapeutischen Bereich im 8. Jahrhundert in Belgien dokumentiert. 1942 eröffnete in den USA das erste Krankenhaus mit tiergestützter Therapie. Und im Jahr 1950 veröffentlichte der Psychologe Levinson erstmals ein Buch zum Thema „Tiergestützte Psychiatrie und Therapie“. Anlass zu diesem Buch („Pet oriented child psychiatry“, 1969) und der darin dokumentierten Forschungsarbeit war eine zufällige Begegnung seines Patienten mit einem seiner Hunde. Über den Hund bekam Levinson Zugang zum Patienten und dokumentierte die Entwicklung zwischen Patient und Therapeut beim Einsatz von Haustieren.

Er erkannte den Hund als „sozialen Katalysator“ und „Brückenbauer“. Hieraus entstand ein neuer Wissenschaftszweig: die Erforschung der Mensch-Tier-Beziehung.

Ziel der Tiergestützten Pädagogik ist der Lernfortschritt, der von einem Lernprozess im sozio-emotionalen Bereich initiiert ist und mit dem konkrete Zielvorgaben erreicht werden.

Für den Durchführenden sind eine Berufsqualifikation im pädagogischen Bereich Voraussetzung sowie ein entsprechend trainiertes Tier. An über 400 Schulen werden in Deutschland inzwischen Schulhunde eingesetzt.

Mehr durch Zufall kam ich im März 2015 in den Besitz eines Labrador-Welpen aus jagdlicher Leistungszucht. Neben jagdlich erfolgreichen Hunden stammen aus dieser Zucht auch ein Diabetikerwarnhund sowie einige Besuchs- und Rettungshunde. Man konnte also davon ausgehen, dass Ennioo sich, wie seine Halbgeschwister, durch seine Leistungsbereitschaft und sein dem Menschen zugewandtes Wesen auszeichnen würde. Und so war die Idee geboren einen Schulhund als pädagogischen Helfer an meine Seite zu nehmen.

Ennioo bringt rassebedingt alle Voraussetzungen mit, die für einen Schulhund notwendig sind:

- leichte Lenkbarkeit mit „leisen“ Signalen,
- positive und enge Bindung zu mir, ohne Verlassensängste zu haben, wenn ich weg bin,
- Gesundheit,
- mit wenig Aufwand zu erreichender Grundgehorsam,
- eine hohe Frustrationstoleranz,
- große Menschenbezogenheit, ohne aufdringlich zu sein.

Ennioos Einsatzbereich sind meist Kinder und Jugendliche im Alter von 10 bis 16 Jahren. Der Kontakt mit dieser Zielgruppe erfordert vom Hund, dass er sich bei ängstlichen und zurück-

01 Das Lehrer-Hund-Team trägt dazu bei, den Lernprozess der Schüler positiv zu beeinflussen ...

02 ... und deren Sozialkompetenz und körperliches Wohlbefinden im Gesamtsystem zu fördern.

01

02

haltenden Kindern und Jugendlichen ruhig nähert, aber auch genug Temperament mitbringt, um mit ihnen zu toben.

Insgesamt muss ein Hund mit diesen Aufgaben sehr souverän sein und über ein stabiles Nervenkostüm verfügen, sodass er sich weder durch die Lautstärke noch die Bewegung im Klassenzimmer aus der Ruhe bringen lässt. Er muss sich den Schülern gegenüber kooperativ zeigen, Signale auch von unbekannten Jugendlichen annehmen und ausführen. Dies stärkt das Selbstbewusstsein der Jugendlichen, die in einer Führungsrolle angenommen werden.

Ennioo ist ein sehr quirliger Hund, der auf jeden Menschen freundlich und sicher zugeht. Da er (noch) ein recht ungestümer Hund mit 30 kg Gewicht ist, sehe ich hier eine kleine Schwäche bei der Arbeit mit Kleinkindern.

Als Labrador Retriever ist Ennioo das freudige Zutragen von Dummys bzw. anderen Gegenständen in die Wiege gelegt. Dies kann im Unterricht eingesetzt werden, indem er z. B. Arbeitsblätter/ Aufgaben verteilt, Wiederholungskärtchen zu einem beliebigen Thema zuträgt oder Aufgaben sucht, die im Raum verteilt sind und die er den Schülern bringt.

Ganz nebenbei ist Ennioo – rassetypisch – immer gut gelaunt, was er bereits am Morgen zu Schulbeginn auf die Kinder überträgt. Selbst Jugendlichen, die stark mit ihrer Pubertät kämpfen, entlockt er regelmäßig ein Lächeln und ist für sie genug Ansporn, um sich in Vertretungsstunden an der frischen Luft zu bewegen.

Eine weitere Stärke von Ennioo ist seine Unerschrockenheit. Auch wenn es im Klassenzimmer einmal lauter wird oder die Schüler für den Abi-Streich lärmend ins Klassenzimmer platzen, bringt ihn das nicht aus der Ruhe. Er geht trotzdem beinahe täglich und immer freudig in die Schule und begrüßt „seine" Kinder.

Marion Schorpp, Realschullehrerin

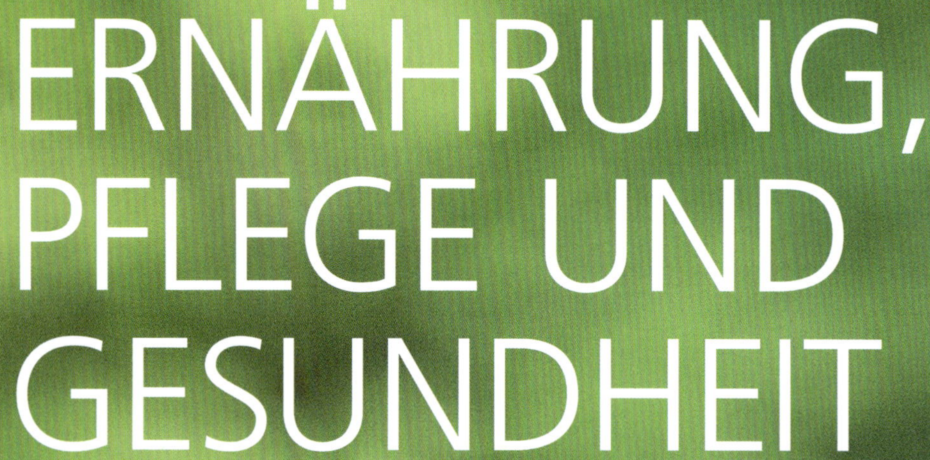

ERNÄHRUNG, PFLEGE UND GESUNDHEIT

— Für ein gesundes Hundeleben

GESUNDE ERNÄHRUNG FÜR DEN LABRADOR

Bei Fragen nach der richtigen Ernährung treffen heute regelrecht Weltanschauungen aufeinander. Die Futtermittelindustrie macht Milliardenumsätze, und beinahe täglich werden neue Erkenntnisse veröffentlicht, die Hundebesitzer dazu animieren sollen, die Ernährungsweise ihrer Hunde zu überdenken.

Grundsätzlich kann jedoch davon ausgegangen werden, dass ein qualitativ hochwertiges Fertigfutter alle Nährstoffe enthält, die für eine ausgewogene Ernährung notwendig sind.

Hunde haben im Vergleich zum Menschen einen stark abweichenden Nähr- und v. a. Mineralstoffbedarf. Aus diesem Grund bedarf das Zusammenstellen selbst zubereiteter Futterrationen umfassender ernährungsphysiologischer Fachkenntnisse, um den individuellen Bedarf richtig zu ermitteln und eine Über- bzw. Unterversorgung ausschließen zu können.

ENERGIEBEDARF

Der **Grundumsatz** berechnet sich aus dem Energieverbrauch, den ein Hund benötigt, um die Funktion seiner Organe im Ruhezustand zu gewährleisten. Er beträgt bei einem erwachsenen Labrador von 30 kg Körpergewicht ca. 897 kcal.

Der **Erhaltungsbedarf**, der dem Mindestbedarf an Energie bei normaler Aktivität (zweistündige Bewegung pro Tag) entspricht, beträgt ca. 1 600 kcal. Leichte bis mäßige Aktivität erhöht den Energie-

Selbst zubereitete Futterrationen bedürfen einer sorgfältigen Zusammenstellung.

Ein hochwertiges Futter für großwüchsige Rassen enthält i. d. R. alle Nähr- und Mineralstoffe für ein gesundes Wachstum.

bedarf nur wenig, während er bei Arbeits- oder Sporthunden je nach Art der Belastung (kurz und intensiv oder Ausdauerleistung) ohne weiteres auf das 1,5- bis 2-Fache ansteigen kann. Energie ist in Form von Proteinen, Kohlenhydraten und Fett verfügbar, wobei ein Gramm Fett mehr als doppelt so viel Energie enthält wie die gleiche Menge an Proteinen oder Kohlenhydraten.

Wichtig! Da Labrador Retriever leidenschaftlich gern fressen, muss auf eine angemessene Futtermenge geachtet werden! Sonst droht Übergewicht.

Die Energie der Nahrung wird durch einen Verbrennungsprozess in Wärme zur Aufrechterhaltung der Körpertemperatur, in Elektrizität zur Reizübertragung im Nervensystem, in chemische Energie zum Körperwachstum, in mechanische und in Bewegungsenergie umgewandelt. Überschüssige Brennwerte werden dabei nicht in Form von Wärme abgegeben, sondern in Fett umgewandelt und gespeichert. Da Übergewicht beim Labrador im Vergleich zu anderen Rassen relativ häufig auftritt, muss konsequent auf die Einhaltung der richtigen Energie- bzw. Futtermenge geachtet werden. Dabei müssen die auf der Verpackung angegebenen Mengen den Anforderungen des einzelnen Individuums angepasst werden. Es können sich im Einzelfall Mehr- oder Mindermengen ergeben.

Wichtig! Da der individuelle Energiebedarf schwanken kann, ist eine optimale Ernährung immer dann gegeben, wenn der bestmögliche Gesundheitszustand bei gleichzeitigem Erhalt des Idealgewichts gesichert ist.

WASSER

Die Wassermenge, die ein Hund täglich aufnehmen muss, entspricht in etwa der täglichen Energieaufnahme in Kilokalorien. Bei einem gesunden Labrador bedeutet dies im Durchschnitt ca. 50 ml Wasser pro kg Körpergewicht und Tag. In Situationen mit erhöhten Wasserverlusten, wie z. B. bei höheren Außentemperaturen, Fieber, Erbrechen, Durchfall usw. steigt der Bedarf.

Je nach Art und Menge müssen auch Kauartikel bei der Ermittlung der Futtermenge mit einbezogen werden.

FUTTERMENGE

Der Energiebedarf kann zwar kalkuliert werden, die tatsächliche Futtermenge hängt jedoch auch von Variationen im Bedarf ab, wie z. B. einem wechselnden Aktivitätsgrad.
Viele Labrador-Besitzer teilen die Futtermenge für den erwachsenen Hund auf zwei Hauptmahlzeiten pro Tag auf. Damit reduziert sich die Gefahr einer Magendrehung. Manche Hunde, die nur morgens gefüttert werden, zeigen zudem ein morgendliches Galleerbrechen, das mit einer nächtlichen Übersäuerung des Magens zusammenhängt.

FUTTERUMSTELLUNG

Ein abruptes Umstellen der Fütterung kann zu Verdauungsproblemen führen, weshalb es immer schrittweise erfolgen muss. Als Faustregel gilt: Je länger ein Futtermittel verwendet wurde, desto langsamer muss die Umstellung erfolgen. Dazu wird zunächst ein kleiner Teil des neuen Futters untergemischt, der im Verlauf von drei bis im Idealfall sieben Tagen langsam erhöht wird.

KAUARTIKEL & CO.

Zur Förderung der Zahngesundheit, aber auch der Motorik von Fang und Pfoten, sowie zur Beschäftigung, eignen sich Kauartikel. Für jüngere Hunde sind z. B. Platten, Rollen oder Stangen aus Rinderkopfhaut oder Lamm-und Kaninchenohren empfehlenswert. Sie bieten eine bessere Angriffsfläche zum Zerkauen, als der klassische Kauknochen.
Geweihabschnitte sind geruchsneutral, splittern nicht und halten lange, wobei auf stumpfe Enden zu achten ist. Für jüngere und ältere Hunde eignen sich halbierte Stücke.
Kauwurzeln aus unbehandeltem Heidewurzelholz sind sehr widerstandsfähig und gestatten einen unbedenklichen, dauerhaften Kau-Spaß für Hunde jeden Alters.
Je nach Art, Energie- und Mineralstoffgehalt (z. B. in kalziumreichen Geweihabschnitten) müssen Kauartikel bei der Berechnung der täglichen Futtermenge berücksichtigt werden!

Wichtig! Kauartikel müssen eine angemessene Größe besitzen. Knochenspangen, die sich über den Kiefer stülpen können, sind zu vermeiden!

DIE RICHTIGE ERNÄHRUNG IN JEDER LEBENSPHASE

DER WELPE IN DER WACHSTUMSPHASE

Der Labrador zählt zu den großwüchsigen Rassen. Er multipliziert sein Geburtsgewicht während des ersten Lebensjahres um das 50- bis 70-Fache. Seine Körpergröße ist genetisch festgelegt und das Größenwachstum im Wesentlichen mit 12 – 14 Monaten abgeschlossen. Die weitere Entwicklung des Körpers setzt sich jedoch noch meist bis ins dritte Lebensjahr fort.
Eine der Hauptrisiken während des Wachstums sind Entwicklungsstörungen des Skeletts. Ziel einer optimalen Ernährung im Welpen- und Junghundealter ist ein langsames, aber kontinuierliches Wachstum.

Wichtig! Eine optimale Fütterung ist durch ein bis zur Vollendung des ersten Lebensjahres speziell für Welpen großwüchsiger Rassen zusammengestelltes Futter i. d. R. gewährleistet.

01 Eine gesunde Ernährung zeichnet sich vor allem dadurch aus, dass sie den besonderen Bedürfnissen der verschiedenen Lebensphasen angepasst ist.

EXPERTEN-RAT ZUR WELPENFÜTTERUNG

Das Ziel der Fütterung von Absatzwelpen ist, die für die Rasse durchschnittliche Entwicklung herbeizuführen. Maximale Wachstumsraten sind insbesondere bei großwüchsigen Rassen wie den Retrievern unerwünscht, da sie die Entwicklung orthopädischer Probleme begünstigen können. Eine Überfütterung sollte daher strikt unterbleiben!

Als **ungefähre Richtlinie** für die Gewichtszunahme gilt: Der Welpe sollte bis zum 5. Lebensmonat 3 g / Tag pro kg des erwarteten Gewichts des erwachsenen Hundes zunehmen. Für das Beispiel eines Labrador-Retriever-Rüden mit 34 kg Endgewicht ergibt sich also eine Zunahme von etwa 100 g / Tag, sprich 700 g / Woche. Der Tagesbedarf des individuellen Welpen kann +/– 16 % variieren, weshalb Mengenangaben auf den Futterpackungen immer nur ein grober Anhaltspunkt sein können. Grundsätzlich richtet man mit zurückhaltender knapper Fütterung jedoch weniger Schaden an als mit zu viel Futter. Die Futtermenge kann **nicht** allein durch die Kontrolle der Körperkondition (man fühlt die Rippen) bestimmt werden. Eine zuverlässige Kontrollmöglichkeit ist allein die **Wachstumskurve**, die heutzutage in den meisten Tierarztpraxen erstellt werden kann. Anhand des idealen Endgewichts Ihres Welpen wird das ideale aktuelle Gewicht errechnet und mit dem tatsächlichen Gewicht verglichen.

Wichtig! Wiegen Sie Ihren Welpen wöchentlich und gleichen Sie die Futtermenge im Lauf des Wachstums Ihres Welpen laut Wachstumskurve an.

Dr. Susanne Wisniewski, Kleintierklinik Iffezheim

01

02

03

01+02 *Optimal ernährte Welpen aus Standard-/Ausstellungs- bzw. Field-Trial-Linien*

03 *Regelmäßiges Wiegen hilft, den Wachstumsverlauf zu kontrollieren.*

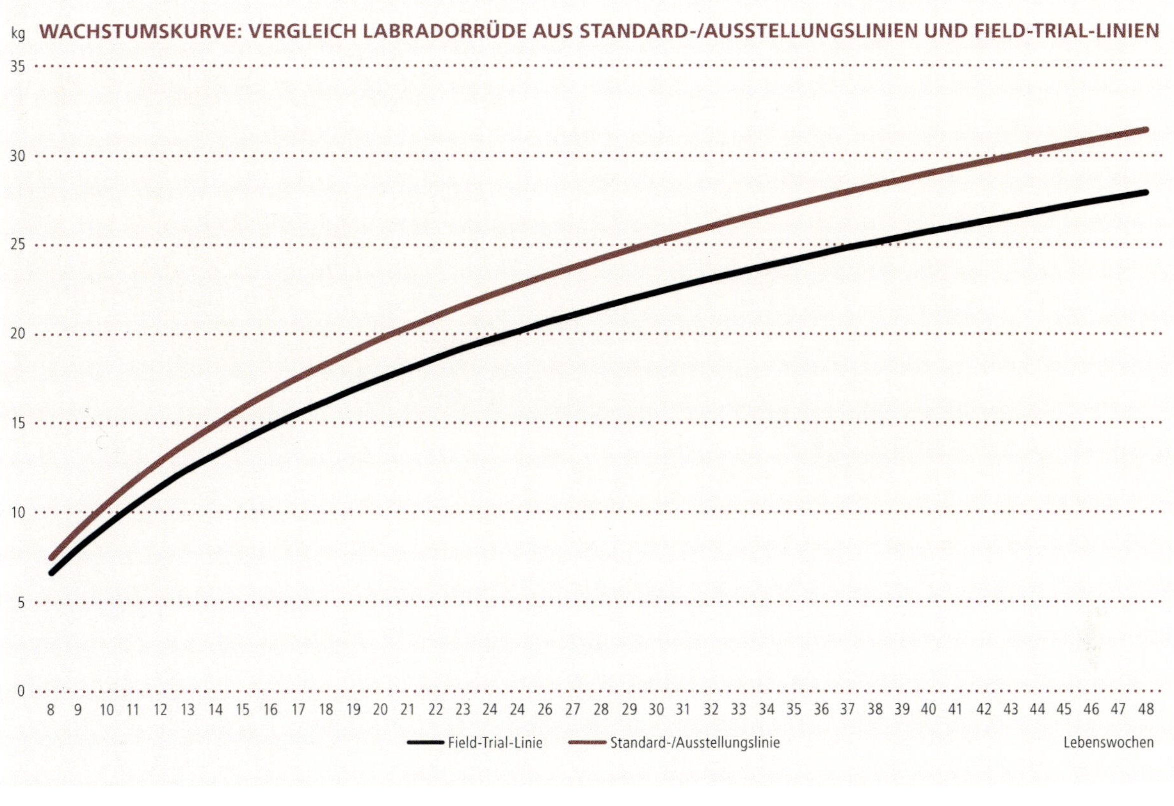

FÜTTERUNG WÄHREND DER WELPENAUFZUCHT

ANZAHL DER MAHLZEITEN

8.–12. LEBENSWOCHE	BIS ZUM 6. LEBENSMONAT	AB DEM 6. LEBENSMONAT
4 Mahlzeiten täglich	3 Mahlzeiten täglich	2 Mahlzeiten täglich

ERNÄHRUNGSREGELN FÜR DEN LABRADOR-WELPEN

— **Energiebedarf** Entscheidend für ein gesundes Wachstum ist die **Wachstumsgeschwindigkeit.** Ein Zuviel an Futter bzw. Energie lässt den Welpen i. d. R. nicht dick werden, sondern schneller wachsen. Dies kann negative Auswirkungen auf die Ausbildung des Skelettsystems haben. Der Tierarzt kann anhand des Geburts- und des zu erwartenden Endgewichts, das im Idealfall dem optimalen Gewicht des gleichgeschlechtlichen Elternteils entspricht, eine **Wachstumskurve** erstellen. Sie hilft, den Wachstumsverlauf des Welpen wöchentlich zu kontrollieren und die Futtermenge entsprechend anzupassen.

— **Mineralstoffe** Im Wachstum spielen v. a. **Kalzium** und **Phosphor** eine wichtige Rolle. Eine Über- oder Unterversorgung kann zu einer Vielzahl von Skelettbildungsstörungen führen bzw. eine bestehende Veranlagung ungünstig beeinflussen. Das **optimale Kalzium-Phosphor-Verhältnis** für heranwachsende Hunde liegt bei **1,1 : 0,9.**

Lebensfreude und Energie pur!

DER LABRADOR ALS JAGD- UND SPORTHUND

Jagdhunde und Hunde, die mehrmals wöchentlich zielgerichtet trainiert werden oder die ihre Besitzer täglich beim Joggen, Fahrradfahren usw. begleiten, können je nach Leistungsintensität einen um 100 % erhöhten Energiebedarf haben. Bei der Berechnung spielt nicht nur der aus der geforderten Leistung entstehende Mehrbedarf eine Rolle, sondern auch die ernährungsphysiologischen Veränderungen im Nährstoff- und Energiebedarf, die sich aus der Stresssituation ergeben.

ERNÄHRUNGSREGELN FÜR DEN JAGD- UND SPORTHUND

— **Energiebedarf** Der Energiebedarf des arbeitenden Hundes richtet sich nach Intensität und Dauer der körperlichen Belastung. Ziel ist, den erhöhten Bedarf zu decken und gleichzeitig das Idealgewicht aufrechtzuerhalten. Energie kann in Form von zusätzlichen Kohlenhydraten (kurze Hochleistungsphasen) oder Fetten (Ausdauerleistung) zur Verfügung gestellt werden. Kriterien für eine optimale Energiequelle sind die schnelle Verfügbarkeit sowie die möglichst effiziente Verbrennung: **Hoher Energiegehalt und hohe Verdaulichkeit!**

Wichtig! Der gesteigerte Energiebedarf besteht nur in Zeiten erhöhter Aktivität, wie beispielsweise während der Jagdsaison!

— **Proteine** Hochwertige und hochverdauliche Proteine, wie Fleisch, Eier oder Milchprodukte, stellen Energie bereit und ermöglichen einen Muskelaufbau ohne übermäßigen Anfall von Ammoniak und Harnstoff.

— **Fette** sind die wirkungsvollsten Energieträger. Daher gilt: Je länger die körperliche Belastung anhält, umso fettreicher sollte das Futtermittel sein (bei kurzzeitigen Höchstleistungen ca. 16 – 20 %, bei Ausdauerleistungen, wie anhaltendem Stöbern oder Suchen bis zu 25 %).

— **Mineralstoffe** Durch eine erhöhte Muskel- und Bewegungsaktivität kommt es zu einer erhöhten Atemfrequenz und in der Folge auch zu einem ansteigenden Wasser- und Mineralstoffverbrauch.

- **Vitamine** Vitamine des B-Komplexes (B1, B6, B12), Antioxidantien und Omega-3-Fettsäuren führen zu einer Verbesserung des Blutflusses und des Sauerstoffaustausches.
- **Antioxidantien** verbessern den Zellschutz gegen freie Radikale bei belastungsbedingtem oxidativem Stress.

TIPP
Um der Gefahr einer Unterzuckerung vorzubeugen, sollte etwa vier Stunden vor der zu erbringenden Leistung ein Viertel der Tagesration und die restliche Menge frühestens zwei Stunden danach gefüttert werden.

DER ALTERNDE LABRADOR

Das Seniorenalter beginnt beim Labrador etwa im Alter von acht bis neun Jahren. Er ergraut langsam, die körperliche Aktivität und die Leistung der Sinnesorgane lassen nach, die Muskulatur bildet sich zurück und es zeigen sich Verschleißerscheinungen an Skelett und Gelenken. Nicht auf den ersten Blick erkennbar sind das Nachlassen der Kreislauf- und Nierentätigkeit sowie der Leistungsfähigkeit der Verdauungsorgane und des Stoffwechsels, die eingeschränkteren Abwehrkräfte, das Auftreten von Altersdiabetes oder Tumoren.
Ziel ist in dieser Lebensphase, die Gesundheit so lange wie möglich zu bewahren, die Alterungsprozesse – soweit möglich – zu verlangsamen und die Lebensqualität zu erhalten.
Regelmäßige Geriatrie-Checks helfen nicht nur frühzeitig, Erkrankungen oder Trends in den Blutparametern zu erkennen, sie geben auch Aufschluss über eine optimal angepasste Ernährung. Ein hochwertiges Seniorfutter berücksichtigt i. d. R. die geänderten Bedürfnisse in einem ausgewogenen Maß. Bei selbst zubereitetem Futter gibt es einige Regeln zu beachten.
Je nach Alter kann die Tagesfuttermenge auf mehrere Portionen aufgeteilt werden, um den Verdauungstrakt zu entlasten.

ERNÄHRUNGSREGELN FÜR DEN ALTERNDEN LABRADOR

- **Energiebedarf** Durch die eingeschränkte körperliche Aktivität sinkt der Energiebedarf um 20 – 25 %.
- **Proteine** Zu empfehlen sind hochwertige und hochverdauliche Eiweißträger, wie mageres Fleisch, Quark oder Eier. Zu vermeiden sind Eiweiße, wie sie in bindegewebsreichen Lebensmitteln vorkommen, sowie Eiweiße pflanzlicher Herkunft.
- **Kohlenhydrate** Die allgemein verringerte Darmtätigkeit erfordert einen höheren Gehalt an Faserstoffen.
- **Vitamine** Aufgrund des altersbedingt herabgesetzten Fettstoffwechsels ist auf eine ausreichende Versorgung mit Vitamin E und C zu achten. Beide fangen freie Radikale ab und schützen den Körper so vor aggressiven Stoffwechselprodukten. Die Vitamine A und E unterstützen das Immunsystem im Hinblick auf die im Alter erhöhte Gefahr von Infektionen.
- **Mineralstoffe** Zum Schutz der Nieren sollte der Phosphorgehalt in der Nahrung reduziert werden.

Mit fortschreitendem Alter sinkt der Energiebedarf.

DIE RICHTIGE PFLEGE

Ein dichtes, schimmerndes Fell und klare, glänzende Augen gelten als Spiegel der Seele! Neben einer ausgewogenen Ernährung trägt dazu auch die richtige Pflege bei, deren soziale Komponente sich sowohl auf das Wohlbefinden, als auch auf die Bindung auswirkt. Das regelmäßige Abtasten des Körpers sollte ebenso selbstverständlich sein, wie die Kontrolle der Augen, Ohren, Zähne und Krallen. Deshalb ist es sinnvoll, bereits den Welpen daran zu gewöhnen.

AUGENTROPFEN RICHTIG ANWENDEN

Zum Einbringen von Salben oder Tropfen umfasst eine Hand den Fang von unten und hebt den Kopf leicht an. Die Finger ziehen dann vorsichtig das Augenlid leicht nach unten. Dabei stülpt sich der Bindehautsack etwas nach außen. Die andere Hand mit dem Präparat stützt sich während des Einbringens leicht auf den Kopf des Hundes. Durch das Blinzeln verteilt sich der Wirkstoff gleichmäßig auf der Oberfläche des Auges.

AUGEN

Gesunde Augen bedürfen i. d. R. keinerlei Pflege. Sollte sich im Augenwinkel Sekret ansammeln, kann es mit einem weichen, feuchten Tuch sanft entfernt werden.
Ursächlich für tränende Augen können Fremdkörper, Infektionen oder auch erblich bedingte Fehlbildungen sein (S. 320). Erscheint das Sekret

Die leicht hängenden Augenlider mancher junger Labradors normalisieren sich meist im Verlauf des Kopfwachstums.

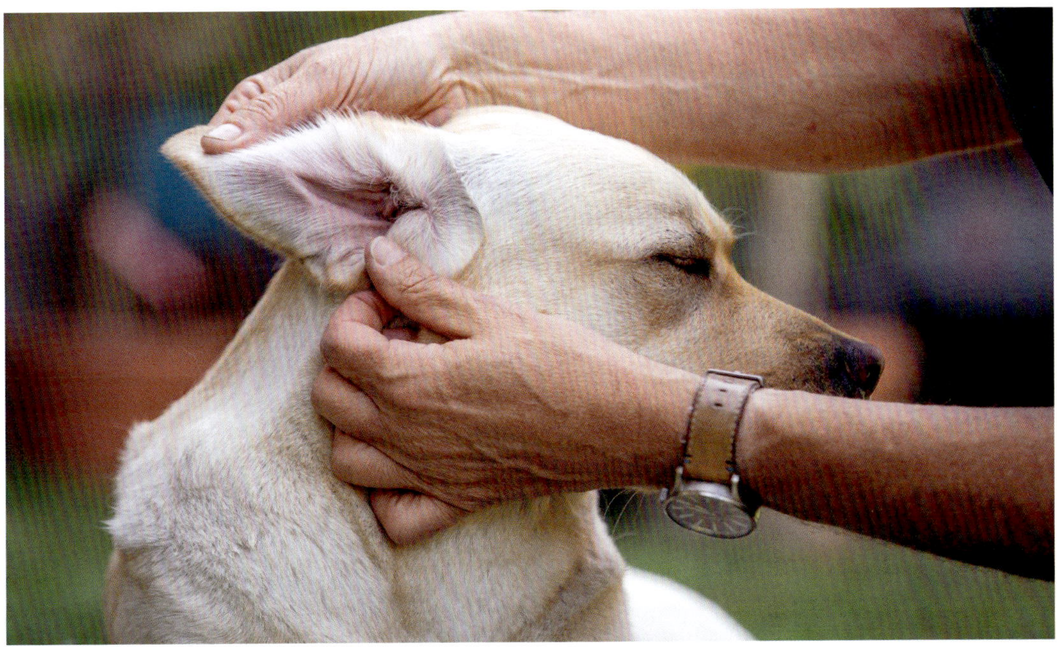

Die dicht anliegenden Hängeohren des Labradors erfordern eine regelmäßige Kontrolle.

gelblich, dickflüssig und ist die Bindehaut gerötet oder gar geschwollen, kann eine Bindehautentzündung (Konjunktivitis) vorliegen, die fachgerecht behandelt werden muss. Insbesondere bei jungen Hunden handelt es sich dabei häufig um einen Follikular-Katarrh.
Junge Labradors aus Standard-/Ausstellungslinien haben mitunter zu viel lose Haut am Kopf, was zu losen bzw. hängenden Augenlidern führen kann. Meist normalisiert sich dies im Wachstum.

OHREN

Die dicht anliegenden Hängeohren des Labradors decken den Gehörgang beinahe vollständig ab und können damit die Luftzirkulation behindern. Dies erhöht die Gefahr von Entzündungen und erfordert eine regelmäßige Kontrolle.
Gesunde Ohren sind sauber und riechen unauffällig. Zeigen sich dunkle, schlecht riechende Ablagerungen oder typische Entzündungszeichen, wie eine Rötung, Schwellung oder erhöhte Schmerzempfindlichkeit, ist ein Besuch beim Tierarzt angezeigt. Sollten sich Pilze oder Milben nachweisen lassen, verschreibt er entsprechende Medikamente.

Wichtig! Viele Labrador Retriever besitzen so viel körperliche Härte, dass sie selbst chronische Ohrenentzündungen weder durch Schiefhalten des Kopfes noch durch Schütteln anzeigen!

Vor dem Einbringen von Medikamenten müssen die Ohrmuscheln mit einem Taschentuch und Ohrreiniger sanft gesäubert werden. Um sicherzustellen, dass die Wirkstoffe nach dem Applizieren im Ohr verbleiben, muss ein anschließendes Kopfschütteln verhindert werden.
Aufgrund der Anatomie des Hundeohres sollte ein selbstständiges Reinigen mit Wattestäbchen unterbleiben. Es kann nicht nur zu Verletzungen führen, sondern auch etwaige Ablagerungen tiefer in den Gehörgang hineinbefördern.

OHREN TROCKNEN

Die Wasserbegeisterung des Labradors macht auch vor Tauchgängen nicht halt, deshalb müssen beim Abtrocknen auch immer die Behänge miteinbezogen werden.

ZÄHNE

Das Gebiss sollte regelmäßig kontrolliert werden. Abgebrochene Zähne bedürfen in jedem Fall einer tierärztlichen Einschätzung und Versorgung. Gleiches gilt für alle Probleme, die während des Zahnwechsels auftreten, wie z. B. persistierende und/oder gesplitterte Milchzähne. Der Zahnwechsel beginnt mit dem Ausfall der Schneidezähne im dritten Lebensmonat und ist mit rund sechs Monaten abgeschlossen. Da die nachschiebenden Zahnkeime des Dauergebisses starken Druck auf das Zahnfleisch und die Milchzähne ausüben, hat der Welpe in dieser Zeit ein erhöhtes Kaubedürfnis.
Die Bildung von Zahnstein, der u. a. für üblen Geruch aus dem Fang verantwortlich ist, ist nicht nur ein ästhetisches Problem, er kann auch zu verschiedenen Zahnfleischerkrankungen führen. Begünstigt wird seine Bildung durch das Verfüttern überwiegend weichen Futters (Feuchtfutter oder eingeweichtes Trockenfutter). Daneben scheint auch die Mineralisierung des Speichels eine Rolle zu spielen.
Regelmäßiges Füttern von Trockenfutter, Hundekuchen und Kauartikeln mit rauer Oberfläche kann der Bildung von Zahnstein vorbeugen. Im Fachhandel gibt es ferner spezielle Zahnreinigungssets oder enzymhaltige Kaustreifen, die ebenfalls hilfreich sein können. Es macht durchaus Sinn, schon den Welpen schrittweise an das Zähneputzen zu gewöhnen. Hat sich bereits zu viel Zahnstein angelagert, hilft nur noch eine professionelle Zahnreinigung durch den Tierarzt.

HAARKLEID

Das Haarkleid des Labradors ist ein kennzeichnendes Rassemerkmal. Es besteht aus kurzem, härterem Deckhaar und dichter, wetterbeständiger Unterwolle. Das Deckhaar zeigt sich häufig schon im Alter von 10 bis 12 Wochen. Vollständig ausgebildet ist es mit etwa fünf Monaten.
Die spezielle Fellstruktur macht sein Haarkleid sowohl wasser- als auch schmutzabweisend und lässt es schnell trocknen. Zudem besitzt es eine erstaunliche Selbstreinigungskraft. Normalerweise reicht es deshalb aus, ihn nach dem Spaziergang mit einem Frottiertuch oder hochsaugfähigen Kunstfaser- bzw. Kunstledertuch in Fellwuchsrichtung abzureiben. Eventuell noch verbliebener Schmutz rieselt nach dem Trocknen einfach heraus.
Shampooniert werden sollte ein Labrador nur im Notfall, da es das natürliche Fett (Talg) entzieht und damit die Fellstruktur nachteilig verändert. Das Haarkleid verliert dabei nicht nur seine

Regelmäßiges Kontrollieren des Gebisses hilft, Beläge …

… frühzeitig zu entfernen und so Zahnstein vorzubeugen.

Ein Trockentuch zum Abreiben nach dem Spaziergang sollte unterwegs und zu Hause stets griffbereit sein.

Funktion, es wird auch weicher und benötigt einige Zeit, um sich wieder zu regenerieren.
Ein regelmäßiges Bürsten ist beim Labrador nur im Haarwechsel notwendig. Im Fachhandel gibt es spezielle Kämme, die der ausfallenden Unterwolle effektiv zu Leibe rücken.

KRALLEN

Normalerweise laufen sich die Krallen eines erwachsenen Hundes bei regelmäßiger Bewegung auf unterschiedlichen Untergründen gleichmäßig ab. Anders sieht es hingegen bei Welpen und Junghunden aus, deren Krallen sich durch die eingeschränktere Bewegung auf vorzugsweise weicheren Untergründen meist weniger abnutzen. Gleiches gilt auch für ältere Hunde, die durch eine Bindegewebs- oder Bänderschwäche eine Überbeweglichkeit (Durchtrittigkeit) entwickeln. Oftmals zeigen sie eine veränderte Zehenstellung, die bewirkt, dass die Krallen horizontal in die Länge wachsen und sich infolgedessen nicht mehr ablaufen.
Sollten die Krallen zu lang sein, müssen die Spitzen von Zeit zu Zeit mit einer speziellen Krallenzange gekappt werden. Bei hellen, pigmentlosen Krallen ist das Kürzen relativ einfach, da die Blutgefäße durch den Nagel schimmern.
Das Kürzen dunkler Krallen muss im Zweifel dem Tierarzt überlassen werden. Verletzungen im Krallenbereich sind nicht nur sehr schmerzhaft, sie bergen auch die Gefahr einer Infektion.

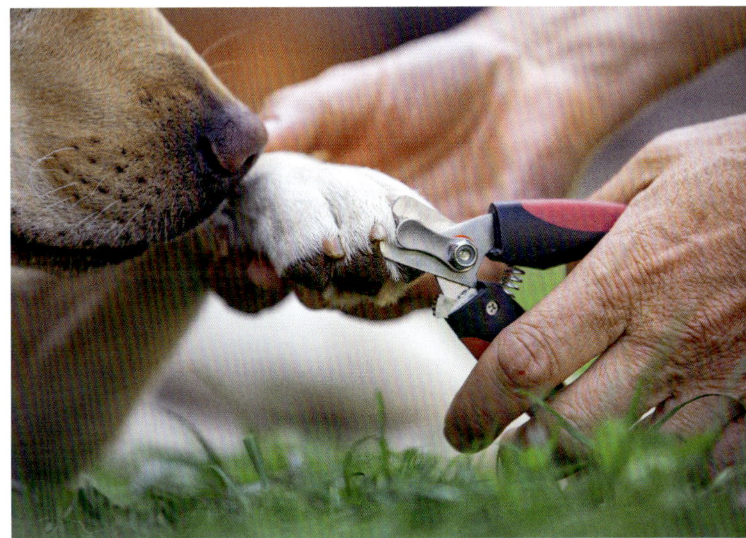

Zu lange Krallen können mit einer Krallenschere gekürzt werden.

SEXUALITÄT

DIE HÜNDIN

Labrador Hündinnen werden in der Regel mit 7 bis 14 Monaten das erste Mal läufig. Oft sind sie in dieser Zeit besonders anhänglich und empfindsam.

Die sichtbare Läufigkeitsdauer beträgt im Mittel 14 bis 21 Tage und umfasst den Proöstrus, Östrus sowie die ersten Tage des Metöstrus.

Normalerweise kündigt sich die Hitze bereits vor Beginn der Blutung an (**Präproöstrus**). Erste Anzeichen sind häufig ein vermehrter Harnabsatz und ein leichtes Anschwellen der Vulva. In dieser Phase beginnen sich allmählich Eibläschen (Follikel) an den Eierstöcken zu bilden. Mit dem **Proöstrus** setzt die individuell sehr unterschiedlich verlaufende Blutung ein. Während dieser Phase reifen die Follikel. Im anschließenden **Östrus** wird die Blutung zunehmend wässriger, beinahe fleischfarben, die Schwellung der Vulva nimmt ab, die Hündin legt, insbesondere bei Berührung, ihre Rute auf charakteristische Weise zur Seite und bietet sich dem Rüden an. In diese Phase fallen der Eisprung und die Bildung der Gelbkörper, die zum Aufrechterhalten einer Trächtigkeit notwendig sind. Die Eier reifen 2 bis 4 Tage, bevor sie für etwa 2 bis 3 Tage befruchtungsfähig sind. Die Hündin ist jetzt in der Standhitze und zieht Rüden auch über weitere Entfernungen an. Sie darf nun weder unbeaufsichtigt im Garten sein, noch ohne Leine spazieren geführt werden.

Erst wenn sie deutlich anzeigt, dass sie sich nähernde Rüden nicht mehr akzeptiert, ist der Östrus beendet. Im darauffolgenden **Metöstrus** weist sie, unabhängig von einer Bedeckung, dieselben Hormonverhältnisse auf. Die Gelbkörper, die nach dem Eisprung an den Eierstöcken entstehen, produzieren das Hormon Progesteron, das dem Embryo optimale Bedingungen in der Gebärmutter verschafft. Sie sind erst nach 9 bis 12 Wochen abgebaut. Zuweilen stößt der nun sinkende Progesteron-Spiegel auch bei nicht trächtigen Hündinnen die Ausschüttung des Hormons Prolaktin an, welches die Milchproduktion anregt und zu einer Scheinträchtigkeit führt. An den Metöstrus schließt sich der **Anöstrus** an, die sexuelle Ruhephase.

Während ältere Hündinnen einen pubertierenden Jungrüden deutlich in die Schranken verweisen, sind jüngere Hündinnen dazu häufig noch nicht souverän genug. Hier sollten dem angehenden „Macho" deutlich Grenzen gesetzt werden, denn sein übereifriges Verhalten belastet nicht nur die Hündin, sondern kann auch zu Auseinandersetzungen mit anderen Rüden führen.

Wichtig! Der komplette Zyklus wiederholt sich bei Labrador-Hündinnen im Durchschnitt alle 6 bis 7 Monate.

Eine Kastration beendet die Fruchtbarkeit, stellt aber zugleich einen Eingriff in das Hormonsystem der Hündin dar. Bei 8 – 12 % kommt es zu einer kastrationsbedingten Inkontinenz. Dieser kann durch ein angemessenes Körpergewicht und einen lebenslang guten Trainingszustand vorgebeugt werden. Weniger bedeutsam sind beim Labrador mögliche Veränderungen in der Fellbeschaffenheit und des Wesens. Eine Kastration

☞ ÜBERSICHT ZYKLUSVERLAUF DER HÜNDIN

PHASE	DAUER	ÄUSSERE ANZEICHEN
Präproöstrus Übergangsphase zwischen Anöstrus und Proöstrus	Tage bis Wochen	— Vermehrter Harnabsatz — Leichtes Anschwellen der Vulva
Proöstrus Beginn der Hitze bis zur Duldung	3–17 Tage	— Vulva schwillt stärker an — Blutung setzt ein
Östrus Fruchtbare Phase, Duldung des Rüden	3–21 Tage	— Vulva verkleinert sich wieder — Ausfluss wird wässriger und klarer — Rüde und Hündin zeigen ein starkes Interesse aneinander — Hündin legt bei Berührung oder Annäherung des Rüden die Rute zur Seite
Metöstrus Regeneration der Gebärmutter	ca. 120 Tage	— Hündin duldet den Rüden nicht mehr — Anbildung des Gesäuges — Brutpflegeverhalten
Anöstrus Zyklusruhe	ca. 50–70 Tage	— Hündin ist für Rüden uninteressant

zieht jedoch in jedem Fall einen um bis zu 20 % verminderten Energiebedarf nach sich, sodass auf eine angepasste Ernährung geachtet werden muss. Wissenschaftlich fundierte Studien belegen, dass das Risiko von Mamma-Tumoren bei vor der ersten Läufigkeit kastrierten Hündinnen fast vollständig eliminiert wird.
Da die Milchdrüse stark unter dem Einfluss weiblicher Hormone steht, ist unstrittig, dass jede Läufigkeit und die damit verbundene Hormonproduktion das Risiko eines Gesäugetumors ansteigen lässt.

DER RÜDE

Im Alter von etwa 8 Monaten, die Spanne beträgt meist zwischen 6 und 12 Monaten, kommen Rüden in die Pubertät. Sie beginnen, das Bein zu heben, und interessieren sich verstärkt für Hündinnen. Oft erscheinen Jungrüden in dieser Zeit etwas aufsässig, alles Gelernte scheint vergessen und manchmal wird ein regelechter Machtkampf ausgetragen. Einige Rüden treten nun auch gegenüber anderen Rüden erstmalig aggressiv auf. Hier ist konsequente Erziehung gefragt!
Zeigt der Rüde ein übertriebenes Interesse an Hündinnen, kann dies sein weiteres Verhalten stark beeinflussen. Die Bandbreite reicht dabei vom Streunen bis hin zu aggressiven innerartlichen Verhaltensmustern. Stressreaktionen, wie Appetitlosigkeit oder Dauerjammern, sind dabei nur Nebenschauplätze.
Trotzdem sollte auch die Kastration eines Rüden gut durchdacht sein. Sie ist keinesfalls ein Allheilmittel, um Erziehungsdefizite auszugleichen. In der Regel können nur diejenigen Verhaltensweisen beeinflusst werden, deren Ursachen auch hormonellen Ursprungs sind. Mittels einer chemischen Kastration lässt sich durch das Setzen eines Chips im Zweifel testen, ob eine Kastration die erwartete Wirkung erzielt.

DER GESUNDE LABRADOR

IMPFPFLICHT FÜR HUNDE?

In Deutschland besteht keine grundsätzliche Impfpflicht für Hunde. Anders sieht es jedoch bei Reisen innerhalb der EU oder der Teilnahme an Ausbildungskursen, Prüfungen sowie Ausstellungen aus. Hier muss der Hund zumindest gegen Tollwut geimpft sein. Bei Reisen in Länder außerhalb der EU kann die Impfpflicht variieren.

REISEBEDINGUNGEN INNERHALB DER EU

Seit dem 12. Juni 2013 gelten aufgrund der VO (EU) 576/2013 erleichterte Reisebedingungen für Hunde. Voraussetzung für die Einreise in andere EU-Länder sind der EU-Heimtierpass, eine gültige Tollwutschutzimpfung und die Kennzeichnung durch einen Mikrochip. Die Kennzeichnung mittels Tätowierung wird seit Ablauf der Übergangszeit am 3. Juli 2011 nicht mehr anerkannt, es sei denn, sie wurde schon vor dem 3. Juli 2011 vorgenommen und ist eindeutig lesbar.

Welpen dürfen frühestens ab einem Alter von 12 Wochen gegen Tollwut geimpft werden. Die erste Impfung muss mindestens 21 Tage vor dem Grenzübertritt durchgeführt worden sein. Der Gültigkeitszeitraum, den der Impfstoffhersteller für eine Wiederholungsimpfung angibt und der vom Tierarzt in den Heimtierausweis eingetragen wird, darf nicht überschritten sein.

Der **EU-Heimtierausweis** gilt als **Identitätsnachweis** und **Impfbescheinigung**. Er darf nur vom niedergelassenen Tierarzt ausgestellt werden und muss vollständig ausgefüllt sein. Die Kennzeichnung des Hundes muss vor der Tollwutschutzimpfung erfolgen. Sowohl die Seite mit den Angaben zur Kennzeichnung, als auch die im Ausweis befindlichen Aufkleber mit den Informationen zur Tollwutimpfung müssen mit einer selbstklebenden Laminierung versiegelt werden. Bei handschriftlichen Eintragungen entfällt diese Pflicht.

EU-Ausweise, die vor dem 29. Dezember 2014 ausgestellt wurden, behalten ihre Gültigkeit, solange das betroffene Tier lebt. Jedoch sollten auch hier die verwendeten Aufkleber (Micro-Chipnummer und Tollwutimpfungen) durch Laminieren bzw. Überkleben gesichert werden.

DIE WICHTIGSTEN INFEKTIONSKRANKHEITEN

LYME-BORRELIOSE

Durch mehrere nahverwandte Borrelien der Gruppe **Borrelia burgdorferi sensu lato** verursachte und von Zecken übertragene **bakterielle Infektionskrankheit**. Als Erreger gelten beim Hund v. a. drei Arten: Borrelia burgdorferi sensu stricto, B. garinii und B. afzelii.

Die Bedeutung der Borreliose beim Hund ist weiterhin umstritten. Nach wie vor ist unklar, ob die im Blut vieler Hunde nachweisbaren Antikörper gegen Borrelien überhaupt zu einer Erkrankung führen. In vielen Regionen der Welt können bei einem Großteil der Hundepopulationen Antikörper nachgewiesen werden, ohne dass diese jemals erkranken. Je nach Region wird von einer Durchseuchungsrate der Zeckenpopulation von 6 bis zu 30 % (50 %) ausgegangen.

Klinische Symptome, wie Gelenkentzündungen, Lahmheiten, Fieber, Abgeschlagenheit, Appetitlosigkeit, Lymphknotenschwellungen und Nierenfunktionsstörungen, werden nicht selten auf eine Infektion mit Borrelien zurückgeführt. In den meisten Fällen kann dies jedoch auch nach intensiver Diagnostik nicht zweifelsfrei nachgewiesen werden. Ein serologischer Antikörpernachweis ist, wie oben dargelegt, kein schlüssiges Diagnostikum und muss immer in Verbindung mit den klinischen Symptomen gesehen werden. Unter den von Zecken übertragenen Infektionen steht die Borreliose sicher nicht an erster Stelle, sodass ein wirksamer Zeckenschutz Vorrang vor den auf dem Markt befindlichen Impfungen haben sollte.

HEPATITIS CONTAGIOSA CANIS (HCC)

Ansteckende, **virale Infektion**, die zu einer chronischen Leberentzündung führt und mit dramatischen Fieberschüben, Blutgerinnungsstörungen und heftigen Durchfällen einhergeht. Der Krankheitsverlauf endet oft tödlich. Aufgrund des konsequenten Impfens tritt die HCC in der westeuropäischen Hundepopulation nur noch sehr selten auf.

LEPTOSPIROSE ODER STUTTGARTER HUNDESEUCHE

Meldepflichtige, lebensbedrohliche, **bakterielle Infektionskrankheit**, die auf den Menschen übertragbar ist. Die meisten Hunde stecken sich beim Trinken aus oder Schwimmen bzw. Wälzen in abgestandenem Wasser an, das mit dem Urin infizierter Reservoir-Tiere (wie z. B. Füchse, Wildschweine, Ratten, Mäuse, Igel) kontaminiert ist. Die Leptospiren dringen durch kleinste Hautverletzungen oder über die Schleimhäute in Mund und Rachen, der oberen Luftwege und der Augenbindehäute in die Blutbahn ein. Die Erreger können direkt über eine Blutuntersuchung mittels eines PRC-Tests, über eine Urinuntersuchung oder indirekt über einen Antikörpertest nachgewiesen werden. Die Impfung richtet sich i. d. R. nur gegen die wichtigsten Erregertypen.

PARVOVIROSE

Hochansteckende und **akut verlaufende Infektionskrankheit** des Hundes, die durch das **Canine Parvovirus-2 (CPV-2)** verursacht wird. Das Virus bevorzugt Zellen mit hoher Teilungsrate und befällt deshalb insbesondere das Darmepithel, das Knochenmark, das lymphatische System und den Herzmuskel. Der Erreger ist sehr widerstandsfähig und bleibt lange infektiös. Erste Symptome sind hohes Fieber, Fressunlust und Teilnahmslosigkeit, an die sich fast zeitgleich Symptome des Magen-Darm-Traktes mit blutigen Durchfällen anschließen. Betroffen sind v. a. junge Hunde, die sich über Kot oder Speichel befallener Tiere anstecken. Der wirksamste Schutz besteht in einer Impfung, die eine Infektion jedoch nicht gänzlich ausschließt.

IMPFEN – JA ODER NEIN?

Auch wenn es in Deutschland keine gesetzliche Impfpflicht gibt, empfiehlt die ständige Impfkommission des Bundesverbands praktizierender Tierärzte einen dauerhaften Impfschutz für alle Hunde. Die Impfung ist eine sehr wirkungsvolle und schonende Methode, um ernste Infektionskrankheiten zu verhindern. Sie stellt insoweit einen aktiven Beitrag zum Tierschutz dar.

STAUPE

Hochansteckende **Virusinfektion**, die direkt (z. B. durch gegenseitiges Belecken) oder durch Tröpfcheninfektion übertragen wird. Je nach Verlaufsform können Augen, Atemtrakt, Verdauungsapparat, Haut und/oder das zentrale Nervensystem betroffen sein. Durch den Kulturfolger Fuchs und das Einführen nicht geimpfter Hunde aus Osteuropa gewinnt die Krankheit auch in Deutschland zunehmend an Aktualität.

TOLLWUT

Anzeigepflichtige, letal verlaufende, **virale Infektionskrankheit**, die bei Kontakt mit infiziertem Speichel über Bisse oder kleinste Hautwunden auf den Menschen übertragbar ist. Eine Infektion verursacht eine akute, lebensbedrohliche Entzündung des Gehirns. Betroffene Hunde fallen zunächst meist durch Verhaltensänderungen, wie gesteigerte Aggressivität und Unruhe, auf („Rasende Wut"), an die sich fortschreitende Lähmungserscheinungen anschließen („Stille

01

Wut“). Völlig atypische Verläufe sind ebenfalls möglich.
Der Erreger kann ausschließlich über die Untersuchung von Gehirnschnitten nachgewiesen werden. Bei begründetem Verdacht kann der Amtstierarzt eine sofortige Quarantäne zur Beobachtung oder sogar das Einschläfern anordnen. Bei einem ordnungsgemäß geimpften Tier gilt dieser Verdacht per se als unbegründet!
Obwohl Deutschland nach den Maßgaben der Weltorganisation für Tiergesundheit (OIE) seit April 2008 als tollwutfrei gilt, existiert sie weiterhin in vielen europäischen Ländern und kann jederzeit wieder eingeschleppt werden.

ZWINGERHUSTEN

An der Entstehung des Zwinger- oder Virushustens sind sowohl Viren (meist das Canine Parainfluenzavirus des Stammes NL-CPI-5 und das Canine Adenovirus Typ 2 des Stammes Manhattan) als auch Bakterien im Rahmen einer Sekundärinfektion beteiligt. Typische Symptome sind ein anfallsartiger trockener Husten, wässriger Nasenausfluss sowie ein verschleimter Rachen. Eine bakterielle Sekundärinfektion verschlechtert das Allgemeinbefinden meist massiv und erhöht die Gefahr einer Lungenentzündung.

IMPFUNGEN

Impfungen sind die wichtigste und erfolgreichste Maßnahme, um den Hund vor ernsthaften Infektionskrankheiten zu schützen. Die heute empfohlenen Impfschemata, die auf der Ermittlung eines auf den jeweiligen Hund abgestimmten, individuellen Impfprogramms beruhen, unterscheiden sich deutlich von denen früherer Generationen. Die extrem selten auftretenden Nebenwirkungen sind in den meisten Fällen harmlos und von vorübergehender Natur, sodass der Nutzen eines sinnvoll durchgeführten Impfprogramms deutlich überwiegt.

DIE MATERNALEN ABWEHRKRÄFTE

Wurde die Hündin regelmäßig und sorgfältig geimpft und weist einen guten Gesundheits- und Ernährungszustand auf, verfügen die Welpen bereits unmittelbar nach der Geburt über eine **Minimalausstattung an maternalen Antikörpern**,

02

01 Die Grundimmunisierung beginnt bereits beim Züchter und wird nach der Abgabe fortgesetzt.

02 Über die Kolostralmilch erhalten die Welpen zusätzlich lebensnotwendige Antikörper.

die ihnen über die Plazenta mitgegeben wurde. Innerhalb der ersten Lebenstage erhalten sie über die **Kolostralmilch** zusätzliche Antikörper, die sie in den ersten Lebenswochen schützen. Dieser Schutz ist für die Welpen lebensnotwendig. Ab der 4. Woche lassen die maternalen Abwehrkräfte immer mehr nach, bis sie in der 14. Woche nahezu zum Erliegen kommen.
Erfolgt die erste Impfung zu früh, wirken die maternalen Antikörper einem Impferfolg durch die Neutralisierung des verabreichten Antigens entgegen. Erfolgt sie hingegen zu spät, kommt es zu einer immunologischen Lücke.

DIE GRUNDIMMUNISIERUNG

Jede Schutzimpfung beginnt mit der Grundimmunisierung, die sich aus einer Erst- und diversen Nachimpfungen zusammensetzt. Nach der Erstimpfung reicht die Anzahl an Antikörpern meist noch nicht aus, um bei einer massiven Konfrontation mit dem Erreger optimalen Schutz zu gewährleisten. Aus diesem Grund sind Nachimpfungen wichtig.
Nach abgeschlossener Grundimmunisierung patrouillieren die Abwehrzellen im Körper des Hundes. Bei Kontakt mit dem passenden Erreger vermehren sie sich, während sich ihre Anzahl bei länger ausbleibendem Kontakt nach und nach reduziert. Ein konstanter Impfschutz ist deshalb nur durch regelmäßige Wiederholungsimpfungen zu gewährleisten. Eine gezielte Titer-Feststellung kann im Zweifel Aufschluss über die Abwehrsituation des Hundes im Hinblick auf einen bestimmten Erreger geben.

IMPFEMPFEHLUNGEN

Die Leitlinie zur Impfung von Kleintieren der Ständigen Impfkommission Veterinärmedizin (Stand 01.02.2019) betont ausdrücklich die Notwendigkeit eines individuellen Impfprogramms. Neben der Grundimmunisierung sollte es regelmäßige, aber nicht zwangsläufig jährliche Wiederholungsimpfungen gegen die für den individuellen Hund relevanten Erreger enthalten.

☞ EINTEILUNG DER ZU IMPFENDEN KOMPONENTEN

CORE-KOMPONENTEN

Erreger, gegen die jeder Hund zu jeder Zeit geschützt sein muss, weil sie entweder zoonotischen Charakter haben, und damit auch den Tierbesitzer gefährden, oder lebensgefährliche Krankheiten verursachen.

NON-CORE-KOMPONENTEN

Erreger, gegen die Hunde nur unter bestimmten Umständen geschützt werden müssen, wie z. B. das canine Parainfluenzavirus (CPiV) oder das canine Herpesvirus (CHV-1).

☞ IMPFEMPFEHLUNG DER CORE-KOMPONENTEN

GRUND-IMMUNISIERUNG	6. LW	8. LW	12. LW	16. LW	15. LM	WIEDERHOLUNGS-IMPFUNGEN
(HCC)	---	•	•	•	•	Ab dem 2. Lebensjahr im dreijährigen Rhythmus
LEPTOSPIROSE	--	•	•	--	•	Jährlich
PARVOVIROSE	• In gefährdeten Beständen	•	•	•	•	Ab dem 2. Lebensjahr im dreijährigen Rhythmus
STAUPE	--	•	•	•	•	Ab dem 2. Lebensjahr im dreijährigen Rhythmus (1)
TOLLWUT	--	--	•	• (2)	(•) Je nach Impfstoff	Entsprechend der in den Gebrauchsinformationen genannten Wiederholungsimpfintervalle von 2–3 Jahren

*(1) Besondere Vorsicht ist bei **Jagdhunden und Zuchthündinnen** geboten und dort, wo der Infektionsdruck, wie z. B. 2018 in Berlin, durch die **Fuchsstaupe** besonders hoch ist.*

(2) Eine Grundimmunisierung, bestehend aus drei Impfungen im Alter von 12 und 16 LW sowie 15 LM, erhöht die Wahrscheinlichkeit, dass die Tiere einen für Reisen in Endemie-Gebiete erforderlichen Titer von 0,5 IE/ml erreichen. Ein derartiges Impfschema geht aber über die gesetzlichen Anforderungen hinaus.

UNERWÜNSCHTE „REISE-MITBRINGSEL"

Nicht nur durch die Einfuhr von Hunden aus südlichen Ländern, sondern auch aufgrund der steigenden Tendenz, den Lebenspartner Hund überall mit hinzunehmen, treten heute vermehrt ernst zu nehmende Erkrankungen auf, die zuvor nur südlich der Alpen bekannt waren.

BABESIOSE (HUNDEMALARIA)

Durch einzellige Blutparasiten der Gattung **Babesia canis** hervorgerufene Infektionskrankheit, die zu einer Zerstörung der roten Blutkörperchen und in der Folge zu einer mehr oder weniger ausgeprägten Blutarmut führt.

Verlauf Die Erkrankung verläuft meist akut mit hohem Fieber und endet ohne Behandlung binnen weniger Tage tödlich. Die Inkubationszeit liegt bei zwei Tagen bis zu fünf Wochen. Auch chronische Verläufe sind bekannt.

Übertragung Hauptsächlicher Überträger ist die Auwald-Zecke.

Verbreitungsgebiet Seit den 1970er Jahren hat sich das Verbreitungsgebiet der Auwald-Zecke stark nach Norden ausgedehnt. Mittlerweile gibt es in ganz Deutschland freilebende Populationen, v. a. aber in der oberrheinischen Tiefebene zwischen Freiburg und Mainz, im Saarland, in

Rheinland-Pfalz, in den Isarauen bei München, rund um Regensburg, in Sachsen, in den Elbauen, in Brandenburg und rund um Berlin.

Prophylaxe In Deutschland gibt es derzeit noch keinen zugelassenen Impfstoff. Wichtigster Schutz vor Ansteckung ist deshalb eine konsequente Zeckenprophylaxe.

EHRLICHIOSE (ANAPLASMOSE)

Akute bis chronische Infektionskrankheit, die durch das Bakterium **Ehrlichia canis** verursacht wird.

Verlauf in 3 Stadien Erste Symptome der **akuten Phase** nach einer Inkubationszeit von zwei bis vier Wochen sind ein reduziertes Allgemeinbefinden, Fieberschübe, Lymphknotenschwellungen und eine vergrößerte Milz. In der nachfolgenden **beschwerdefreien Phase** fallen keinerlei Krankheitsanzeichen auf. In der **chronischen Phase** zeigen sich massive Blutbildveränderungen. Die Zahl der weißen und roten Blutzellen sowie der Thrombozyten sinkt dramatisch, gleichzeitig steigt die Menge bestimmter Immunglobuline. Es kommt zu plötzlicher Erblindung, Blutungen, Gelenkentzündungen und Nierenschwäche. Auch eine Hirnhautentzündung, die mit Verwirrtheit, Gleichgewichtsstörungen oder Lähmungen einhergeht, kann vorkommen.

Übertragung Überträger und Reservoir ist die Braune Hundezecke.

Verbreitungsgebiet Ursprünglich kam die Ehrlichiose des Hundes nur in tropischen und subtropischen Gebieten südlich des 45. Breitengrades vor. Durch den zunehmenden Hundetourismus gelangte sie nach Mitteleuropa und gilt heute von Zentralfrankreich aus südwärts in allen europäischen Mittelmeerländern einschließlich Portugal als endemisch.

Prophylaxe Der beste Schutz vor Ansteckung ist, den Hund auf Reisen in betroffene Gebiete nicht mitzunehmen! Ansonsten ist eine konsequente Zeckenprophylaxe unumgänglich.

LEISHMANIOSE

Die schwere, oft tödlich verlaufende Infektionskrankheit gehört zu den Zoonosen, auch wenn das Risiko als gering einzustufen ist. Der Erreger ist ein winziger, einzelliger Parasit, **Leishmania infantum**. Er befällt die weißen Blutkörperchen im Knochenmark und schädigt insbesondere Leber, Milz und Nieren. Bei schweren, akuten Verläufen endet die Erkrankung meist tödlich.

Verlauf Die Inkubationszeit kann zwischen einem und 18 Monaten betragen. Deshalb wird häufig der Zusammenhang mit einer Urlaubsreise übersehen. Es werden zwei Formen unterschieden, die jedoch i. d. R. zeitgleich auftreten.

Erste Symptome der Hautleishmaniose sind chronische, nicht juckende Ekzeme und symmetrischer Haarausfall im Bereich des Nasenrückens, der Ohrspitzen und eine sog. Brillenbildung um die Augen. Später entstehen Erosionen, Knötchen und Ulcera.

Im Mittelpunkt der systemischen Form steht der Befall der inneren Bauchorgane. Die Symptome variieren und reichen von intermittierendem Fieber, Gewichtsverlust, Lymphknotenschwellungen, Leber- und Milzvergrößerungen bis hin zu Augensymptomen.

Übertragung Die mikroskopisch kleinen Leishmanien werden durch den Stich von **Sandmücken** der Gattung Phlebotomus übertragen.

Verbreitungsgebiet Derzeit erstreckt es sich noch südlich des 45. Breitengrades. Untersuchungen zufolge hatten bereits zwei Drittel aller Hunde in Frankreich und Spanien Kontakt mit Leishmanien, wobei die meisten nur eine leichte Form durchmachen und anschließend lebenslang immun sind. In Deutschland gibt es rund 20 000 infizierte Hunde (Bundesverband für Tiergesundheit e. V.), die entweder aus dem Mittelmeerraum importiert wurden oder sich dort angesteckt haben.

Behandlung Die Leishmaniose ist nicht heilbar. Zur symptomatischen Behandlung steht ein Medikament zur Verfügung, das den Erreger nicht vollständig eliminieren, aber den Allgemeinzustand verbessern kann. Ohne Behandlung sterben 90 % der akut erkrankten Hunde innerhalb eines Jahres.

Prophylaxe Mittlerweile gibt es in Deutschland zugelassene Impfstoffe. Eine Impfindikation besteht für Hunde, die in endemischen Regionen leben oder in diese reisen. Eine Impfung reduziert das Risiko klinischer Symptome, weshalb der **Mückenprophylaxe** größere Bedeutung zukommt.

KARDIOVASKULÄRE DIROFILARIOSE (HERZWURMERKRANKUNG)

Durch den Herzwurm, **Dirofilaria immitis**, hervorgerufene parasitäre Erkrankung der Hunde.

Verlauf Erwachsene Herzwürmer entwickeln sich innerhalb von sechs Monaten nach einem infektiösen Mückenstich. Die Herzwurmweibchen gebären das 1. Larvenstadium in das Blut des Säugetierwirtes. Diese werden von Stechmücken beim Blutsaugen aufgenommen. In ihnen entwickelt sich anschließend das 2. und 3. Larvenstadium. Beim nächsten Mückenstich wandert das infektiöse 3. Larvenstadium über den Stichkanal in das subkutane Bindegewebe des Hundes. Dort erfolgt nach ein bis zwei Wochen die Häutung zum 4. und 5. Larvenstadium. Die jungen Herzwürmer wandern zwischen den Muskelfasern zum vorderen Abdomen, Thorax, Nacken, Vordergliedmaßen und Kopf, wo sie in größere Venen eindringen und in die großen Gefäße von Herz und Lunge gelangen. Die erwachsenen, geschlechtsreifen Würmer (bis zu 30 cm lang und etwa 1 mm dick) halten sich in den großen Lungenarterien, in der rechten Herz- und Herzvorkammer sowie bei starkem Befall auch in der kaudalen Körperhohlvene auf.

Die kardiovaskuläre Dirofilariose ist eine systemische Erkrankung, die v. a. Lunge, Herz, Leber und Nieren betrifft. Die Symptome sind sehr stark von der Zahl und Lokalisation der adulten Herzwürmer abhängig. In leichten Fällen tritt chronischer Husten, Gewichts- und Konditionsverlust, Anstrengungsdyspnoe sowie eine geringgradige Anämie auf. In fortgeschrittenen Fällen zeigt sich eine Rechtsherzinsuffizienz mit Atemnot, Husten, Nierenfunktionsstörungen, Stauungsleber, Ascites, und peripheren Ödemen.

Übertragung Die hochpathogene Filarienart Dirofilaria immitis ist obligat zweiwirtig und wird von verschiedenen Stechmückenarten übertragen.

Verbreitungsgebiet Dirofilaria immitis ist in Nord- und Mittelamerika, Australien und Europa vom gesamten Mittelmeerraum über Frankreich (vom Süden bis über den 47. Breitengrad, nördlich von Paris) bis in die Südschweiz (Kanton Tessin) verbreitet. Hoch-Endemie-Gebiete liegen in Norditalien (Poebene und Toskana) und auf den Kanarischen Inseln La Palma und Teneriffa. Einzelfälle wurden auch in Ungarn beobachtet.

Therapie und Prophylaxe Die Therapie einer manifesten Herzwurmerkrankung geht häufig mit Komplikationen einher, da es durch das therapiebedingte Absterben der Würmer zu lebensgefährlichen, anaphylaktischen Reaktionen kommen kann. Bei Urlaubsreisen in gefährdete Regionen sind eine prophylaktische Mückenabwehr sowie die vorbeugende Gabe einer mikrofilariziden Medikation zu empfehlen.

PARASITEN

ENDOPARASITEN

Es gibt verschiedene Parasiten, die den Magen-Darm-Trakt des Hundes befallen können. Sie führen i. d. R. zu einer Mangelversorgung, belasten den Stoffwechsel und schwächen das Immunsystem. Häufig wirken ihre Stoffwechselendprodukte für den Hund toxisch.

Zu erkennbaren Symptomen, wie einem auffälligen Leistungsabfall, Abmagerung, Durchfall oder stumpfem Fell, kommt es bei erwachsenen Hunden meist erst bei einem massiven Befall. Welpen reagieren hingegen i. d. R. umgehend mit heftigen Symptomen, wie einem geblähten, druckempfindlichen Bauch, Durchfall (evtl. auch Verstopfung), Gewichtsabnahme trotz Fresslust, Fressunlust oder Blutarmut.

Magen-Darm-Würmer

Bandwürmer

Die je nach Art bis zu 70 cm langen **Bandwürmer** bestehen aus zahlreichen abgeplatteten Gliedern, die regelmäßig abgestoßen und mit dem Kot ausgeschieden werden. In den eingetrockneten, reiskornartigen Wurmgliedern befinden sich mikroskopisch kleine Eier, die für ihre weitere Entwicklung einen Zwischenwirt benötigen. Je nach Wurm-Art können dies Nagetiere, Paarhufer, aber auch Flöhe, Milben oder Haarlinge sein. Im Zwischenwirt schlüpfen aus den Bandwurmeiern infektiöse Finnen. Wird der infizierte Zwischenwirt vom Hund aufgenommen, wächst die Finne in seinem Darm zum geschlechtsreifen Bandwurm heran und der Kreislauf beginnt von neuem.

☞ ENDOPARASITEN

MAGEN-DARM-WÜRMER						EINZELLER	
BANDWÜRMER			RUNDWÜRMER				
Dreigliedriger Hundebandwurm	Kleiner Fuchsbandwurm	Gurkenkernbandwurm	Spulwürmer	Hakenwürmer	Peitschenwürmer	Giardien	Kokzidien

Ein Parasitenbefall führt insbesondere bei Welpen schnell zu heftigen Symptomen.

☞ EXTRA EMPFEHLUNGEN ZUR ENTWURMUNG

WELPEN- UND JUNGHUNDE	Neugeborene Welpen sollten erstmalig zwischen dem 10. bis 14. Lebenstag, und danach alle 14 Tage bis zur 8. Lebenswoche mit einem Rundwurm-Präparat entwurmt werden. Nach der Abholung sollte jeweils rechtzeitig vor den Nachimpfungen und später im Abstand von drei bis vier Monaten weiter mit einem Breitband-Anthelminthikum entwurmt werden. Besteht ein konkreter Verdacht, ist ein zweimaliges Entwurmen im Abstand von 14 Tagen sinnvoll.
ERWACHSENE HUNDE	Normalerweise reicht eine vierteljährliche Entwurmung mit einem geeigneten Breitband-Anthelminthikum aus. Hunde, die roh gefüttert werden (insbesondere auch mit Innereien, wie Leber und Lunge) sollten in Absprache mit dem Tierarzt öfter gegen Bandwürmer behandelt werden. Dasselbe gilt für Hunde, die unbeaufsichtigten Freilauf haben, jagdlich geführt werden oder wilde Nagetiere bzw. Aas fressen.
ZUCHTHÜNDINNEN	Die Hündin sollte eine Woche vor dem Decken entwurmt werden. Eine weitere Entwurmung empfiehlt sich im letzten Drittel der Trächtigkeit um den 40. Tag. Der gegen Ende der Trächtigkeit veränderte Hormonstatus aktiviert im Gewebe der Hündin ruhende Spulwurmlarven, sodass es bereits ab dem 42. Tag der Trächtigkeit zu einer Übertragung auf die Welpen kommen kann. Nach dem Werfen sollte die säugende Hündin jeweils zusammen mit den Welpen entwurmt werden.

Während der Bandwurm im Hund „nur“ als Darmparasit agiert und diesem dabei vergleichsweise geringfügig schadet, kann er beim Menschen als „Fehlzwischenwirt“ schwere Organschäden verursachen.
Die häufigste Bandwurmart beim Hund ist der **Gurkenkernbandwurm**. Seine Zwischenwirte sind Flöhe, Milben oder Haarlinge, über die sich auch der Mensch infizieren kann. Nachgewiesen werden kann ein Befall über einzelne, mit dem Kot ausgeschiedene Bandwurmglieder.
Bei der Bekämpfung des Gurkenkernbandwurmes ist eine regelmäßige Prophylaxe gegen Flöhe empfehlenswert.
Sowohl der **Dreigliedrige Hundebandwurm**, als auch der **kleine Fuchsbandwurm** sind beim Hund selten. Beide sind jedoch extrem gefährlich für den Menschen. Während die Larven des Dreigliedrigen Hundebandwurms in Leber, Lunge und Gehirn zu zystischen Veränderungen (zystische Echinokokkose) führen können, dringen die Larven des Kleinen Fuchsbandwurms bevorzugt in die Leber ein (alveoläre Echinokokkose). Kotuntersuchungen können Aufschluss bringen, eine sichere Identifizierung der Eier erfordert jedoch eine Genanalyse.

Rundwürmer

Die am häufigsten vorkommende Art sind **Spulwürmer**. Für eine Infektion reicht das Schnüffeln an mit Eiern behaftetem Hundekot oder das Belecken eines befallenen Artgenossen aus. Einmal aufgenommen, schlüpfen Wurmlarven aus den Eiern. Sie bohren sich durch die Darmwand und werden mit dem Blutstrom über Leber und Herz zur Lunge transportiert. Der Aufenthalt in der Lunge führt bei starkem Befall zu Husten und Nasenausfluss. Während die meisten Larven über die Luftröhre in den Rachenraum und beim Abschlucken über die Speiseröhre in den Darm zurückgelangen, um sich dort zu geschlechtsreifen Würmern zu entwickeln, die täglich Tausende von Eiern produzieren, verkapseln sich andere in der Muskulatur. Sie können dort jahrelang überdauern und erst unter bestimmten Bedingungen, z. B. während der Trächtigkeit, ihre Wanderung wieder aufnehmen und dabei auch in die Gebärmutter und die Milchdrüsen gelangen.

Hakenwürmer kommen in Deutschland selten vor. Da die erwachsenen Würmer auch Teile der Darmschleimhaut zerstören, kommt es neben Symptomen wie blutigem Durchfall, Austrocknung und Abmagerung auch schnell zu großflächigen Darmentzündungen und anämischen Zuständen. Der Nachweis des Spul- oder Hakenwurmbefalls erfolgt über eine mikroskopische Kotuntersuchung.

Einzeller

Giardien

Giardien sind die häufigsten Magen-Darm-Parasiten beim Hund. Die mikroskopisch kleinen Einzeller heften sich an der Darmschleimhaut des Dünndarms an und beschädigen sie. Zysten, die als Dauerformen in großer Anzahl über den Kot ausgeschieden werden, sind sofort infektiös und sehr widerstandsfähig. In kaltem Wasser und feuchter Umgebung bleiben sie über Monate vital. Bei gesunden, kräftigen, ausgewachsenen Tieren verläuft eine Infektion oftmals symptomlos. Symptome treten v. a. bei Welpen oder Hunden mit einem geschwächten Immunsystem auf. Typische Anzeichen sind heftige, wiederkehrende, dünnbreiig bis wässrige Durchfälle, die leicht blutig, schaumig und von Schleimspuren durchsetzt sein können.

Wichtig! Eine Giardien-Infektion ist sehr leicht auf Menschen übertragbar. Eine schnelle Diagnose und Behandlung ist daher ebenso wichtig, wie die strikte Einhaltung hygienischer Maßnahmen.

Eine Giardien-Infektion erfolgt immer oral. Die Möglichkeiten sind vielfältig und reichen vom Kontakt mit infizierten Hunden, infiziertem Kot oder infiziertem Gras, über das Fressen oder Trinken aus infizierten Näpfen bis hin zum Schwimmen in verseuchtem Wasser.
Neben der Gabe entsprechender Medikamente, empfiehlt es sich, während der Behandlung ein kohlenhydratarmes Futter zu füttern sowie Milchprodukte zu vermeiden. Um eine Wieder-

Bereits während der Trächtigkeit kann es zur intrauterinen Übertragung von Spulwurmlarven kommen.

Rohgefütterte Labradors haben ebenso wie jagdlich geführte Hunde ein höheres Risiko für Wurmerkrankungen.

infektion zu vermeiden, muss der Kot während und nach der Behandlungsperiode sofort entfernt und über den Hausmüll entsorgt werden. Ferner müssen der Hund zu Beginn und am Ende der Behandlung mit einem speziellen Shampoo gebadet, die Liegeplätze (auch im Auto!) desinfiziert, Hundedecken bzw. -kissen bei mindestens 65 °C gewaschen sowie Fress- und Trinknäpfe täglich mit kochendem Wasser gereinigt werden. Ein gründliches Händewaschen nach jedem Streicheln sollte selbstverständlich sein.

Kokzidien

Es handelt sich um mikroskopisch kleine Einzeller, die in den Zellen der Darmschleimhaut des Dünn- und Dickdarms parasitieren und sich vermehren. Beim Freisetzen der Nachfolgegeneration werden die Darmzellen zerstört. Die Nachfolgegeneration selbst befällt entweder direkt neue Schleimhautzellen oder wird als Oozysten (Eier) mit dem Kot ausgeschieden. Hunde infizieren sich gewöhnlich über Kontakt mit infiziertem Kot oder über befallenes Fleisch, wie z. B. beim Füttern von Wild.

Leichte Infektionen verlaufen bei erwachsenen Tieren oft symptomlos. Klinische Symptome treten v. a. bei Welpen und Junghunden auf. Ein massiver Kokzidien-Befall führt durch die Zerstörung der Darmschleimhaut zu akuten Durchfällen mit dünnbreiigem oder wässrigem, manchmal auch blutigem Kot. Auch Störungen des Allgemeinbefindens mit Fieber und Appetitlosigkeit sind möglich. Elektrolytstörungen und Austrocknung folgen.

Wie oft entwurmen?

Wie oft ein Labrador entwurmt werden sollte, hängt davon ab, wie wahrscheinlich es ist, dass er sich mit Würmern infiziert. Dieses Risiko kann der Tierarzt anhand einiger weniger Fragen gut einschätzen und ein individuelles Entwurmungsschema erstellen:

- Hat er freien Auslauf, kontrolliert oder unbeobachtet?
- Hat er Kontakt zu Artgenossen oder anderen Tieren?
- Frisst er Mäuse oder andere Beutetiere?
- Bekommt er rohes Fleisch oder Innereien zu fressen?
- Wird er zur Zucht eingesetzt oder nimmt an Ausstellungen und Prüfungen teil?
- Wird er jagdlich oder anderweitig professionell eingesetzt, wie z. B. in der tiergestützten Intervention?

Im Allgemeinen macht es Sinn, ihn rund zwei Wochen vor jeder Impfung zu entwurmen, da ein unerkannter Parasitenbefall die Reaktionsfähigkeit des Immunsystems hemmt. Sollte nicht auf Verdacht entwurmt werden wollen, können regelmäßige Kotproben, die mindestens zweimal im Abstand von ca. 14 Tagen an drei aufeinanderfolgenden Tagen gesammelt und untersucht werden, Aufschluss geben.
Wurmmittel gibt es flüssig und in Pasten- oder Tablettenform. Bei Rundwurmbefall stehen für besonders magenempfindliche Hunde auch „Spot-on-Produkte" zur Verfügung.

Festgebissene Zecken mit Hilfe einer Zeckenzange möglichst hautnah fixieren und vorsichtig mit einer gleichmäßigen Bewegung nach oben aus der Haut ziehen oder drehen.

EKTOPARASITEN

Die häufigsten Ektoparasiten des Hundes sind Flöhe, Haarlinge und Zecken. Bei starkem Befall kommt es zu Juckreiz und kratzbedingten, bakteriellen Sekundärinfektionen. Es können auch anämische Zustände und heftige allergische Reaktionen, wie z. B. eine Flohdermatitis, auftreten. Da Flöhe, Haarlinge und Zecken diverse Krankheitserreger übertragen, ist eine sinnvolle Prophylaxe wichtig.

☞ EKTOPARASITEN

DIE HÄUFIGSTEN EKTOPARASITEN	TYPISCHE ANZEICHEN EINES BEFALLS	ÜBERTRÄGER VOM/VON	PROPHYLAXE
FLÖHE	Häufiges Kratzen oder Beknabbern des Fells und der Haut. Schwarze Krümel im Fell (Flohkot), die zerrieben mit etwas Feuchtigkeit eine blutfarbene Substanz hinterlassen.	Gurkenkernbandwurm	„Spot-on"-Produkte, Pumpsprays, Halsbänder oder systemische Insektizide und Akarizide gegen Flöhe und Zecken in Tablettenform. Letztere schließen aufgrund ihrer Wirkweise eine Übertragung von Krankheiten jedoch nicht vollständig aus. Bei Zeckenbefall zusätzlich gewissenhaftes Absammeln nach jedem Spaziergang und rasches Entfernen bereits festgebissener Zecken.
HAARLINGE (BEISSLÄUSE)	Kleine, dunkle Tierchen im Fell. Die Nissen (Eier) zeigen sich als winzige weiße Schüppchen an den Haarschäften.	Bandwürmern	
ZECKEN	Dunkle Spinnentierchen, die im Fell krabbeln oder sich bereits in der Haut festgesogen haben	Borrelien, Babesien, Ehrlichien, FSME-Viren	

RASSETYPISCHE ERKRANKUNGEN

Im Allgemeinen ist der Labrador eine robuste und gesunde Rasse, die, wie jede andere auch, mit dem Ziel entstanden ist, einen einheitlichen Rassetyp zu festigen. Dies lässt sich züchterisch am wirkungsvollsten erreichen, indem auf bestimmte phänotypische Merkmale und Eigenschaften hin selektiert wird. Während die Homozygotie (Reinerbigkeit) auf diese Weise stetig zunimmt, verringert sich zugleich die genetische Vielfalt des einzelnen Individuums, womit auch durch rezessive Defekt-Gene hervorgerufene erbliche Erkrankungen eher in Erscheinung treten können.

Wichtig! Jeder Labrador-Besitzer kann zur Gesundheit der Rasse beitragen, indem er seinen Hund untersuchen lässt und die Gesundheitsergebnisse, unabhängig vom Resultat, dem Zuchtverband zur Verfügung stellt.

GENTESTS – EIN WERTVOLLES HILFSMITTEL FÜR DIE ZUCHT!

Mit Entschlüsselung des Hunde-Genoms konnten diverse Gentests zur Vermeidung bestimmter erblicher Krankheiten beim Labrador Retriever entwickelt werden. Richtig angewendet, bieten sie Züchtern die Möglichkeit, für die Zucht wertvolle Merkmalsträger bei vernünftiger Zuchtplanung ohne jedes Risiko auch weiterhin einsetzen zu können. Auf diese Weise kann die Gen-Mutation allmählich aus der Population verdrängt werden, ohne den Gen-Pool weiter einzuengen.

Gentests für den Labrador Retriever

— CNM: Centronukläre Myopathie
— EIC: Exercise Induced Collapse
— GPRA: Generalisierte Progressive Retina Atrophie
— HNPK: Hereditäre nasale Parakeratose
— RD/ OSD: Retina Dysplasie/Oculo Skeletal Dysplasia
— SD2: Skeletale Dysplasie 2

Vernünftig eingesetzt, ergänzen Gentests das Repertoire des verantwortungsvollen Züchters.

ERWARTETE NACHZUCHTRESULTATE UNTER ANWENDUNG DER GÄNGIGEN GENTESTS

<table>
<tr><th>X</th><th>N/N
Der Hund besitzt zwei intakte Kopien des Gens.</th><th>N/PRA, N/CNM, N/EIC N/SD2, N/HNPK
Der Hund ist ein Merkmalsträger. Er kann nicht erkranken, aber das veränderte Gen an seine Nachkommen weitergeben.</th><th>PRA/PRA, CNM/CNM, EIC/EIC, SD2/SD2, HNPK/HNPK
Der Hund besitzt zwei Kopien des veränderten Gens und ist betroffen.</th></tr>
<tr><td rowspan="2">N/N</td><td rowspan="2">100 % der Nachkommen sind N/N.</td><td>50 % der Nachkommen sind N/N.</td><td rowspan="2">100 % der Nachkommen sind N/PRA, N/CNM, N/EIC, N/SD2, N/HNPK.</td></tr>
<tr><td>50 % der Nachkommen sind N/PRA, N/CNM, N/EIC, N/SD2, N/HNPK.</td></tr>
<tr><td rowspan="3">N/PRA
N/CNM
N/EIC
N/SD2
N/HNPK</td><td>50 % der Nachkommen sind N/N.</td><td>25 % der Nachkommen sind N/N.</td><td>50 % der Nachkommen sind N/PRA, N/CNM, N/EIC, N/SD2, N/HNPK.</td></tr>
<tr><td rowspan="2">50 % der Nachkommen sind N/PRA, N/CNM, N/EIC, N/SD2, N/HNPK.</td><td>50 % der Nachkommen sind N/PRA, N/CNM, N/EIC, N/SD2, N/HNPK.</td><td rowspan="2">50 % der Nachkommen sind PRA/PRA, CNM/CNM, EIC/EIC, SD2/SD2, HNPK/HNPK.</td></tr>
<tr><td>25 % der Nachkommen sind PRA/PRA, CNM/CNM, EIC/EIC, SD2/SD2, HNPK/HNPK.</td></tr>
<tr><td rowspan="2">PRA/PRA
CNM/CNM
EIC/EIC
SD2/SD2
HNPK/HNPK</td><td rowspan="2">100 % der Nachkommen sind N/PRA, N/CNM, N/EIC, N/SD2, N/HNPK.</td><td>50 % der Nachkommen sind N/PRA, N/CNM, N/EIC, N/SD2, N/HNPK.</td><td rowspan="2">100 % der Nachkommen sind PRA/PRA, CNM/CNM, EIC/EIC, SD2/SD2, HNPK/HNPK.</td></tr>
<tr><td>50 % der Nachkommen sind PRA/PRA, CNM/CNM, EIC/EIC, SD2/SD2, HNPK/HNPK.</td></tr>
</table>

AUGENERKRANKUNGEN

Mit Ausnahme der Nickhaut und des Tapetum lucidums entspricht der Aufbau des Hundeauges dem des Menschen. Die Nickhaut, das dritte Augenlid, wird durch ein Knorpelgerüst gestützt und enthält eine Drüse, die einen Teil der wässrigen Phase der Tränenflüssigkeit produziert. Das Tapetum lucidum ist eine reflektierende Schicht hinter der Netzhaut, die auch bei schlechten Lichtverhältnissen eine optimale Lichtausnutzung gewährleistet.

Distichiasis

Einzelne Härchen oder auch kleine Haarbüschel wachsen aus den Lidranddrüsen („Meibomsche Drüsen") und führen bei Kontakt mit der Hornhaut zu schmerzhaften Erosionen. Klinische Symptome sind eine übermäßige Tränenproduktion und das Zusammenkneifen der Augenlider. Das Problem äußert sich meist schon im Alter von vier bis sechs Monaten. In schweren Fällen ist ein langfristiger Therapieerfolg nur durch das vollständige Entfernen der Härchen einschließlich des Haarbalgs zu erzielen. Die Erblichkeit gilt als wahrscheinlich.

Entropium/ Ektropium

Fehlstellungen des Augenlids werden als Entropium oder Ektropium bezeichnet. Beim Entropium ist das **untere Lid nach innen gekehrt**. Es können ein oder beide Augen, nur Teile oder das gesamte Unterlid betroffen sein. Häufig ist das Problem schon im ersten Lebensjahr sichtbar. Ein Entropium darf keinesfalls bagatellisiert werden. Bei schmerzhaften Hornhautschäden kann bereits eine chirurgische Korrektur im Welpenalter angezeigt sein, auch wenn nach Abschluss des Schädelwachstums eine weitere Korrekturmaßnahme nötig werden sollte. Es handelt sich vermutlich um einen polygenen oder dominanten Erbgang mit variabler Penetranz.
Beim Ektropium ist das **untere Lid nach außen gewendet**. Es tritt i. d. R. beidseits und in Verbindung mit einem zu großen Lidspalt auf. Im entspannten Zustand ist es deutlich zu sehen. Bei jungen Hunden unter 12 Monaten kann es auch als vorübergehendes Phänomen beobachtet werden. Auch beim Ektropium wird von einem polygenen Erbgang ausgegangen.

Juvenile Konjunktivitis follicularis

Es handelt sich um eine besondere Form der Bindehautentzündung bei jungen Hunden. Ursächlich ist eine überschießende Reaktion des örtlichen Immunsystems auf äußere Reize, wie Wind, Sand, Staub oder Pollen, aber auch Viren und andere Erreger. Die entzündlich veränderten, geschwollenen Lymphfollikel üben einen starken mechanischen Reiz aus. Es kommt zu einer mehr oder weniger stark ausgeprägten Rötung, Schwellung und vermehrtem Tränenfluss. Oft kneifen die Hunde die Augen zu, da die Bläschen ein Fremdkörpergefühl verursachen. Meist ist der Augenausfluss klar, bei bakterieller Beteiligung kann er auch eitrig sein. Das früher übliche Ausschaben gilt heute als Kunstfehler. Mit der vollständigen Ausbildung des Immunsystems verschwindet das Problem meist von selbst.

Katarakt (Hereditary Cataract)

Jede Trübung der Linse oder ihrer Kapsel wird als Katarakt oder auch Grauer Star bezeichnet. Die häufigste Form ist beim Labrador eine beidseitige, hintere, **subkapsuläre, dreieckige Katarakt**. Sie tritt typischerweise zwischen dem 6. und 18. Monat auf, ist schmerzlos und führt i. d. R. zu keiner Einschränkung der Sehkraft. Eine fortschreitende Form, die zur Erblindung führt, ist beim Labrador extrem selten. Einzige Therapiemöglichkeit ist eine Staroperation, bei der eine künstliche Linse implantiert wird. Der genaue Erbgang ist nicht bekannt.

Generalisierte Progressive Retina Artrophie (GPRA)

Die GPRA beschreibt eine fortschreitende, **erbliche Netzhauterkrankung.** Die beim Labrador vorkommende prcd-PRA (progressive rod-cone degeneration –PRA) tritt meist im Alter von 5 bis 7 Jahren auf und führt durch eine Zerstörung der Foto-Rezeptoren zur völligen Erblindung. Zusätzlich kommt es bei ca. 64 % der betroffenen

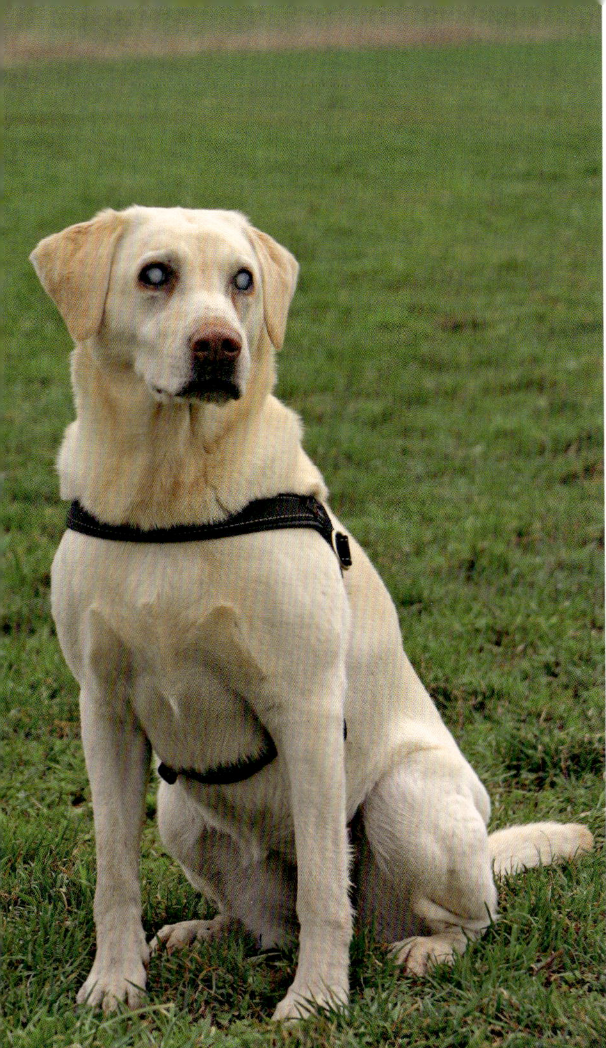

An PRA erkrankte Hündin mit Sekundär-Katarakt

Hunde zu einer sekundären Katarakt, die durch ein bei der Auflösung der Netzhaut entstehendes Retino-Toxin verursacht wird. Eine Therapiemöglichkeit gibt es nicht, jedoch gibt es seit 2005 einen **zuverlässigen Gentest**.

Retinadysplasie (RD)

Bei der RD handelt es sich um eine **embryonale Fehlentwicklung der Netzhaut**, die nicht fortschreitet und sowohl erblich als auch erworben sein kann (z. B. aufgrund einer Herpes-Infektion). Sie ist schmerzlos und tritt je nach Ausprägung in verschiedenen Formen auf.

Am häufigsten ist beim Labrador die **fokale bzw. multifokale Form mit Falten und Rosetten**. Sie kann bereits im Alter von 6 Wochen nachgewiesen werden.

Eine Einschränkung des Sehvermögens liegt nicht vor. Während es bei der **geografischen Form** zu partiellen, meist stationären Netzhautablösungen kommt, führt die seltene **generalisierte Form (RD/OSD)** zu einer vollständigen Ablösung, die bereits im Alter von 6 Monaten vorliegen kann. Sie geht meist mit weiteren Augen- oder Skelettabweichungen einher. Für diese schwerste Form gibt es einen **Gentest**.

HAUTERKRANKUNGEN

Hereditäre nasale Parakeratose (HNPK)

Es handelt sich um eine **Entwicklungsstörung der Zellen des Nasenspiegels** mit monogen autosomal rezessivem Erbgang. Durch den Gendefekt kommt es zu einer gestörten Entwicklung der Hautzellen sowie einer Entzündung im Bereich der dermo-epidermalen Grenzzone im Bereich des Nasenspiegels. Mittels eines **zuverlässigen Gentests** kann die Erkrankung heute zuverlässig vermieden werden.

Symptome Erste Symptome treten meist im Alter von 6 bis 12 Monaten auf. Auf dem oberen Nasenspiegel bilden sich trockene, borkige, festanhaftende Krusten, die weder schmerzhaft noch juckend sind. Dieser Zustand kann für längere Zeit stabil bleiben. Schreitet er fort, entstehen tiefe, oftmals blutende Risse (Fissuren) auf der Nase, die sich sekundär bakteriell infizieren und sehr schmerzhaft sein können.

Therapie Eine symptomatische Behandlung mit Vaseline, Propylenglycol oder salicylsäurehaltigen Produkten kann bei der Auflösung trockener Krusten helfen. Bei Infektionen muss gelegentlich antibiotisch behandelt werden. Der lokale und systemische Einsatz von Kortison kann eine klinische Verbesserung bringen, eignet sich jedoch aufgrund der Nebenwirkungen nicht für eine Langzeittherapie.

Hot Spots

Ein Hot Spot ist eine **oberflächliche, bakterielle Entzündung** der Haut, die meist sehr plötzlich und insbesondere bei warmfeuchter Witterung auftritt. Besonders betroffen sind Labradors mit sehr dichter Unterwolle.

Um einer Wasserrute vorzubeugen, sollte der Hund gründlich abgetrocknet und aufgewärmt werden.

Auslöser sind i. d. R. eine verminderte Belüftung, eine lokale allergische Reizung oder kleine Verletzungen der oberen Hautschichten, wie z. B. nach einem Zeckenbiss. Die betroffene Stelle schmerzt meist kaum, juckt aber stark. Nach intensivem Lecken, Beißen und/oder Kratzen stellt sich sekundär eine heftige bakterielle Entzündung ein. Durch das dichte Fell werden Hot Spots zunächst oft übersehen. Bei genauerer Untersuchung zeigt sich ein rundlicher, gut abgegrenzter (später häufig haarloser) Bereich mit rotem Rand, der ein entzündungsbedingt übel riechendes Wundsekret absondert.

MUSKULÄRE ERKRANKUNGEN

Centronukleäre Myopathie (CNM)

Die CNM ist eine schwerwiegende **erbliche Erkrankung der Skelettmuskulatur**, die sich autosomal rezessiv vererbt. In der Regel manifestiert sie sich im Alter von 2 bis 8 Monaten und führt zu einer generalisierten Muskelschwäche. Seit 2005 gibt es einen **zuverlässigen Gentest**, der jedoch nur diese eine Myopathie-Form erfasst.

Wasserrute (Cold Water Tail)

Die Ursachen der Wasserrute sind nicht geklärt, es wird jedoch von einem multifaktoriellen Geschehen ausgegangen. Häufig tritt sie unabhängig von der Wassertemperatur nach intensivem Schwimmen auf. Dennoch scheinen **Kälte** (Umgebungstemperatur, Wasser, Wind, Verdunstungskälte) bzw. **Unterkühlung** ihre Entstehung zu begünstigen. Eine weitere Rolle könnte die ausgeprägte **tail action** vieler Labradors spielen. Durch Kälte und Ermüdung kommt es in der Muskulatur zu einem Energiemangelzustand, der zu einer Minderdurchblutung und stoffwechselbedingten Übersäuerung (anaerobe Laktatbildung) führt. Dieser als Muskelkater bekannte Zustand kann in ausgeprägter Form auch zu einer Muskelentzündung führen.

Symptome Der Hund sieht aus, als hätte er sich die Rute gebrochen. Sie steht am Ansatz leicht ab und hängt dann schlaf herunter. Er hat um den Rutenansatz massive Schmerzen, ist unruhig und möchte weder sitzen noch springen.

Diagnose Leider ist dieses rassetypische Phänomen nach wie vor nur wenigen Tierärzten bekannt. Der erste Eindruck legt eine Verletzung oder sogar Fraktur eines der oberen Schwanzwirbel nahe. Durch vorsichtiges Abtasten der Rute und des Schwanzansatzes kann der Schmerz am Übergang der letzten Kreuzwirbel zu den ersten Schwanzwirbeln lokalisiert werden. In manchen Fällen kann auch eine leichte Schwellung der Muskulatur an der Unterseite der Rute festgestellt werden. Differentialdiagnostisch kommen neben einer Fraktur, die röntgenologisch abgeklärt werden kann, auch echte Lähmungserscheinungen durch Traumata in Frage.

Therapie Im Vordergrund steht die Behandlung mit schmerz- und entzündungshemmenden Pharmaka. Unterstützend sollten betroffene Hunde warmgehalten werden. In den meisten Fällen klingen die Symptome innerhalb weniger Tage vollständig ab.

Vorbeugung Der Hund sollte nach dem Schwimmen bzw. der Wasserarbeit gründlich abgetrocknet und aufgewärmt werden. Dabei bieten sich insbesondere sog. Dryup- oder Warmup©-Hundemäntel an.

NEUROLOGISCHE UND NEUROMUSKULÄRE ERKRANKUNGEN

Exercise Induced Collapse (EIC)

EIC ist eine seltene Gen-Mutation, die bei intensiver Belastung eine **Störung in der neuromuskulären Erregungsübertragung** verursacht. Bei Überschreiten einer **individuellen Belastungsgrenze** werden die muskelkontrollierenden Nerven nicht mehr ausreichend stimuliert, es tritt eine Hinterhand-Schwäche ein, die sich zu den Vorderläufen fortsetzt und bis hin zum **Kollaps** führt. Die Symptome klingen i. d. R. nach 5 bis 25 Minuten ab. Die meisten der betroffenen Hunde bleiben währenddessen bei Bewusstsein. Seit 2008 gibt es einen **zuverlässigen Gentest**.

Epilepsie

Epilepsie ist der Überbegriff für verschiedenste Anfallskrankheiten, die bei vielen Rassen und Mischlingen auftreten. Ursächlich sind plötzliche **bioelektrische Entladungen des Gehirns, die unkontrollierte, tonische und klonische, lokale oder generalisierte Muskelkontraktionen auslösen.** Sie können mit oder ohne Bewusstseinsverlust einhergehen. Zeitgleich können Verhaltens- und Wesensänderungen, Harn- und Kotabsatz sowie Speicheln beobachtet werden.

Bislang wurden zwei Formen, primäre und sekundäre Epilepsie, unterschieden. Die Komplexität der Gehirnfunktion und die bisher nur unzureichenden diagnostischen Möglichkeiten machen eine Abgrenzung im Einzelfall jedoch oft schwer bis unmöglich.

Die **primäre (idiopathische) Epilepsie** ist genetisch bedingt. Aufgrund einer vererbten Veranlagung kommt es zu einer erniedrigten Reizschwelle für Übererregungen im Gehirn. Die Epilepsie kann sich als **Grand Mal** in Form eines generalisierten tonisch-klonischen Anfalls mit Bewusstseinsverlust oder als **Petit Mal** in Form von Absenzen mit oder ohne lokalisierten Krämpfen äußern. Die Anfälle beginnen durchschnittlich im Alter von eineinhalb bis drei Jahren.

Bei der sog. **symptomatischen Epilepsie (sekundäre Epilepsie)** werden Krampfanfälle entweder durch organische Hirnläsionen (z. B. Missbildungen, Speicherkrankheiten, Traumen, Vergiftungen, Tumoren, Infektionen oder immunvermittelte Enzephalitiden) oder durch extra-neurale Ursachen (z. B. Erkrankungen der Nieren, des Herzens, der Leber oder Stoffwechselstörungen) ausgelöst. Sie können in jedem Alter auftreten.

Symptome Der Schweregrad der Epilepsie kann sehr unterschiedlich ausgeprägt sein. Beim klassischen **Grand Mal** ist der Hund nicht ansprechbar, liegt in Seitenlage, macht Ruderbewegungen mit den Beinen, setzt Harn und Kot ab, speichelt vermehrt, verdreht die Augen, klappert mit dem Kiefer und zeigt starke Krämpfe. Die Anfälle dauern in der Regel 2 bis 10 Minuten. Die Tiere sind danach meist sehr müde und desorientiert. Beim **Petit Mal** kann häufig Im-Kreis-Laufen, Nach-Fliegen-schnappen, Anbellen fiktiver Personen, Zucken einzelner Muskeln oder Ins-Leere-Starren beobachtet werden.

Diagnose Eine Diagnose wird derzeit mittels Ausschlussverfahren angestrebt. Dabei werden Erkrankungen, die eine sekundäre Epilepsie auslösen können, durch verschiedene Blutuntersuchungen, eine Magnetresonanztomographie (MRT) sowie eine Gehirnwasseruntersuchung entweder bestätigt oder ausgeschlossen. Im Rahmen eines Epilepsie-Projekts wird derzeit in Finnland eine groß angelegte Studie über die Primäre Epilepsie beim Labrador mit dem langfristigen Ziel der Entwicklung eines Gentests durchgeführt.

Therapie Primäre Epilepsie ist nicht heilbar. Sie kann jedoch in den meisten Fällen wirksam und verträglich kontrolliert werden, ohne die Persönlichkeit des Hundes zu verändern oder seine Lebensqualität zu beeinträchtigen. Die richtigen Medikamente (Phenobarbital, Imepitoin etc.), ein Epilepsie-Tagebuch sowie das Verstehen der Krankheit tragen dazu bei, die Häufigkeit der Anfälle zu reduzieren oder abzustellen.

SKELETTERKRANKUNGEN

Hüftgelenksdysplasie (HD)

Die HD ist eine **genetisch bedingte Fehlbildung des Hüftgelenkes**, die bei fast allen mittelgroßen und großen Hunderassen beobachtet werden kann. Es wird von einem polygenen Erbgang ausgegangen, wobei Ausprägung und Fortschreiten von verschiedenen Umweltfaktoren beeinflusst werden können.

Ursachen Als Primärveränderung wird eine Lockerheit bzw. Instabilität im Hüftgelenk während des Wachstums angesehen. Der Kopf des Oberschenkelhalses sitzt zu locker in der Hüftgelenkspfanne, wodurch es zu Abflachungen des Pfannenrandes und Schäden am Oberschenkelkopf bzw. Oberschenkelhals kommt. Gelenkkopf und Pfanne passen nicht mehr perfekt zueinander, die Statik des Bewegungsapparates ändert sich, es kommt zu fehlstellungsbedingten Folgeschäden.

Symptome Je nach Alter, Art und Schwere der Fehlbildung, Umfang der Arthrose und Bemuskelung des Hundes können die Symptome von einem klinisch unauffälligen Gangbild bis hin zu schweren Lahmheiten reichen. Bei jungen Hunden beruhen die Schmerzen meist darauf, dass es durch die abnorme Beweglichkeit des Oberschenkelkopfes zu einer Reizung der Knochenhaut des Pfannenrandes kommt. Mit zunehmendem Alter überwiegen die fortschreitenden degenerativen Veränderungen (Arthrosen), die zu schmerzhaften chronischen Gelenkentzündungen führen.

Diagnostik Zur Diagnostik werden die Hunde unter Vollnarkose geröntgt, weil eine Lockerheit im Gelenk nur bei erschlaffter Muskulatur korrekt beurteilt werden kann.

Die Lagerung erfolgt ebenso wie die Berurteilung der Röntgenbilder nach den von der wissenschaftlichen Kommission der FCI erarbeiteten international anerkannten Kriterien. Dies ermöglicht innerhalb der FCI-Mitgliedsländer eine Vergleichbarkeit der Gutachten. Jede Seite wird einzeln beurteilt, wobei die schlechtere Seite das Gesamtergebnis vorgibt.

Therapieformen bei HD

Da die Funktionalität des Hüftgelenkes von einem Zusammenspiel der knöchernen, bindegewebigen und muskulären Strukturen abhängt, zielt die Behandlung heute auf eine Erhaltung der Beweglichkeit und Stabilität des Hüftgelenkes ab. Hierzu ist eine Kombination aus schmerz- und entzündungshemmenden Medikamenten in Verbindung mit angepasstem Muskeltraining sowie weiteren physiotherapeutischen Maßnahmen in vielen leichten und mittelschweren Fällen sinnvoll.

☞ EINTEILUNG BEI HD

HD A1/A2	HD B1/B2	HD C1/C2	HD D1/D2	HD E1/E2
HD-FREI	**HD-VERDACHT**	**LEICHTE HD**	**MITTLERE HD**	**SCHWERE HD**
Unauffällige Gelenke, Norberg-Winkel größer gleich 105°	Oberschenkelkopf oder Pfannendach sind leicht ungleichmäßig, Norberg-Winkel größer gleich 105° **ODER** Norberg-Winkel kleiner als 105°, bei gleichförmigem Schenkelkopf und Pfannendach	Oberschenkelkopf und Gelenkpfanne sind ungleichmäßig, Norberg-Winkel ist kleiner gleich 100°, evtl. leichte arthrotische Veränderungen	Oberschenkelkopf und Gelenkpfanne sind deutlich ungleichmäßig mit Teilverrenkungen, Norberg-Winkel größer 90°, arthrotische Veränderungen und/oder Veränderungen des Pfannenrandes	Auffällige Veränderungen, Norberg-Winkel kleiner 90°, der Pfannenrand ist deutlich abgeflacht, verschiedene arthrotische Veränderungen

☞ WESENTLICHE KRITERIEN FÜR DIE BEURTEILUNG VON HD

GESCHLOSSENHEIT DES GELENKS	Oberschenkelkopf und Beckenpfanne müssen optimal ineinanderpassen. Die Außenkontur des Oberschenkelkopfes verläuft vollständig parallel zur Kontur der Pfanne. Auch geringfügige Divergenzen deuten auf ein nicht ganz festes Gelenk hin.
WINKEL NACH NORBERG	Er ist ein objektiver Ausdruck der Tiefe der Beckenpfanne und gilt weltweit als einer der wesentlichen Parameter der radiologischen Auswertung. Beim gesunden Hund sollte er 105° oder mehr betragen.
ENTZÜNDLICHE REAKTIONEN	Entzündungsreaktionen sind Ausdruck einer ausgeprägten Form, wobei sie bei einem jungen Hund schwerwiegender bewertet werden als bei einem Älteren.

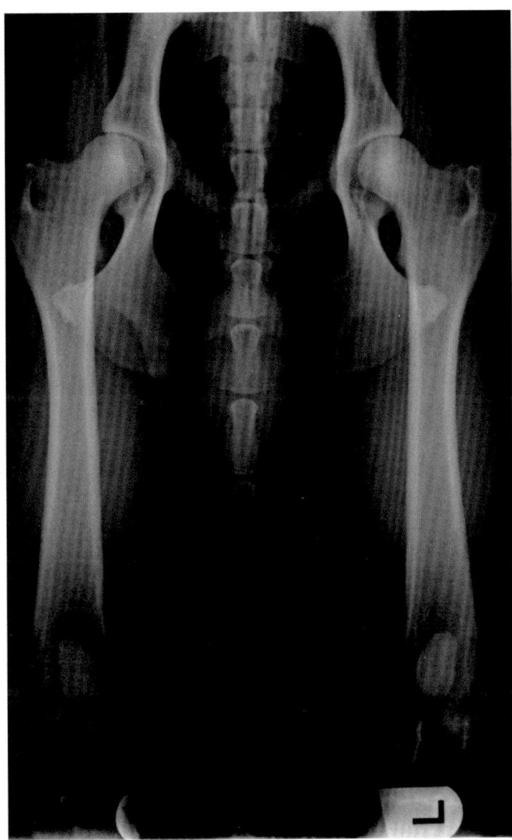

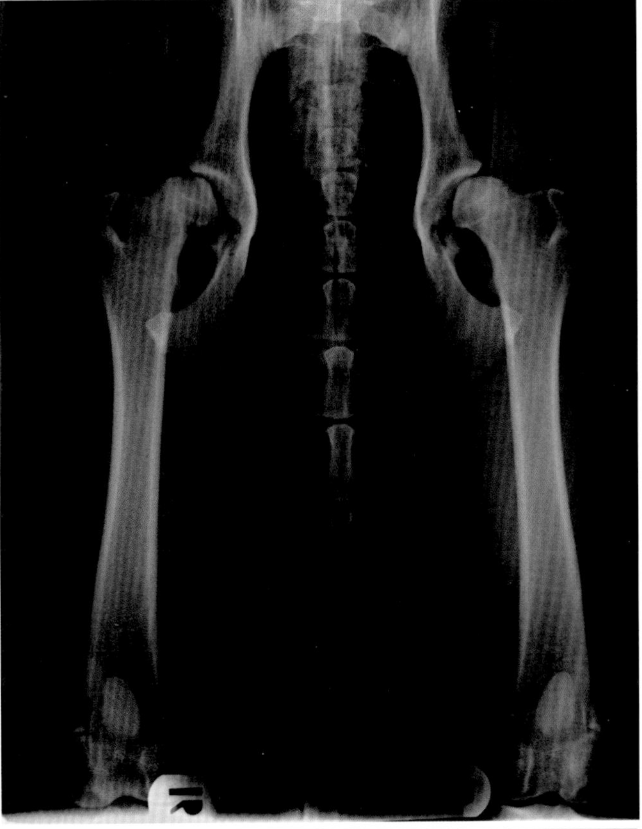

Zum Vergleich die Röntgenbilder zweier einjähriger Labradors aus demselben Wurf:
Das linke Bild zeigt unfällige Gelenke, die vom Gutachter als HD-frei (HD A2/A2) eingestuft wurden.
Beim rechten Bild hingegen fällt die flache Pfanne auf. Die vordere Pfannenkontur ist abgeflacht und zeigt Auflagerungen, der Oberschenkelkopf ist eckig und luxiert, der Gelenkspalt divergierend. Die Winkelmessung nach Norberg ergab einen Winkel kleiner 80°. Die offizielle Auswertung lautete schwere HD (HD E/E).

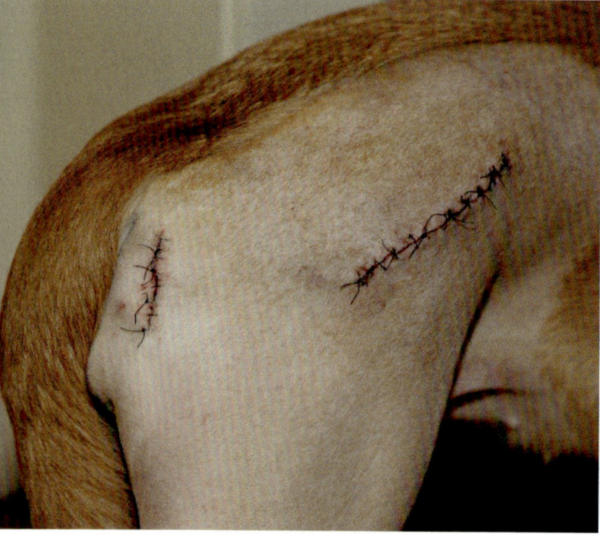

01

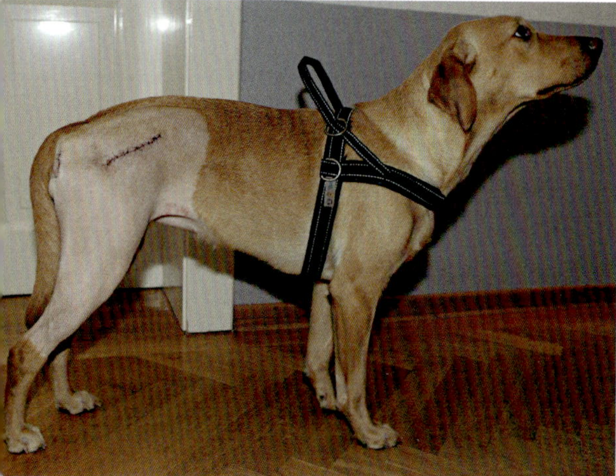

02

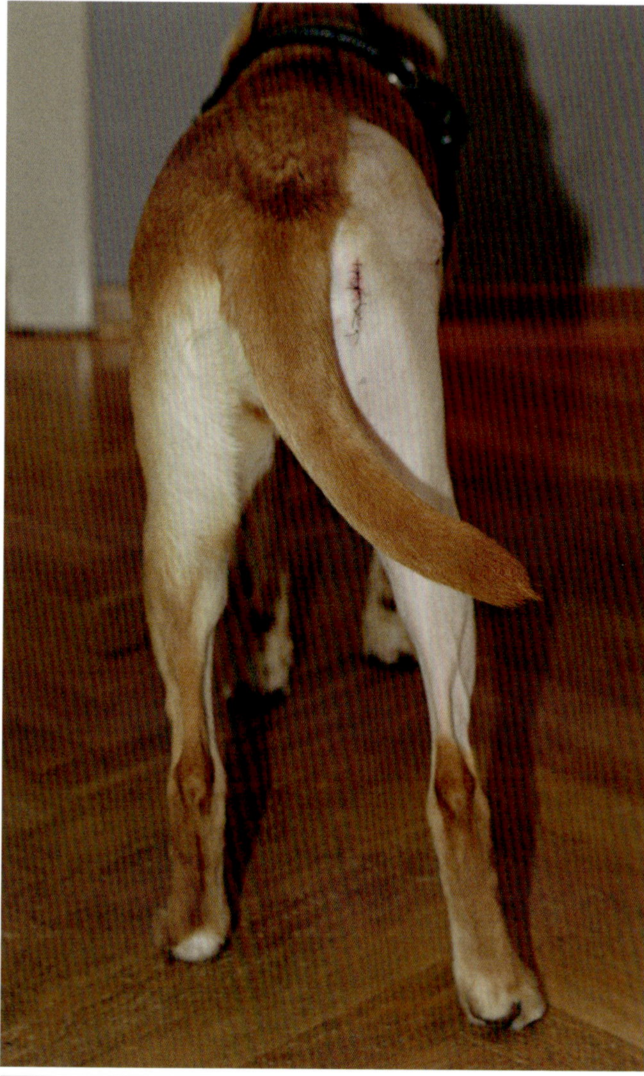

03

01–03 12 Monate alte Hündin kurz nach einer dreifachen Beckenosteotomie. Bis zum Alter von 11 Jahren stand sie anschließend beschwerdefrei im aktiven Jagdeinsatz.

Dreifache Beckenosteotomie (TPO-Operation nach Slocum) Wird die mangelhafte Ausbildung des Hüftgelenkes bereits beim sehr jungen Hund (6 bis 10 Monate) festgestellt, kann durch eine frühzeitige Umstellungsosteotomie eine deutlich bessere Weiterentwicklung des Gelenkes erreicht werden. Bei einer TPO werden alle drei Beckenknochen (Darmbein, Sitzbein und Schambein) chirurgisch durchtrennt und mit einer speziellen Knochenplatte in einem anderen Winkel belastungsstabil fixiert. Durch die Veränderung der Anatomie des Gelenks wird die Subluxation des Oberschenkelkopfes vermieden und die Formation der Gelenkanteile günstig beeinflusst. Diese Operation ist nur für junge Hunde geeignet, die noch keine Arthrose-Auflagerungen aufweisen.

Künstliches Hüftgelenk (Endoprothese) Dies ist eine sehr teure, aufwändige Operation. Dennoch hat sie in schweren Fällen, in denen durch konservative Maßnahmen keine Schmerzfreiheit mehr erreicht werden kann, ihre Berechtigung.

Goldakupunktur Die Implantation von Goldstiften an den Akupunkturpunkten rund um das betroffene Gelenk soll die Schmerzpunkte aktivieren und sie zur Bildung körpereigener entzündungshemmender und schmerzstillender Stoffe anregen.

Zuchtstrategien

Die VDH-Mitgliedsvereine verfolgen seit vielen Jahren Zuchtprogramme, die vorsehen, dass alle Zuchthunde in einem Alter von mindestens 12 Monaten geröntgt und von einem vom Zuchtverein benannten Gutachter beurteilt werden. Nur Hunde mit HD-Gutachten A, B oder C dürfen zur Zucht zugelassen werden, wobei Hunde mit C-Hüften nur mit HD-freien Deckpartnern belegt werden dürfen. Durch diese Zuchtstrategie bewegt sich die Zahl der Labradors mit D- und E-Hüften im DRC heute bei ca. 2 %.

Ellbogengelenksdysplasie (ED)

Unter ED ist ein **chronisch verlaufender Krankheitskomplex des Ellbogengelenks** zu verstehen. Es handelt sich dabei um vererbte Entwicklungsstörungen, die im Alter von vier bis acht Monaten auftreten. Hierzu zählen beim Labrador insbesondere der fragmentierte Processus coronoideus medialis der Elle (FCP), der isolierte Processus anconaeus (IPA), die Osteochondrosis dissecans der inneren Gelenkwalze des Oberarms (OCD) sowie die Stufenbildung zwischen Speiche und Elle und Fehlbildungen der Gelenkflächen.

Ursachen Bei Hunden mit einer genetischen Disposition können ein zu schnelles Wachstum, Fütterungsfehler, Übergewicht und körperliche Überbeanspruchung die Ausprägung der Krankheit zusätzlich negativ beeinflussen.
Häufigste Ursache für eine ED ist beim Labrador der **FCP**. Der Processus coronoideus medialis verknöchert bei Hunden großwüchsiger Rassen im Alter von vier bis fünf Monaten. Bis zu diesem Zeitpunkt ist er sehr empfindlich gegenüber Überbelastungen. Kommt es durch ein ungleichmäßiges Längenwachstum von Elle und Speiche zu einer kurzfristigen Stufenbildung im Ellbogengelenk, kann es leicht zu einem partiellen Abbruch kommen. Dringt dabei Gelenkflüssigkeit über den Bruchspalt zum Knochen vor, setzt dies einen Entzündungsprozess in Gang.
Die **OCD** im Bereich des innen gelegenen Abschnitts der Gelenkwalze des Oberarms stellt eine Störung der enchondralen Ossifikation dar. Die Knorpelzellen im Bereich der Gelenkflächen werden durch Diffusion von Nährstoffen aus der Gelenkflüssigkeit ernährt. Wird die Knorpelschicht infolge einer zu hohen Wachstumsgeschwindigkeit und zu langsamen Verknöcherung zu dick, wird sie nicht mehr ausreichend mit Nährstoffen versorgt und die Knorpelzellen sterben ab. Durch starke mechanische Beanspruchungen können sie sich nun entweder schuppenartig vom Knochen ablösen oder es können Fissuren im Gelenkknorpel entstehen. Gelangt Gelenkflüssigkeit in Kontakt mit dem darunterliegenden Knochen, ruft dies eine Entzündungsreaktion hervor, die zu

☞ EINTEILUNG BEI ED

ED 0	ED I	ED II	ED III
ED-FREI	**MILDE ARTHROSE**	**MODERATE ARTHROSE**	**SCHWERE ARTHROSE**
Keine Osteophyten oder Sklerose	Osteophyten kleiner als 2 mm oder Sklerose der Gelenkfläche der Elle	Osteophyten zwischen 2 und 5 mm groß	Osteophyten größer als 5 mm

einer vermehrten Gelenkfüllung, Dehnung der Kapsel und schmerzhaften Reaktionen sowie Lahmheit führt. Abgelöste Knorpelschuppen verbleiben i. d. R. an ihrem Platz, können aber auch als freie Gelenkkörper im Gelenk, sog. Gelenkmäuse, gefunden werden.
Eine OCD kann nicht nur in den Ellbogen-, sondern auch in den Schulter-, Knie- und Sprunggelenken vorkommen.

Symptome Betroffene Hunde zeigen häufig schon früh Symptome. Die auftretenden Entzündungsreaktionen führen zu einer schmerzhaften Veränderung des Gelenks und der gelenkbildenden Knochenteile mit unterschiedlich stark ausgeprägten Lahmheiten. Der Bewegungsumfang des Ellbogengelenks ist eingeschränkt. Nicht selten sind beide Vorderläufe betroffen. Auffallend häufig zeigt sich im Stand eine Auswärtsstellung der Vorderpfoten. In der Bewegung kann eine Wegführung des Unterarmes und der Pfote von der normalen Achse der Gliedmaße sowie ein Heranziehen des Ellbogens an den Körper beobachtet werden.

Diagnose Eine wichtige Rolle bei der Diagnose und Differenzierung der verschiedenen Ellbogengelenkerkrankungen spielt die radiologische Untersuchung. Während eine OCD gut nachweisbar ist, ist dies bei Brüchen im Bereich des Kronfortsatzes (Coronoid) nicht immer der Fall.
Gemäß der International Elbow Working Group (IEWG) wird die ED entsprechend dem Schweregrad der Arthrose, der sich nach dem Ausmaß der

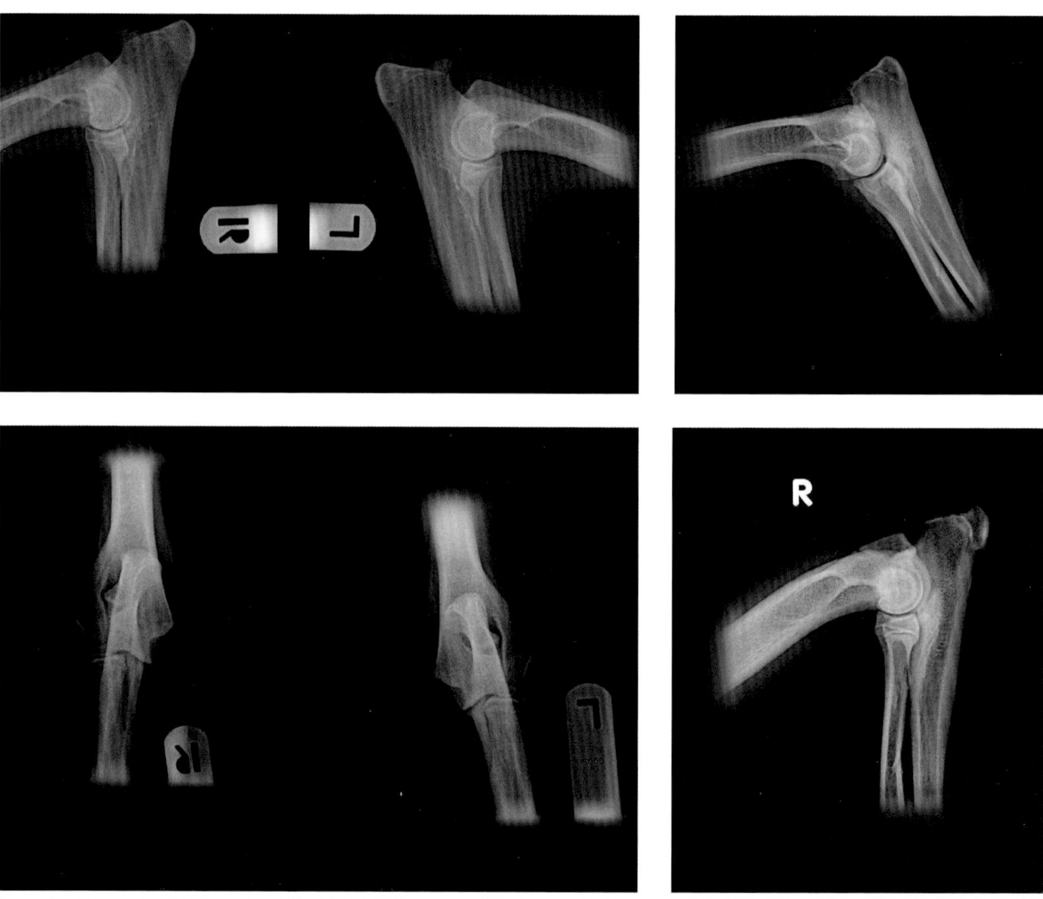

Links: Für die Beurteilung wird der Ellbogen in zwei Positionen geröntgt: gebeugt und gestreckt (Offizielle Auswertung: ED 0). Oben rechts: Zweijähriger Labrador mit deutlicher Knochenverdichtung im Bereich des Processus coronoideus medialis. Deutliche arthrotische Auflagerungen sowie nicht deckungsgleiche Gelenkflächen (Offizielle Auswertung: ED III). Unten rechts: Veränderte Knochenstruktur im Bereich der Gelenkfläche.

Die Schulterhöhe genetisch betroffener Labradors kann variieren. Aufschluss gibt nur der Gentest.

Knochenzubildungen (Osteophyten) beurteilt, in drei klinische Stadien eingeteilt. Das Auftreten der spezifischen Störungen (FCP, IPA, OCD) wird nur vermerkt und hat keinen Einfluss auf die Klassifizierung.

Zuchtstrategien In den VDH-Zuchtvereinen ist das Röntgen der Ellbogengelenke für Zuchthunde ab einem Alter von 12 Monaten seit vielen Jahren Pflicht. Durch strenge Zuchtauslese treten Erkrankungen heute viel seltener auf als zu Beginn der Röntgenpflicht Anfang der 1990er Jahre. Da Symptome einer schweren ED i. d. R. bereits unter 12 Monaten auftreten und es in diesen Fällen meist nicht mehr zu einer offiziellen gutachterlichen Auswertung kommt, ist von einer gewissen Dunkelziffer betroffener Hunde auszugehen.

Therapie Losgelöste Knochen- (FCP) bzw. Knorpelanteile (OCD) müssen chirurgisch entfernt werden, wenn sie einen ständigen Reiz auf die Gelenkkapsel ausüben. Alle operativen Maßnahmen verhindern jedoch nicht das Fortschreiten einer Arthrose. Unterstützend sind eine schmerz- und entzündungshemmende Therapie sowie physiotherapeutische Maßnahmen und ein angepasstes Muskeltraining sinnvoll.

Skeletale Dysplasie 2 (SD2)

Die SD2 ist eine monogen autosomal rezessiv vererbte Gen-Mutation, die zu einer milden Form des **disproportionierten Zwergwuchses** führt. Es kommt zu einem frühzeitigen Stillstand des Knochenwachstums der langen Röhrenknochen, v. a.in der Vorderhand. Die Rumpflänge und –tiefe sind nicht beeinträchtigt. Die ausgewachsenen Hunde sind in der Hinterhand überbaut und stehen auf zu kurzen Läufen.

Nach bisherigem Kenntnisstand verursacht SD2 keine gesundheitlichen Probleme, wie z. B. degenerative Gelenkerkrankungen (Arthrose). Der zur Verfügung stehende **Gentest** soll die Verbreitung der ohnehin sehr seltenen Veränderung weiter eindämmen.

ELLBOGENGELENKS-DYSPLASIE AUS SICHT DES TIERARZTES

EIN FALLBERICHT

Paul, ein acht Monate alter Labrador-Rüde, ist heute Morgen mein erster Termin. Er wurde angekündigt als aktiver, schnell gewachsener Hund aus jagdlicher Zucht, der seit einigen Wochen immer mal wieder eine Lahmheit auf einem Vorderbein zeigt. Ich begrüße Paul, der sich überschwänglich freut, und seinen Besitzer, dem die Sorge ins Gesicht geschrieben steht.
Als verantwortungsvoller Welpenkäufer hat er Paul altersgemäß bewegt, bedarfsgerecht gefüttert und bis heute ins Auto gehoben. Paul war nicht in einer Welpenspielgruppe, um einer Überlastung seiner Gelenke vorzubeugen. Außerdem wurde er bisher die Treppen getragen. Er hat eine normale Figur und ist altersgemäß bemuskelt. Paul wurde gekauft, um später als Jagdhund eingesetzt zu werden.

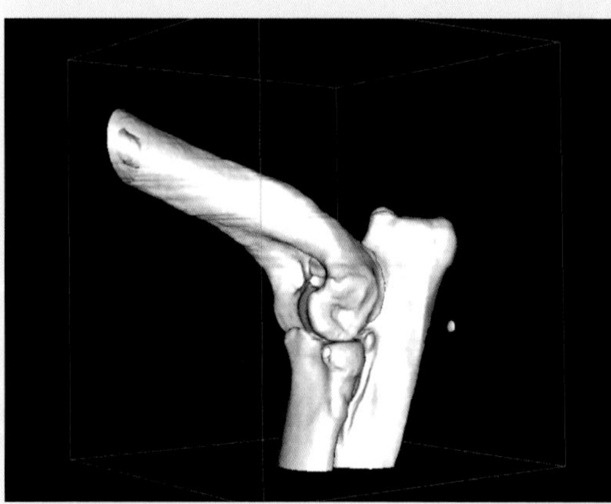

3D-Rekonstruktion von einem gesunden Ellbogen

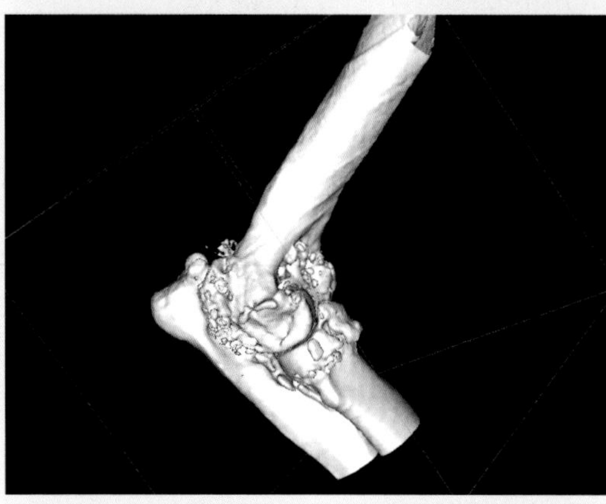

3D-Rekonstruktion von einem Ellbogen mit Arthrose

Bei der sich anschließenden Lahmheitsuntersuchung zeigt der junge Rüde eine geringgradige, aber deutliche Lahmheit der rechten Vordergliedmaße. Er rotiert beide Vorderbeine etwas nach außen und reagiert deutlich auf die Provokationsproben, die auf einen schmerzhaften Ellbogen hinweisen.
Vor allen anderen genetisch bedingten Erkrankungen des Bewegungsapparates steht der schmerzhafte Ellbogen infolge einer Entwicklungsstörung des Gelenkes beim jungen Labrador mit weitem Abstand an erster Stelle möglicher Diagnosen.
Die Diagnostik erfolgt anhand der klinischen Untersuchung in Kombination mit Röntgenaufnahmen und/oder Computertomografie. Paul erhält eine kleine Narkose, damit wir qualitativ hochwertige Röntgenbilder anfertigen können. Wie in vielen Fällen zeigen die Bilder jedoch keine aussagekräftigen Veränderungen, sodass im Anschluss eine CT beider Ellbogen durchgeführt wird.
Erwartungsgemäß zeigt sich im rechten Ellbogen eine unregelmäßige Form und Knochendichte des Processus Coronoideus, der durch eine feine Fissur-Linie von der Elle getrennt ist. Eine genetisch bedingte Entwicklungsstörung der Strukturen des Ellbogengelenkes hat zu dieser Ablösung geführt. Das sogenannte „fragmentierte Coronoid" und die zugrundeliegende „Dysplasie" führen gleichermaßen zu einer dauerhaften Entzündung des Gelenkes und in der Folge zu degenerativen Veränderungen (Arthrose).
Die Therapie besteht heutzutage aus der arthroskopischen Entfernung der fragmentierten Anteile des Knochens auch wenn grundsätzlich klar ist, dass lediglich die abgelösten Knorpel und Knochenteile entfernt werden können, die zugrundeliegende Inkongruenz des Gelenkes jedoch bestehen bleiben wird. Demzufolge ist ebenfalls klar, dass aus der Operation kein gesundes Gelenk resultieren wird und Paul im Lauf seines Lebens Verschleißerscheinungen an dem erkrankten Gelenk entwickeln wird.

Wie stark seine Beschwerden sein werden, hängt von verschiedenen Faktoren ab. Übergewicht und Bewegungsspitzen (Toben und Spielen) ohne ausreichende Grundbemuskelung schaden genauso, wie dauerhaftes Ruhigstellen und eine daraus resultierende Muskelatrophie.
Für das Funktionieren des chronisch kranken Ellbogengelenkes spielen die umgebenden und stabilisierenden Muskeln eine bedeutende Rolle. Deshalb zielen moderne Behandlungskonzepte, neben einer möglichst frühzeitigen Operation, auf ein zielgerichtetes Muskeltraining und regelmäßige Physiotherapie ab.
Paul erhält einen OP-Termin in der nächsten Woche, bei dem die Anteile des abgelösten Coronoids im Rahmen einer minimal-invasiven, arthroskopischen Operation entfernt werden sollen. Im Anschluss wird er einige Tage strikte Boxenruhe erdulden müssen, um nach dem Fädenziehen möglichst bald in physiotherapeutische Behandlung zu kommen.
Pauls Besitzer erkundigt sich natürlich noch nach komplementären Behandlungsansätzen, da er möglichst alles tun möchte, um dem Hund ein möglichst beschwerdefreies Leben zu ermöglichen. Hierbei favorisieren die meisten orthopädisch tätigen Tierärzte eine orale Supplementation von Chondroprotektiva (Chondroitinsulfate, Glucosaminoglykane) und die Behandlung erkrankter Gelenke mit synthetischer Hyaluronsäure, plättchenreichem Plasma (PRP) oder etwa Polyacrylgel.
Wie für alle prognostisch ungünstigen Erkrankungen werden auch für die ED des Hundes eine Vielzahl von komplementären oder alternativen Therapiemöglichkeiten vermarktet, für deren Wirksamkeit es jedoch nur in wenigen Fällen wissenschaftlich haltbare Beweise gibt.
Zum Abschluss unseres ausführlichen Gespräches wirft Pauls Besitzer, der betont, ein vertrauensvolles Verhältnis zum Züchter zu haben, noch die Frage nach der Ursache der Erkrankung auf. Hierauf muss die Antwort ganz klar lauten, dass es sich bei der ED um eine genetisch bedingte Erkrankung handelt. Sie kann ausschließlich durch eine planvolle und umsichtige Zuchtplanung eingedämmt werden, worunter auch das verpflichtende Röntgen aller Zuchttiere fällt.

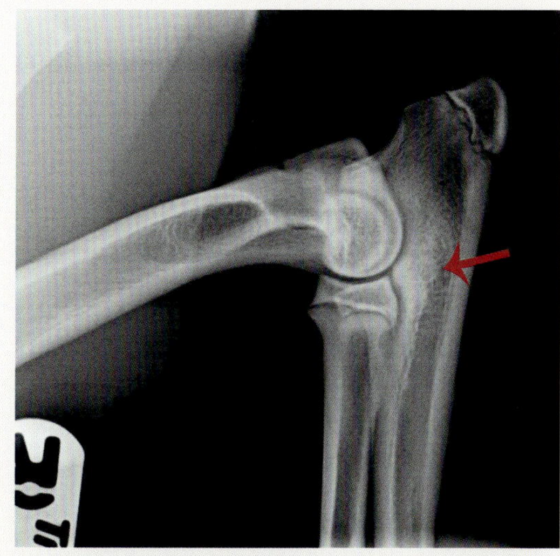

Veränderte Knochenstruktur im Bereich der Gelenkfläche als Hinweis auf einen dysplastischen Ellbogen

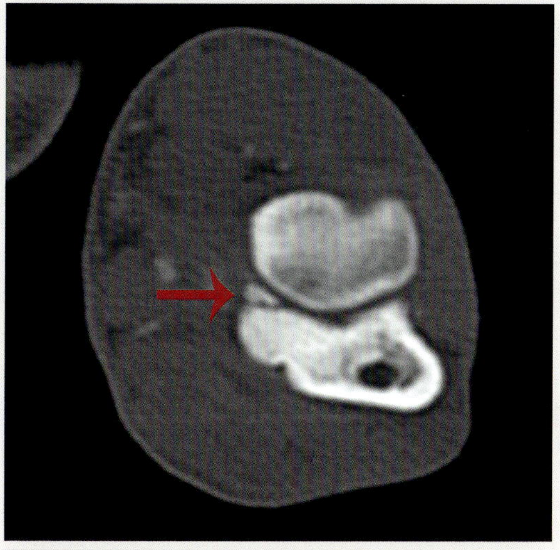

CT-Scan des gleichen Hundes mit eindeutig fragmentiertem Processus Coronoideus Medialis

Für die Auswahl passender Anpaarungen sind Züchter allerdings auf eine möglichst vollständige Erfassung aller ED-Ergebnisse angewiesen, sodass auch Hunde wie Paul nach Abschluss des ersten Lebensjahres einer offiziellen Röntgenuntersuchung durch den Zuchtverband unterzogen werden müssen. Auch wenn Pauls Besitzer dies zum momentanen Zeitpunkt als überflüssig und unnötig belastend für den Hund erscheint, würde er damit den wertvollsten Beitrag zur Eindämmung der ED leisten.

Dr. Susanne Wisniewski, Kleintierklinik Iffezheim

ZUM WEITERLESEN

Alington, Charles E.A. & Scales, Susan
Field Trials and Judging. Swan Hill Press, Shrewsbury 2000

Baumann, Thomas
ZOS – Zielobjektsuche: Start, Suche und Anzeige. Kosmos 2016

Beyersdorf, Peter
Unser Hund auf Ausstellungen. Kynos 2005

Dr. Bucksch, Martin
Gesunde Ernährung für Hunde. Kosmos 2017

Cox, Graham & Dr. Davies, Gareth Dr.
The best of the best. Pernice Press, 27 Cambrian Road, Richmond, Surrey TW10 6JQ, United Kingdom, 2013

Edwards, Richard
The Show Labrador Retriever in Great Britain and Northern Ireland 1945 – 1995. Volume Two. Published privately by Richard Edwards 2001, Dover & Company (Abergavenny) Ltd.

Sandylands. Published privately by Richard Edwards 2005, Dover & Company (Abergavenny) Ltd.

Dr. Eichelberg, Helga
Hundezucht. Kosmos 2006

Eley, Charles C.
The History of Retrievers. The Field Press LTD, London, 1921

Dr. Feddersen-Petersen, Dorit Urd
Hundepsychologie, mit DVD: Sozialverhalten und Wesen, Emotionen und Indivitualität. Kosmos 2013

Gansloßer Udo & Kitchenham, Kate
Forschung trifft Hund: Neue Erkenntnisse zu Sozialverhalten, geistigen Leistungen und Ökologie. Kosmos 2012

Gansloßer Udo & Kitchenham, Kate
Hundeforschung aktuell. Anatomie, Ökologie, Verhalten. Kosmos 2019

Gansloßer Udo & Krivy Petra
Ein guter Start ins Hundeleben. Müller-Rüschlikon 2014

Gies, Nicole
Hunde retten Menschenleben – Einsatz und Ausbildung von Rettungshundeteams in der Katastrophenhilfe und bei der Suche nach orientierungsoder hilflosen Menschen

Zeitschrift für Sozialmanagement November 2003, S. 117 – 122, Bertuch-Verlag

Grunow, Alexandra & Langkau, Rovena
Mantrailing: Mit Basic-, Sport- und TheraTrailing. Kosmos 2011

Hansen, Inge
Handbuch der Hundezucht. Von der Wurfplanung bis zur Welpenabgabe. Müller Rüschlikon 2006

Hoefs, Nicole, Führmann, Petra & Franzke, Iris
Das Kosmos Erziehungsprogramm für Hunde. Kosmos 2016

Hornsby, Alison
Hunde helfen Menschen. Kynos 2000

Hubbard, Clifford L.B.
Working Dogs of the World. Sidgwick and Jackson Ltd., 1947

Johnson, Gary & Kraft, Isabella
The Early Years – British Pre-War Labrador Retriever Bench Champions 1904 – 1940. ViGra, Vejle (Denmark) 1999

The Workers
British Labrador Retriever Field Trial – Obedience – Working Trial Champions 1904 – 1993. ViGra, Vejle (Denmark) 1994

Labradors 2000
British Field and Working Trial Champions 1994 – 1999 & British Bench Champions 1991 – 1999. ViGra, Vejle (Denmark) 2000

Kiraly, Oliver
The Balance. Kingsdale Farm Kft. (Hungary), 2017

Kirchpfening, Martina
Hunde in der Sozialen Arbeit mit Kindern und Jugendlichen. Ernst Reinhardt Verlag, 3. Auflage, 2018

Kraft, Dr. Isabella
Vererbung der Fellfarbe bei Labrador Retriever. Labrador Club Deutschland, Hewea-Druck GmbH, Gladbeck 1998

Lorna, Countess Howe
The Popular Labrador Retriever. Popular Dogs Publishing Company LTD., London 1957

Martin, Nancy
Legends in Labradors. Spring House, P.˜A. USA, Second Printing 1983

Möller, Anja & Braun, Astrid
Labrador Retriever. Auswahl, Haltung, Erziehung, Beschäftigung. Kosmos 2016

Reul, Adolphe
Les Races de Chien. Van de Weghe, 1891

Röger-Lakenbrink, Inge
Das Therapiehunde-Team: Ein praktischer Wegweiser. Kynos 2018

Rosenbaum, Gaby & Willems-Hansch, Bianca
Warnhunde für Epilepsie-Betroffene. Kynos 2010

Roslin-Williams, Mary
All about the Labrador. Pelham Books, London 1975, 1980

The Dual-purpose Labrador. Pelham Books, London 1974

Advanced Labrador Breeding. H. F. & G. Witherby Ltd., London 1988

Rütter, Martin & Buisman, Andrea
Jagdverhalten bei Hunden. Kosmos 2015

Scherr, Heidi & Kawohl, Marion
Prima Partner – Ausbildungswege zum Behindertenbegleithund. Books on Demand GmbH 2013

Schneider, Dorothée
Die Welt in seinem Kopf – Über das Lernverhalten von Hunden. Animal-Learn 2005

Schwizgebel, Daniel
Hunde aktivieren statt hemmen – Der bessere Weg zur Verhaltenskontrolle. Daniel Schwizgebel 1999

Scott, Lord George & Middleton, Sir John
The Labrador Dog – It's Home and History. Peregrine Books, Horsforth Leeds 1990

Spona, Helma
Obedience: Verschiedene Trainingsansätze für jede Übung. Kosmos 2016

Sprake, Leslie
The Labrador Retriever – Its History, Points and Training. H. F. & G. Witherby Ltd., London 1933

Stud Book of the Duke of Buccleuch's Labrador Retrievers
First published 1931, Peregrine Books, 1990

The Labrador Retriever Club, 1991
The Labrador Retriever Club 1916 – 1991 – A Celebration of 75 Years

Theby, Viviane
Das Kosmos Welpenbuch. Kosmos 2016

Turberville, George
Turberville's Booke of Hunting, 1576. Clarendon Press, Neuauflage, 1908

Ullrich, Ariane
Impulskontrolle. Wie Hunde sich beherrschen lernen. MenschHund! 2012

Von Buddenbrock, Andrea Freiin
Der Hund im Rettungsdienst – Ein Handbuch für Ausbildung und Einsatz. Kynos 2003

Warwick, Helen
The New Complete Labrador Retriever. Howell Book House, New York, 3rd Edition 1986

Wild, Rosemarie
Labrador Retriever. Müller-Rüschlikon 2011

Aufzucht junger Hunde: Von der Wurfplanung bis zur Welpenspielstunde. Müller-Rüschlikon 2008

Wiles-Fone, Heather
Das Große Labrador Retriever Buch. Kynos 1997

Willis, Malcolm
Genetik der Hundezucht. Kynos 1994

Wolters, Richard A.
Labrador Retriever : The History ... the People ... Revisited. Penguin Books USA Inc., New York 2nd Edition 1992

Ziessow, Bernd W.
The Official Book of the Labrador Retriever. T. F. H. Publications, Inc., Neptune City 1995

Zvolsky, Norma
Die Kosmos-Retrieverschule. Grunderziehung und Dummytraining. Kosmos 2015

Retriever-Schule für Welpen. Kosmos 2018

Trainingsbuch für Retriever. Markieren, Einweisen, Verlorensuche. Kosmos 2010

REGISTER

BILDNACHWEIS

254 Farbfotos wurden von Anna Auerbach aufgenommen.
Weitere Farbfotos Jens Andörfer – RHS WAF (Seite 275 o), Anna Auerbach/ Actionfactory (Seite 322), Ruth Benger (Seite 262, 264, 267, 270), Anna Böß (Seite 192), BRH-Archiv (www.brh.info) (Seite 278), Raphael Brönnimann (Seite 276), Marie-Eve Buchs (Seite 18, 19, 173, 174), Annette Bürse-Hanning (Seite 41), Tierfotoarchiv Drewka/Kosmos (Seite 103), Dr. Jürgen Fasshauer (Seite 275 u), Familie von Grabe (Seite 22), Guillermo Florenza (Seite 260), Paloma Garcia (Seite 289o, 289 u), Nele Götz (Seite 329), Sigurd Hönnebeck (Seite 36 u), Harald Hubert (Seite 5, 11, 12 li, 12 re, 13, 14 mitte, 15 li, 15 re, 31li, 37o, 38re, 93, 96, 148, 149oli, 149ore, 149mitteli, 149mittere, 149uli, 149ure, 152li, 152re, 156, 167, 190, 196, 197, 226, 231, 241 li, 241 re, 242 li, 242 re, 245, 246, 250 o, 250 mitte, 250 u, 253, 256 o, 256 u, 279, 315, 317, 321, 326 oli, 326 uli, 326 re), Alina Klüglich-Hinrichs (Seite 268), Katja Knechtel (Seite 36 mitte), Rony Michiels (Seite 49), Anja Möller (Seite 74 o, 74 mitte, 74 u, 75, 166, 168, 170), Dr. Helena Niehof-Oellers (Seite 23 re, 24), Verena Ommerli (Seite 42 re, 44 li, 44 re, 46 li, 46 re, 47 li, 47 re, 177 re), Jörg Pfeiffer (Seite 35, 318), C. Reid (Seite 20, 39), Eva Tiemann (Seite 23 li), Petra Tischner (Seite 261, 300), Evelyn Vöhl (Seite 274 o, 274 u), Arlene White (Seite 45), Prof. Dr. Thomas Wilk (Seite 177 li), Bianca Willems-Hansch (Seite 82), Dr. Susanne Wisniewski (Seite 31 re, 325 li, 325 re, 328 oli, 328 ore, 328 uli, 328 ure, 330 o, 330 u, 33 1o, 33 1u)

Mit 24 Illustrationen von Wolfgang Lang.

IMPRESSUM

Umschlaggestaltung von GRAMISCI Editorialdesign, München unter Verwendung von Farbfotos von Anna Auerbach.

Mit 350 Farbfotos, 32 Schwarzweißfotos und 24 Farbzeichnungen.

Alle Angaben in diesem Buch erfolgen nach bestem Wissen und Gewissen. Sorgfalt bei der Umsetzung ist indes dennoch geboten. Der Verlag und die Autorin übernehmen keinerlei Haftung für Personen-, Sach- oder Vermögensschäden, die aus der Anwendung der vorgestellten Materialien, Methoden oder Informationen entstehen könnten.

Unser gesamtes Programm finden Sie unter **kosmos.de.**
Über Neuigkeiten informieren Sie regelmäßig unsere Newsletter, einfach anmelden unter **kosmos.de/newsletter**

Gedruckt auf chlorfrei gebleichtem Papier

© 2020, Franckh-Kosmos Verlags-GmbH & Co. KG, Stuttgart.
Alle Rechte vorbehalten
ISBN 978-3-440-15998-9
Redaktion: Ute-Kristin Schmalfuß
Gestaltungskonzept: Peter Schmidt Group GmbH, Hamburg
Gestaltung und Satz: DOPPELPUNKT, Stuttgart
Produktion: Nina Renz
Druck und Bindung: Print Consult GmbH, München
Printed in Slovakia / Imprimé en Slovaquie